普通高等教育“十一五”国家级规划教材
高职高专计算机技能型紧缺人才培养规划教材
计算机网络技术专业

实用网络操作系统（第2版）

史宝会 主 编

人 民 邮 电 出 版 社
北 京

图书在版编目（CIP）数据

实用网络操作系统 / 史宝会主编. —2版. —北京：人民邮电出版社，2009.3（2015.1 重印）
高职高专计算机技能型紧缺人才培养规划教材. 计算机网络技术专业
ISBN 978-7-115-19299-8

I. 实… II. 史… III. 计算机网络—操作系统（软件）—高等学校：技术学校—教材 IV. TP316.8

中国版本图书馆CIP数据核字（2009）第010952号

内 容 提 要

本书为普通高等教育"十一五"国家级规划教材。

本书共 11 章，主要介绍 Windows Server 2003 网络操作系统的安装、配置与管理的相关技术；域环境下的用户管理与普通成员服务器上的用户管理的区别；基于网络应用的各种服务：WWW 服务、FTP 服务、DNS 服务、DHCP 服务和电子邮件服务的理论知识，及各种服务器的安装与配置；Windows Server 2003 环境下的磁盘管理技术，数据的备份与管理方法，以及在 Windows Server 2003 环境下的网络管理技术。

全书通过相应实例加强对理论知识的阐述，内容丰富、结构清晰、实践性强。

本书可作为高职高专计算机网络及相关专业的教材，也可供网络操作系统初学者学习参考。

普通高等教育"十一五"国家级规划教材
高职高专计算机技能型紧缺人才培养规划教材
计算机网络技术专业

实用网络操作系统（第 2 版）

◆ 主　　编　史宝会
　责任编辑　潘春燕
　执行编辑　赵慧君

◆ 人民邮电出版社出版发行　　北京市丰台区成寿寺路 11 号
　邮编　100164　　电子邮件　315@ptpress.com.cn
　网址　http://www.ptpress.com.cn
　三河市海波印务有限公司印刷

◆ 开本：787×1092　1/16
　印张：20.75　　　　2009 年 3 月第 2 版
　字数：501 千字　　　2015 年 1 月河北第 7 次印刷

ISBN 978-7-115-19299-8/TP

定价：33.00 元

读者服务热线：(010)81055256　印装质量热线：(010)81055316
反盗版热线：(010)81055315

高职高专计算机技能型紧缺人才培养规划教材编委会

丛书出版前言

目前，人才问题是制约我国软件产业发展的关键。为加大软件人才培养力度和提高软件人才培养质量，教育部继在2003年确定北京信息职业技术学院等35所高职院校试办示范性软件职业技术学院后，又同时根据《教育部等六部门关于实施职业院校制造业和现代服务业技能型紧缺人才培养培训工程的通知》（教职成［2003］5号）的要求，组织制定了《两年制高等职业教育计算机应用与软件技术专业领域技能型紧缺人才培养指导方案》。示范性软件职业技术学院与计算机应用与软件技术专业领域技能型紧缺人才培养工作，均要求在较短的时间内培养出符合企业需要、具有核心技能的软件技术人才，因此，对目前高等职业教育的办学模式和人才培养方案等做较大的改进和全新的探索已经成为学校的当务之急。

据此，我们认为做一套符合上述一系列要求的切合学校实际的教学方案尤为重要。遵照教育部提出的以就业为导向，高等职业教育从专业本位向职业岗位和就业为本转变的指导思想，根据目前高等职业教育院校日益重视学生将来的就业岗位，注重培养毕业生的职业能力的现状，我们联合北京信息职业技术学院等几十所高职院校和普拉内特计算机技术（北京）有限公司、福建星网锐捷网络有限公司、北京索浪计算机有限公司等软件企业共同组建了计算机应用与软件技术专业领域技能型紧缺人才培养教学方案研究小组（以下简称研究小组）。研究小组对承担计算机应用与软件技术专业领域技能型紧缺人才培养培训工作的79所院校的专业设置情况做了细致的调研，并调查了几十所高职院校计算机相关专业的学生就业情况以及目前软件企业的人才市场需求状况，确定首批开发目前在高职院校开设比较普遍的计算机软件技术、计算机网络技术、计算机多媒体技术和计算机应用技术4个专业方向的教学方案。

同时，为贯彻教育部提出的要与软件企业合作开展计算机应用与软件技术专业领域技能型紧缺人才培养培训工作的精神，使高等职业教育培养出的软件技术人才符合企业的需求，研究小组与许多软件企业的专家们进行了反复研讨，了解到目前高职院校的毕业生的实际动手能力和综合应用知识方面较弱，他们和企业需求的软件人才有着较大的差距，到企业后不能很快独当一面，企业需要投入一定的成本和时间进行项目培训。针对这种情况，研究小组在教学方案中增加了“综合项目实训”模块，以求强化学生的实际动手能力和综合应用前期所学知识的能力，探索将企业的岗前培训内容前移到学校的教学中的实验之路，以此增强毕业生的就业竞争力。

在上述工作的基础上，研究小组于2004年多次组织召开了包括企业专家、教育专家、学校任课教师在内的各种研讨会和方案论证会，对各个专业按照“岗位群→核心技能→知识点→课程设置→各课程应掌握的技能→各教材的内容”一步步进行了认真的分析和研讨：

● 列出各专业的岗位群及核心技能。针对教育部提出的以就业为导向，根据目前高职高专院校日益关心学生将来的就业岗位的现状，在前期大量调研的基础上，首先提炼各个专业的岗位群。如对某专业的岗位群进行研究时，首先罗列此专业的各个岗位，以便能正确了解每个岗位的职业能力，再根据职业能力进行有意义的合并，形成各个专业的岗位群，再对每个岗位群总结和归纳出其核心技能。

- 根据岗位群及核心技能做出教学方案。在岗位群及核心技能明确的前提下，列出此岗位应该掌握的知识点，再依据这些知识点推出应该学习的课程、学时数、课程之间的联系、开课顺序并进行必要的整合，最终形成一套科学完整的教学方案。

为配合学校对技能型紧缺人才的培养工作，在研究小组开发上述4个专业的教学方案的基础上，我们组织编写了这套包含计算机软件技术、计算机网络技术、计算机多媒体技术及计算机应用技术4个专业的教材。本套教材具有以下特点。

- 注重专业整体策划的内涵。对各专业系列教材按照“岗位群→核心技能→知识点→课程设置→各课程应掌握的技能→各教材的内容”的思路组织开发教材。
- 按照“理论够用为度”的原则，对各个专业的基础课进行了按需重新整合。
- 各专业教材突出了实训的比例，注重案例教学。每本教材都配备了实验、实训的内容，部分专业的教材配备了综合项目实训，使学生通过模拟具体的软件开发项目了解软件企业的运行环境，体验软件的规范化、标准化、专业化和规模化的开发流程。

为了方便教学，我们免费为选用本套教材的老师提供部分专业的整体教学方案及教学相关资料。

- 所有教材的电子教案。
- 部分教材的习题答案。
- 部分教材中实例制作过程中用到的素材。
- 部分教材中实例的制作效果以及一些源程序代码。

本套教材以各个专业的岗位群为出发点，注重专业整体策划，试图通过对系列教材的整体构架，探索一条培养技能型紧缺人才的有效途径。

经过近两年的艰苦探索和工作，本套教材终于正式出版了，我们衷心希望，各位关心高等职业教育的读者能够对本套教材的不当之处给予批评指正，提出修改意见，也热切盼望从事高等职业教育的教师以及软件企业的技术专家和我们联系，共同探讨计算机应用与软件技术专业的教学方案和教材编写等相关问题。来信请发至 panchunyan@ptpress.com.cn。

编者的话

《实用网络操作系统》自2005年8月出版以来，多次重印，受到许多院校师生的欢迎。结合近几年课程教学改革的实践和广大读者的反馈意见，我们在保留原书特色的基础上，对教材进行了全面修订。修订后的教材与原书相比有以下特点。

1．软件版本升级。将原书中的Windows 2000 Server操作系统升级为Windows Server 2003操作系统。通过对新的操作系统安装与配置的讲解，使学生掌握网络操作系统的文件管理、用户管理、存储管理和应用程序管理的技能，会进行各种应用服务器的安装与配置，从而能具备一个企业网络管理员的基本素质。

2．以应用为主线，突出强化了常用技能的介绍。本书的重点是网络操作系统的安装与配置方法、网络中的用户管理和资源管理、用户的权限设置、网络的安全和资源的共享等。

3．本书是普通高等教育“十一五”国家级规划教材。此次修订，在保持原书基本框架的前提下，将部分章节作了适当调整，更方便老师教学。

本书由北京信息职业技术学院史宝会主编，北京信息职业技术学院束亦清、刘继敏参加了编写工作，郭丽老师参与了课件的开发工作。

由于作者水平有限，书中难免存在错误和不足之处，恳请广大读者批评指正。

编　者

2008年8月

目　录

第 1 章 网络操作系统概述

操作系统（Operation System，OS）是用户与计算机硬件之间的接口，用户可以通过操作系统来管理计算机的硬件和软件资源，并能够方便地使用计算机系统。操作系统是计算机中负责提供应用程序的运行环境以及用户操作的系统软件，是计算机系统的核心。操作系统的主要任务是负责处理器的管理（对 CPU 资源的管理）、存储管理（对内存及外存储器资源的管理）、设备管理（对外部设备的管理）、文件管理（对数据信息资源的管理）及作业管理（对用户提交作业的管理），即操作系统具有的五大管理功能。

操作系统的主要任务是管理用户的软件和硬件资源，目前操作系统种类繁多，很难用单一标准统一分类。可按不同的方面进行如下分类。

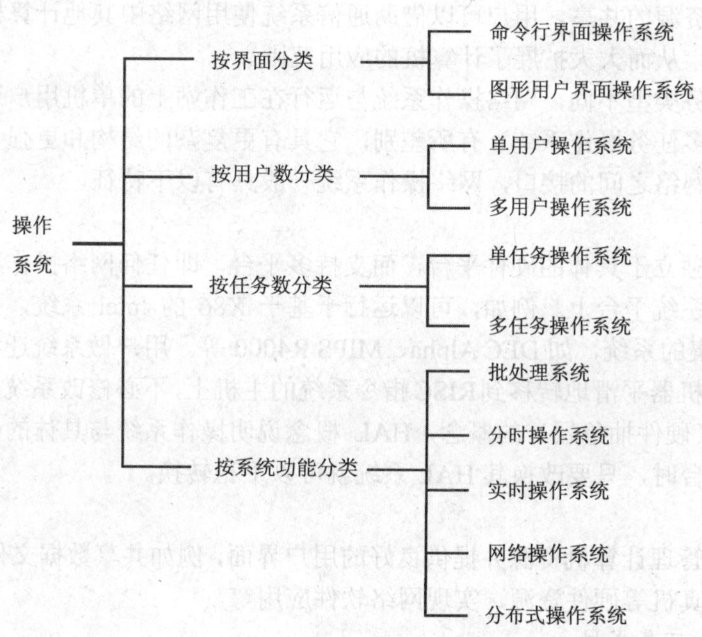

图 1-1　操作系统的分类

随着计算机网络技术的发展和网络应用普及，网络操作系统已成为在计算机网络环境下必不可少的系统软件。网络操作系统除了具备单机操作系统的全部功能之外，还具备了管理网络用户和共享资源的功能。它是网络用户与计算机网络之间的接口，是计算机网络中管理所有的软件和硬件资源、支持网络通信、提供网络服务程序的集合。在网络环境中，通过安装网络操作系统，可以实现网络中的用户和资源管理、维护网络正常运行等目的。

1.1 网络操作系统的定义

网络操作系统(Network Operating System，NOS)是计算机网络不可缺少的系统软件，是负责管理整个网络资源和方便网络用户的软件的集合，它提供网络操作过程的协议或行为准则。

在网络中通过网络操作系统，一台计算机可以去访问同一网络中的另一台计算机上的资源。网络操作系统可以分布在两台或多台计算机上，也可以遍及网络上的所有计算机。这样，它就可以控制多台计算机上的资源，但它也可以只控制一台计算机上的资源，而允许网络中其他计算机上的用户都能访问到这些共享资源。在这种形式下，网络操作系统将与网络上的其他计算机的操作系统协同工作。

网络操作系统运行于网络服务器上，在整个网络系统中占主导地位，指挥和监视整个网络的运转。在选择网络操作系统时，应从它对当前所建网络的适应性和总体性能方面考虑，包括系统的效率、可靠性、安全性、可维护性、可扩展性、管理和简单方便性及应用前景等。

1.2 网络操作系统的特性

网络操作系统把计算机网络中的各台计算机有机地联合起来，实现了各台计算机之间的通信及网络中各种资源的共享。用户可以借助通信系统使用网络中其他计算机的资源、实现相互间的信息交换，从而大大扩展了计算机的应用范围。

由于提供的服务类型不同，网络操作系统与运行在工作站上的单机用户系统（包括单用户单任务和多用户多任务操作系统）有所差别，它具有更复杂的结构和更强大的功能，作为网络用户和计算机网络之间的接口，网络操作系统一般具有以下特征。

1. 硬件独立性

网络操作系统独立于具体的硬件平台，而支持多平台，即任何网络操作系统都可以运行于各种计算机硬件系统平台上。例如，可以运行于基于 X86 的 Intel 系统，也可以运行于基于 RISC 精简指令集的系统，如 DEC Alpha、MIPS R4000 等。用户做系统迁移时，可以直接将基于Intel系统的机器平滑地转移到RISC指令系统的主机上，不必修改系统。因此，Microsoft 公司提出了 HAL（硬件抽象层）的概念，HAL 概念说明操作系统与具体的硬件平台无关，改变具体的硬件平台时，只要改换其 HAL 系统就可以平稳转换。

2. 网络特性

网络操作系统管理计算机资源并提供良好的用户界面，例如共享数据文件，共享打印机、硬盘、扫描仪、传真机等硬件资源，实现网络软件应用等。

3. 可移植性和可集成性

良好的可移植性和可集成性也是现在网络操作系统具备的特征。

4. 多用户和多任务

在多进程系统中，为了避免两个进程并行处理所带来的问题，可以采用多线程的处理方法，线程相对于进程而言，需要较少的开销，其管理比进程更易于进行。抢先式多任务就是操作系统不必专门等待某一线程完成后，再将系统控制交给其他线程，而是主动将系统控制交给首先申请得到系统资源的其他线程，这样就可以使系统具有更好的操作性能，例如支持对称多处理（SMP）技术等。

5. 支持多种文件系统

一个网络可能根据网络的规模配置了多台服务器，而每台服务器安装的网络操作系统有可能是不同的。为了更好地管理网络中的资源，特别是网络中的文件数据，网络操作系统支持多种文件系统，以实现对系统升级的平滑过渡、良好的兼容性及文件的共享与管理，例如，Windows 2000 家族的操作系统支持 FAT 和 NTFS 操作系统。

6. 高可靠性

网络操作系统是运行在网络服务器上的指挥和管理网络的软件，它必须具有高可靠性以保证系统能够不间断地工作，并提供完整的服务。

7. 容错性

网络操作系统能提供多级系统容错能力，包括日志容错特征列表、可恢复文件系统、磁盘镜像、磁盘扇区备用及不间断电源（UPS）的支持等。

8. 安全性

网络操作系统提供各种级别的保密措施，包括口令保密、目录保密、文件保密、网络连接保密及记账保密等。安全特性可用于管理每个用户的访问权限，确保关键数据的安全保密性。

9. 对资源的最优选择

网络操作系统能够帮助用户越过网络中不同的计算机存在的差别，能够克服本机和外地资源的逻辑差别，同时大大减少了用户需要掌握网络操作系统的详细进程，实现了对资源的最优选择。

1.3 网络操作系统的分类

网络操作系统决定了网络上文件传输的方式以及文件处理的效率，是整个网络的核心。目前使用的网络操作系统有很多种，可以根据需求，选择不同的网络操作系统。下面分别从不同的方面讨论网络操作系统的分类。

1.3.1 按网络操作系统承担的任务分类

1. 面向任务型网络操作系统

面向任务型网络操作系统是为某一种特殊网络应用要求而设计的，它只具有完成该网络需求的功能。

2. 通用型网络操作系统

通用型网络操作系统能提供基本的网络服务功能，满足在各个领域应用的需求。普通用户使用的是通用型网络操作系统。

通用型网络操作系统又可分为以下两大类。

（1）变形级操作系统：是以原单机操作系统为基础，通过增加网络服务功能构成网络操作系统。

（2）基础级操作系统：以计算机裸机为基础，根据网络服务的特殊要求，直接利用计算机硬件与少量软件资源，对系统结构进行专门的设计，开发出高效、安全、可靠的网络操作系统。网络操作系统的发展经历了从对等结构向非对等结构演变的过程，如图 1-2 所示。

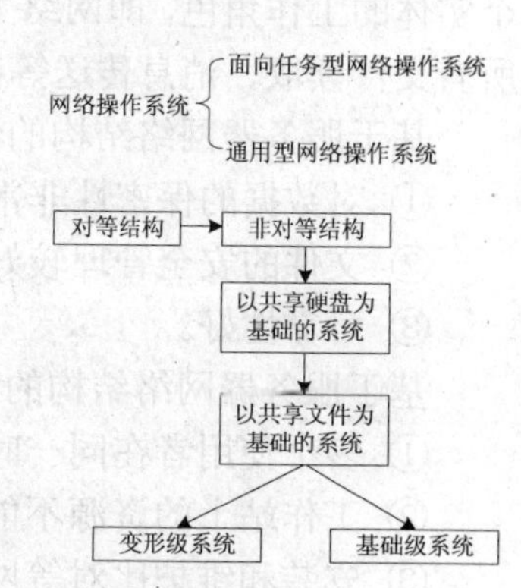

图 1-2　网络操作系统的演变过程

1.3.2 按网络操作系统的功能分类

网络操作系统主要用于管理网络中的共享资源，网络操作系统软件既可以相等地分布在网络上的所有节点，即对等式结构，又可以将主要部分驻留在中心节点管理资源，为其他节点提供服务，称为集中式结构。网络操作系统的结构决定了网络上文件传输的方式及文件处理的效果，网络操作系统按其功能可以分为对等式网络结构、基于服务器网络结构、主从式网络结构 3 种。

1. 对等式网络结构

对等式（Peer-to Peer）网络结构的特点是，连网节点地位平等，安装在每个网络节点的网络操作系统软件都是相同的。连网计算机的资源在原则上都可以相互共享，每台连网计算机都以前台方式工作，前台为本地用户提供服务，后台为其他节点的网络用户提供服务。网络中任何两个节点之间都可以直接实现通信。正是由于联网计算机的地位是平等的，不存在明确的服务器与工作站之类的分工，对等结构的网络操作系统可以实现共享硬盘、共享打印机、电子邮件、共享屏幕与 CPU 等。

对等式网络不需要专用服务器，每一台工作站都能充当网络服务的请求者和提供者，都有绝对的自主权，也可以互相交换文件，这种类型的网络操作系统软件被设计成每一个实体都能完成相同的或相似的功能。

对等式网络结构的优点如下。

① 结构简单，工作站上的资源可以直接共享，任何两台计算机之间都可以直接通信。

② 容易安装和维护。

③ 价格比较便宜。

④ 不需要专用服务器。

对等式网络结构的缺点如下。

① 每台工作站都要承担服务器和工作站的双重任务，加重了网络计算机的负荷。

② 数据的保密性差。

③ 文件管理分散。

2. 基于服务器网络结构

基于服务器（Server-Based）网络结构的特点是网络以服务器为中心，严格地定义了每一个实体的工作角色，即网络上各工作站之间无法直接进行文件传输，需要以服务器作为媒介，所有文件读取、消息传送等都要通过服务器进行传输。

基于服务器网络结构的优点如下。

① 对数据的保密性非常严格，可以按照不同的需要给予使用者相应的权限。

② 文件的安全管理较好。

③ 可靠性好。

基于服务器网络结构的缺点如下。

① 多个使用者在同一时间内都要获得应用程序或数据时，效率可能降低。

② 工作站上的资源不能直接共享。

③ 安装和维护比对等网络困难。

④ 一旦服务器发生故障，整个系统将全面瘫痪。

3. 主从式网络结构

主从式网络结构又称为客户机/文件服务器（Client/Server）网络结构，是由客户机、服务器计算机上的各种服务程序构成的一种网络计算机环境，它把应用程序所要完成的任务分派到客户机和服务器计算机上共同完成。其中的客户机和服务器并没有一定的严格界限，而取决于运行的软件，即客户机是提出服务请求的一方，服务器是提供服务的一方。在客户机/文件服务器网络结构中，服务器端所提供的不仅仅是文件、数据库服务，还有计算、通信等服务。工作时，由客户机和服务器各自负担部分计算或通信的功能，这种结构是目前最优的结构之一。

客户机/文件服务器网络结构的优点如下。

① 应用程序的任务分别由客户机和服务器分担，因而速度快、对计算机档次要求低、性能价格比优于主机系统。

② 由于客户机和服务器具有各自的系统软件，即使服务器发生故障，也不会导致整个系统的崩溃。

③ 当系统规模扩大时，可以很容易地在网上加挂服务器或客户机。

④ 数据安全性好。

客户机/文件服务器网络结构的缺点如下。

① 管理较为复杂。

② 开发环境较为困难。

1.3.3 按网络操作系统的厂商分类

按厂商分类，网络操作系统可分为 UNIX 操作系统、Windows 操作系统和 Linux 操作系统三类。

1. UNIX 操作系统

UNIX 操作系统中的一组网络操作系统标准，是由 IBM、SUN、HP 等多个厂商的不同版本的 UNIX 操作系统组成的。它出现于 1969 年，Bell 实验室的专利部成为 UNIX 操作系统的第一个用户。1982 年 AT&T 公司开发出了 UNIX 操作系统的第一个商用版本，该版本的操作系统具有良好的网络管理功能，拥有丰富的应用软件的支持，在计算机网络领域占据了重要的地位。

2. Windows 操作系统

Windows 网络操作系统出现于 20 世纪 90 年代末，是发展最快的一种操作系统，它的版本由最早的 Windows NT 发展到 Windows Server 2008。该操作系统是基于图形用户界面的操作系统，用户学习、使用起来很容易。它的功能比较强大，基本上能满足所有中、小型企业的各项网络需求，它采用多任务、多流程操作以及多处理器的 SMP 系统。SMP 系统提供了极佳的系统性能工作量比较均匀地分布在各个 CPU 上。但它对服务器的硬件要求较高，且稳定性能不是很高，所以主要应用于对安全性和稳定性要求不是很高的局域网环境。

3. Linux 操作系统

Linux 操作系统是一种新型的网络操作系统，它的最大特点是源代码开放，可以免费得到许多应用程序。它既具备了 UNIX 安全可靠的优点，又具备了 Windows 操作系统操作简单的特点，是目前局域网环境下应用较广泛的网络操作系统之一。

1.4 网络操作系统的基本功能

网络操作系统除了具有通常操作系统应具有的处理器管理、存储器管理、设备管理、文件管理和工作管理的功能之外，还具有高效、可靠的网络通信能力和多种网络服务等功能，例如远程管理、文件传输、电子邮件、远程打印等。

1. 文件服务

文件服务（File Service）是网络操作系统中最重要、最基本的网络服务功能。在基于文件服务器的非对等结构的局域网中，如果一个文件希望多个用户共享，那么这个文件就需要存放在文件服务器中。存放在工作站计算机中的文件与工作站的硬盘是不能被其他用户所共享的，文件服务器以集中方式管理共享的文件。网络操作系统可以提供对存放在文件服务器中共享文件的安全管理与保密功能。网络管理员可以利用网络操作系统所提供的安全保密功能，根据需要规定用户对文件进行读、写和其他各种操作的权限，以及目录、文件的属性，这样就使存放在文件服务器的网络共享文件的安全性得到了保证。

基于文件服务器的局域网中，网络管理员可以利用网络操作系统所提供的功能，实现对服务器磁盘空间的管理。只要对用户名或用户进行标识，就可以很容易地了解到用户对共享磁盘空间的使用情况，必要时可以通过账户去控制用户对共享磁盘空间的使用。

2. 打印服务

打印服务（Print Service）也是网络操作系统提供的又一个最基本的网络服务功能。共享打印服务可以通过设置专门的网络打印服务器来完成，也可以由工作站或文件服务器兼任。通过打印服务功能，可以将打印机或绘图仪等输出设备直接连接到网络打印服务器上。通过网络打印共享功能，将网络输出设备共享在网络中，网络中的其他用户可以通过向服务器发送打印请求，使用网络中的打印机。网络打印服务器实现对用户打印请求的接收、打印格式说明、打印机的配置、打印队列的管理等功能，并本着“先来先服务”的原则，为网络中的用户提供打印服务。

随着信息技术的发展，人们开始将打印服务的思路推广到其他网络特殊设备的共享服务，例如传真服务、数码设备等，也可以实现共享网络的CD-ROM等设备。

3. 数据库服务

随着计算机网络技术的发展和企业信息化程度的提高，网络数据库服务（Database Service）变得越来越重要。选择适当的网络数据库软件和开发工具，依照客户机/服务器工作模式，就可以开发出客户端与服务器端数据库应用程序。这样客户端程序就可以使用简单的结构化查询语言（SQL）向数据库服务器发送查询请求，数据库服务器通过查询、处理后，只将最终的结果传送给客户端。这样既简化了客户端处理过程，又可以减轻网络通信量。客户机/服务器工作模式优化了网络环境中服务器和工作站的协同操作模式，有效地改善了网络应用系统的性能。

4. 通信服务

网络操作系统能够提供的主要通信服务（Communication Service）有：工作站与工作站之间的直接通信和工作站与工作站通过文件服务器的通信。有些网络操作系统还可以支持工作站与工作站之间的计算机屏幕对话、屏幕监控等通信功能。

例如，在企业局域网中，为了更好地实现企业信息化，每个企业都配置自己内部的 WWW 服务器、FTP 服务器和电子邮件服务器等，从而实现企业内部用户之间的电子邮件的收发、文件传输和信息浏览等。目前，大多数网络操作系统都集成了很多应用程序（例如 Windows 2000 Server 集成了 WWW 和 FTP 服务器），进一步拓宽了网络的功能，使网络通信功能更强大。

5. 分布式服务

网络操作系统支持分布式服务（Distributed Service）功能，它提出了一种新的网络资源管理机制，即分布式目录服务。分布式目录服务将分布在不同地理位置的互连局域网中的资源组织在一个全局性的、可复制的分布式数据库中，网络中多个服务器都有该数据库的副本，用户在一个工作站上注册，便可与多个服务器连接。对用户来说，一个局域网系统中分布在不同位置的多个服务器资源都是透明的，用户可以用简单的方法去访问一个大型互连局域网系统。

6. 网络管理服务

网络操作系统提供了丰富的网络管理服务（Network Management Service）工具，可以提供网络性能分析、网络状态监控和存储管理等多种网络管理服务。

7. Internet/Intranet 服务

为了适应 Internet 与 Intranet 的应用，局域网操作系统一般都支持 TCP/IP，提供各种 Internet 服务并支持 JAVA 应用开发工具，使网络服务器很容易地成为 Web Server，全面支持 Internet 与 Intranet 访问。

1.5　常用的网络操作系统及功能简介

随着计算机网络的飞速发展，网络操作系统的应用规模也得到快速的发展，而目前市场上出现了多种网络操作系统，其中主流产品是 UNIX、Netware、Windows 、Linux 等网络操作系统。作为主流的网络操作系统，它们各有特色，又具有共同的网络管理的特点，被广泛地应用于各类网络环境中，并都占有一定的市场份额。为了使网络建设者更好地了解各种网络操作系统的性能，下面就安全性、稳定性、可靠性和网络升级方便性等几个方面讨论这几种网络操作系统。

1.5.1　UNIX 操作系统

UNIX 服务器操作系统最初是由 AT&T 与 SCO 两家公司共同推出的，它具有系统的高稳定性与安全性，并且支持大型文件系统、大型数据库系统，在服务器领域具有卓越的硬件研发功力。它是一种体系结构和源代码公开的多用户、多任务操作系统。作为最早推出的网络操作系统，UNIX 是一个通用、多用户的计算机分时系统，并且是大型机、中型机以及若干小型机的主要操作系统，目前广泛地应用于教学、科研、工业和商业等多个领域。UNIX 操作系统一般用于大型的网站或大型的企、事业单位的局域网中。UNIX 操作系统历史悠久，其良好的网络管理功能已为广大网络用户所接受，拥有丰富的应用软件的支持。它从一个实验室的产品发展成为当前使用普遍、影响深远的工业界主流操作系统，经历了一个逐步成长、不断完善的发展过程。

UNIX操作系统有两个基本的版本，一个是由AT&T的Bell实验室研制开发的系统V，另一个是由美国加州大学Berkeley分校发布的BSD UNIX。随着UNIX技术的发展，还产生了很多其他的商业版本。目前常用的UNIX系统版本主要有：UNIX SUR4.0、HP-UX 11.0，SUN的Solaris8.0等。

由于UNIX多以命令方式进行操作，其用户特别是初级用户不容易掌握。因此，小型局域网基本不使用UNIX作为网络操作系统。UNIX是针对小型机 主机环境开发的操作系统，是一种集中式分时多用户体系结构。因其体系结构不够合理，UNIX的市场占有率呈下降趋势。

UNIX提供的服务与其他操作系统所提供的服务基本上一样，允许程序的运行，为连接到大多数计算机上的各种各样的外部设备提供一致的接口，为信息管理提供文件系统，支持网络文件系统服务，提供数据等。它功能强大，系统稳定和安全性能非常好。UNIX早期的主要特色是结构简洁、功能强大、多用户任务和便于移植，经过长期的发展与完善，现已成为主流的网络操作系统，特别是大型企业的网络操作系统，其主要特点如下。

① 可移植性好。

② 树型非结构文件系统。

③ 字符流式文件。

④ 良好的用户界面。

⑤ 丰富的核外系统程序。

⑥ 管道文件连通。

⑦ 提供电子邮件和对网络通信的有力支持。

⑧ 系统安全。

1.5.2 Windows操作系统

Windows操作系统是全球最大的软件开发商Microsoft公司开发的。该公司的Windows操作系统不仅在个人操作系统中占有绝对优势，在网络操作系统中也具有非常强劲的势头。这类操作系统的配置在整个局域网配置中是最常见的，但由于它对服务器的硬件要求较高，且稳定性能不是很高，因此Microsoft公司的网络操作系统一般只是用在中低档服务器中，高端服务器通常采用UNIX、Linux或Solairs等非Windows操作系统。在局域网中，Microsoft公司的网络操作系统主要有：Windows NT 4.0 Server、Windows 2000 Server/Advance Server，以及最新的Windows Server 2003等，工作站系统可以采用任一Windows或非Windows操作系统，包括个人操作系统，例如Windows 9x/Me/XP等。

1. Windows 2000 Server 操作系统

Microsoft公司在2000年推出的Windows 2000操作系统继承了上一代产品Windows NT 4.0操作系统在网络方面的强劲功能，并结合了许多最新的网络技术，可以说是网络操作系统的集大成者。

Windows 2000支持许多TCP/IP的附加功能，增强了与UNIX操作系统的互连能力。对VPN技术的支持，使企业可以在Internet上搭建自己的虚拟专有网。内置的路由功能，使Windows 2000 Server可以作为一个拥有图形化界面的路由器。新加入的QoS服务，能为重要应用、实时声音和视频应用程序提供可靠的网络服务。Windows Media（媒体服务）是Windows 2000提供的又一优秀产品，包括前台的播放器（Media Player）、后台的服务器（Windows Media

Service）等组件，能广泛应用在娱乐、培训和远程教育方面。

网络在飞速发展，Windows 2000 将这些优秀的网络技术兼收并蓄，同 Windows NT 4.0 相比，它不再仅仅是一个文件和应用程序服务器操作系统，而是一个强大、坚固、易管理和更安全的网络操作系统，很大程度地提高了个人的工作效率和企业的生产效率。

Windows 2000 包括 Windows 2000 Professional、Windows 2000 Server、Windows 2000 Advance Server、Windows 2000 Datacenter Server 4 个产品。除 Windows 2000 Professional 是专为各种台式计算机和便携式计算机开发的新一代操作系统外，其余 3 个全部是针对网络应用而设计的网络操作系统。Windows 2000 Server 在活动目录、安全性、终端服务、磁盘管理、层次存储管理、Microsoft 管理制台（MMC）、64GB 内存限制、磁盘配额管理、通信和网络服务等方面进行了重大改进，下面简单介绍其新增的功能。

（1）可扩展性：提供了终端服务，增强了 ASP 性能 IIS 支持的多站点容留，支持高吞吐率和有效带宽利用。

（2）可靠性：支持内核方式写保护，Windows 文件保护，驱动程序证书，以及 IIS 应用程序保护，并提供备份、磁盘整理工具。

（3）可用性：支持作业对象 API，应用程序和 DLL 保护，主机复制（活动目录副本的相互复制性），分布式文件系统，磁盘限制额，分级存储管理。

（4）安全性：支持最新安全标准，活动目录集成，KerBeros 身份验证，公式基础架构（PKI），智能卡，文件系统加密，安全的网络通信，路由选择和远程访问程序，以及虚拟专用网络（VPN）。

（5）可操作性：支持动态卷管理，磁盘碎片整理，安全模式引导和备份与恢复。

（6）Web 特性：提供了 IIS 5.0，ASP 编程环境，分布式 Internet 应用体系结构，组件对象模型 COM+，多媒体平台，具有目录功能的应用程序同 Web 文件夹，Internet 打印等。

（7）可管理性：基于活动目录的资源管理，Microsoft 管理控制台，智能镜像，远程安装等。

2. Windows Server 2003 操作系统

Microsoft 公司于 2002 年推出的 Windows 2003 家族产品，继承了 Windows 2000 在网络方面的强劲功能，主要增加了对 .NET 架构的支持，Windows Server 2003 包含基于 Windows 2000 Server 构建的核心技术并且更容易部署、管理和使用，它能够按照用户的需要，以集中或分布的方式处理各种服务器角色。

Windows Server 2003 家族包括：Windows Server 2003 标准版、Windows Server 2003 企业版、Windows Server 2003 数据中心版、Windows Server 2003 Web 版。用户可以根据自己企业的实际需要选择其中的一种版本。Windows Server 2003 新增的主要功能简单介绍如下。

（1）管理与安全功能：Windows Server 2003 中服务器更可靠，网络服务器具有自动系统故障恢复功能，能通过网络负载平衡增强功能平衡管理网络中的资源；通过一个远程的或本地的计算机对群集和群集中的所有计算机进行配置和管理；通过系统监控系统增强功能管理网络中的日志数据库；通过端口加密、文件加密软件策略等方式提高网络的安全性。

（2）文件、打印与协作功能：Windows Server 2003 提供了远程文档共享功能，并通过磁盘管理支持、共享文件夹的卷影副本、存储区域网络支持、改进文件夹选项等方式实现文件管理功能。通过打印的新命令行支持、XML Web 服务器提供的强大功能、NetMeeting 增强的功能实现网络打印管理与网络用户间通信。

（3）Internet、应用程序和网络服务：Microsoft .NET 架构提供了最广泛的且功能最强大的手段来构建、部署和管理由 XML 及相关技术实现的 Web 服务。

3. Windows Server 2008 操作系统

Microsoft Windows Server 2008 是下一代的 Windows Server 操作系统，可以帮助信息技术（IT）专业人员最大限度地控制其基础结构，同时提供空前的可用性和管理功能，建立比以往更加安全、可靠和稳定的服务器环境。

Windows Server 2008 内置的 Web 和虚拟化技术，可以增强服务器基础结构的可靠性和灵活性。新的虚拟化工具、Web 资源和增强的安全性可以节省时间、降低成本，并且提供了一个动态而优化的数据中心平台。强大的新工具，如 IIS 7、Windows Server Manager 和 Windows PowerShell，能够加强对服务器的控制，并可以简化 Web 配置和管理任务。先进的安全性和可靠性增强功能，如 Network Access Protection 和 Read-Only Domain Controller，可以加强服务器操作系统安全并保护服务器环境，确保您拥有坚实的业务基础。

1.5.3 Linux 操作系统

自 1991 年 Linux 操作系统发表以来的 10 年间，Linux 操作系统以令人惊异的速度迅速在服务器和桌面系统中获得了成功。它已经被业界认为是未来最有前途的操作系统之一。在嵌入式领域，由于 Linux 操作系统具有源代码开放、良好的可移植性、丰富的代码资源以及异常的健壮，使得它获得越来越多的关注。

Linux 以它的高效性和灵活性著称。它能够在 PC 上实现全部的 UNIX 特性，具有多任务、多用户的能力。Linux 是在 GNU 公共许可权限下免费获得的，是一个符合 POSIX 标准的操作系统。Linux 操作系统软件包不仅包括完整的 Linux 操作系统，而且还包括了文本编辑器、高级语言编译器等应用软件。它还包括带有多个窗口管理器的 X-Windows 图形用户界面，如同我们使用 Windows 一样，允许我们使用窗口、图标和菜单对系统进行操作。

Linux 之所以受到广大计算机爱好者的喜爱，主要原因有两个，一是它属于自由软件，用户不用支付任何费用就可以获得它和它的源代码，并且可以根据自己的需要对它进行必要的修改，可以无偿使用，无约束地继续传播。另一个原因是，它具有 UNIX 的全部功能，任何使用 UNIX 操作系统或想要学习 UNIX 操作系统的人都可以从 Linux 中获益。

Linux 不仅为用户提供了强大的操作系统功能，而且还提供了丰富的应用软件。Linux 成为 UNIX 系统在个人计算机上的一个代用品，并能用于替代那些较为昂贵的系统。使用户在 Linux 环境下，就可以完成 UNIX 要求的复杂功能。Linux 具有如下特点。

（1）完全免费。用户可以通过网络或其他途径免费获得，并可以任意修改其源代码。

（2）完全兼容 POSIX 1.0 标准。可以在 Linux 下通过相应的模拟器运行常见的 DOS、Windows 的程序。

（3）多用户、多任务。各个用户对于自己的文件设备有自己特殊的权利，保证了各用户之间互不影响。

（4）良好的界面。同时支持字符界面和图形界面的 X-Windows 系统。

（5）丰富的网络功能。Linux 中用户可以轻松实现网页浏览、文件传输、远程登录等网络工作。并且可以作为服务器提供 WWW、FTP、E-Mail 等服务。

（6）可靠的安全、稳定性能。Linux 采取了许多安全技术措施，其中有对读、写进行权限控制、审计跟踪、核心授权等技术，这些都为安全提供了保障。Linux 由于需要应用到网络服务器，这对稳定性也有比较高的要求，实际上 Linux 在这方面也十分出色。

（7）支持多种平台。Linux 可以运行在多种硬件平台上，如具有 x86、680x0、SPARC、Alpha 等处理器的平台。此外 Linux 还是一种嵌入式操作系统，可以运行在掌上电脑、机顶盒或游戏机上。2001 年 1 月份发布的 Linux 2.4 版内核已经能够完全支持 Intel 64 位芯片架构。同时 Linux 也支持多处理器技术。多个处理器同时工作，使系统性能大大提高。

1.5.4　Mac OS 操作系统

1984 年，苹果公司发布了世界上第一款黑白的、图形化的用户界面操作系统 System 1。在随后的十几年中，苹果操作系统历经了 System 1 到 6，到 7.5.3 的巨大变化，从单调的黑白界面变成 8 色、16 色、真彩色。在稳定性、应用程序数量、界面效果等各方面，苹果都在向人们展示着自己日益成熟的产品。从 7.6 版开始，苹果操作系统更名为 Mac OS，此后的 Mac OS 8 和 Mac OS 9，直至 Mac OS 9.2.2 以及今天的 Mac OS 10.3，采用的都是这种命名方式。2000 年 1 月，Mac OS X 正式发布，之后则是 10.1、10.2 和 10.3。苹果为 Mac OS X 投入了大量的精力，取得了初步的成功。

习　题

1．什么是网络操作系统，网络操作系统分哪几类？
2．网络操作系统的主要功能有哪些？
3．简述网络操作系统的特性。
4．简述常用的网络操作系统的特点和适用的环境。
5．试比较目前常用的网络操作系统的特点。

实训　初识网络操作系统

一、实训目的

1．掌握操作系统的概念。
2．了解和掌握计算机网络操作系统的基本概念。
3．了解网络操作系统的基本功能。

二、实训设备

1．计算机系统：CPU P4 2.4 以上，RAM 256MB 以上，光驱，鼠标，网卡等。
2．Windows Server 2003 以上的网络操作系统。
3．局域网环境的实训机房，接入互联网。

三、实训内容

1．练习网络操作系统的登录与开机方法。

2．认识 Windows Server 2003 友好的操作界面。

3．网上搜索完成如下的任务。

（1）网络操作系统的分类及特点。

（2）各种网络操作系统的功能。

（3）网络操作系统的发展史。

4．网上搜索，目前常用的网络操作系统 UNIX、Linux、NetWare、Windows NT/2000/2003/2008/Vista 、Mac OS 等各种操作系统的特点与异同。

四、实训要求

1．正确完成网络操作系统的登录与关机。

2．将网络上搜索的内容整理成笔记。

第 2 章 Windows Server 2003 规划与安装

2.1 Windows Server 2003 概述

Windows Server 2003 包含基于 Windows 2000 Server 构建的核心技术，并且更易于部署、管理和使用。它是一个多任务操作系统，集成了功能强大的应用程序环境以开发全新的 XML Web 服务和改进的应用程序，这些程序将会显著提高进程效率。

2.1.1 Windows Server 2003 的优点与特征

Windows Server 2003 是功能强大的网络操作系统，它内置了基本的网络协议，包括网络负载平衡、文件打印与共享、TCP/IP、Microsoft 网络的客户端等几种网络管理的常用协议，非常适合于中小型的局域应用服务平台。另外，Windows Server 2003 在 Windows 2000 Server 的基础上增加了一些非常实用的新功能，还能很好的支持 64 位体系结构。

1. Windows Server 2003 操作系统的 4 大优点

（1）可靠性。Windows Server 2003 是迄今为止最快、最可靠和最安全的 Windows 服务器操作系统，它用以下方式保证可靠性。

- 提供具有提高的可靠性、实用性和可伸缩性的 IT 架构。
- 提供兼具内置的、传统的应用服务器功能和广泛的操作系统功能的应用系统平台。
- 集成了能保护商业信息的安全，并确保能够访问这些商业信息的安全架构。

（2）高效性。Windows Server 2003 提供各种工具，帮助用户简化部署、管理和使用网络结构以获得最大效率，并通过以下方式实现这一目的。

- 提供灵活易用的工具，有助于使用户的设计和部署与组织及网络的要求相匹配。
- 通过加强策略、使任务自动化以及简化升级来帮助用户主动管理网络。
- 通过让用户自行处理更多的任务来降低运行成本。

（3）连接性。Windows Server 2003 为快速构建解决方按提供了可扩展的平台，以便与雇员、合作伙伴、系统和客户保持连接，并通过以下方式实现这一目的。

- 提供集成的 Web 服务器和流媒体服务器，帮助用户快速、轻松和安全地创建动态 Intranet 和 Internet Web 站点。
- 提供内置的服务，帮助用户轻松地开发、部署和管理 XML Web 服务。
- 提供多种工具，使用户得以将 XML Web 服务与内部应用程序，供应商和合作伙伴连接起来。

（4）最经济。当与来自 Microsoft 公司的许多硬件、软件和渠道合作伙伴的产品和服务相结合使用时，Windows Server 2003 提供了使用户的基础架构投资获取最大回报的机会，并通过以下方式实现这一目的。

- 提供简易的说明性指南，以方便用户对技术的快速掌握。
- 通过利用最新的硬件、软件和方法来优化服务器部署，帮助用户合并各个服务器。
- 降低用户的总拥有成本（TCO），快速获得投资回报。

2. Windows Server 2003 提高的功能与特征

Windows Server 2003 在活动目录、组策略管理、.NET 框的集成、群集的支持、无线网络安全等多个方面提供了更好的支持，主要有如下几个方面。

（1）Active Directory 改进。Windows Server 2003 为活动目录提供了跨森林信任、重命名域等多个简捷易用的改进和新增功能。

（2）组策略管理控制台。在 Windows Server 2003 中，组策略管理控制台（Group Policy Management Consol，GPMC）为管理组策略提供了新的框架，从而使更多的企业用户能够更好地使用 Active Directory 强大的管理功能。

（3）Internet Information Services 6.0（IIS6.0）。Windows Server 2003 集成了 IIS 6.0 的服务，它提供状态监视功能，以发现、恢复和防止 Web 应用程序故障。

（4）集成的 .NET 框架。在 Windows Server 2003 内集成的 .NET 框架，兼顾了集成和管理细节，降低了编码复杂性并增加了一致性。

（5）群集（8 节点支持）。Windows Server 2003 企业版和 Windows Server 2003 DataCenter 版，支持多达 8 个节点的服务器集群配置，它为任务关键型应用程序（例如数据库、消息系统以及文件和打印服务）提供高可用性和伸缩性。

（6）安全的无线 LAN（802.1X）。根据 Windows Server 2003 系列对 802.1X 的支持，为无线局域网 (LAN) 提供了安全和性能方面的改进。当有线以太网在公共场所使用时，它还提供对以太网络的访问控制。

2.1.2 Windows Server 2003 的版本

Windows Server 2003 有多种版本，每种都适合不同的商业需求。

1. Windows Server 2003 标准版

标准的英文名称是 Windows Server 2003 Standard Edition。它是一个灵活、可靠的网络操作系统，是小型企业和部门应用的理想选择。它支持 4 个处理器；最低支持 256MB 的内存，最高支持 4GB 的内存；支持文件和打印机共享；提供安全的 Internet 连接，允许集中的应用程序部署。该版本不支持群集。

群集是指多台服务器共享负责原来一台服务器的工作，它可以提供负载平衡的能力，同时，可以防止服务单点故障的产生，使网络易于扩展。

2. Windows Server 2003 企业版

标准的英文名称是 Windows Server 2003 Enterprise Edition。企业版与标准版的主要区别在于企业版支持高性能服务器，并且可以群集服务器，以便处理更大的负荷。在一个系统或分区中最多支持 8 个 CPU 和 64 位的计算机平台，8 节点群集，最高支持 32GB 的内存。企业版为满足各种规模的企业一般用途而设计，支持更多的用户和更复杂的网络应用，提供高度可靠、高性能的软件服务，是构建各种应用程序、Web 服务和基础结构的理想平台，是一种全功能的服务器操作系统。

3. Windows Server 2003 数据中心版

标准的英文名称是 Windows Server 2003 Datacenter Edition。它是针对要求最高级别的可伸缩性、可用性和可靠性的大型企业或国家机构等而设计的，支持关键业务数据库解决方案、企业资源规划软件、高容量实时事务处理以及服务器合并。它是更强大的服务器操作系统。数据中心版分为 32 位版与 64 位版，32 位版本支持 32 路对称多处理器 (SMP)、64 GB 内存；64 位版本支持 64 路对称多处理器(SMP)、512 GB 内存。数据中心版一般不单独销售，可以通过指定的合作伙伴获得。

4. Windows Server 2003 Web 版

标准的英文名称是 Windows Server 2003 Web Edition。它是 Windows 操作系统的新产品，主要目的是作为 Web 服务器使用，用于构建和存放 Web 应用程序、网页和 XML Web 服务，提供一个快速开发和部署的 XML Web 服务和应用程序的平台，提供快速开发和部署使用 ASP.NET 技术的 XML Web 服务和应用程序。支持双处理器，最低支持 256MB 的内存，最高支持 2GB 的内存。

2.1.3　Windows Server 2003 的网络功能

Windows Server 2003 具有强大的网络功能。在 Windows Server 2003 中提出了 Active Directory 的概念，为很多领域出现的广域网的管理问题提供了一个很好的解决方案。另外，Windows Server 2003 在网络安全性方面进行了很大的改进，提供了各种安全性策略，用来对企业重要的信息进行访问控制，可支持基于智能卡（SmartCard）的认证、Kerberos、公共密钥体制（PKI）、加密的文件存储、网络通信等。

用户可以通过 Windows Server 2003 配置任何网络连接，使之执行需要的任何网络功能。例如，用户可以连接到网络打印机、访问网络驱动器和文件、浏览其他网络，或者访问 Internet。

2.1.4　Windows Server 2003 的搜索界面

在 Windows Server 2003 中，“查找”已经更名为“搜索”，位于“开始”菜单中。可使用“搜索”功能搜索网络上的文件和文件夹、打印机以及其他计算机和用户。其中的 “搜索选项”使得搜索文件和文件夹、打印机、用户以及网络中的其他计算机更加容易。使用“搜索助理”时，可以指定多个搜索标准，如可以按名称、类型及大小搜索文件和文件夹。启动“搜索”功能的方法如下。

（1）执行“开始”→“搜索”命令，然后选择“文件或文件夹”选项，打开“搜索结果”对话框如图 2-1 所示。

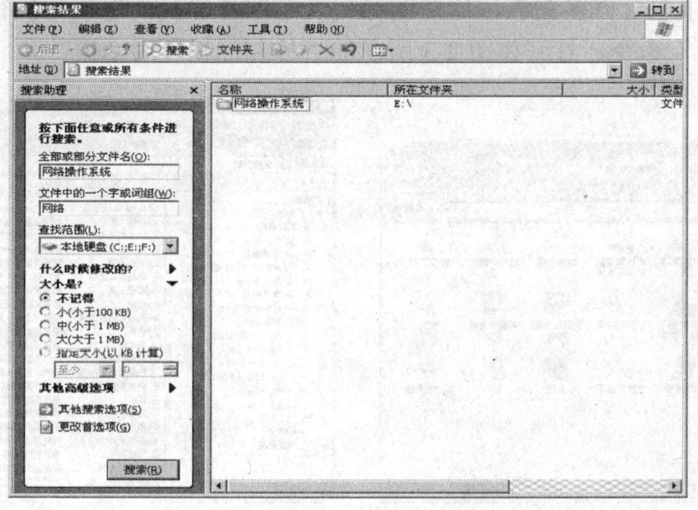

图 2-1　“搜索结果”对话框

（2）指定搜索包含的特定项目，如文件的类型等。如果正使用 Active Directory，用户可以搜索带有特定名称或位置的打印机。如果需要特殊功能的打印机，可以指定搜索特定的型号。当完成搜索后，还可以执行“文件”→“保存搜索”命令，将搜索结果保存下来。

2.1.5 Windows Server 2003 的菜单内容

Windows Server 2003 是一个复杂的操作系统，它提供的强大功能，使用户能够完成各种不同的工作。利用菜单，用户可以在不同的功能和应用程序之间切换，使复杂的系统变得简单易用。

1．几种常见的菜单

以资源管理器为例，说明几种 Windows 风格的标准菜单。图 2-2 所示为 Windows Server 2003 中常见的菜单。

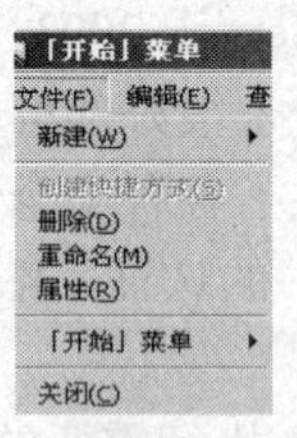

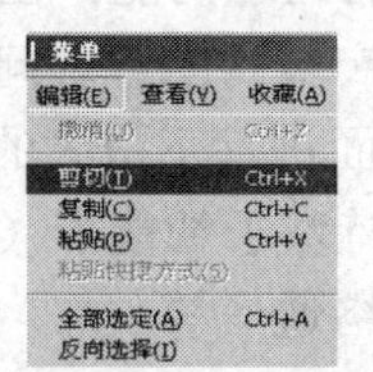

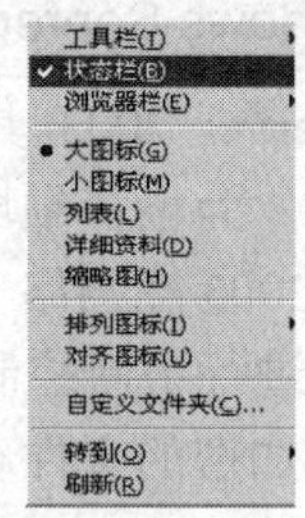

图 2-2 常见的菜单

- 文件菜单。文件菜单包括对象的创建、重命名的设置。
- 编辑菜单。编辑菜单包括复制、粘贴、选择等操作。
- 查看菜单。查看菜单包括设置窗口显示界面的性质、视图的排列以及文件选项的设置。

2．菜单的基本操作

- 鼠标操作。鼠标单击所需要的菜单项，展开菜单，用鼠标选择菜单中的命令。
- 快捷键操作。按住 Alt+菜单名称后面的字母，打开菜单，不放开 Alt 键，再按下展开的菜单中所需要的命令后面的字母，就可以实现通过菜单选择的操作。

2.1.6 Windows Server 2003 的控制面板

“控制面板”中包含许多图标，这些图标代表配置计算机的选项。执行“开始”→“设置”→“控制面板”命令，打开如图 2-3 所示的“控制面板”对话框。

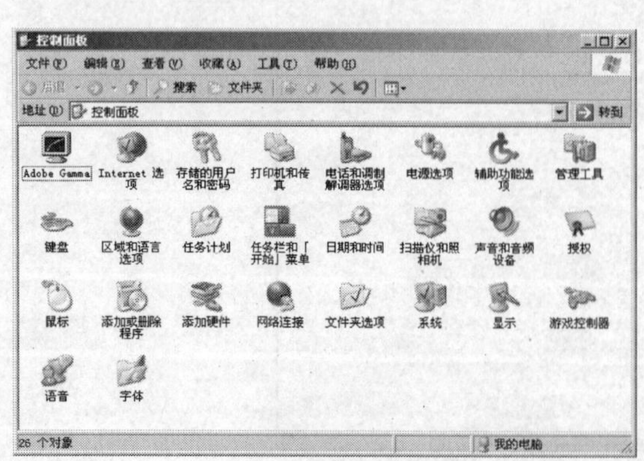

图 2-3 控制面板项目窗口

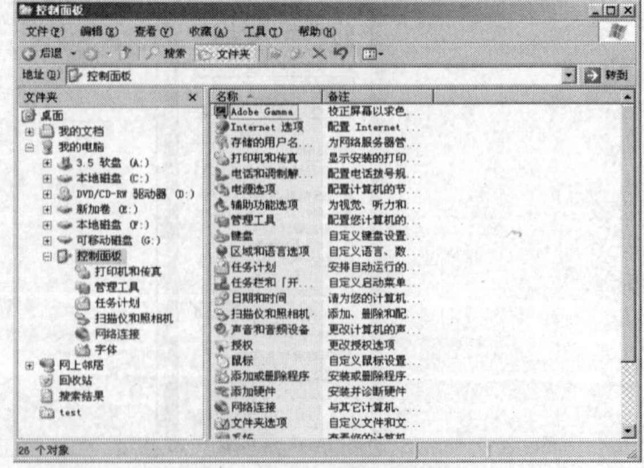

图 2-4 控制面板项目说明对话框

在“控制面板”对话框中，执行“查看”→“详细信息”命令，打开如图 2-4 所示的项目说明对话框，可以查看每个项目的说明。

1. 添加/删除程序

“控制面板”对话框中的“添加/删除程序”，可以帮助用户管理计算机上的程序，它提示用户通过必要的步骤添加新程序或更改、删除已有的程序。可以双击“添加/删除程序”图标，在打开的“添加/删除程序”对话框中，单击“添加/删除 Windows 组件（A）”按钮，添加在初始安装中没有安装的 Windows Server 2003 组件。如图 2-5 所示。

2. 添加/删除硬件

“控制面板”对话框中的“添加/删除硬件”，可以帮助用户在计算机上添加一个新设备。如果设备工作中出现问题，则选择“添加/删除硬件向导”中的“添加/排出设备故障”选项。要卸载设备，选择“添加/删除硬件向导”中的“卸载/拔掉设备”选项。如图 2-6 所示。

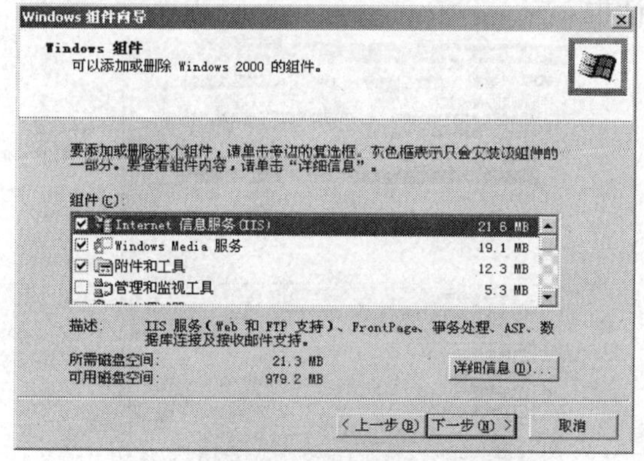

图 2-5 “添加/删除程序”对话框

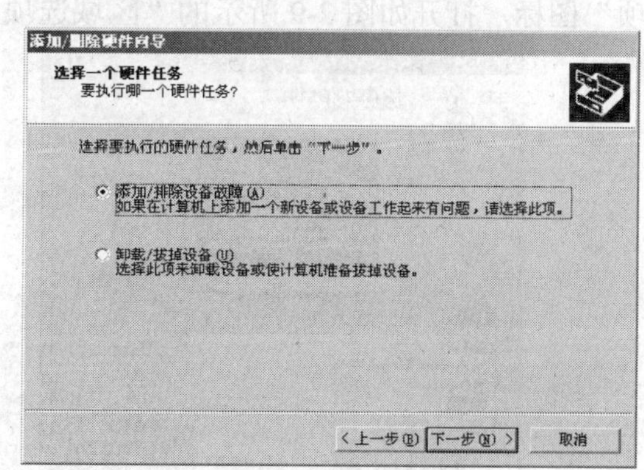

图 2-6 添加/删除硬件

3. 文件夹选项

“控制面板”对话框中的“文件夹选项”，能够改变桌面和文件夹内容的外观，并可以指定打开文件夹的方式。例如，可以选择在打开所选文件夹内的文件夹时，是打开一个窗口还是层叠窗口。另外，还可以指定文件夹的打开是通过单击鼠标还是双击鼠标来实现。在“文件夹选项”的“常规”选项卡中，可以打开“活动桌面”并在文件夹中显示超链接文本。如果要配置文件夹选项设置，则打开“控制面板”中的“文件夹选项”对话框；或者执行“开始”→“设置”→“控制面板”命令，然后双击“文件夹选项”图标；还可以在“Windows 资源管理器”中，单击“工具”，然后单击“文件夹选项”。打开如图 2-7 所示的“文件夹选项”对话框。

在“文件夹选项”的“文件类型”选项卡中，可以更改打开某些文件类型的程序；在“文件夹选项”的“脱机文件”选项卡中，可以在没有连接到网络时使存储在网络中的文件可用。在“文件夹选项”中进行的更改会应用到“Windows 资源管理器”，包括“我的电脑”、“网上邻居”、“我的文档”和“控制面板”窗口目录的外观。但是，“文件夹选项”设置不在文件夹工具栏中应用。

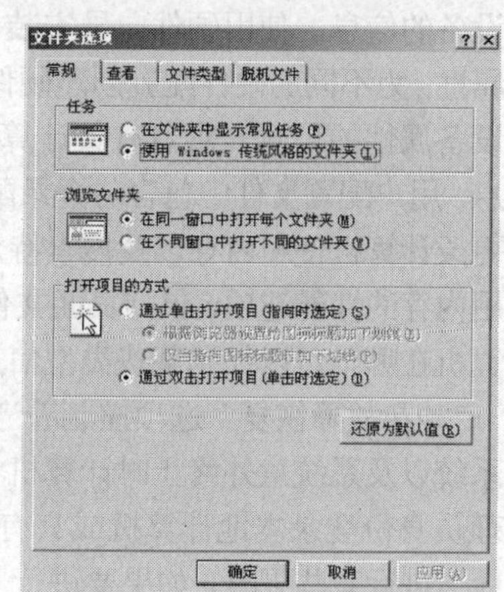

图 2-7 “文件夹选项”对话框

4. 显示

“控制面板”对话框中的“显示”，可以进行桌面项目的配置，如颜色、墙纸以及屏幕保护。如果要配置桌面项目，则双击“控制面板”对话框中的“显示”图标，打开如图 2-8 所示的“显示属性”对话框。

5. 区域选项

“控制面板”对话框中的“区域选项”，可以更改 Windows Server 2003 的显示日期、时间、货币、数字的显示方式，也可以选择公制或者美国的度量制，以及选择输入法区域设置。在切换到其他输入法区域设置时，某些程序提供特殊功能，如字体字符为不同语言设计的拼写检查程序。如果使用多种语言工作，或与使用其他语言的人交流时，则可能需要安装其他语言组。安装的每个语言组均允许用户输入和阅读用该组语言（如西欧、美国、中欧、波罗的海语等）撰写的文档。如果要配置“区域选项”，则双击“控制面板”对话框中的“区域选项”图标，打开如图 2-9 所示的“区域选项”对话框。

图 2-8 “显示属性”对话框

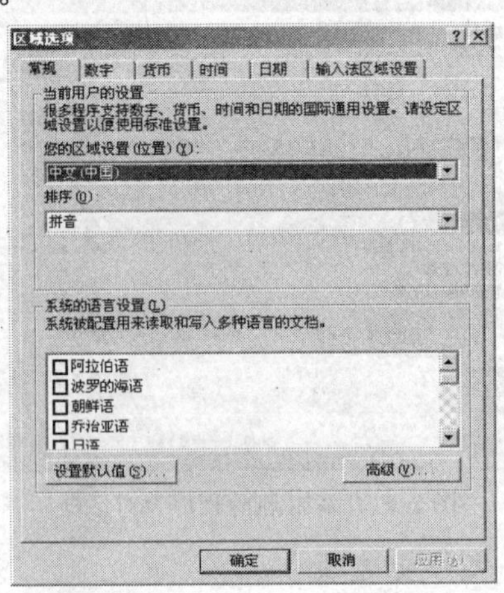

图 2-9 “区域选项”对话框

6. 系统

“控制面板”对话框中的“系统”执行的任务是：查看网络和登录信息。例如，计算机名或 DNS 域名；查看域或工作组成员的详细信息，或者启动网络识别向导并连接到网络；查看硬件和设备的信息，使用硬件向导安装、卸载，或配置硬件；显示计算机上安装的设备并允许更改设备属性；为不同的硬件配置创建硬件配置文件；搜索有关硬件和设备属性的信息，查看有关计算机连接和登录配置文件的信息，用户配置文件中包含与登录配置关联的个人设置；查看并更改计算机使用内存以及搜索特定信息的设置，更改计算机使用内存的性能选项，包括页面文件大小、注册表大小，告诉计算机在哪里可以找到某些类型信息的环境变量。“系统”中的“启动和故障恢复”选项控制着当启动计算机时将使用的操作系统以及系统意外终止时计算机将执行的操作。不过必须以管理员身份登录本地计算机或具有适当的网络特权才能对“系统”进行某些更改。如果要进行“系统”设置，则双击“控制面板”对话框中的“系统”图标，打开如图 2-10 所示的“系

图 2-10 “系统特性”对话框

统特性”对话框。在此对话框中可以对主机的网络标识、硬件配置、用户配置文件、高级特性进行设置。

7. 配置服务器

“配置您的服务器向导”是指导用户选择安装所需要的服务。操作方法是，执行“开始”→“程序”→“管理工具”→“配置您的服务器向导”命令，打开“配置您的服务器向导”对话框，如图 2-11 所示。

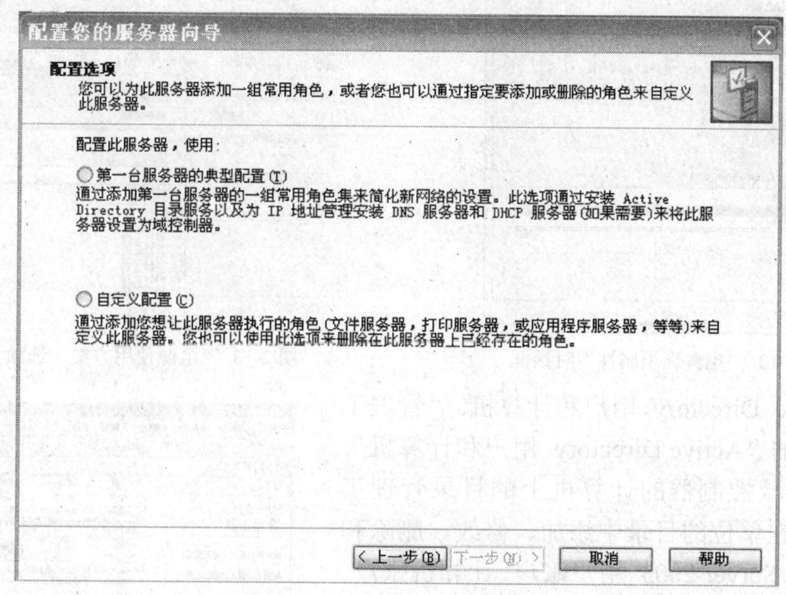

图 2-11　配置您的服务器向导

8. 电源选项

“控制面板”对话框中的“电源选项”，可以降低计算机设备或整个系统的耗电量。通过选择电源方案可以实现电源管理，电源方案就是计算机管理电源使用情况的一组设置。用户可以创建自己的电源使用方案，或者使用 Windows Server 2003 操作系统提供的方案。用户可以调整电源方案中的单个设置，如可以自动关闭监视器和硬盘以节省电能。如果要进行“电源选项”的设置，则双击“控制面板”对话框中的“电源选项”图标，打开如图 2-12 所示的“电源选项属性”对话框。

当计算机空闲时可以将其置于待机状态。在待机状态时整个计算机将切换到低能耗状态，如监视器和硬盘将关闭，计算机使用很少的电能。想重新使用计算机时，它能快速退出待机状态，并且桌面精确恢复到进入待机时的状态。如果想离开计算机较长时间，应使计算机进入待机状态，这样，整个系统将置于低能耗状态。待机状态并没有将桌面状态保存到磁盘，因此待机状态时的电源故障可能会丢失未保存的信息。

当计算机进入休眠状态时，休眠特性将关闭监视器和硬盘，并将内存中的所有内容保存到硬盘，然后关闭计算机。重新启动计算机时，桌面精确恢复为用户离开时的状态。计算机退出休眠状态比退出等待状态需要的时间长。如果要离开计算机很长时间或一整夜，应该将计算机置于休眠状态。如果要进行“电源选项”的配置，单击图 2-12 中的“电源使用方案”选项卡，打开如图 2-13 所示的对话框。

9. 管理工具

“控制面板”对话框中的“管理工具”包含许多实用程序，利用这些实用程序可以实现对系统的管理、监测等。如果要进行“管理工具”的配置，双击“控制面板”对话框中的“管理工具”图标，打开如图2-14所示的对话框。

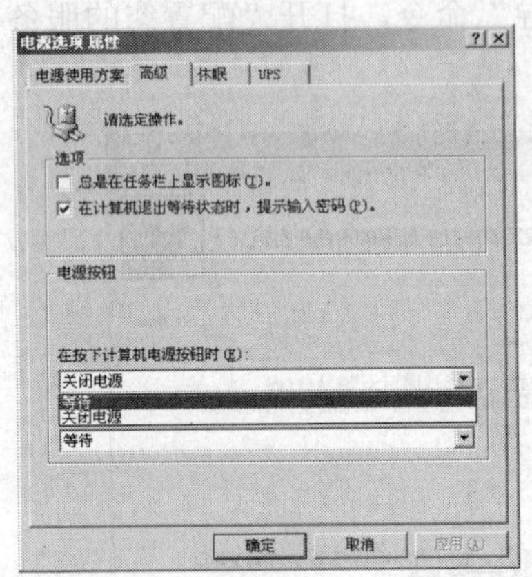

图2-12 “电源选项属性”对话框

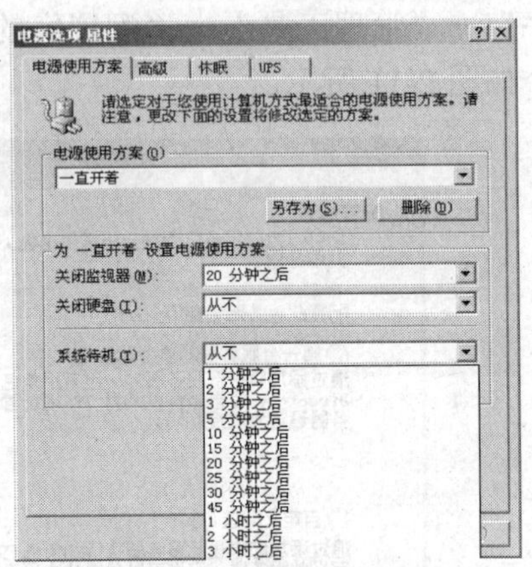

图2-13 “电源使用方案”选项卡

（1）Active Directory 用户和计算机。“管理工具”对话框中的“Active Directory 用户和计算机”，是安装在作为域控制器的计算机上的目录管理工具。允许用户在单位的目录中添加、修改、删除和组织 Windows Server 2003 用户账户、计算机账户、安全和通信组以及公布的资源。如果要进行“Active Directory 用户和计算机”的配置，则双击“管理工具”对话框中的“Active Directory 用户和计算机”图标，打开如图2-15所示的“Active Directory 用户和计算机”对话框。

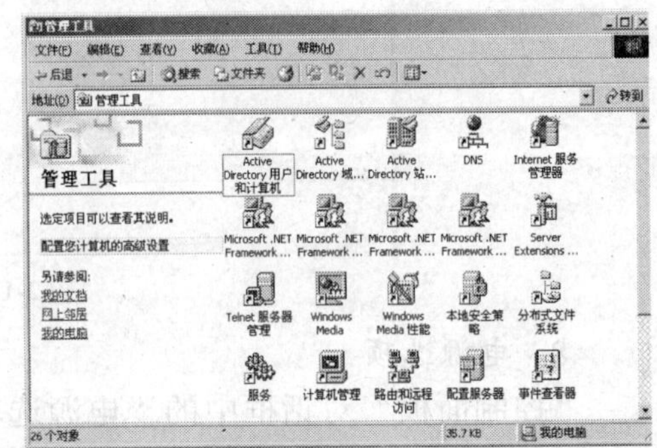

图2-14 “管理工具”对话框

（2）计算机管理。“管理工具”对话框中的“计算机管理”，用于管理本地或远程计算机。“计算机管理”将几个 Windows Server 2003 管理工具合并到了一个控制台中，使得访问特定计算机的管理属性非常容易。如果要进行“计算机管理”的设置，则双击“管理工具”对话框中的“计算机管理”图标，打开如图2-16所示的“计算机管理”对话框。

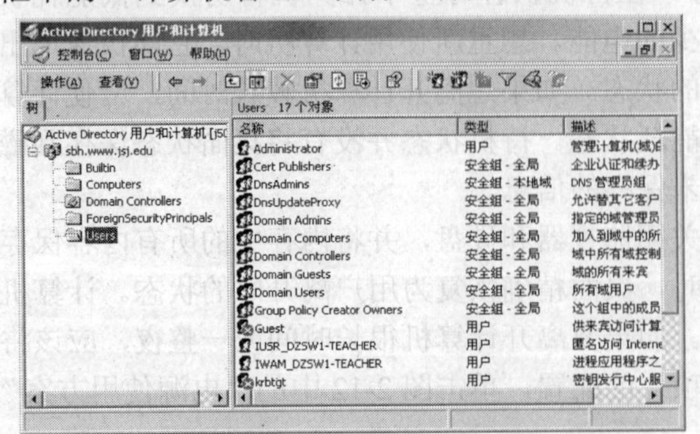

图2-15 “Active Directory 用户和计算机”对话框

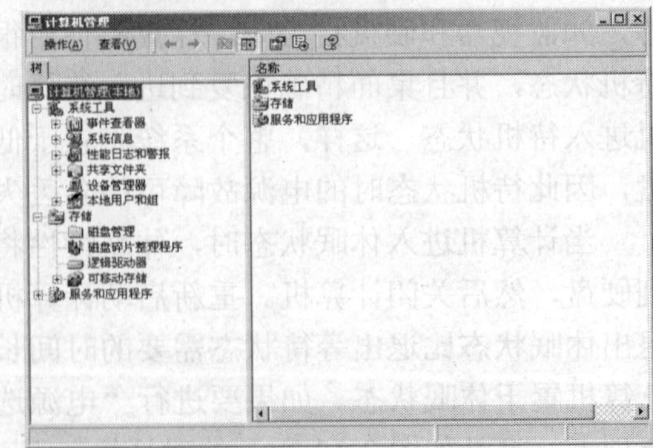

图2-16 “计算机管理”对话框

（3）本地安全策略。“管理工具”对话框中的“本地安全策略”，用于配置本地计算机的安全设置。这些设置包括密码策略、账户锁定策略、审核策略、IP 安全策略、用户权利指派、加密数据的恢复代理以及其他安全选项。本地安全策略只有在不是域控制器的 Windows Server 2003 计算机上才可以使用。如果计算机是域的成员，这些设置将被从域收到的策略替代。如果要进行“本地安全策略”的配置，则双击“管理工具”对话框中的“本地安全策略”图标，打开如图 2-17 所示的“本地安全设置”对话框。

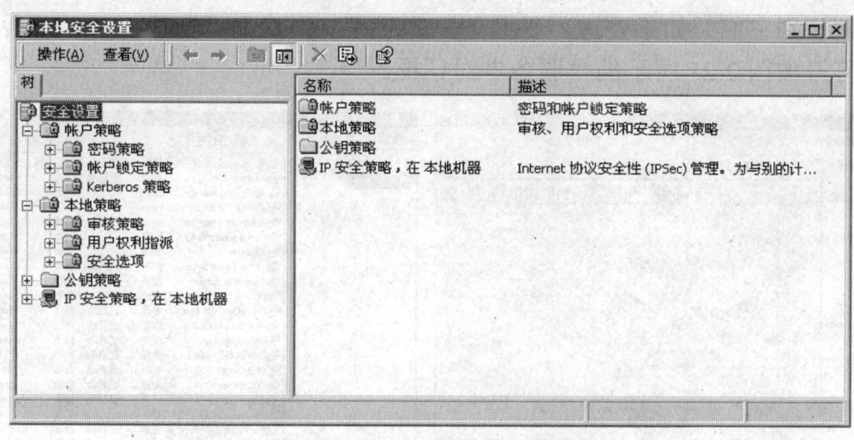

图 2-17 “本地安全设置”对话框

（4）事件查看器。“管理工具”对话框中的“事件查看器”，用于查看和管理计算机上的系统日志、程序以及安全性事件。“事件查看器”搜集关于硬件和软件问题的信息，并监视 Windows Server 2003 安全性事件。如果要进行“事件查看器”的配置，则双击“管理工具”对话框中的“事件查看器”图标，打开如图 2-18 所示的“事件查看器”对话框。

（5）数据源。“管理工具”对话框中的“数据源（ODBC）”，称为开放式数据库连接，是一个编程接口，它允许程序访问使用结构化查询语言（SQL）作为数据访问标准的数据库管理系统中的数据。如果要进行“数据源（ODBC）”的配置，则双击“管理工具”对话框中的“数据源（ODBC）”图标，打开如图 2-19 所示的“ODBC 数据源管理器”对话框。

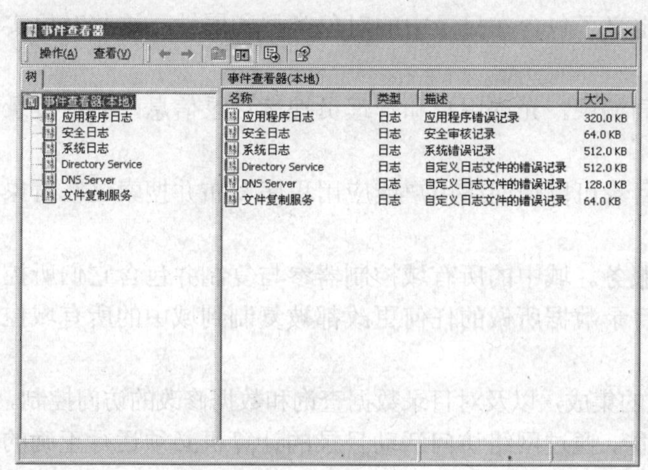

图 2-18 “事件查看器”对话框

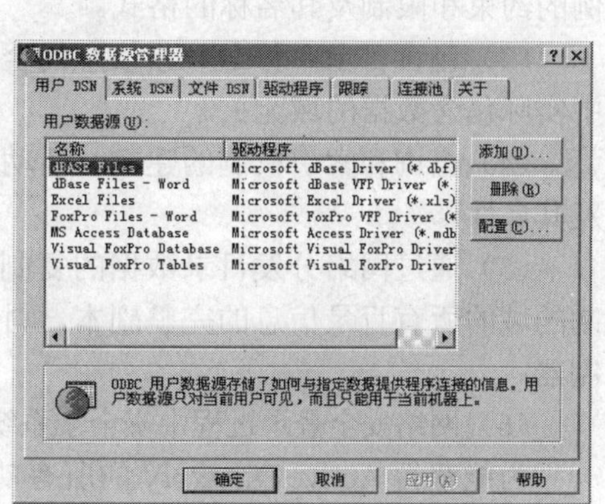

图 2-19 “ODBC 数据源管理器”对话框

（6）性能。“管理工具”对话框中的“性能”，用于收集和查看与内存、磁盘、处理器、网络以及图形、直方图或者报表中其他活动有关的实时数据。如果要进行“性能”的配置，则双击“管理工具”对话框中的“性能”图标，打开如图 2-20 所示的“性能”对话框。

（7）服务。“管理工具”对话框中的“服务”，用于管理计算机提供的各种服务，设置启动方式以及要发生的恢复操作（如果服务失败），并且可以为服务创建自定义名字和描述，从而能够方便地识别它们。如果要进行“服务”的配置，则双击“管理工具”对话框中的“服务”图标，打开如图 2-21 所示的“服务”对话框。

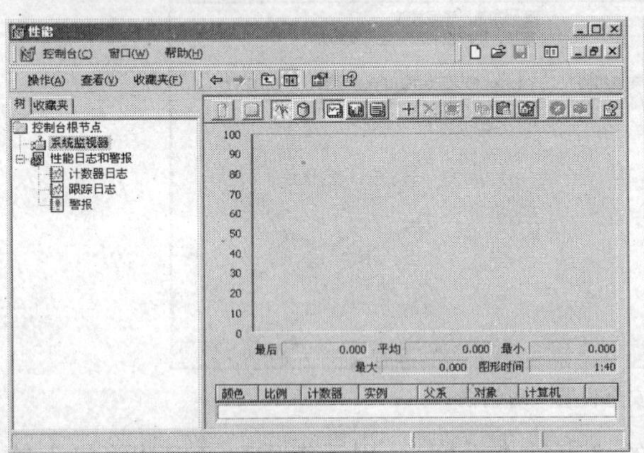

图 2-20 “性能”对话框

图 2-21 “服务”对话框

2.1.7 Windows Server 2003 的活动目录

活动目录（Active Directory）是存储有关网络上对象信息的层次结构，提供了用于存储目录数据并使该数据可由网络用户和管理员使用的方法。例如，Active Directory 存储了有关用户账户的信息（名称、密码、电话号码等），并允许相同网络上的其他已授权用户访问该信息。Active Directory 具有下列功能。

（1）数据存储，也称为目录。它存储着与活动目录对象有关的信息。这些对象通常包括共享资源，例如服务器、文件、打印机、网络用户和计算机账户。

（2）一套规则，即架构。活动目录定义了包含在目录中的对象类型和属性，这些对象实例的约束和限制及其名称的格式。

（3）包含目录中每个对象信息的全局编录。允许用户和管理员搜索目录信息，而与目录中实际包含数据的域无关。

（4）查询和索引机制的建立。活动目录可以使网络用户或应用程序发布并搜索这些对象及其属性。

（5）通过网络分发目录数据的复制服务。域中的所有域控制器参与复制并包含它们所控制的域的所有目录信息的完整副本。对目录数据所做的任何更改都被复制到域中的所有域控制器。

（6）网络安全登录过程中安全子系统的集成，以及对目录数据查询和数据修改的访问控制。

为能获得 Active Directory 的所有功能，通过网络访问活动目录的计算机必须运行正确的客户软件。

2.1.8　Windows Server 2003 的网络连接

为了连接到网络，必须首先安装和配置相应的协议，然后安装和配置服务。TCP/IP 是默认的协议，它是在安装 Windows Server 2003 操作系统的过程中自动安装的。为了连接到 Windows Server 2003 操作系统网络，必须安装 TCP/IP。为了简化连接到网络的过程，在 Windows Server 2003 操作系统安装过程中，自动安装了下列服务。

（1）Microsoft 网络的客户机。

（2）针对 Microsoft 网络的文件和打印机共享。

（3）TCP/IP。

1．配置 TCP/IP，使用静态的 IP 地址

（1）鼠标右键单击“网上邻居”图标，在弹出的快捷菜单中选择“属性”选项，打开如图 2-22 所示的“网络和拨号连接”对话框。

（2）在“网络和拨号连接”对话框中，用鼠标右键单击“本地连接”图标，在弹出的快捷菜单中选择“属性”选项，打开如图 2-23 所示的“本地连接属性”对话框。

（3）双击“Internet 协议（TCP/IP）”选项，打开如图 2-24 所示的“Internet 协议（TCP/IP）属性”对话框，在其中输入 IP 地址及子网掩码。

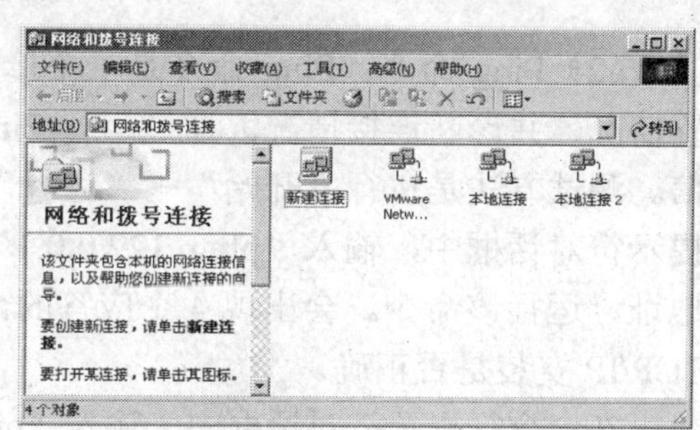

图 2-22　“网络和拨号连接”对话框

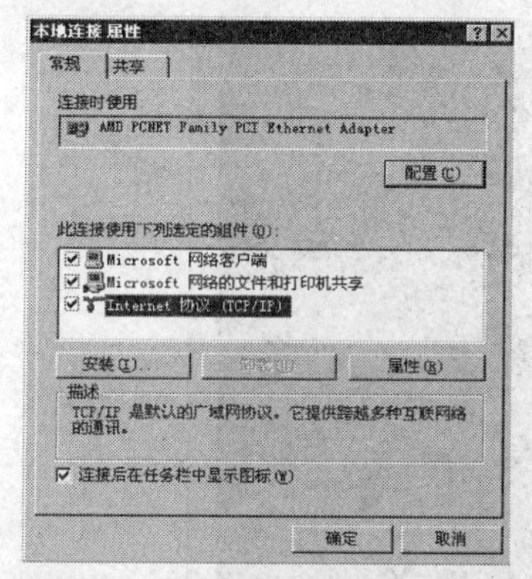

图 2-23　“本地连接属性”对话框

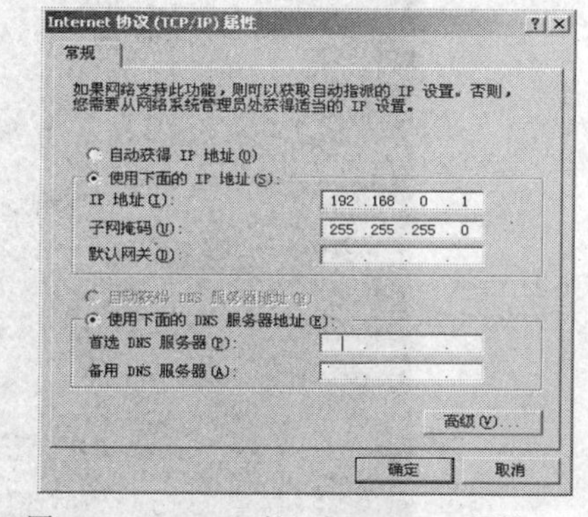

图 2-24　“Internet 协议（TCP/IP）属性”对话框

2．确认和测试 TCP/IP 配置

在配置了 TCP/IP 之后，利用 Ipconfig 命令和 Ping 命令确认和测试 TCP/IP 配置情况。

（1）Ipconfig 命令。在命令行提示符对话框中，输入“ipconfig”，执行 Ipconfig 命令，显示计算机上 TCP/IP 的配置情况的信息，并确定该计算机是不是用 TCP/IP 初始化的，可以查看所显示的信息，用于确认该计算机的配置情况是否正确。如果 TCP/IP 已经初始化，则 Ipconfig 命令显示计算机上各个网络适配器的 IP 地址和子网掩码以及默认的网关。测试方法是执行“开始”→“运行”命令，打开“运行”对话框，输入“cmd”，单击“确定”按钮，打开如图 2-25 所示的命令行提示符对话框。输入“ipconfig”，按下 Enter 键，系统将把 IP 地址、子网掩码、默认网关的 IP 地址显示出来。

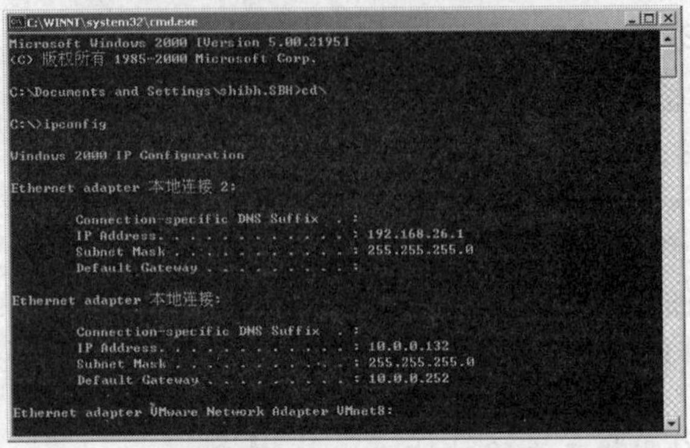

图 2-25　Ipconfig 命令窗口

（2）Ping 命令。Ping 命令是一个诊断工具，可以利用它测试两个计算机间 TCP/IP 的配置情况，并诊断连接情况。通过运行 Ping 命令，可以确定是否可以与另一个 TCP/IP 主机通信。测试方法是执行“开始”→“运行”，输入“cmd”命令，单击“确定”按钮。在命令行提示符对话框中，输入“ping 127.0.0.1”，则执行 ping 127.0.0.1 命令。127.0.0.1 是一个回送地址，运行该命令。会出现 4 个应答的命令行，显示测试网络的连通性，用于确认计算机的 TCP/IP 安装是否正确。

在命令行提示符对话框中，输入“ping 192.168.1.100”，192.168.1.100 是本计算机的 IP 地址，执行该命令，用以确认计算机的 IP 地址的配置是否正确。如果 Ping 非本网段的地址，则显示目的主机不可达的信息，而 Ping 本网段的地址，则数据包正确送达，结果如图 2-26 所示。

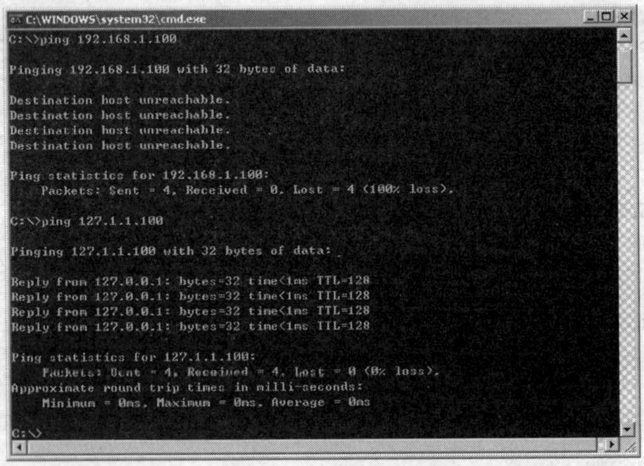

图 2-26　Ping 命令的显示结果

2.2　Windows Server 2003 的系统安装

2.2.1　安装前的准备

Windows Server 2003 是一种多任务的网络操作系统，可以按照网络需要，以集中或分布的方式，配置各种服务器角色，如 Web、DNS、FTP、DHCP、流媒体等多种类型的服务器。用户可以通过多种不同的方式安装服务器，Windows Server 2003 操作系统对于硬件的要求比较高，在进行系统安装前，首先应保证设备符合安装的最低要求，并尽量满足推荐设备。各版本安装的硬件要求如表 2-1 所示。

表 2-1　　不同版本 **Windows Server 2003** 的安装系统需求

硬件需求	标 准 版	企 业 版	数据中心版	Web 版
最低 CPU 配置	133MHz	133MHz	400MHz	133MHz
最低内存配置	128MB	128MB	512MB	128MB
多处理器的支持		多达 8 个	最少 8 个，最多 32 个	1 个或 2 个
最少硬件空间	1.5GB	1.5GB	1.5GB	1.5GB
群集节点数	无	最多 8 个	最多 8 个	无

以上所列的是最低配置，通常情况下的使用配置一般比最低配置高 2 倍。Windows Server 2003 操作系统可以管理的内存容量上限为 4GB，硬盘最少保留有 1GB 的自由空间。

其他硬件配置包括显示设备、网络适配器、光驱、键盘、鼠标等，均要保证与 Windows Server 2003 兼容。

为了确保能顺利的安装 Windows Server 2003 操作系统，安装前应做如下的准备工作。

（1）切断不必要的硬件设备。如果当前的计算机连接了打印机、扫描仪等设备，在进行安装之前，要将这些设备连线拔下或断开电源，以免系统检测连接到计算机的所有设备。

（2）查看软件和硬件的兼容性。如果是升级安装，执行的第一个过程是检查计算机硬件和软件的兼容性，并在执行安装之前显示一个报告，该报告显示升级前是否需要更新硬件、驱动程序或软件。

（3）检查系统日志错误。如果计算机中以前安装过 Windows 的其他版本，则在安装前，最好使用“事件查看器”查看系统日志，寻找可能在升级期间引发问题的最新错误或重复发生的错误。

（4）备份文件。如果从已有的操作系统升级安装，建议在升级前备份当前的文件，特别是重要的数据文件、用户信息文件等，以备继续使用。

（5）重新格式化硬盘，在不需要多操作系统并存的情况下，安装前最好进行硬盘的格式化，以加快操作系统的安装。当然，也可以在安装过程中进行硬盘的重分区格式化。

2.2.2　选择安装模式

对于不同的环境，用户可以利用不同的方式启动 Windows Server 2003 操作系统安装程序。

1. 从引导光盘安装

这是一种最常用的安装方法，如果计算机能引导到光驱，可以将 Windows Server 2003 操作系统光盘插入光驱中，并重新启动计算机。

2. 在运行 Windows XP/2000 Server 的计算机上安装

如果计算机已经安装另一种操作系统，要升级操作系统或双重引导计算机，则可以将计算机引导到已经安装的另一种操作系统中，根据运行的操作系统，可以在 I386 文件夹中用下列命令之一开始安装。

（1）对于 Windows 9x 或 Windows NT，运行 Winnt32.exe 程序。

（2）对任何其他操作系统，运行 Winnt.exe 程序。在需要 Windows Server 2003 与其他操作系统并存的情况下，可以使用这种方式，实现双重启动。

3. 从网络安装

将计算机通过网络连接线接入网络中，并为安装程序文件提供网络访问的服务器。这种方式适合于在网络中安装多台系统的场合。

如果将 Windows Server 2003 操作系统和其他操作系统安装在同一台计算机上，必须将 Windows Server 2003 操作系统放在计算机的一个单独分区上。这就确保了 Windows Server 2003 不会覆盖其他操作系统需要的关键文件。

4. 通过远程服务器进行安装

远程安装需要一台远程安装服务器，该服务器要进行适当的配置，可以把一台安装好 Windows Server 2003 和各种应用程序并做好了各种配置的计算机上的系统做成一个映像文件，把文件放在远程安装服务器上，通过网卡和软盘启动客户机，从远程安装服务器上开始安装，这种方式非常适合有多台配置基本相同的学校机房的安装。

5. 无人值守的安装

在 Windows Server 2003 的安装过程中，通常需要回答很多问题，如计算机名、系统分区等，通过配置一个应答文件，在文件中保存安装过程中需要输入的信息，主安装程序从应答文件中读取所需要的信息，即可完成操作系统的安装，从而减少了管理员的工作量。

2.2.3 选择全新安装或升级安装

全新安装就是将原来的操作系统全部清除，在格式化硬盘的新分区上安装操作系统。而升级安装用 Windows Server 2003 替换原来 Windows 某个版本的操作系统，保留原操作系统已安装的应用程序。

（1）全新安装。需要将硬盘重新规划，重新进行分区，格式化所有分区，对原有的应用程序和关键数据进行备份，以保证安装完成后，这些重要的数据能恢复，重要的应用程序可以重新安装。

（2）升级安装。执行升级安装，安装程序会自动将 Windows Server 2003 安装在当前操作系统所有的文件夹内，系统会保留现在的用户、设置、组、权利和权限。原有的文件和应用程序也会保留，可以继续使用。

2.2.4 确定文件系统

Windows Server 2003 操作系统支持 4 种文件系统类型，它们是文件分配表系统（FAT）、FAT32 文件系统、Windows NT 文件系统（NTFS）、激光磁盘归档系统（CDFS）。这 4 种文件系统各有自己的优点和局限性，其中激光磁盘归档系统主要用来支持对光盘的访问，仅应用在对光盘进行读写操作的光驱设备上。

FAT 文件系统支持的容量最大为 4GB，最大文件大小为 2GB，不支持域。文件分配表系统是唯一被 Windows 3.x、Windows95/98、MS-DOS 所支持的文件系统。所以，如果想要配置一台 Windows Server 2003 计算机，实现与 Windows95/98、MS-DOS 的双启动，硬盘的第一分区必须是文件分配表系统。

FAT32 文件系统是 Microsoft 公司为 Windows 操作系统引入的新型文件系统，性能优于文件分配表系统。FAT32 文件系统支持容量从 512MB～2TB，最大文件为 4GB，不支持域，Windows Server 2003 全面支持 FAT32 文件系统。

Windows NT 文件系统是最强大的文件系统，它支持各种新功能。Windows NT 文件系统支持 Active Directory，利用 AD 可以方便地查看和控制网络资源。支持文件加密，极大地增强了安全性。可以对单个文件设置权限，而不仅仅是对文件夹进行设置。支持磁盘配额，以便监视和控制单个用户使用的磁盘空间量。Windows NT 文件系统支持 10MB～2TB 硬盘空间，无法用在软盘上，文件大小只受卷的容量限制。

在安装 Windows Server 2003 的过程中，要选择适当的文件系统。对于未格式化分区，可以选择格式化为 NTFS 文件系统、FAT 文件系统等。如果希望在运行 Windows Server 2003、MS-DOS、Windows9x 或 OS/2 时能访问该分区上的文件，请选择 FAT 文件系统。对于现有的分区，默认选项是保持当前完整的文件系统，保留分区上的现有文件。基于各方面因素的考虑，如果用户不使用多重操作系统配置，推荐使用 NTFS 文件系统。

2.2.5　选择附加组件

在运行安装程序执行安装之前，需要确定安装 Windows Server 2003 的可选组件。对于 TCP/IP 网络用户通常需要的组件包括 DHCP（Dynamic Host Configuration Protocol）、DNS（Domain Name Service）和 WINS（Microsoft Windows Internet Name Service）。要选取这些组件，可在安装过程中，在“Windows Server 2003 组件”对话框内，选择“网络服务”复选框，并单击“详细资料”按钮，然后选择所需的一个或多个组件。

如果在完成安装后，还需要使用其他组件，可以再添加组件，执行“开始”，→“设置”→“控制面板”命令，在“控制面板”对话框中，双击“添加/删除程序”图标。在“添加/删除程序”对话框中，单击“添加/删除 Windows 组件”按钮即可完成添加操作。

2.2.6　确定许可证方式

当用户安装 Windows Server 2003 时，用户需要为每个连接到这台服务器的客户机提供客户访问协议（Client Access License, CAL）。用户可以选择以下两种客户访问协议模式。

（1）每客户（Per Seat）。提供给每台访问 Windows Server 2003 的客户机单独的 CAL，使用每客户模式的客户机，可以访问网络中的任务一台 Windows Server 2003 服务器，如果网络中有多台服务器，可以采用这种访问协议。

（2）每服务器（Per Server）。提供给每个服务器单独的 CAL，这种模式对同时连接到 Windows Server 2003 的客户端数量进行了限制，在安装时，需要选择客户机的同时连接数。这种方式适合于只有一台服务器的小型局域网。

选择哪种客户访问协议，根据需要确定。如果有多个服务器，并且所有服务器上的客户访问许可证总数大于或等于网络上的计算机总数时，选择每客户，其他环境下选择每服务器。

注意：如果暂时无法做出最终选择，可以暂时选择每服务器模式，因为每服务器模式可以方便地转换为每客户模式，反之不成立。

2.2.7　硬盘分区的规划

磁盘分区是一种划分物理磁盘的方式，以便每个部分都能够作为独立的单元使用，在磁盘上创建分区时，可以将磁盘划分为一个或多个区域，并可以使用 FAT、NTFS 文件系统进行格式化，主分区是安装和加载操作系统的所需要文件的分区。

运行安装程序之前，需要确定安装 Windows Server 2003 操作系统所需要的磁盘分区的大小，为安装在此分区上的操作系统、应用程序及其他文件预留足够的空间。Windows Server 2003 至少需要 2GB 的磁盘空间。还需要考虑可选组件、活动目录信息、日志、Service Pack 等，再考虑应用程序的空间和虚拟磁盘的空间需要，一般情况下，需要 10GB 以上的磁盘空间。

在安装过程中，只需要创建和规划要安装 Windows Server 2003 的磁盘分区，安装完毕后，可使用磁盘管理器进行新建和管理其他磁盘和卷，将已创建的分区删除、重命名和重新格式化等，也可以添加和卸载硬盘以及在基本及动态格式之间升级和还原硬盘。

2.2.8 选择启动方式

用户有时需要在不同的情况下使用不同的操作系统，为此，Windows Server 2003 支持用户采用多重启动的配置。计算机每次重新启动时，都可以在两个或多个操作系统之间选择。不同的操作系统和 Windows Server 2003 共存时要注意的问题如下。

1. Windows NT 4.0 与 Windows Server 2003

（1）不要在包含 Windows Server 2003 和 Windows NT 的计算机上只使用 Windows NT 文件系统。

（2）将每个操作系统安装在单独的驱动器或磁盘分区上。当执行 Windows Server 2003 的全新安装时会把它安装在没有其他操作系统存在的分区上。

（3）不要将 Windows Server 2003 安装在压缩驱动器上。

（4）在各个系统所在的分区上安装它们各自使用的应用程序。

（5）如果计算机位于域中，计算机每个 Windows NT 4.0 Server 或 Windows Server 2003 安装都必须使用不同的计算机名。

2. Windows XP 与 Windows Server 2003

（1）尽量先安装 Windows XP 操作系统，之后再安装 Windows Server 2003。

（2）对于包含 Windows XP 和 Windows Server 2003 的计算机，要注意主分区的分区格式。

3. 多个 Windows Server 2003

如果计算机参加某个 Windows Server 2003 域，每次安装都必须使用不同的计算机名。

2.3 安装 Windows Server 2003

对于不同的环境，用户可以利用不同的方式启动 Windows Server 2003 安装程序，下面介绍在不同的环境中安装 Windows Server 2003 的步骤。

2.3.1 利用 Windows Server 2003 光盘安装

操作步骤如下。

（1）确定要安装的计算机是否可从光盘驱动器启动，是否执行全新安装（不是升级），只有满足以上两点才能继续。

（2）关闭计算机，将光盘插入驱动器。

（3）启动计算机，并等待安装程序显示对话框。

（4）根据安装向导，在每一步的安装过程中，选择合适的安装内容。

2.3.2　从 Windows NT/XP 升级安装

运行光盘根目录下的 Setup.exe 文件，等待安装程序显示对话框。

如果计算机中运行的操作系统是高于 Windows 3.x 的任何版本的 Windows 操作系统，可以直接运行 I386\Winnt32.exe 文件，等待安装程序显示对话框。升级启动安装程序对话框如图 2-27 所示。

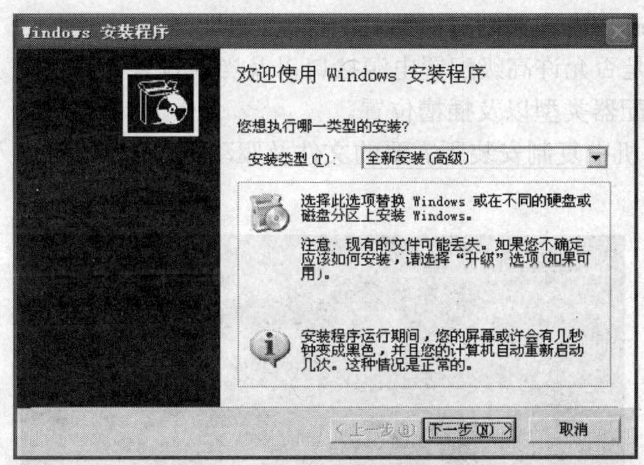

图 2-27　升级启动安装程序对话框

对于运行 Windows 3.x 的计算机，使用文件管理器转到光盘驱动器，并进入 I386 目录。然后双击 Winnt.exe 文件。直接运行 I386\Winnt32.exe 文件。

2.3.3　Windows Server 2003 光盘安装

做好前期的准备工作之后，进入安装阶段，Windows Server 2003 的安装过程分为文本模式安装、图形模式安装和网络配置，下面以光盘安装方式为例介绍安装过程。

（1）在 CMOS 中设置从光盘引导计算机，将 Windows Server 2003 安装光盘置于光驱中，重新启动计算机，计算机会自动直接从光盘启动到安装界面，如果计算机内安装有其他的操作系统，计算机会显示“Press any Key to boot from CD……”提示信息，此时按任意键，系统从光盘引导。

（2）准备安装 SCSI 设备：从光盘启动后，计算机会出现蓝色界面的“Windows Setup”。安装程序会先检测计算机中的硬件设备，如果安装了 RAID 卡或 SCSI 设备，则安装程序界面底部会显示“Press F6 if you need to install a third party SCSI or RAID driver……”提示信息。按下 F6 键，准备为该 RAID 卡或 SCSI 设备提供驱动程序，用户可根据提示信息，安装特定的 SCSI 设备。

注意： 如果计算机没有 SCSI 接口或 RAID 卡，则不需要进行这一步操作。

1. 字符界面安装阶段

（1）安装程序启动，系统首先自动收集硬件信息。

① video：显示适配器类型以及数量。

② network：网络适配器 IRQ、I/O 地址和总线类型。

③ SCSI controller：SCSI 适配器型号、IRQ、总线类型。

④ Mouse：鼠标端口或者类型（串口、PS/2 或 USB）。

⑤ I/O port：每个 I/O 端口的 IRQ、I/O 地址、DMA。

⑥ Sound adapter：声卡 IRQ、I/O 地址、DMA。

⑦ USB：通用串行总线设备（universal serial bus）。

⑧ PC Card：适配器类型以及插槽位置。

⑨ Plug and play：BIOS 中是否允许即插即用 BIOS settings、BIOS 更新以及时间。

⑩ External modem：外置调制解调器端口连接（COM1、COM2）。

⑪ Internal modem：内置调制解调器 IRQ、I/O 地址。

⑫ ACPI：当前是否允许高级配置电源接口以及当前设置。

⑬ PCI：PCI 适配器类型以及插槽位置。

安装程序向计算机中复制安装所需要的文件及驱动程序，完成后进入如图 2-28 所示的安装界面。

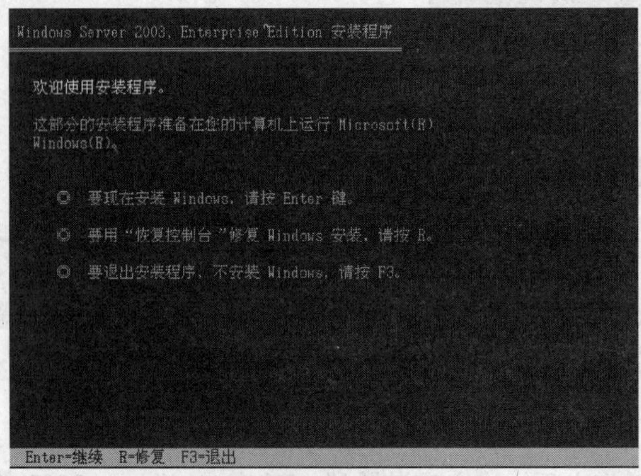

图 2-28 安装程序界面

（2）Windows 授权许可。按下 Enter 键后，进入 Windows 授权许可界面，如图 2-29 所示，使用 Page Up 键或 Page Down 键进行许可内容的阅读，按下 F8 键接受许可的内容。

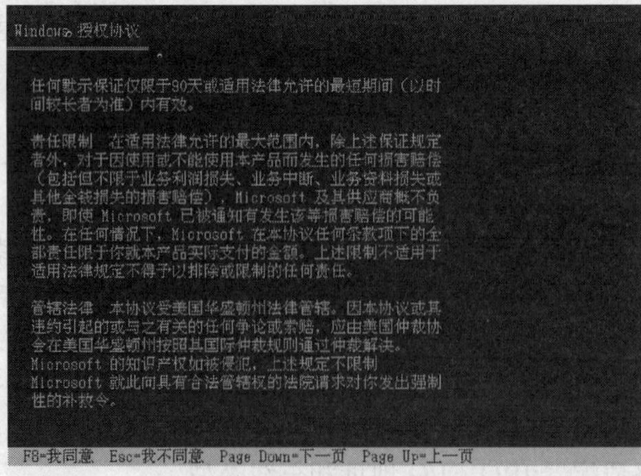

图 2-29 Windows 授权许可界面

（3）创建分区并格式化。对于一个未使用的磁盘，会进入如图 2-30 所示的磁盘分区界面，用户按 C 键可进行新分区的创建，并选择合适的文件系统将新建的分区进行格式化，如图 2-31 所示。

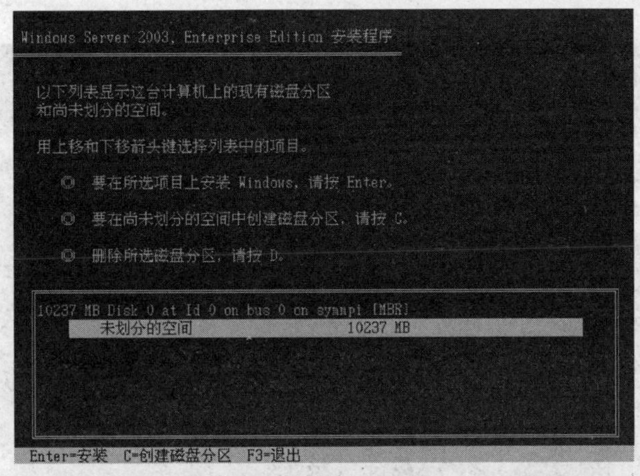

图 2-30　创建新分区

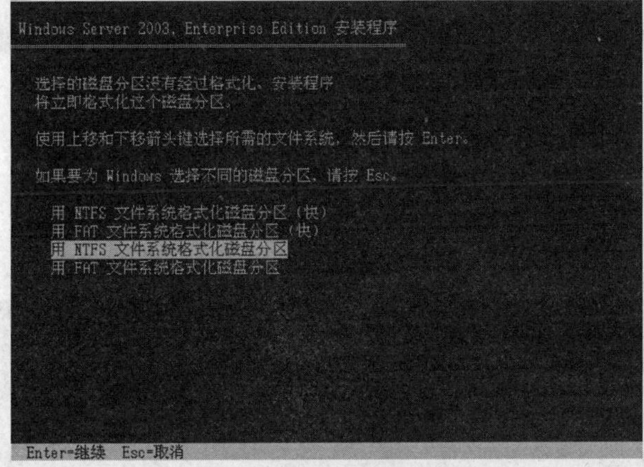

图 2-31　进行分区的格式化

（4）复制安装文件。格式化完成后，系统会向硬盘复制安装文件，并在蓝色安装界面上显示复制完成的百分比，如图 2-32 所示。

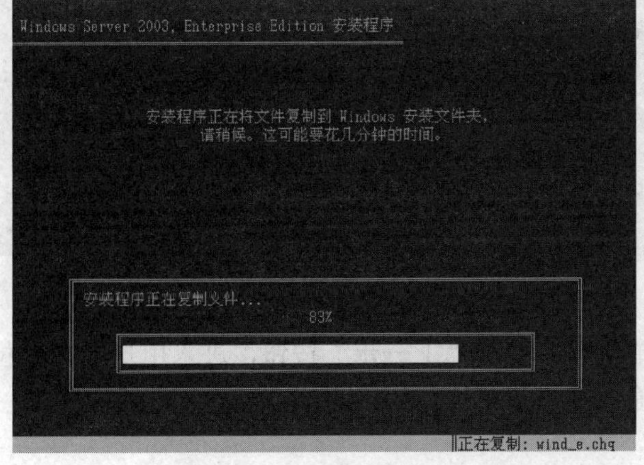

图 2-32　显示复制文件百分比

2. 图形界面安装

（1）安装必须的应用程序。所有的文件复制完成后，系统会自动重新启动，并进入安装界面，如图2-33所示。

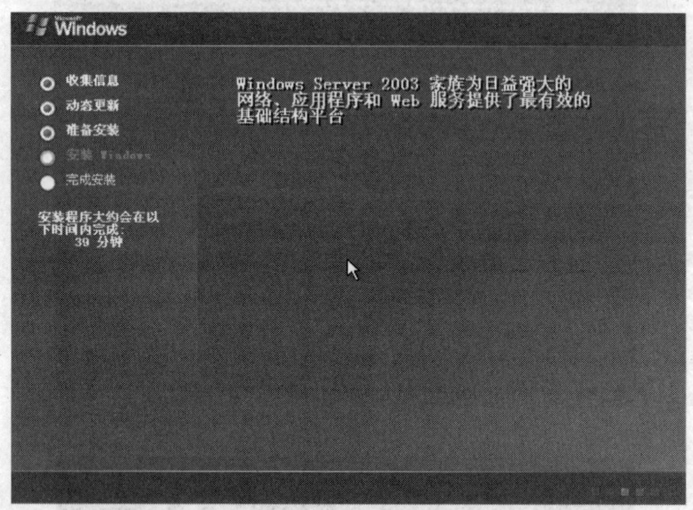

图2-33 图形安装界面

（2）进行时区的设置。根据用户所在区域的情况进行区域和语言的选择，如图2-34所示。简体中文版默认的是中国和美式键盘布局，单击“自定义”按钮可以进行个性化的设置。

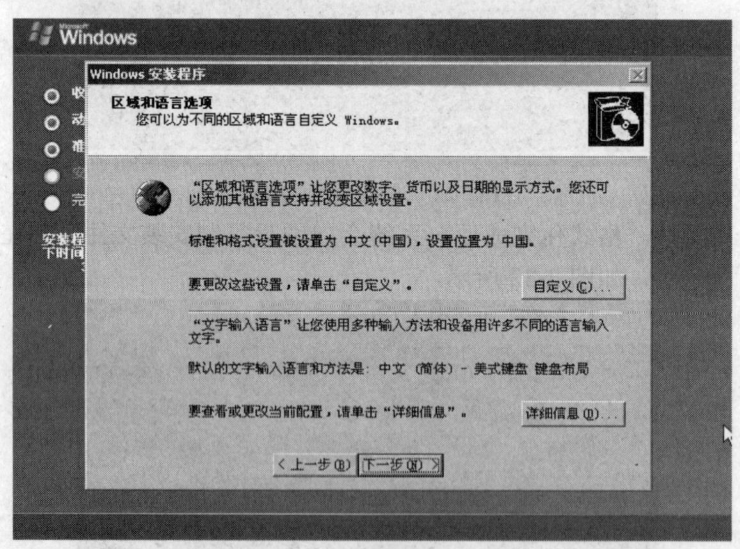

图2-34 选择区域和语言

（3）输入用户和单位名。单击“下一步”按钮，进入用户名及单位名的界面，如图2-35所示，用户根据情况输入姓名和单位。

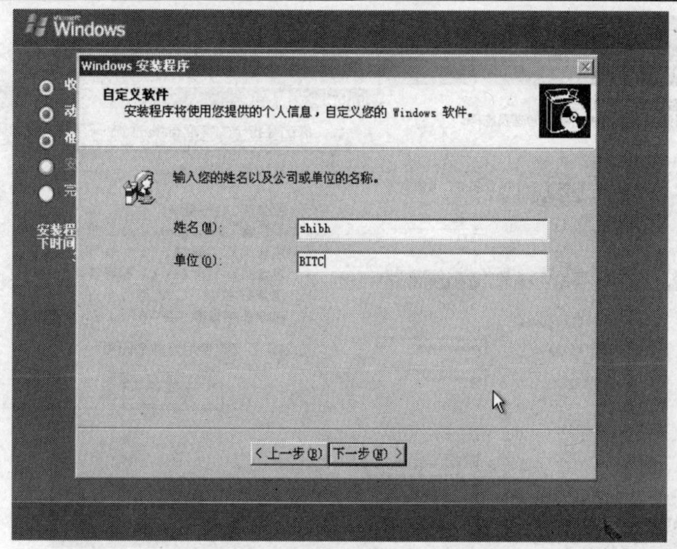

图 2-35　输入用户和单位名

（4）选择许可模式。单击“下一步”按钮，进入发授权模式的界面，如图 2-36 所示，用户可以根据应用情况进行授权模式的选择。在选择授权模式时，要考虑用户的使用情况，每个用户可能的并发访问量及网络中的 PC 总数，在此我们选择每服务器的授权模式，假设网络中有 30 台 PC，则选择 100 个连接，以保证每个用户有 3 个连接量。

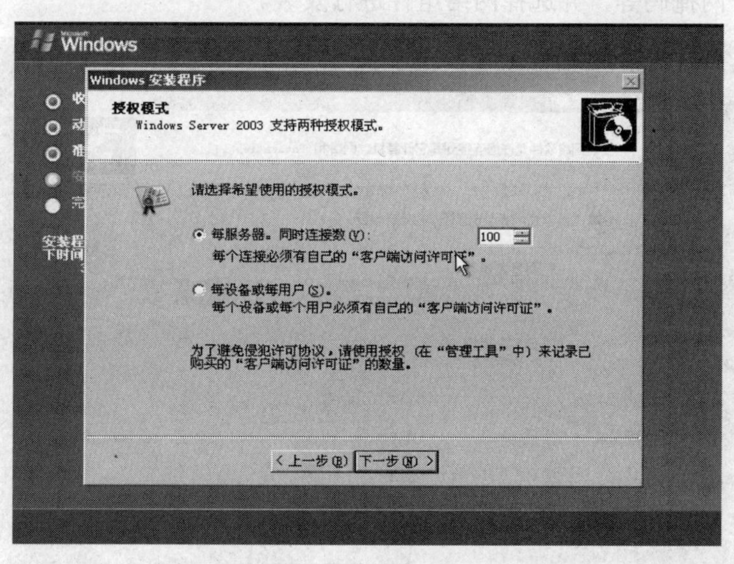

图 2-36　选择授权模式

（5）输入计算机名和管理员密码。选择了授权模式之后，单击“下一步”按钮，进入了计算机名和管理员密码界面，如图 2-37 所示，输入计算机名和管理员密码。一般情况下，计算机名由 15 个以内的字符和数字组成，此名在网络中唯一。

Windows 默认的管理员账号为 Administrator，管理员密码也是针对此而设置的。如果输入的管理员码过于简单，系统会弹出提示界面，提示管理员密码的使用规则。

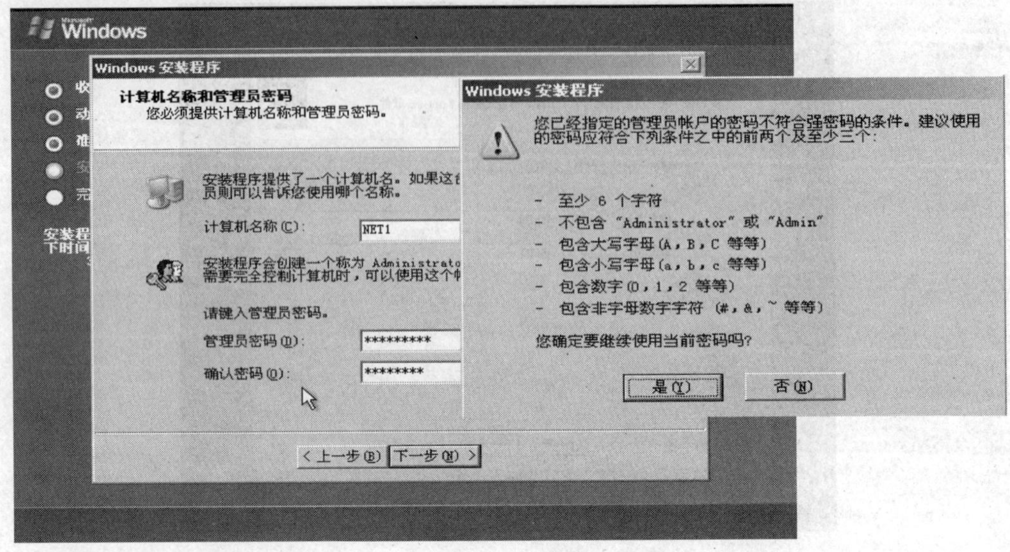

图 2-37 计算机名和管理员密码界面

3. 安装网络组件

（1）进行网络组件配置。输入了计算机名和管理员密码之后，系统继续安装，进入安装网络组件的界面，如图 2-38 所示。用户可以根据实际情况进行选择，如果选择典型设置，系统自动获取 IP 地址，并选择默认的网络组件进行安装；如果选择自定义设置，用户需要手动配置 IP 地址和子网掩码等，并选择网络组件进行安装。

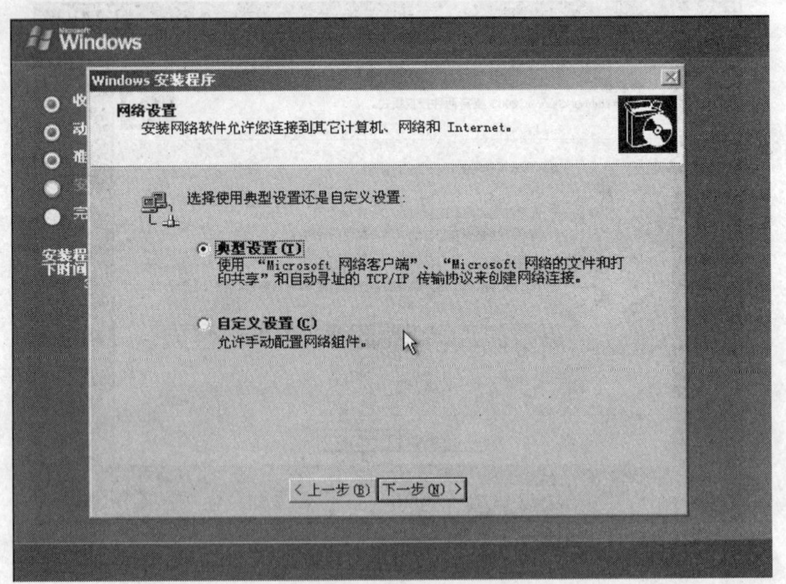

图 2-38 进行网络设置

（2）提供工作组或域名。进行了网络组件的安装之后，安装程序进入了工作组或域名的选择界面，如图 2-39 所示。如果这是网络中的第一台服务器，目前没有计划进行域的安装，则选择工作组。如果希望将这台服务器加入到网络中的一个域中，成为域的成员，则选择域名，并保证必须有域管理员的权限，才能加入到域中。

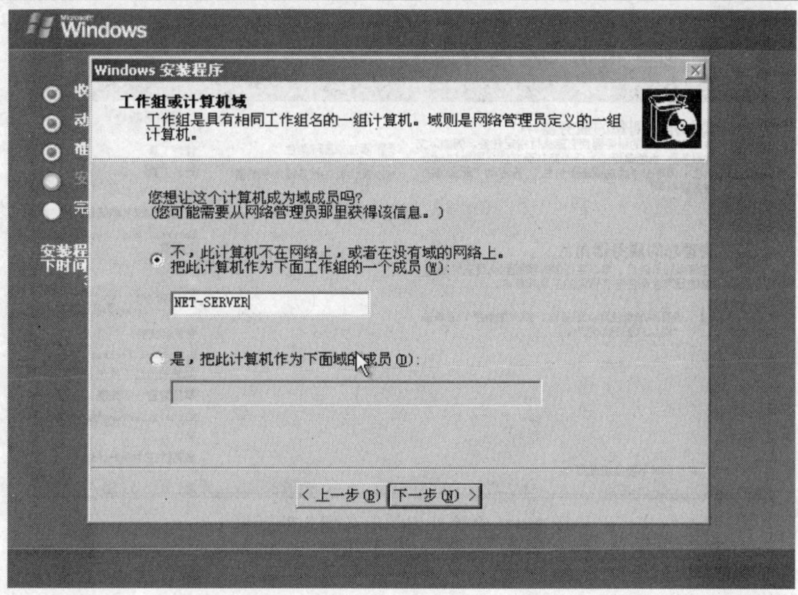

图 2-39　工作组或域名的选择

4. 完成系统安装

所有安装所需要的信息都收集完成后，系统就开始了一个安装和配置相应功能的阶段，这个阶段需要持续一定的时间，根据计算机的速度从 20min～1h 不等。这一过程不需要任何干预。安装工作完成，系统会自动重新启动。

5. 第一次登录以及配置工作

系统重新启动后，打开如图 2-40 所示的"欢迎使用 Windows"对话框，按下 Ctrl+Alt+Delete 组合键进入登录界面，输入刚才设置的密码即可登录 Windows 操作系统，打开如图 2-41 所示的"管理您的服务器"对话框。

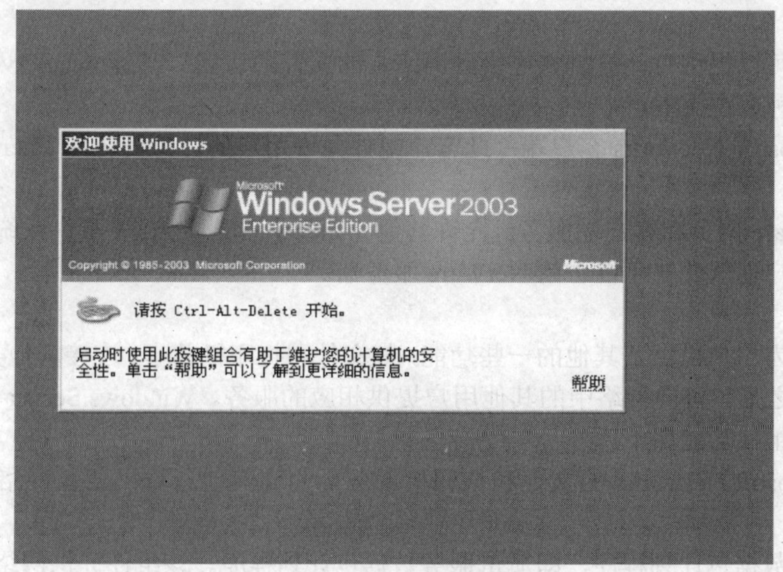

图 2-40 "欢迎使用 Windows"对话框

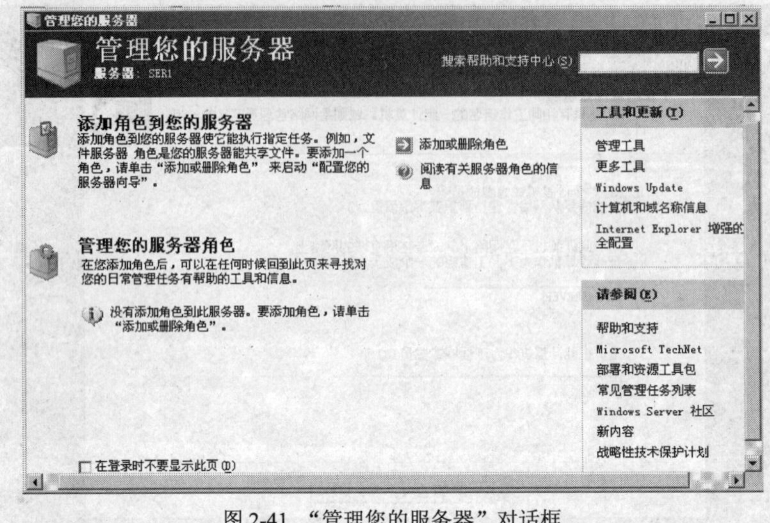

图 2-41 “管理您的服务器”对话框

2.4 Windows Server 2003 网络组件

2.4.1 网络组件简介

Windows Server 2003 操作系统在网络应用方面提供了许多核心组件，主要包括由安装程序自动安装的许多管理工具，它们可以为系统提供最基本的网络功能。

另外，还有许多附加的组件可供用户选择安装，它们可以极大地扩展 Windows Server 2003 操作系统的网络功能（这些扩展的功能通常是为满足特殊用户的需要）。Windows Server 2003 操作系统中包含的网络组件可分为 3 大类：客户、服务和协议，它们可以在安装时添加，也可以在安装以后使用“添加/删除程序”工具进行添加。

1. 客户

客户组件可以提供对计算机和连接到网络上的文件的访问。Windows Server 2003 操作系统中提供了两种客户类型。

（1）Microsoft Networks 客户端：此客户组件允许用户的计算机访问 Microsoft 网络上的资源。

（2）NetWare 网页和客户端服务。允许其他 Windows Server 2003 操作系统计算机不用运行 NetWare 客户端软件就可以访问 NetWare 服务器。

2. 服务

服务组件为用户提供了其他的一些功能，如文件和打印机共享、连接其他类型的网络等。安装服务组件之后，可向网络中的其他用户提供相应的服务。Windows Server 2003 操作系统中提供的服务组件功能如下。

（1）Microsoft Networks 的文件和打印机服务。允许其他计算机通过网络访问自己计算机上的资源。

（2）QoS 数据包计划程序，即质量服务数据包计划程序。该组件提供网络交通控制，包括流量率和优先级服务。

（3）SAP 代理程序，即服务公布协议（SAP），公布网络上的服务器和地址。

3. 协议

通信协议是用户使用的计算机与其他计算机通信的语言，它规定了计算机之间传送数据的规则，并定义了计算机之间互相沟通的方法。在 Windows Server 2003 操作系统中提供的主要协议的基本功能如下。

（1）NetBEUI 协议：为在小型 LAN 工作组中使用而设计的非路由协议。

（2）AppleTalk 协议：允许计算机通过 AppleTalk 协议与其他计算机和打印机通信。同时，还允许 Windows Server 2003 操作系统充当 AppleTalk 路由器。

（3）NWLink IPX/SPX/NetBIOS 兼容传输协议（NWLink）：NWLink IPX/SPX/NetBIOS 兼容传输协议是 Novell 的 IPX/SPX 和 NetBIOS 协议的实现。在有了 NWLink 后，运行 Windows 操作系统的计算机可以与其他使用 IPX/SPX 的网络设备进行通信。也可以在只使用 Windows 操作系统和其他 Microsoft 客户软件的小型网络中使用 NWLink。

（4）Internet 协议（TCP/IP）：TCP/IP 表示传输控制协议/网际协议，它能为用户提供跨越多种互连网络的通信。Windows TCP/IP 允许用户与任何运行 TCP/IP 的机器一起连接到 Internet，并且提供 TCP/IP 服务。

2.4.2 安装与配置通信协议

在使用网络时，用户必须安装能使网络适配器与网络正确通信的网络协议，协议的类型取决于所在网络的类型。安装网络协议的操作步骤如下。

（1）鼠标右键单击“网上邻居”图标，从弹出的快捷菜单中选择“属性”选项，打开如图 2-22 所示的“网络和拨号连接”对话框。

（2）鼠标右键单击“本地连接”图标，选择“属性”选项，打开如图 2-42 所示的“本地连接属性”对话框。

（3）在“此连接使用下列选定的组件”列表框中列出了目前系统中已安装过的网络组件，单击“安装”按钮，打开如图 2-43 所示的“选择网络组件类型”对话框。

（4）在“单击要安装的网络组件类型”列表框中选择“协议”选项，单击“添加”按钮，打开如图 2-44 所示的“选择网络协议”对话框。

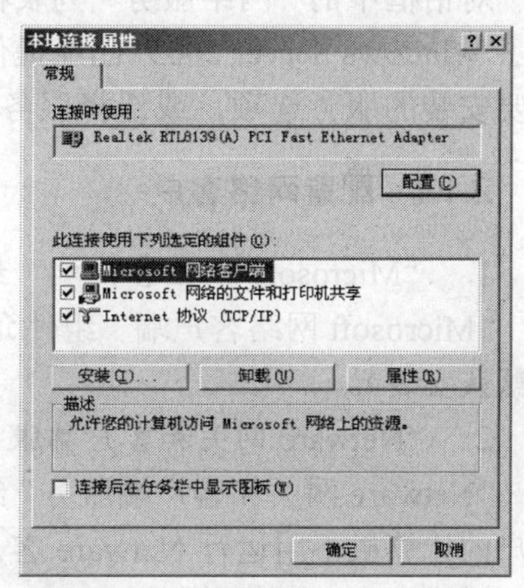

图 2-42 “本地连接属性”对话框

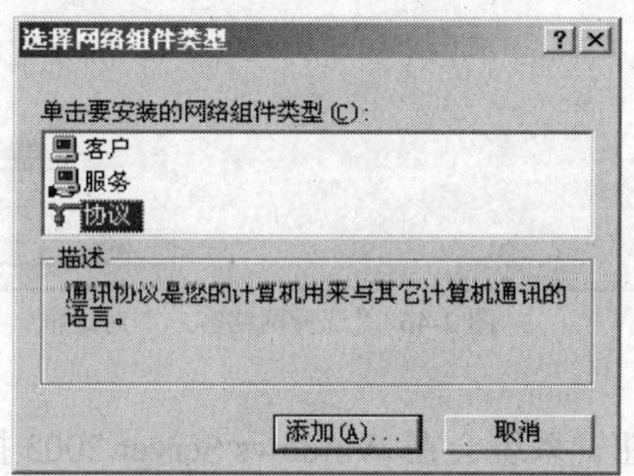

图 2-43 “选择网络组件类型”对话框

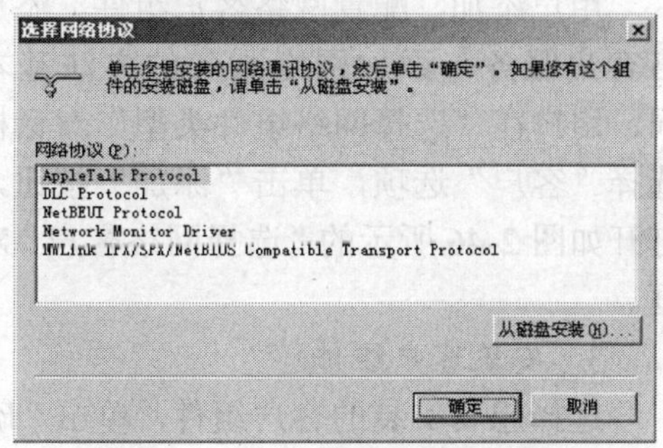

图 2-44 “选择网络协议”对话框

（5）在“选择网络协议”对话框中的“网络协议”列表框中列出了 Windows Server 2003 提供的网络协议在当前系统中尚未安装的部分，双击要安装的协议名称，或选择协议名称后再单击“确定”按钮，被选中的协议将会添加至“本地连接属性”对话框的“此连接使用下列项目”列表中。

若用户有某种特殊需要，需要安装特殊网络通信协议，而列表框中未提供的话，网络用户可通过单击“选择网络协议”对话框中的“从磁盘安装”按钮，从磁盘安装其他的网络协议组件。

2.4.3　配置网络服务

安装 Windows Server 2003 时已经默认安装了“Microsoft 网络的文件和打印机服务”，系统还提供了其他类型的网络服务，用户可根据需要自行安装，以便向网络中其他的用户提供优先级不同的网络服务。添加网络服务与添加网络协议的方法基本相同，用户在“选择网络组件类型”对话框中选择“服务”选项，单击“添加”按钮，打开如图 2-45 所示的“选择网络服务”对话框。

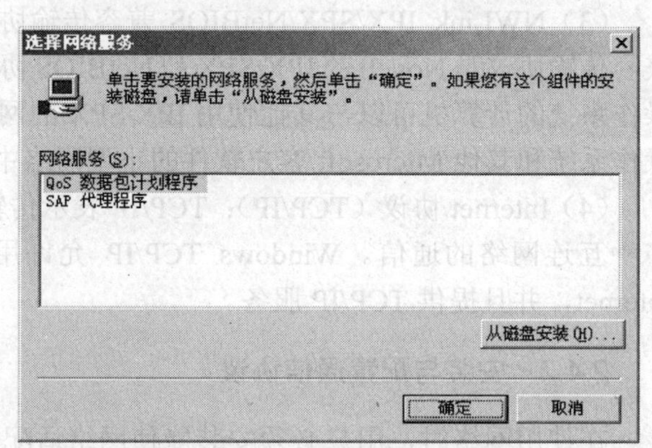

图 2-45　“选择网络服务”对话框

对话框中的“网络服务”列表框中列出了 Windows Server 2003 已经提供了，但当前系统中尚未安装的网络服务选项，用户可双击要安装的服务选项，或选择服务选项之后单击“确定”按钮来安装服务。

2.4.4　配置网络客户

1．“Microsoft 网络客户端”组件

“Microsoft 网络客户端”组件允许用户的计算机访问 Microsoft 网络上的资源（典型安装下默认安装）。

2．“Netware 网关和客户端服务”组件

“Netware 网关和客户端服务”组件允许用户的计算机不用运行 Netware 客户端软件就可以访问 Netware 服务器。

用户添加、配置网络客户组件、添加网络客户服务与添加网络服务的方法基本相同，用户在“选择网络组件类型”对话框中选择“客户”选项，单击“添加”按钮，将打开如图 2-46 所示的“选择网络客户”对话框。

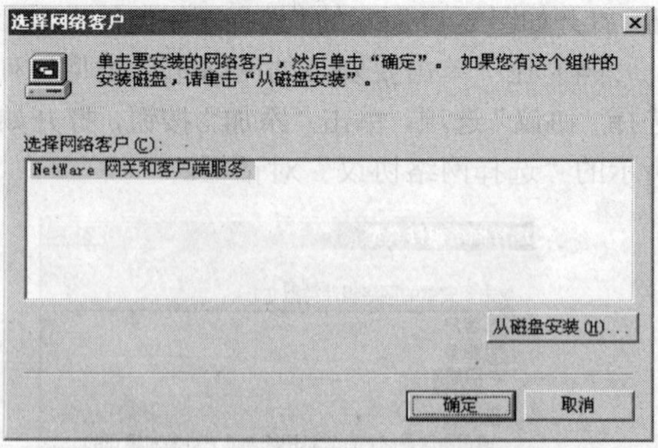

图 2-46　“选择网络客户”对话框

3．安装客户组件

选择想要安装的客户组件，单击“确定”按钮。系统会在 Windows Server 2003 操作系统的安装盘中寻找该组件的驱动程序。

2.4.5 安装网络组件

用户需要服务器系统启动某项管理或服务功能（如 DHCP 服务、Windows Internet 命名服务或网络监视功能）时，若用户安装操作系统时，未安装这些网络组件，这时用户便需要重新手动为系统添加网络组件，其操作步骤如下。

（1）执行“开始”→“设置”→“控制面板”→“添加/删除程序”命令，打开如图 2-47 所示的“添加/删除程序”对话框。

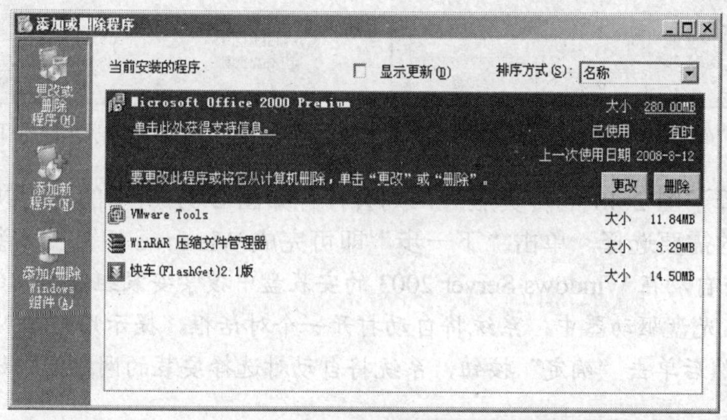

图 2-47 “添加/删除程序”窗口

（2）单击“添加删除 Windows 组件”按钮，打开如图 2-48 所示的“Windows 组件向导”对话框。在对话框中的“组件”列表框中系统列出了用户可以选择安装的网络组件。

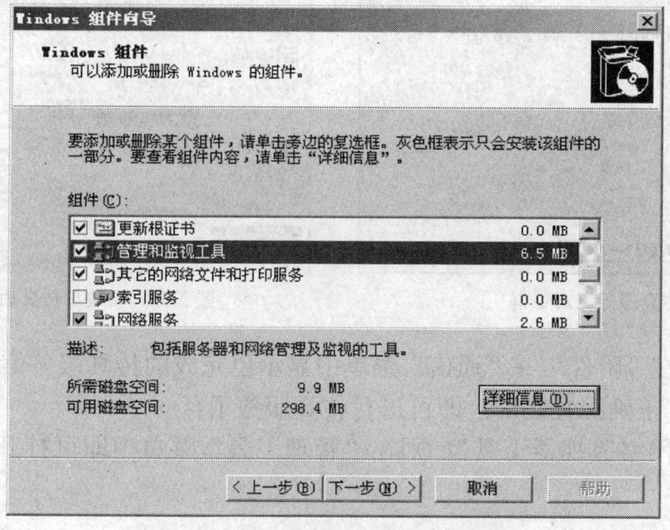

图 2-48 “Windows 组件向导”对话框

（3）用户可以单击组件选项旁边的复选框确认安装该类组件。如果用户选定某类组件后，复选框显示为灰色，则表示系统只会安装该组件的一部分。用户可以单击“详细信息”按钮或者双击该组件选项，打开该类组件详细内容对话框来具体选择安装某个子组件，如图 2-49，图 2-50 所示。

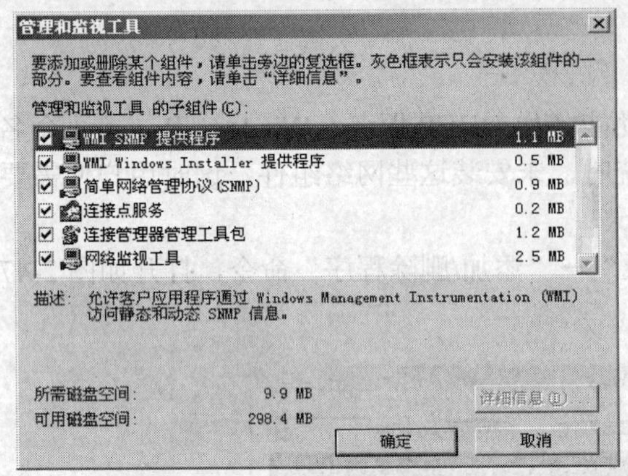

图 2-49 “管理和监视工具”对话框

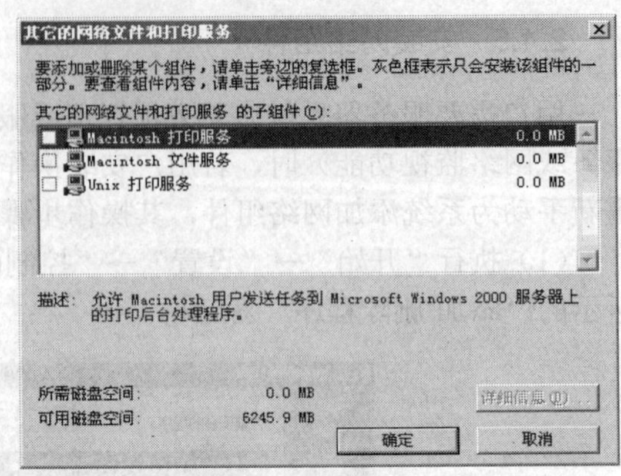

图 2-50 “其他的网络文件和打印服务”对话框

（4）如果选择了图 2-48 的传真服务，则会打开如图 2-51 所示的是否共享传真服务对话框，用户可根据的需要选择。单击“下一步”即可完成 Windows 组件的安装。

提示：系统将自动在 Windows Server 2003 的安装盘中搜索安装组件所需的文件，如果用户未将安装光盘放入光盘驱动器中，系统将自动打开一个对话框，提示用户插入 Windows Server 2003 安装光盘，然后单击“确定”按钮，系统将自动对选择安装的网络组件进行安装配置。

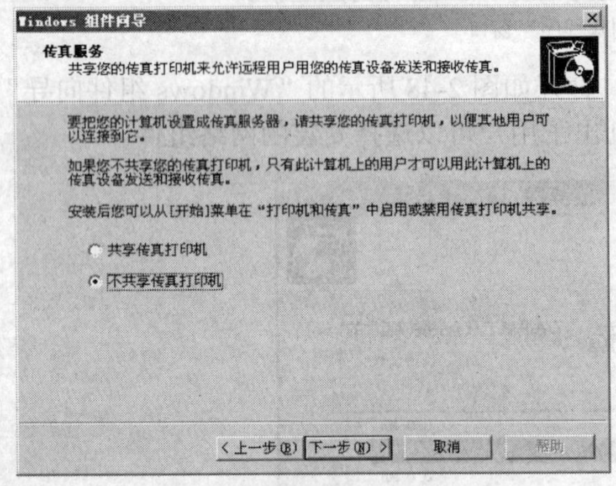

图 2-51 “传真服务”对话框

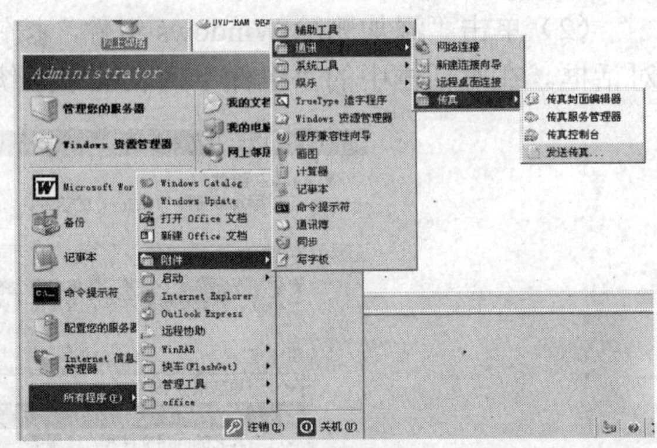

图 2-52 安装后传真后的显示结果

安装完成后，在“附件”→“通信”菜单中显示已完成的传真服务信息，如图 2-52 通过“传真服务管理器”正确配置之后，即可进行传真服务了。

如果选择了“网络监视器工具”，则在“管理工具”菜单中即可打开网络监视器，进行网络性能的监视。

2.5 TCP/IP 配置

在整个计算机网络通信中，使用最为广泛的通信协议便是 TCP/IP。它是网络互连的标准协议，连入因特网的计算机进行的信息交换和传输都需要采用该协议。在 Windows Server 2003 操作系统下实现和其他操作系统的连接与通信，以及配置各种专门功能的服务器的过程中，TCP/IP 是使用最频繁的一个网络组件。

2.5.1　TCP/IP 概述

TCP/IP 是网络中使用的基于软件的通信协议，包括传输控制协议（Transmission Control Protocol，TCP）和网际协议（Internet Protocol，IP）。TCP/IP 是连入 Internet 的所有计算机在网络上进行各种信息交换和传输所必须采用的协议，也是 Windows NT、Windows Server 2003、NetWare 及 UNIX 互连所采用的协议。TCP/IP 是一种层次型协议，是一组协议的代名词，它的内部包含许多其他的协议，组成了 TCP/IP 协议簇。

在 Windows Server 2003 操作系统里，TCP/IP 包含以下几方面的内容。

（1）IP。

（2）文件传输协议（FTP）。

（3）简单网络管理协议（SNMP）。

（4）TCP / IP 网络打印。

（5）动态主机配置协议（DHCP）。

（6）域命名服务（DNS）。

（7）TCP / IP 实用程序等。

TCP/IP 作为一种层次型协议，每一层的功能如下。

（1）第一层是协议实现的基础，包含以太网和令牌环网等各种网络标准，提供了专门的功能，解决与各种网络物理地址的转换。

（2）第二层包含 4 个主要的协议：IP、ICMP、ARP 和 RARP。它将多个网络连成一个 Internet，通过 Internet 传送数据报，提供可靠的无连接报文分组传送服务，并能够实现逻辑地址（即 IP 地址）与物理地址的相互转换。

（3）第三层包含两个主要的协议：TCP 和 UDP。在 IP 的基础上，提供可靠的面向连接的服务，并使发送方能区分一台计算机上的多个接收者，从而实现两个用户进程之间传递数据报。

（4）第四层则定义了各种机型上主要采用的协议：FTP、Telnet、DNS、SMTP 等。它提供远程访问服务，使用户可以在本地机器和远程机器间进行有关文件的操作和邮件传输，并能将名称解析成 IP 地址，如图 2-53 所示。

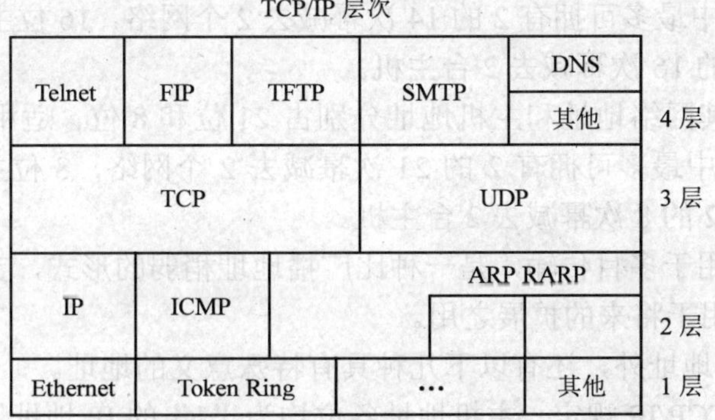

图 2-53　TCP/IP 协议簇

2.5.2 IP地址类型

TCP/IP 中采用两种地址：物理地址和网际地址。由于物理地址的长度、格式等是物理网络技术的一部分，因此物理网络技术不同，物理地址也必然不同。为了统一异种网络的地址，TCP/IP 引入了 IP 地址，即网际地址，它是一种层次型地址，携带关于对象位置的信息。

1. IP 地址分类

如图 2-54 所示，用 32 位地址标志主机在网络中的位置，IP 地址由两部分组成：网络号+主机号。

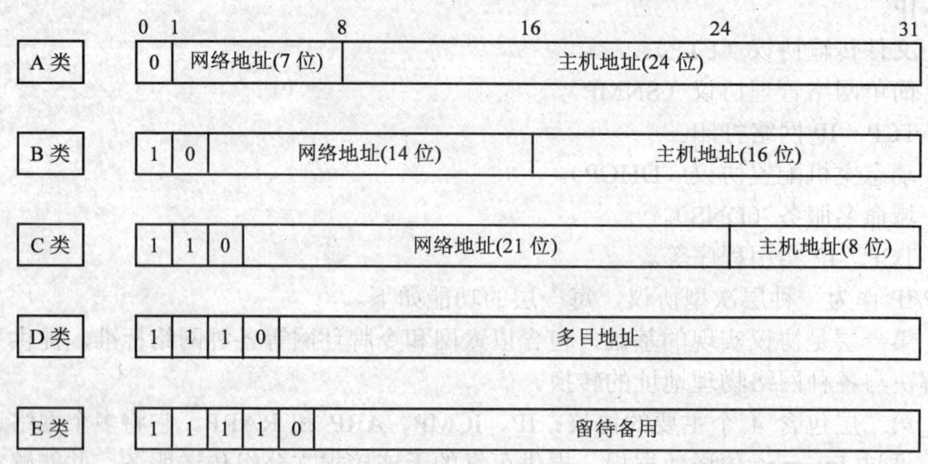

图 2-54 IP 地址分类

在 32 位地址中，根据网络地址及主机地址所占的位数不同，IP 地址可分为 5 类，其中 A 类地址的网络号为一个字节。

（1）A 类地址：其网络地址占位少，主机地址占位多，适用于拥有大量主机的大型网络。7 位网络地址表示 A 类网络地址，A 类网络中的网络号为 IP 地址的第一个字节，范围为 1～126，即最多可拥有 126 个网络；24 位主机地址表示 A 类网络中最多可容纳 2 的 24 次幂减去 2 台主机。

（2）B 类地址：其网络地址和主机地址分别占 14 位和 16 位，适用于中型网络。14 位网络地址表示 B 类网络中最多可拥有 2 的 14 次幂减去 2 个网络，16 位主机地址表示每个 B 类网络中最多可容纳 2 的 16 次幂减去 2 台主机。

（3）C 类地址：其网络地址和主机地址分别占 21 位和 8 位，适用于小型网络。21 位网络地址表示 C 类网络中最多可拥有 2 的 21 次幂减去 2 个网络，8 位主机地址则表示每个 C 类网络中最多可容纳 2 的 8 次幂减去 2 台主机。

（4）D 类地址：用于多目传输，是一种比广播地址稍弱的形式，支持多目传输技术。

（5）E 类地址：用于将来的扩展之用。

除了以上 5 类 IP 地址外，还有以下几种具有特殊意义的地址。

（1）广播地址。TCP/IP 规定，主机地址各位均为“1”的 IP 地址用于广播之用。所以又称为广播地址。广播地址的应用代表同时向网络中的所有主机发送消息。

（2）全“0”地址。TCP/IP 规定，32 位 IP 地址中网络地址均为“0”的地址，表示本地网络。

（3）回送地址。用于网络软件测试以及本地计算机进程间通信的地址，是网络地址为“11111110”的地址。无论什么程序，只要采用回送地址发送数据，TCP/IP 软件立即返回它，不进行任何网络的传送。

在协议软件中，IP 地址是以 32 位二进制形式表示的，但对于用户来说，不够直观。在 TCP/IP 中，采用“点分十进制”表示法，即用 4 个十进制整数，每个整数对应一个字节，整数与整数之间以小数点“.”为分隔符的表示方法，如 192.168.1.212。除了“点分十进制”表示法，在 TCP/IP 面向用户使用中，还有对于用户更为直观的方法，即 TCP/IP 所提供的域名服务（DNS）。

2. 子网掩码

因为 32 位的 IP 地址本身并没有包含任何有关子网划分的信息，所以在 TCP/IP 中规定，每一个使用子网的网点都必须选择一个除 IP 地址外的 32 位的位模式。位模式中的某位置为 1，则对应 IP 地址中的某位为网络地址（包括网络号和子网号）中的一位；位模式中的某位置为 0，则对应 IP 地址中的某位为主机地址中的一位。这种位模式称作子网掩码。

划分子网与 IP 地址分类并不冲突，因为子网所占用的是主机号中的某几个位，这样，两级的 IP 地址（网络号和主机号）变成了三级 IP 地址（网络号、子网号和主机号）。

如果一个网络不划分子网，则该网络的子网掩码为如下的默认子网掩码。

（1）A 类地址的默认子网掩码：255.0.0.0。

（2）B 类地址的默认子网掩码：255.255.0.0。

（3）C 类地址的默认子网掩码：255.255.255.0。

子网掩码的最大用途是让 TCP/IP 能够快速判断两个 IP 地址是否属于同一个子网。只要将子网掩码和 IP 地址进行按位（Bit）的“与”运算，就可以立即得出网络地址来（包括网络号和子网号的地址）。

子网掩码中的“1”和“0”是以位为单位的，如某一子网掩码编码为 255.255.224.0，二进制表示为：11111111. 11111111.11100000.00000000 则表示该子网中有 13 位主机地址。

子网掩码一方面可以用来判断两个 IP 地址是否属同一子网，另一方面也可以用来找出子网的地址。例如，假设有两个 IP 地址 222.16.8.3 和 222.16.8.139，则对应的二进制表示分别为

十进制：222.16.8.3

二进制：11011110.00010000.00001000.00000011

十进制：222.16.8.139

二进制：11011110.00010000.00001000.10001011

子网掩码：

十进制：255.255.255.128

二进制：11111111. 11111111.11111111.10000000

判断这两个 IP 地址是否属于同一子网，其操作是将每个 IP 地址与子网掩码进行按位“与”运算，如果所得的结果相同，则表示两个 IP 地址属于同一子网，否则表示两个 IP 地址属于不同子网。

222.16.8.3 地址与子网掩码 255.255.255.128 按位“与”运算后的结果：

11011110.00010000.00001000.00000000

222.16.8.139 地址与子网掩码 255.255.255.128 按位“与”运算后的结果：

11011110.00010000.00001000.10000000

可以看出这两个 IP 地址不属于同一子网。

2.5.3 配置 TCP/IP

Windows Server 2003 典型安装完成，TCP/IP 参数为自动从 DHCP 获取。如需要使用静态 IP 则需要配置网卡。配置内容如下。

（1）网卡静态 IP 地址和子网掩码。

（2）本地 IP 路由器的 IP 地址。

（3）本计算机是否作为 DHCP 服务器。

（4）本计算机是否是 WINS 代理执行者。

（5）本计算机是否使用域名系统（DNS）。

（6）如果网络中有一个可用的 WINS 服务器，还必须知道它的 IP 地址，和 DNS 一样，可以配置多个 WINS 服务器。

配置方法如下。

（1）鼠标右键单击“网上邻居”图标，从弹出的快捷菜单中选择“属性”选项，打开“网络和拨号连接”对话框。

（2）鼠标右键单击“本地连接”图标，从弹出的快捷菜单中选择“属性”选项，打开“本地连接属性”对话框。

（3）在“此连接使用下列项目”列表框中选择“Internet 协议（TCP/IP）”选项。

（4）单击“属性”按钮，打开如图 2-55 所示的“Internet 协议（TCP/IP）属性”对话框。

① 在“IP 地址”文本框中输入静态 IP 地址“210.43.16.70”。在“子网掩码”文本框中输入子网掩码 “255.255.255.0”（标准 C 类地址），子网掩码的输入也一定要保证其正确性，否则本机有可能无法与其他用户通信。

② 在“默认网关”文本框中输入本地路由器或网桥的 IP 地址。当用户计算机访问非本网段计算机时，转向网关作为出口。

③ 如果用户可以从所在网络的服务器获得一个 DNS 服务器地址，选择“自动获得 DNS 服务器地址”选项。

④ 如果用户的计算机不能从本地网络中获得一个 DNS 服务器地址或者用户为网络系统管理员，可以通过手工输入 DNS 服务器的地址。这时用户需要选择“使用下面的 DNS 服务器地址”选项。

⑤ 在“首选 DNS 服务器”文本框中输入正确的数字地址。此处输入“210.43.16.17”。

⑥ 在“备用 DNS 服务器”文本框中输入正确的备用 DNS 服务器地址。该服务器是为防止主 DNS 服务器无法正常工作时能代替主服务器为客户机提供域名服务。

（5）如果用户希望为选定的网络适配器指定附加的 IP 地址和子网掩码或添加附加的网关地址，单击“高级”按钮，打开如图 2-56 所示的“高级 TCP/IP 设置”对话框。

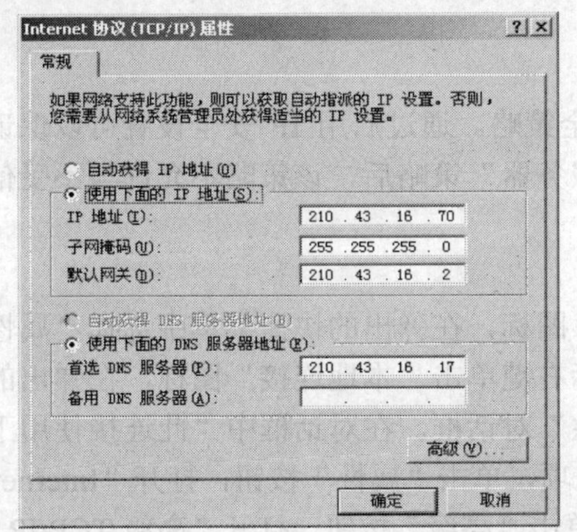

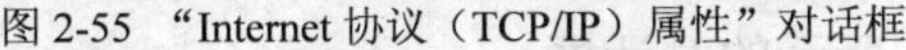

图 2-55 “Internet 协议（TCP/IP）属性”对话框

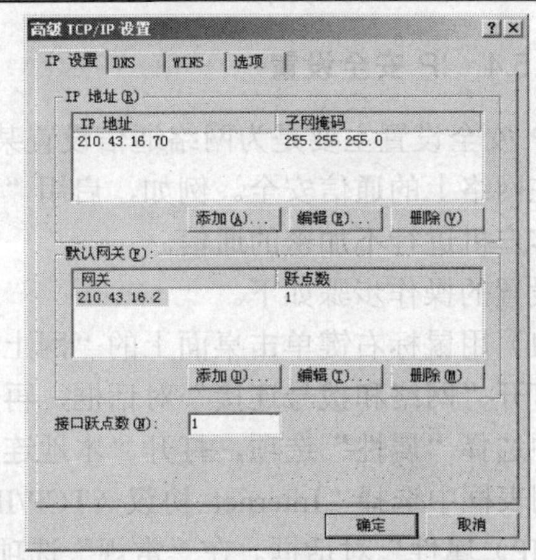

图 2-56 “高级 TCP/IP 设置”对话框

（6）添加新的 IP 地址和子网掩码。单击“IP 地址”选项区域中的“添加”按钮，打开如图 2-57 所示的“TCP/IP 地址”对话框。

（7）在“IP 地址”和“子网掩码”文本框中输入新的地址，然后单击“添加”按钮，附加的 IP 地址和子网掩码将被添加到“IP 地址”列表框中。用户最多指定 5 个附加 IP 地址和子网掩码，这对于包含多个逻辑 IP 网络进行物理连接的系统是非常有用的。

（8）如果用户希望对已经指定的 IP 地址和子网掩码进行编辑的话，单击“IP 地址”选项区域中的“编辑”按钮，打开如图 2-57 所示的“TCP/IP 地址”对话框，用户可以对原有的 IP 地址和子网掩码进行任意编辑。然后单击“确定”按钮以使修改生效。

（9）在“默认网关”选项区域中用户可以对已有的网关地址进行编辑和删除，或者添加新的网关地址。对于多个网关，还得指定每个网关的优先权，通过调整 IP 地址在列表中高、低位置就可相应地使它具有较高或较低的优先权。Windows Server 2003 首先使用第一个（顶上）网关地址并接下来向下依次搜索网关地址，直到它找到一个服务于信宿地址的网关为止。

（10）在“IP 设置”选项卡中的“接口跃点数”文本框中，用户可以输入或修改相应数值。该数值是用来设置网关的接口指标以实现网络连接的。如果在“默认网关”列表框中有多个网关选项，则系统会自动启用接口跃点数值最小的一个网关，默认情况下接口跃点数值为 1。

（11）在“默认网关”列表框中，选定一个网关选项，单击“编辑”按钮，打开如图 2-58 所示的“TCP/IP 网关地址”对话框。在该对话框中，用户可以同时对网关和接口跃点数的数值进行修改，然后单击“确定”按钮以使修改生效。

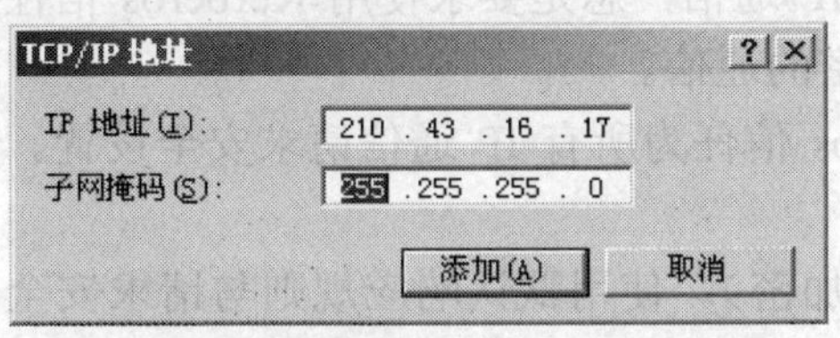

图 2-57 “TCP/IP 地址”对话框

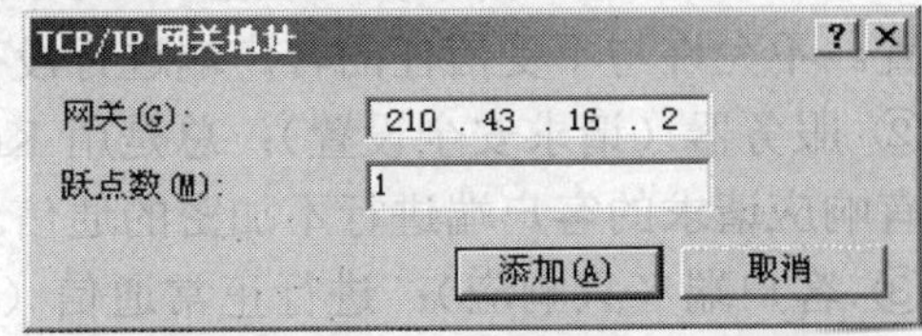

图 2-58 “TCP/IP 网关地址”对话框

（12）单击图 2-56 中的 DNS 和 WINS 选项卡，可以设置该主机的 DNS 服务器、WINS 服务器，设置方法和添加新的 IP 地址一样，只是在服务器文本框中输入 DNS 和 WINS 服务器的 IP 地址即可。

2.5.4 IP 安全设置

IP 安全设置主要是为网络通信设置某种安全策略。通过启用 IP 安全设置可以保证网络客户在网络上的通信安全。例如，启用“安全服务器”策略后，该策略不允许与不受信任的网络客户机进行不加密的通信。

设置的操作步骤如下。

（1）用鼠标右键单击桌面上的“网上邻居”图标，在弹出的快捷菜单中选择“属性”选项，打开“网络和拨号连接”对话框，再用鼠标右键单击“本地连接”图标，在弹出的快捷菜单中选择“属性”选项，打开“本地连接属性”对话框。在对话框中“此连接使用下列项目”列表框中选择“Internet 协议（TCP/IP）”选项，单击“属性”按钮，打开“Internet 协议（TCP/IP）属性”对话框。在“常规”选项卡，单击“高级”按钮，打开“高级 TCP/IP 设置”对话框，选择“选项”选项卡。打开如图 2-59 所示的对话框。

（2）在“可选的设置”列表框中选择“IP 安全机制”选项，单击“属性”按钮，打开如图 2-60 所示的“IP 安全设置”对话框。

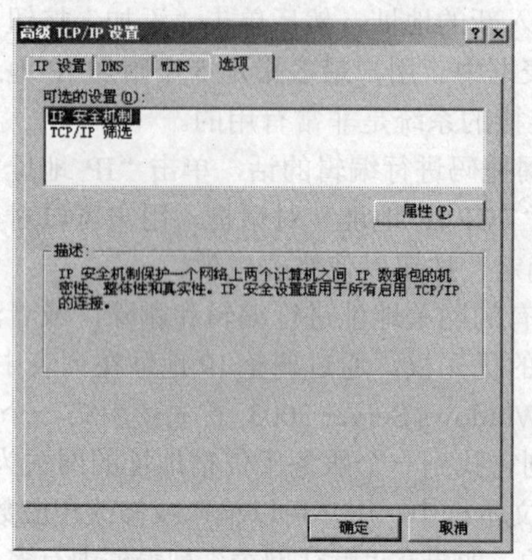

图 2-59 “选项”选项卡

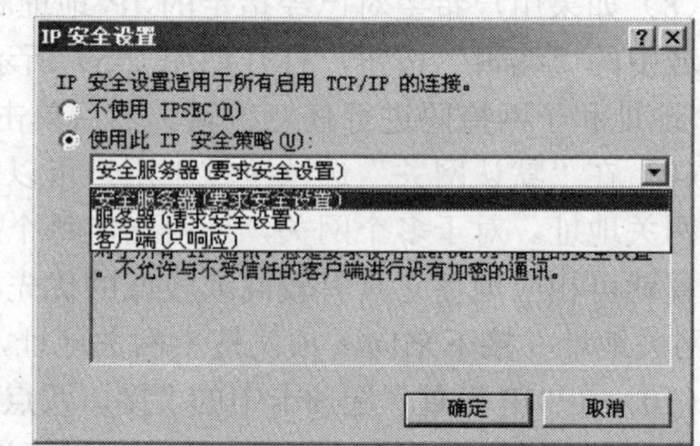

图 2-60 “IP 安全设置”对话框

（3）如果不想在网络通信中启用 IP 安全策略，可以选择“不使用 IPSEC”单选项。建议选择“使用此 IP 安全策略”单选项，然后在下面的安全策略下拉列表框中选择一种系统提供给用户的安全策略。

① 安全服务器（要求安全设置）：对于所有 IP 通信，总是要求使用 Kerberos 信任的安全设置。不允许与不受信任的客户端进行没有加密的通信。

② 服务器（请求安全设置）：总是用 Kerberos 信任为所有 IP 通信请求安全设置。允许与没有响应请求的客户端进行不加密的通信。

③ 客户端（只响应）：进行正常通信（没有加密）。使用默认响应规则与请求安全设置的服务器协商。只有被请求的协议和那台服务器的端口通信才能得到保护。

（4）单击“确定”按钮完成设置。

2.5.5 TCP/IP 筛选设置

TCP/IP 筛选设置能够限制计算机所能处理的网络通信量。使得网络客户不能从特定的

TCP 端口和用户数据报协议（UDP）端口传输数据，而只能使用特定的网际协议来传输。设置的具体操作步骤如下。

（1）在如图 2-59 所示“高级 TCP/IP 设置”对话框的“选项”选项卡中，选择“TCP/IP 筛选”选项，单击“属性”按钮，打开如图 2-61 所示的“TCP/IP 筛选”对话框。

（2）如果用户的服务器中配置有多个网络适配器，选择“启用 TCP/IP 筛选（所有适配器）”复选框。需要注意的是，用户必须选择该复选框才能使 TCP/IP 筛选功能应用到所有的网络适配器。

（3）对于初始化配置，所有的端口都是全部允许，若用户希望对某些端口的信息量进行控制，则选择每一种端口中的“只允许”单选项，单击“添加”按钮，打开如图 2-62 所示的“添加筛选器”对话框，在“TCP 端口”文本框中输入允许通过的端口，单击“确定”按钮即可添加允许的端口。

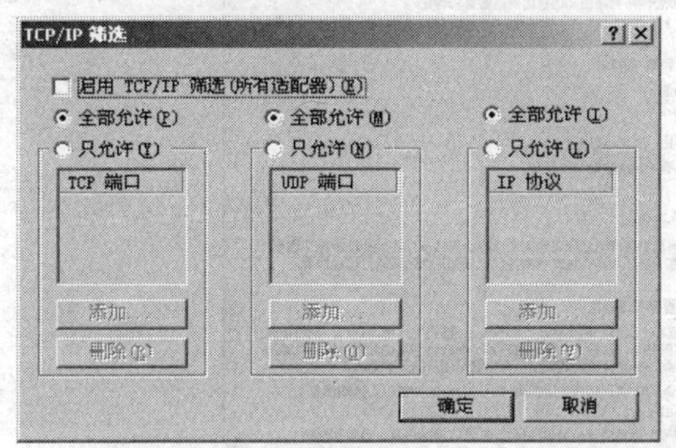

图 2-61 “TCP/IP 筛选”对话框

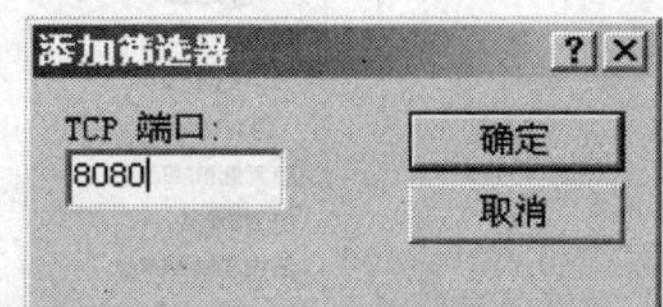

图 2-62 添加允许通过的端口

（4）如果不进行筛选，则可单击“全部允许”单选项，允许所有的端口通信量通过，单击“确定”按钮完成设置，结果如图 2-63 所示。

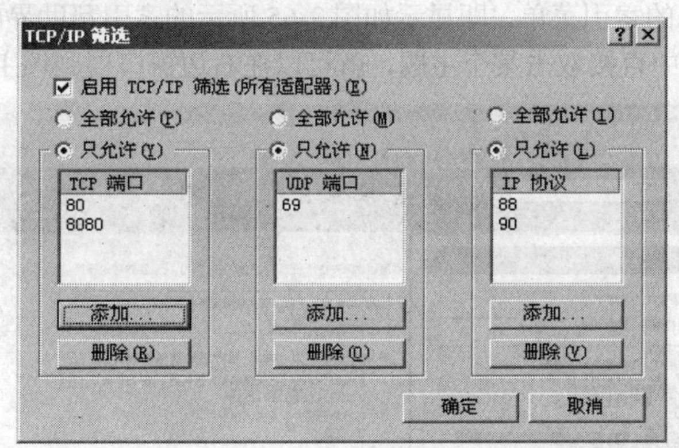

图 2-63 TCP/IP 筛选－启用

2.6 获得 Windows Server 2003 的帮助信息

具有丰富且功能强大的帮助信息是 Windows Server 2003 的特色之一。在帮助系统中，用户可以通过各种方式获得任何项目的帮助信息。对操作不太熟悉的用户，可以通过这些帮助信息，达到掌握 Windows Server 2003 操作的目的。

2.6.1 主页搜索

“主页”帮助可以分类浏览主题。获得“主页”帮助的方法是单击“开始”→“帮助与支持中心”→“主页”命令，打开如图 2-64 所示的对话框。主页中左窗格以目录的形式显示所有的主题，可以打开和折叠左边的目录，在右窗格显示主页目录的内容。

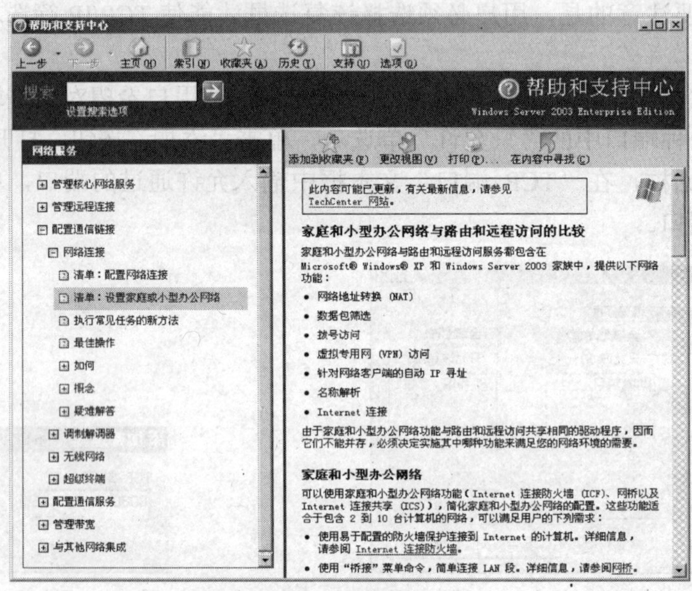

图 2-64　主页帮助模式

2.6.2 使用索引

单击主页帮助图中的索引菜单，即显示如图 2-65 所示的索引帮助界面，“索引”帮助可以查看索引列表。在列表框中直接双击某个主题，就可以在右边窗口得到该主题的具体帮助信息。

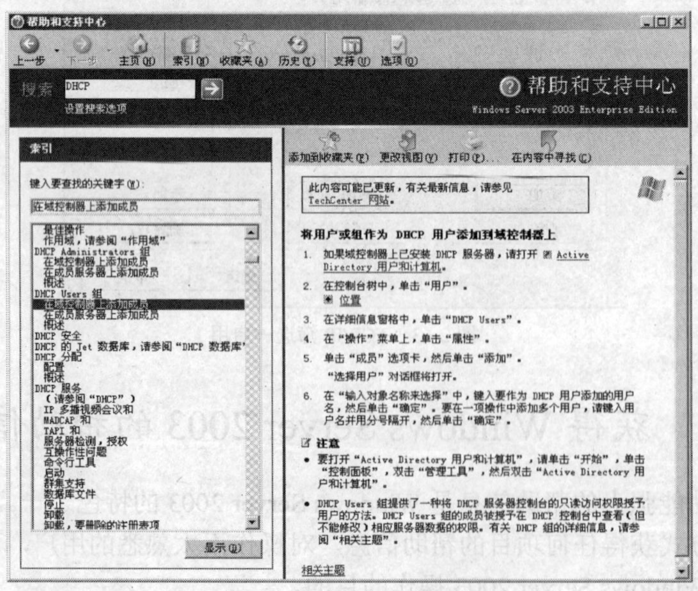

图 2-65　索引帮助对话框

2.6.3 进行搜索

“搜索”是在“搜索”文本框中输入希望获得帮助的主题的关键字，单击右边的箭头按钮，在下边的列表框就会显示与关键字相关的主题，最后双击某个主题，就可以得到帮助信息。

2.6.4 支持中心

要了解 Windows Server 2003 的最新信息和有关 Windows Server 2003 的其他技术支持资源，可以单击上图中的“支持”按钮，则打开如图 2-66 所示的支持对话框，在左窗格选择“从 Microsoft 获得帮助”选项，并在右窗格的“快速产品定位”文本框中输入希望获得帮助的产品，按 Enter 键后即可获得相关的帮助信息。

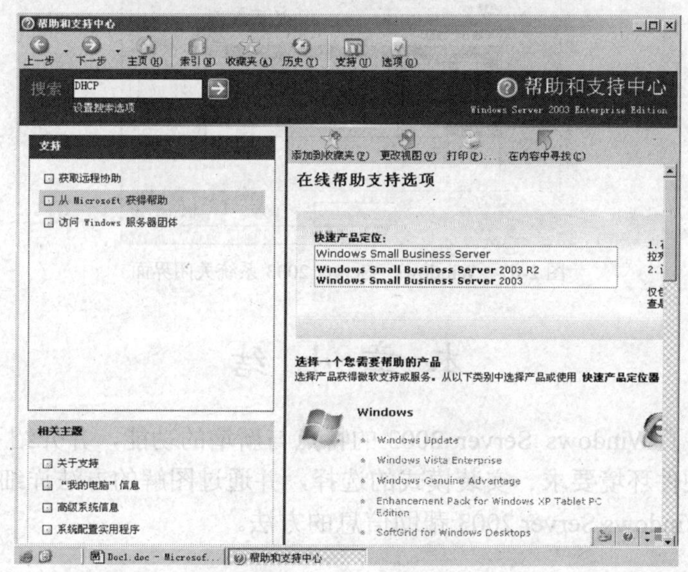

图 2-66 Windows 支持对话框

2.7 退出 Windows Server 2003

使用完计算机就要关闭系统退出 Windows Server 2003 了，这也是操作系统中必不可少的。在关闭计算机之前，要先关闭各种应用程序，然后再退出 Windows Server 2003，否则会破坏一些未保存的文件，并容易引起一些应用程序出错。

用户可使用下列步骤安全关闭计算机。

（1）关闭所有正在运行的应用程序。

（2）执行“开始”→“关机”命令。

（3）打开如图 2-67 所示的“关闭 Windows”对话框，在“希望计算机做什么”下拉列表中，选择“关机”选项。

此时用户可以看到，“确定”按钮是虚的，不可用，只有在“关闭事件跟踪程序”框中的“选项”下拉列表中选择其中一项内容事件之后，“确定”按钮才能变为可选项，此时用户可以关闭计算机。

注意：Windows Server 2003 操作系统的关闭与其他操作系统不同，默认的情况下，系统不允许关机，只有在选择图 2-67 所示的 6 项事件之一之后，才可以关闭系统。

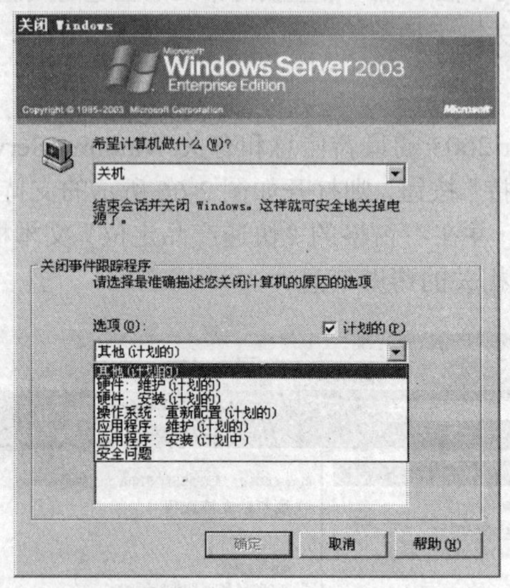

图 2-67 Windows Server 2003 系统关闭界面

本章小结

本章主要介绍了 Windows Server 2003 的特点与新增的功能，并介绍了 Windows Server 2003 安装的软件硬件环境要求、安装模式的选择，并通过图解的方法详细介绍了安装步骤，最后介绍了获得 Windows Server 2003 帮助信息的方法。

习 题

1. Windows Server 2003 比 Windows 2000 Server 新增或改进了哪些功能。
2. 安装与运行的基本硬件要求是什么？
3. Windows Server 2003 支持哪几种文件系统？
4. 从哪个操作系统安装 Windows Server 2003 时要运行 Winnt 32？
5. Windows Server 2003 有哪几个版本，每个版本的特点是什么，适用于什么网络环境？
6. 在已安装了 Windows XP 操作系统上安装 Windows Server 2003 操作系统，是否能实现系统双启动？

实训 Windows Server 2003 的规划与安装

一、实训目的

1. 了解 Windows Server 2003 的不同安装方法。
2. 了解和掌握 Windows Server 2003 系统和硬件设备要求。
3. 掌握基本的网络配置。

4．掌握管理控制台的使用。

二、实训设备

1．计算机系统：CPU P4 2.6 以上，内存在 512MB，硬盘 5GB 以上，光驱，鼠标，网卡等。

2．Windows Server 2003 以上的计算机系统。

3．计算机是连网的系统。

三、实训内容

1．了解安装 Windows Server 2003 的系统和硬件设备要求。

2．掌握 Windows Server 2003 安装前的注意事项。

3．练习 Windows Server 2003 安装的不同方法，在给定的 PC 上安装 Windows Server 2003 操作系统。

4．基本网络配置。对已完成安装的操作系统进行网络协议、网络服务、网络客户的配置。

5．“使用帮助与支持中心”查找 DHCP 服务器的配置方法。

四、实训要求

1．记录安装过程出现的问题及解决方法。

2．将查找的 DHCP 服务器的配置方法记录下来，以备以后使用。

第 3 章 环境设置

3.1 桌面环境设置

3.1.1 简洁的桌面

Windows Server 2003 给用户展示的是图形界面，常用的组件有窗口、菜单、对话框，每种界面都有一致的外形和基本用法。Windows Server 2003 正常启动后，系统会显示如图 3-1 所示的桌面信息。

图 3-1 简洁的桌面

（1）“我的电脑”：其功能是查看计算机的所有内容，管理计算机资源，对文件和文件夹进行操作。

（2）“我的文档”：其功能是存放用户自己建立的文档。

（3）“回收站”：其功能是存放用户删除的文件。

（4）“网上邻居”：其功能是使用和管理网络里的资源。

（5）“我的公文包”：一个非常实用的小工具，它的功能与日常用的公文包差不多，是存放一些重要而又要经常移动的文档。但它还有一个非常重要的功能，就是可以通过“自动更新”功能，确保你的文件永远是最新版本。

在 Windows Server 2003 家族操作系统中，“公文包”不再存放在桌面上。可以通过鼠标右键单击桌面上的任何地方，在弹出的快捷菜单中选择“新建”→“公文包”选项来新建“公文包”，此时桌面上显示如图 3-2 所示的新建公文包图标，用户可和重命名文件夹一样重命名公文包的名字。

图 3-2　新建公文包

第一次双击“新建公文包”图标时，系统会弹出如图 3-3 所示的“欢迎使用 Windows 公文包”对话框，提示用户使用公文包的方法。

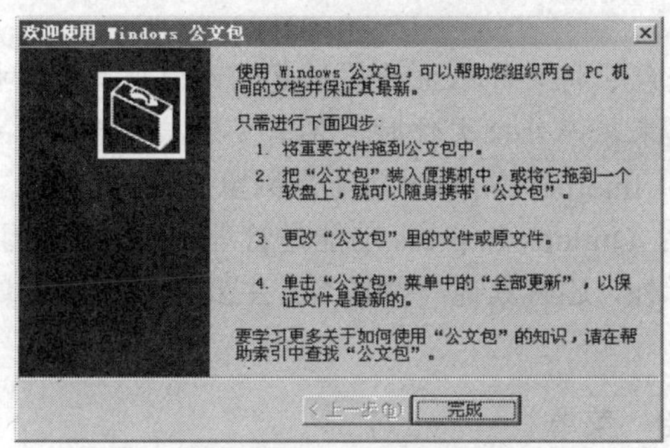

图 3-3　“欢迎使用 Windows 公文包”界面

公文包的使用非常灵活，可以根据用户的不同应用完成不同的同步存储功能。

① 使用“公文包”同步存储在可移动磁盘上的文件的方法如下。

- 将可移动磁盘插入主计算机的磁盘驱动器中。
- 打开“公文包”对话框，然后将相应的文件复制到公文包中。
- 将“公文包”拖曳到磁盘，此时“公文包”中的文件被复制到磁盘。
- 从主计算机取出磁盘，并将其插入便携式计算机的磁盘驱动器中。
- 从磁盘打开“公文包”对话框，并处理其中的文件。当准备同步文件时，从便携式计算机上取出磁盘，然后重新将它插入到主计算机上的磁盘驱动器。
- 从磁盘打开“公文包”，然后执行以下步骤之一。

✓ 要更新所有文件，在“公文包”菜单上，选择“全部更新”。

✓ 要只更新部分文件，选择要更新的文件，然后在“公文包”菜单上选择“更新所选内容”。

② 选择使用“公文包”或“脱机文件”。

- Windows Server 2003 提供了处理存储在主计算机或者网络上的文件的工具，你可以根据需要选择合适的工具。
- 如果使用直接电缆连接或可移动磁盘在计算机间频繁传输文件，那么公文包将是最佳的工具。使用公文包可以使其他计算机上修改的文件与主计算机上的文件同步。可以通过创建多个公文包来组织文件。
- 如果想在网络上使用共享文件，则“脱机文件”是最好的工具。使用“脱机文件”可以在网络断开时对共享文件进行改动，然后在下一次连接到网络时同步它们。

③ 使用“公文包”同步连接在计算机上的文件。Windows Server 2003 和以前版本的 Windows 一样，可以使用公文包同步连接计算机上的文件。

- 在你的计算机处于连接状态时，打开便携式计算机上的“公文包”对话框并从主计算机复制所需文件。
- 在便携式计算机上处理文件。

● 在处理完文件后，请连接两台计算机（如果它们已经断开），打开便携式计算机上的“公文包”对话框，然后完成以下步骤之一。

✓ 要更新所有文件，在“公文包”菜单上，单击“全部更新”。

✓ 要更新部分文件，选择要更新的文件，然后在“公文包”菜单上单击“更新所选内容”。

注意：当使用“公文包”将文件从主计算机复制到便携式计算机时，必须通过网络或用电缆将两台计算机连接起来，而处理文件时，不需要连接两台计算机。

（6）Internet Explore：Internet Explore 功能是浏览 Internet 信息。

（7）Outlook Express：Outlook Express 功能是管理邮件、新闻组和通讯簿。

桌面上除了这些图标外，还有其他一些内容，主要分布在屏幕最下面，主要包括“开始”菜单和任务栏两部分。

3.1.2 自定义“开始”菜单

单击“开始”按钮，出现“开始”菜单。“开始”按钮是运行 Windows Server 2003 操作系统应用程序和进行各种配置的入口，若想启动某个应用程序，选择“开始”菜单里的选项，便可以运行该应用程序。用户可以自定义“开始”菜单，使其具有个性化。操作方法是鼠标右键单击“任务栏”，在弹出的快捷菜单中选择“属性”选项，打开如图 3-4 所示的“任务栏和开始菜单属性”对话框，选择“开始菜单”选项卡，其中有“开始菜单”和“经典开始菜单”2 个单选项。

选择“开始菜单”单选项，单击“自定义”按钮，打开如图 3-5 所示的“自定义开始菜单”对话框，选择“高级”选项卡，在需要显示的菜单前选择其复选框，则系统菜单会以用户自定义的方式显示。

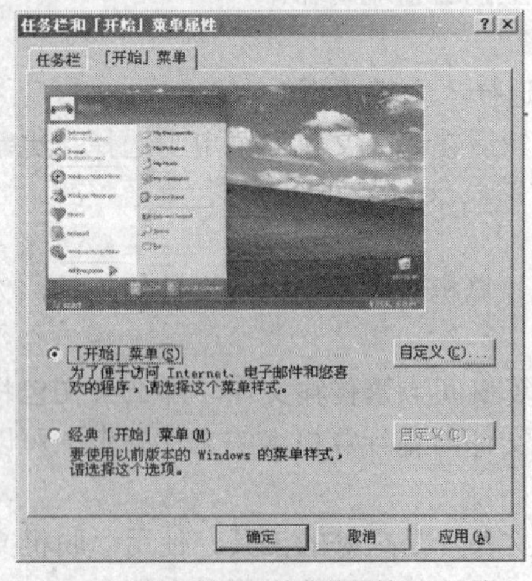

图 3-4 “任务栏和开始菜单属性”对话框

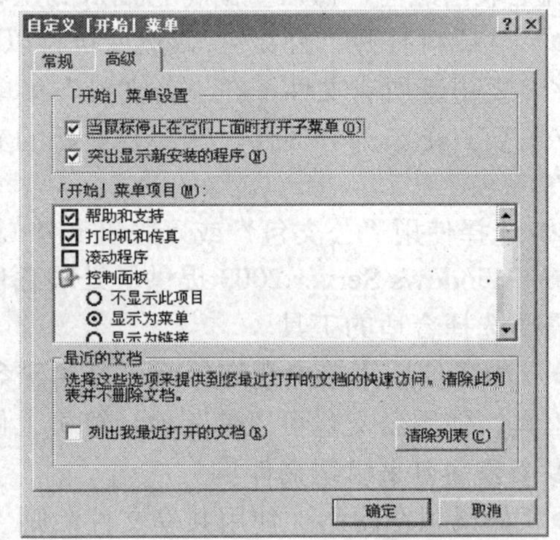

图 3-5 自定义“开始”菜单

3.1.3 强大的“网上邻居”

网络是一组彼此相连的计算机，连成网络后它们可以共享文件、打印机等资源。如果计算机与网络相连，可以使用“网上邻居”浏览网络资源，方法与浏览自己的计算机内容一样。在桌面上双击“网上邻居”图标，打开如图 3-6 所示的“整个网络”对话框。

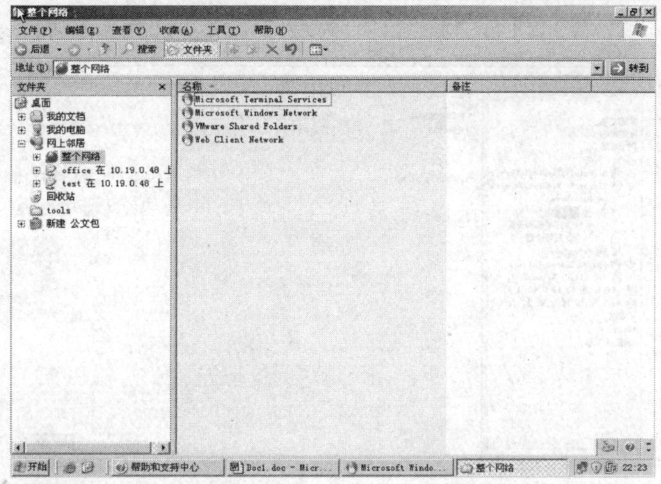

图 3-6 “整个网络”对话框

双击“Microsoft Windows Network”图标，网络中所有的资源会显示在对话框中。图 3-7 中显示了组织网络上所有的域、工作组、计算机、打印机、文件、文件夹和用户。如果想浏览工作组内的共享资源，双击某个工作组图标，工作组内的计算机和资源就会出现。

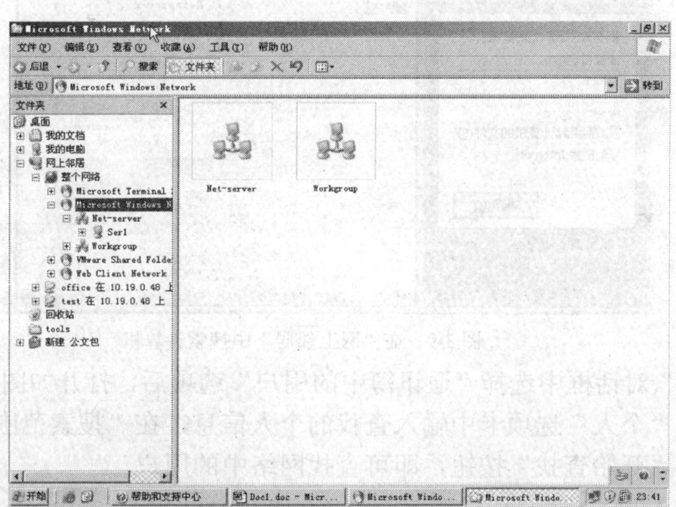

图 3-7 “Microsoft Windows 网络”对话框

双击其中的某个域或工作组的图标，则显示该域或工作组中的所有计算机，双击选中的计算机，如图 3-8 所示，显示该计算机上所有的共享资源。

如果已知某台计算机的计算机名，可以在资源管理器的地址栏中输入计算机名以查找网络中的计算机和共享资源，格式为“\\计算机名”。

当需要搜索网络内的打印机、计算机、用户、文件或文件夹时，可以使用 Windows 的搜索功能，方法是执行“开始”→“搜索”打开“搜索结果”对话框，选择“其他搜索选项”选项，选择“计算机或用户”选项，在下一步的菜单中选择“网络中的一台计算机”选项，打开如图 3-9 所示的窗口，在“计算机名”文本框中输入要查找的计算机名后单击“搜索”按钮，会在右窗格中显示已查找到的计算机名。

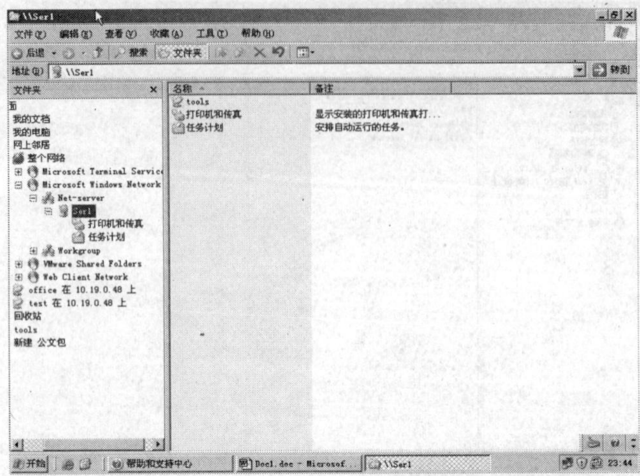

图 3-8　工作组中的某台计算机上的所有共享资源

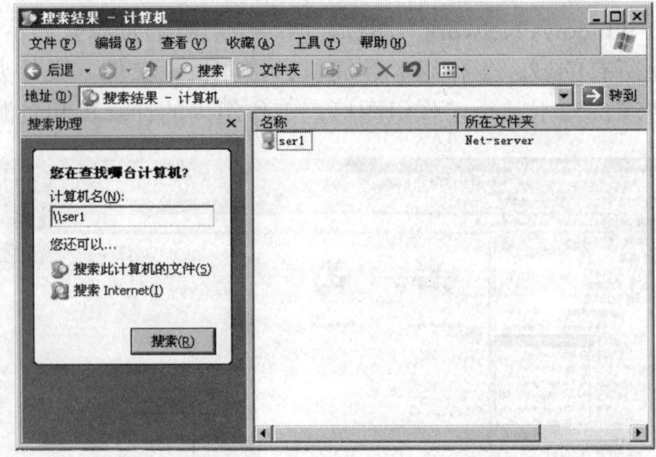

图 3-9　在“网上邻居”中搜索计算机

在“搜索结果”对话框中选择“通讯簿中的用户”选项后，打开如图 3-10 所示的“查找个人”对话框，在“个人”选项卡中输入查找的个人信息，在“搜索范围”下拉列表中选择搜索的范围，单击“开始查找”按钮，即可查找网络中的用户。

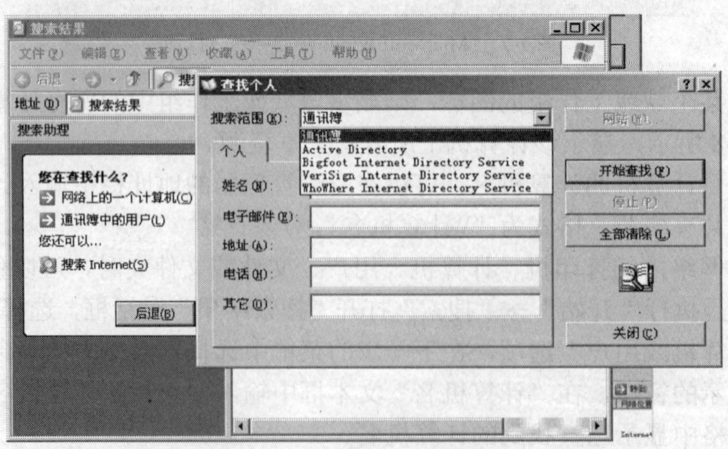

图 3-10　在“网上邻居”中搜索用户

3.1.4　丰富的“我的文档”

“我的文档”文件夹是文档、图片和其他文件（包括保存的网页）的默认存储位置。每位登录到该计算机的用户均拥有各自唯一的“我的文档”文件夹，图 3-11 所示为进入“我的文档”的方法。这样，使用同一台计算机的不同用户就无法访问其他用户存储在“我的文档”文件夹中的文档了。

在如图 3-12 所示的“我的文档属性”对话框中，“目标文件夹”选项卡可以定义“我的文档”文件夹的物理位置。

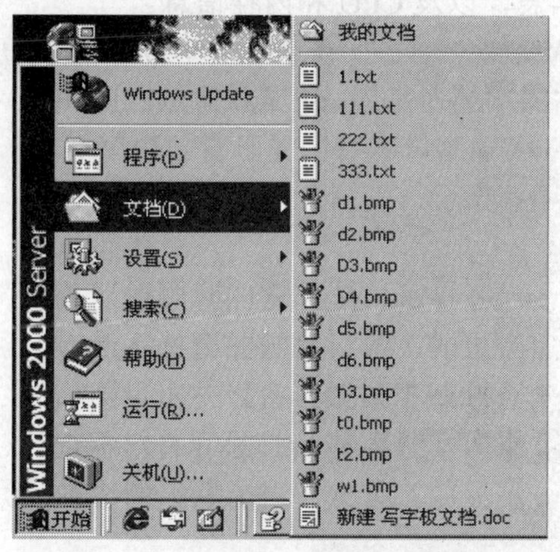

图 3-11　选择“我的文档”的方法

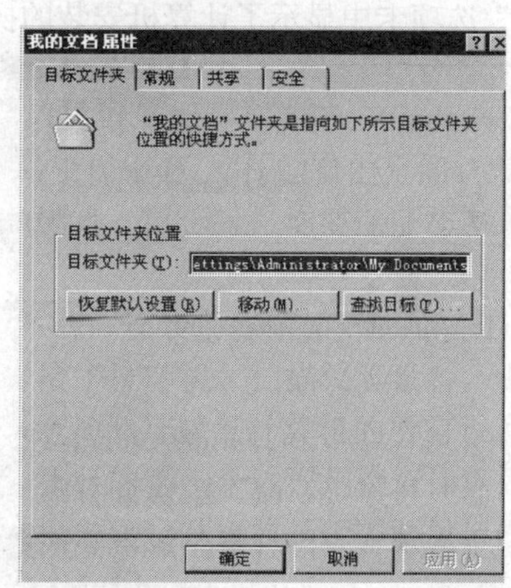

图 3-12　定义“我的文档”文件夹的物理位置

在如图 3-13 所示的“我的文档属性”对话框中，“共享”选项卡可以定义该文件夹的共享属性。

在如图 3-14 所示的“我的文档属性”对话框中，“安全”选项卡可以定义每个用户对该文件夹的使用权限。

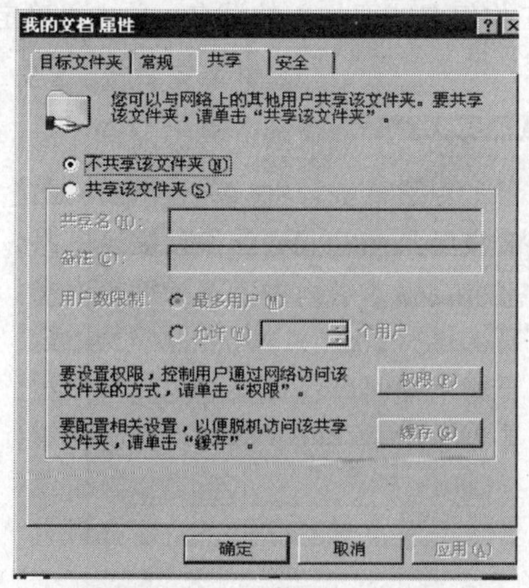

图 3-13　文件夹的共享属性设置

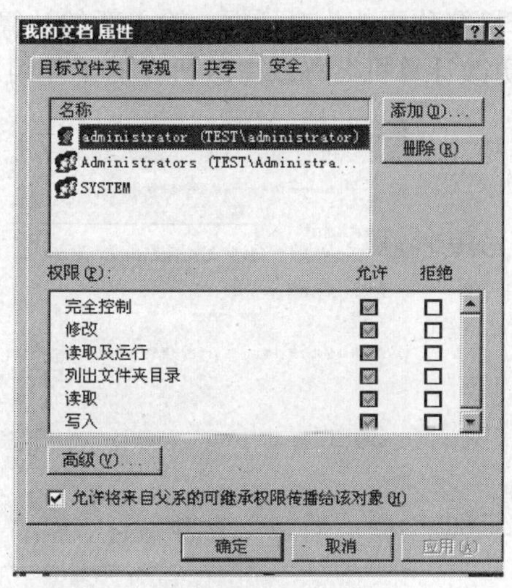

图 3-14　定义文件夹的使用权限

3.1.5 “我的电脑”属性设置

在“我的电脑”对话框中，可以显示软盘、硬盘、光驱和网络驱动器中的内容，也可以搜索和打开文件及文件夹，并且访问控制面板中的选项以修改计算机设置。“我的电脑”属性设置中包括“常规”、“计算机名”、“硬件”、“高级”、“自动更新”和“远程”6 个选项卡，用以了解或配置本机。

1. “常规”选项卡

鼠标右键单击桌面上“我的电脑”图标，打开如图 3-15 所示的“系统属性”对话框，在“常规”选项卡中显示了计算机安装的操作系统信息，以及 CPU 和内存信息。

图 3-15 “常规”选项卡

2. “计算机名”选项卡

选择“计算机名”选项卡，打开如图 3-16 所示的“计算机名”选项卡，显示了完整的计算机名称，如果该计算机不是域控制器，用户可以单击“更改”按钮，打开如图 3-17 所示的“计算机名称更改”对话框，输入新的计算机名、工作组名或要加入的域名，单击“确定”后即可更改计算机名称或更改所在的工作组或加入域。

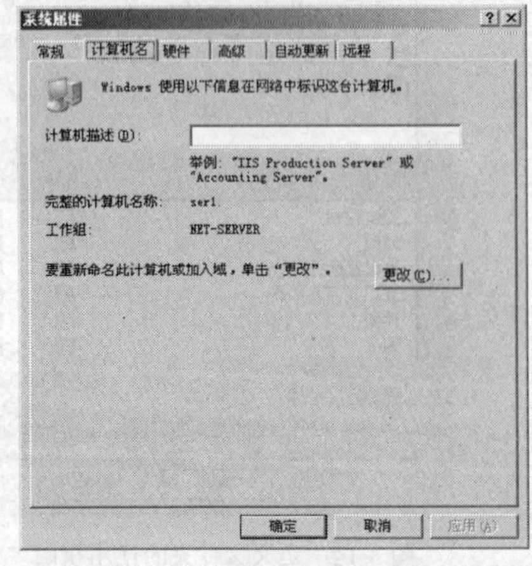

图 3-16 “计算机名”选项卡

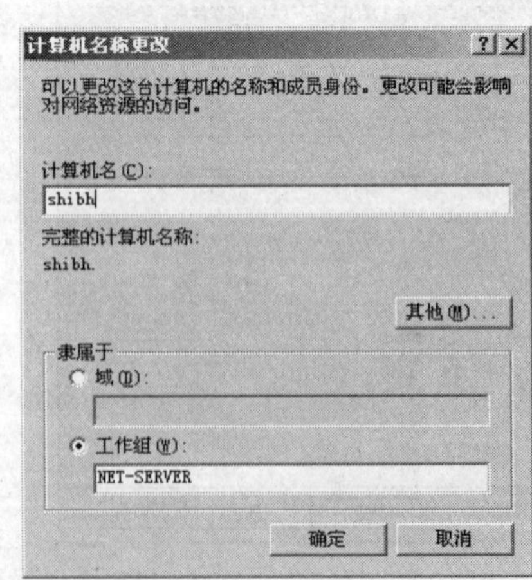

图 3-17 更改计算机名

3. “硬件”选项卡

如图 3-18 所示，在“系统属性”的“硬件”选项卡中有 4 个按钮，其中的“硬件向导”用来帮助用户安装、卸载、修复、拔出和配置硬件；“设备管理器”列出所有安装在计算机上的硬件设备，使用“设备管理器”可以更改设备属性。“设备管理器”提供计算机硬件的图形化视图，可以使用“设备管理器”更改硬件的配置方式以及硬件与计算机微处理器之间的交互方式。

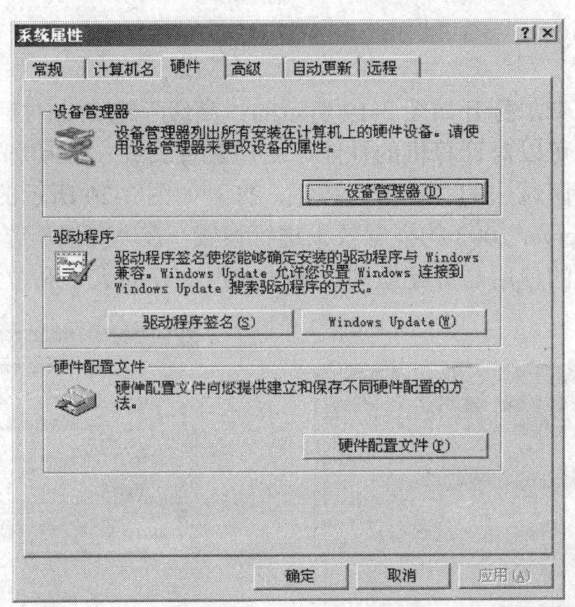

图 3-18 “硬件”选项卡

使用“设备管理器”可以完成以下任务。

（1）确定计算机上的硬件是否正常工作。

（2）更改硬件配置。

（3）确定为每个设备加载设备驱动程序并获取每个设备驱动程序的有关信息。

（4）更改设备的高级设置和属性。

（5）安装更新的设备驱动程序。

（6）禁用、启用和卸载设备。

（7）识别设备冲突并手动配置资源。

（8）打印计算机上安装的设备的摘要信息。

通常，使用“设备管理器”检查硬件的状态并更新计算机上的设备驱动程序。深入了解计算机硬件的高级用户，还可以使用“设备管理器”的诊断功能来解决设备冲突并更改资源设置。一般说来，无需使用设备管理器更改资源设置，因为 Windows Server 2003 操作系统在硬件设置过程中已自动分配了资源。

可以使用“设备管理器”管理本地计算机上的设备。在远程计算机上，“设备管理器”只能工作于只读模式。“硬件配置文件”提供建立和保存不同硬件配置的方法。硬件配置文件是在启动计算机时告诉 Windows Server 2003 操作系统启动哪些设备以及使用设备中的哪些设置的一系列指令。当用户第 1 次安装 Windows Server 2003 操作系统时，系统就创建了一个名为“Profile 1”的硬件配置文件。在默认情况下，在“Profile 1”硬件配置文件中启用了所有安装 Windows Server 2003 操作系统时安装在这台计算机上的设备。如果有多个硬件配置文件，可以指定一个作为每次启动计算机时的默认配置文件。也可以让 Windows Server 2003 操作系统在每次启动计算机时询问使用哪个配置文件。一旦创建了硬件配置文件，用户就可以使用“设备管理器”禁用和启用配置文件中的设备。如果在硬件配置文件中禁用了某个设备，那么当用户启动计算机时系统不会加载该设备的设备驱动程序。

4. “高级”选项卡

选择“高级”选项卡，打开如图 3-19 所示的“高级”选项卡对话框。

通过这一选项卡，可以对计算机的性能、用户配置文件、启动和故障恢复进行设置。

单击“性能”选项区域中的“设置”按钮，打开如图 3-20 所示的“性能选项”对话框，在此可以对 Windows Server 2003 的视觉效果进行设置，在“高级”选项卡中可以设置处理器的资源分配原则、内存的使用与分配原则、更改虚拟内存的大小和位置。

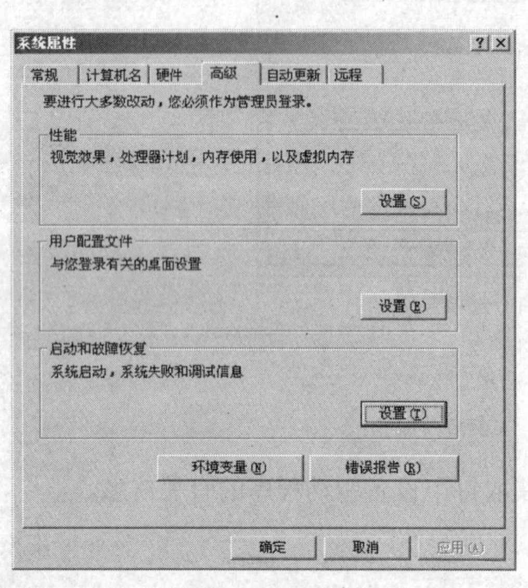

图 3-19 “高级”选项卡

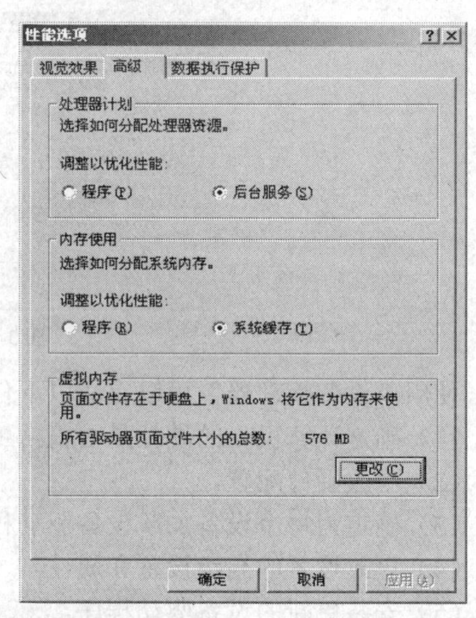

图 3-20 计算机“性能选项”对话框

单击“用户配置文件”选项区域中的设置按钮，打开如图 3-21 所示的“用户配置文件”对话框，显示了储存在本机上的用户配置文件。在运行 Windows Server 2003 操作系统的计算机上，用户配置文件将自动创建和维护本地计算机上的每个用户工作环境的桌面设置。当用户第 1 次登录到计算机的时候，系统为每个用户创建一个用户配置文件。用户配置文件为用户提供了多种便利，多个用户可以使用同一台计算机，并且每个用户在登录时都会收到自己的桌面设置。当用户登录到工作站时，将收到上次注销时的桌面设置。一个用户对桌面环境的自定义设置不会影响其他用户的设置。用户配置文件可以存储在服务器上，以便它们可以跟随用户到网络上任意一台运行 Windows Server 2003 操作系统的计算机上，这称为“漫游用户配置文件”。用户配置文件定义了自定义的桌面环境，包括个人显示设置、网络和打印机连接，以及其他指定的设置。

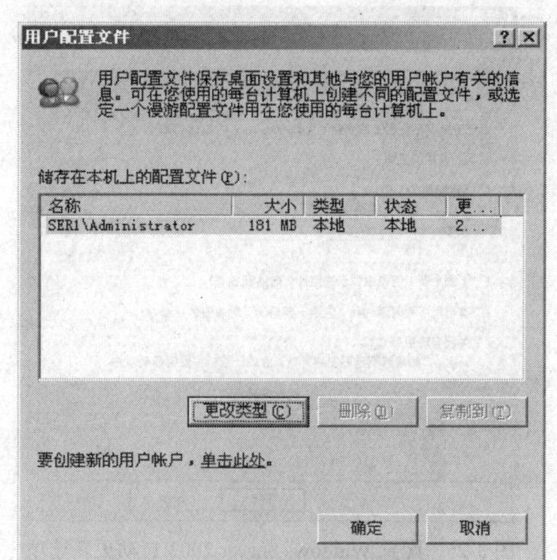

图 3-21 “用户配置文件”对话框

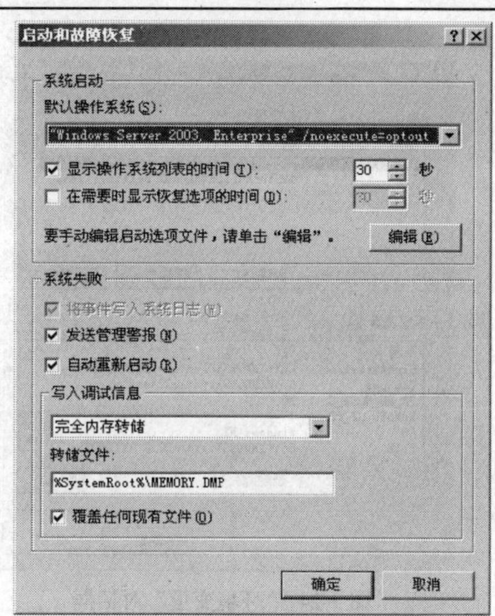

图 3-22 “启动和故障恢复”对话框

单击“启动和故障恢复”选项区域中的“设置”按钮，打开如图 3-22 所示的“启动和故障恢复”对话框，在此可以设置系统启动时的默认操作系统、系统启动失败时的处理方法等。单击“编辑”按钮，打开如图 3-23 所示的记事本对话框，显示了系统启动文件 boot.ini 的内容，用户可以通过修改该文件来更改系统的启动信息，这在多重操作系统启动时非常有用。

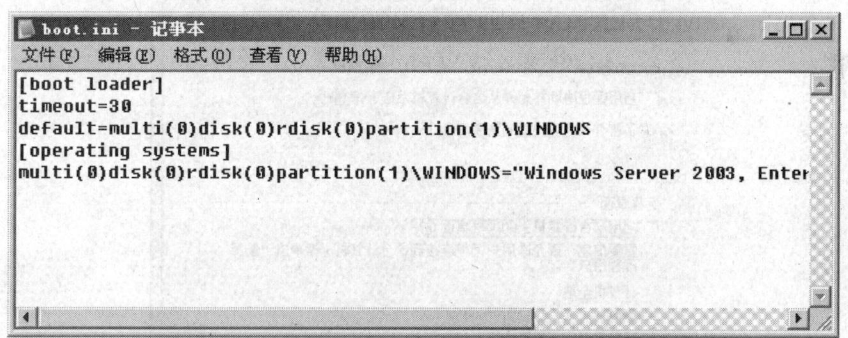

图 3-23　修改系统启动设置

单击图 3-19 中的“环境变量”按钮，打开“环境变量”对话框，如图 3-24 所示。“环境变量”告诉计算机在哪里查找特定类型的信息，包含诸如驱动器、路径或文件名之类的字符串，控制着多种程序的行为。例如，TEMP 环境变量指定程序放置临时文件的位置。任何用户都可以添加、修改或删除用户的环境变量。但是，只有管理员才能添加、修改或删除系统环境变量。

5. “自动更新”选项卡

如图 3-25 所示的“自动更新”选项卡，可以设置操作系统的自动更新时间和方法，一般情况下选择“下载更新，但是由我来决定什么时候安装”单选项。

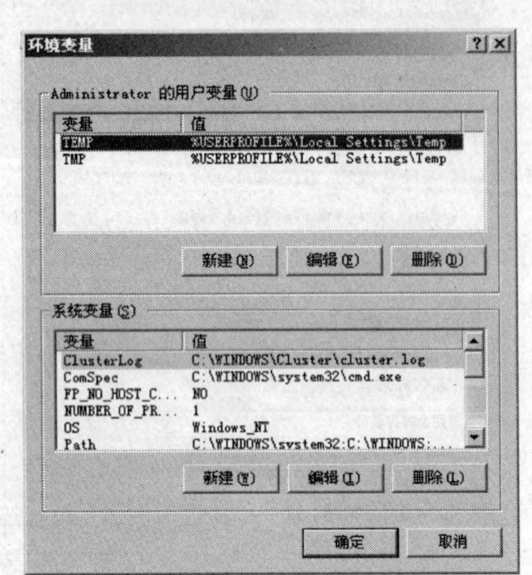

图 3-24 “环境变量”对话框

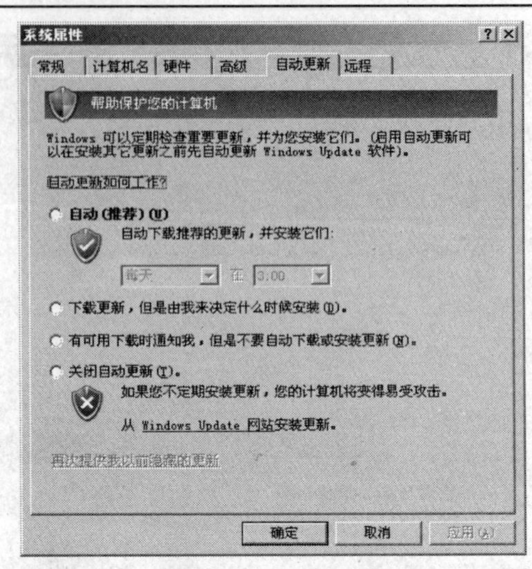

图 3-25 配置 Windows Server 2003 自动更新选项

6. “远程”选项卡

图 3-26 所示的“远程”选项卡，可以设置计算机的远程协助和远程桌面，选择了远程协助复选框后，可以设置在这台计算机上使用远程协助的限制。

选择了“启用这台计算机上的远程桌面”复选框后，即允许远程连接到这台计算机。单击“选择远程用户”按钮，选择允许远程连接到这计算机上的用户。

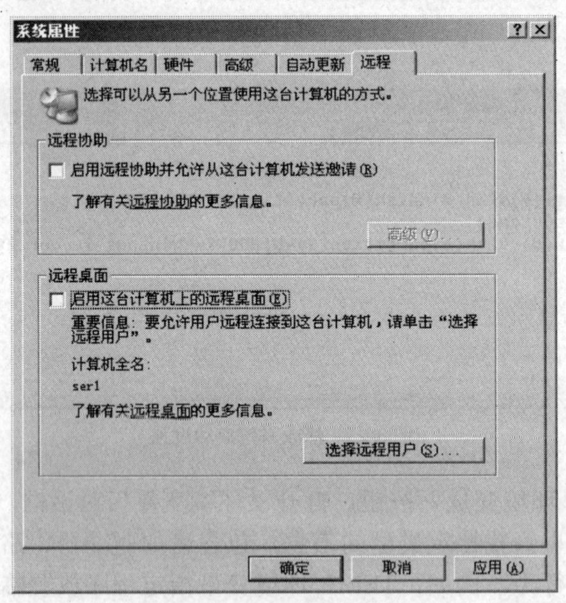

图 3-26 “远程”选项卡

3.1.6 “回收站”属性设置

图 3-27 所示为“回收站”对话框。“回收站”用来存储已删除的文件、文件夹或网页直到清空为止。对文件或文件夹做删除操作时，被删除的对象并没有被真正的删除，而是首先放到“回收站”中。

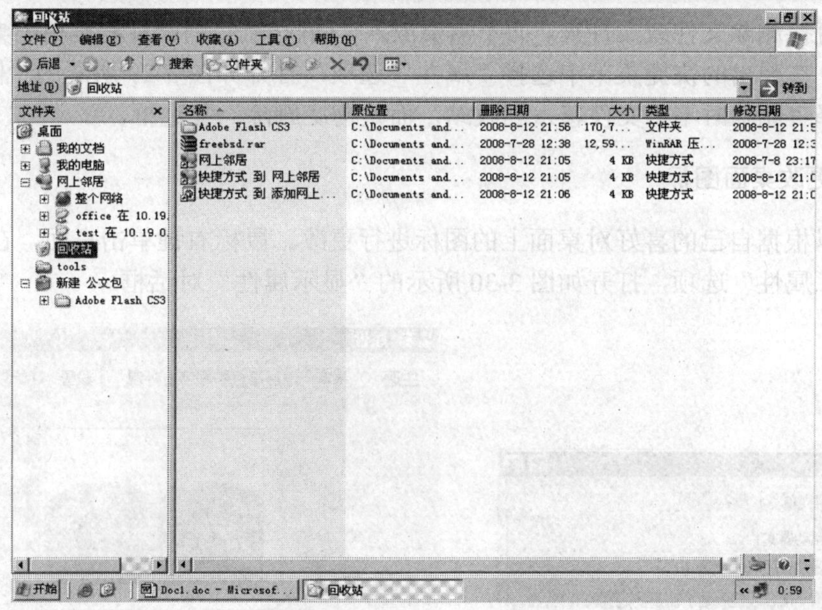

图 3-27 “回收站”对话框

这样带来的好处是用户如果想恢复被删除的文件或文件夹，还可以从“回收站”中取出或恢复到原来的位置。其具体操作步骤如下。

（1）双击桌面上的“回收站”图标。

（2）鼠标右键单击要恢复的文件或文件夹，在弹出的快捷菜单中选择“还原”选项，即可将已删除的文件还原到原来的位置。

（3）如果想全部删除回收站中的文件或文件夹，鼠标右键单击“回收站”图标，在弹出的快捷菜单中选择“清空回收站”选项，即可把文件或文件夹从硬盘中真正地全部删除。

（4）如果想对单个文件或文件夹操作，则鼠标右键单击某个文件或文件夹，在弹出的快捷菜单中选择“还原”选项或“删除”选项。图 3-28 所示为从回收站中还原文件的窗口操作。

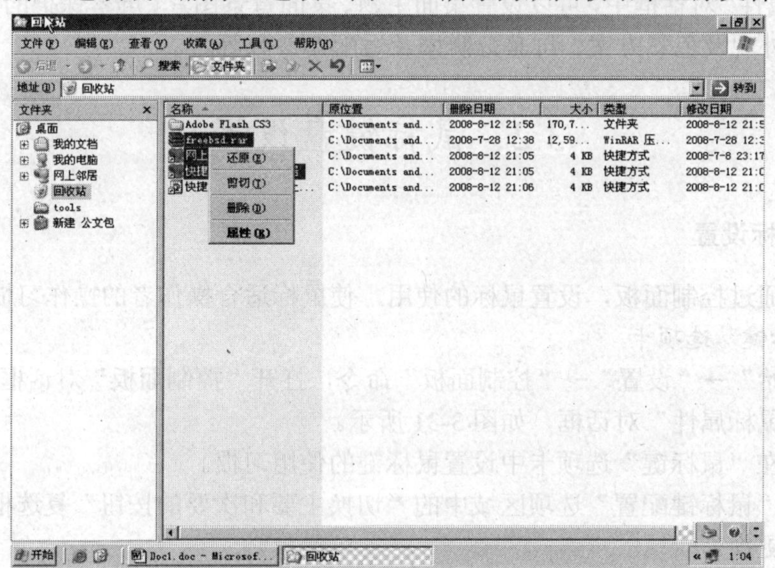

图 3-28　从回收站中还原文件

如果想直接删除文件或文件夹，而不需要放入“回收站”，则鼠标右键单击桌面上的“回收站”图标，在弹出的快捷菜单中选择“属性”选项，打开如图3-29所示的“回收站属性”对话框，选择“删除时不将文件移入回收站，而是彻底删除”复选框。

3.1.7 更改桌面图标

用户可以根据自己的喜好对桌面上的图标进行更改。鼠标右键单击桌面，在弹出的快捷菜单中选择“属性”选项，打开如图3-30所示的“显示属性”对话框。

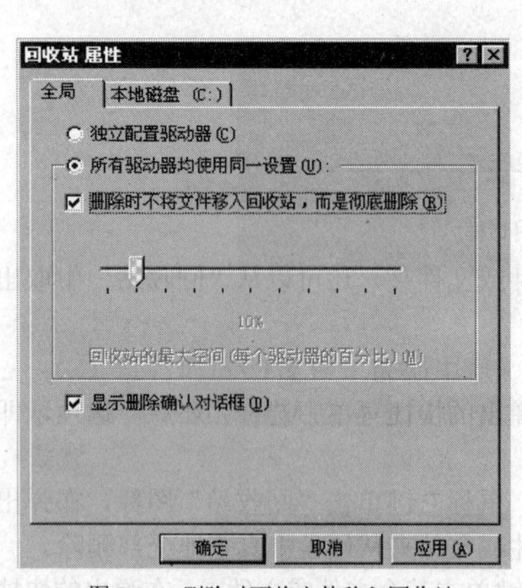

图3-29 删除时不将文件移入回收站

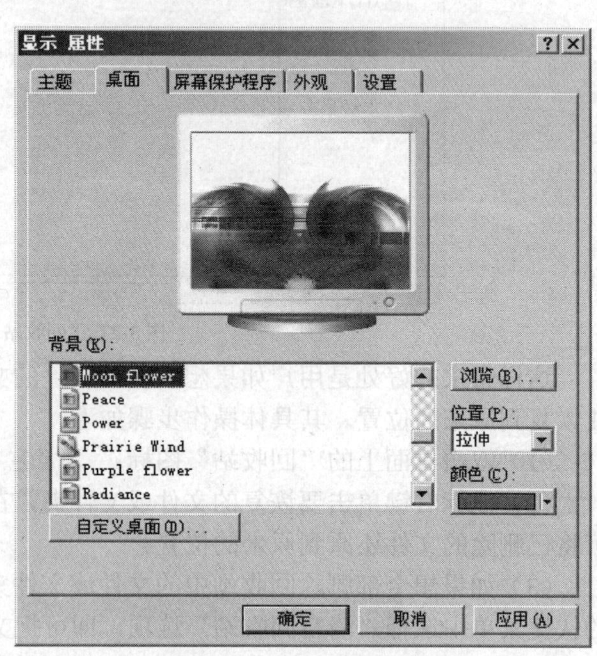

图3-30 “显示属性”对话框

在“显示属性”对话框中，可以设置桌面主题、桌面背景图片、屏幕保护的内容、Windows窗口和按钮的外观及色彩方案、屏幕分辨率及适配器参数等。

3.2 鼠标键盘设置

3.2.1 鼠标设置

用户可以通过控制面板，设置鼠标的使用，使鼠标适合操作者的操作习惯。

1. “鼠标键”选项卡

执行“开始”→“设置”→“控制面板”命令，打开“控制面板”对话框，双击“鼠标”图标，打开“鼠标属性”对话框，如图3-31所示。

用户可以在“鼠标键”选项卡中设置鼠标键的使用习惯。

（1）选中“鼠标键配置”选项区域中的“切换主要和次要的按钮”复选框，将鼠标右键和左键的功能更换。

（2）拖动“双击速度”的滚动条，设定系统打开一个文件或文件夹时，鼠标键双击的反应灵敏程度。用户可以向左或者向右拖动滑块来调整鼠标双击的反应灵敏程度。

（3）选择"启用单击锁定"复选框，打开如图 3-32 所示的对话框，用鼠标拖动滚动条，调整按下鼠标后锁定目标的时间。

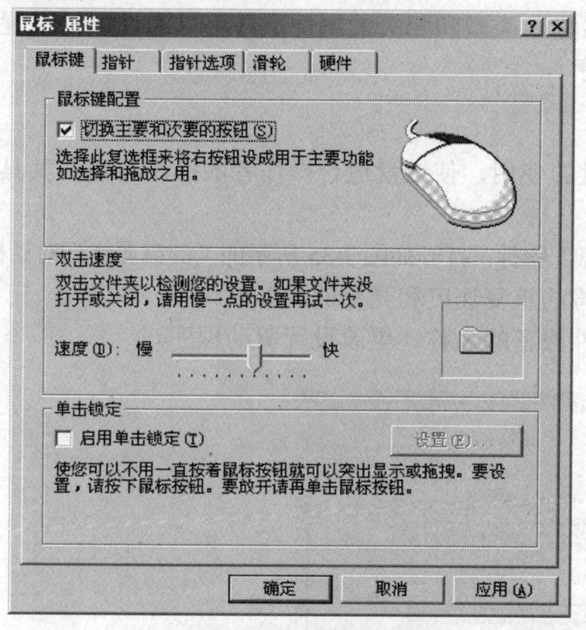

图 3-31 "鼠标属性"对话框

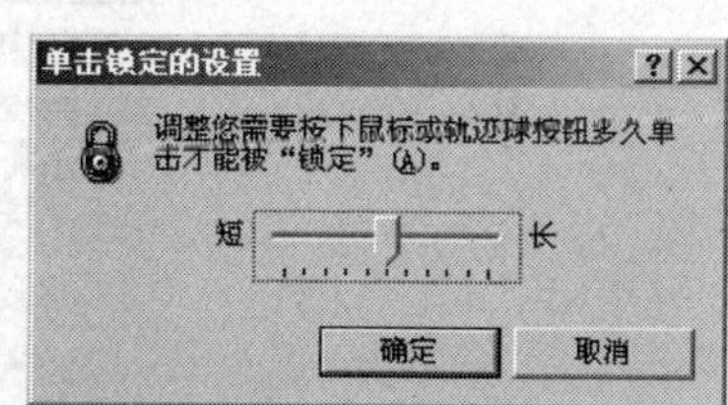

图 3-32 调整鼠标按下的锁定时间

2. "指针"选项卡

"指针"选项卡如图 3-33 所示，可以设置鼠标在不同应用程序状态下的外观，也可以启用 Windows 标准的方案。

3. "指针选项"选项卡

"指针选项"选项卡如图 3-34 所示，可以根据用户自己的喜好，设置鼠标指针移动时的速度、默认的按钮情况、鼠标指针的可见性等。

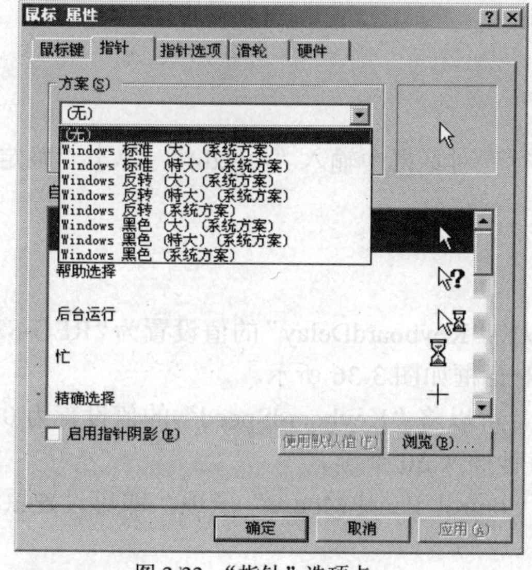

图 3-33 "指针"选项卡

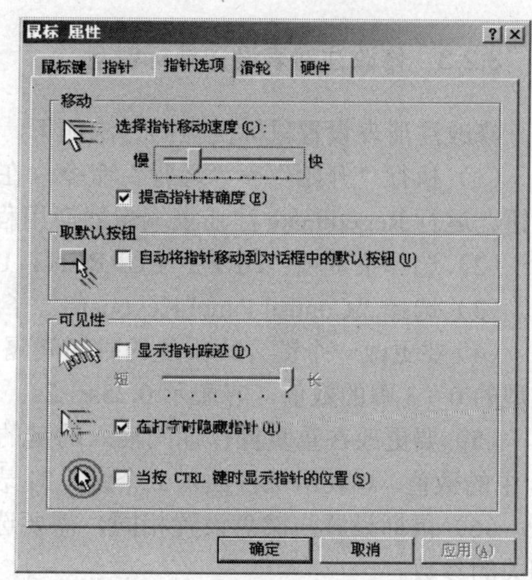

图 3-34 "指针选项"选项卡

4. “滑轮”选项卡

“滑轮”选项卡可以设置滚动滑轮一个齿格时滚动的行数或一次滚动一个屏幕。

5. “硬件”选项卡

“硬件”选项卡可以查看鼠标的硬件名称、类型和相关的属性，并可以通过属性设置鼠标的采样速度等参数，并可以更改驱动程序。

3.2.2 键盘设置

用户可以通过“控制面板”，设置键盘的使用，使键盘适合操作者的操作习惯。其具体操作步骤如下。

（1）在“控制面板”对话框中双击“键盘”图标，打开如图3-35所示的“键盘属性”对话框。

（2）在“速度”选项卡中可以设置字符的重复速度和光标的闪烁率。

（3）在“硬件”选项卡中可以查看硬件设备的名称、更改设置驱动程序。

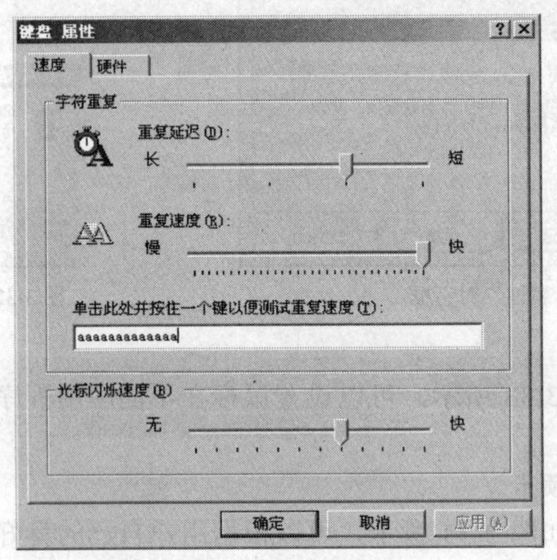

图3-35 “键盘属性”对话框

3.2.3 修改注册表设置鼠标键盘

修改注册表设置鼠标键盘的方法如下。

（1）执行“开始”→“运行”命令，在“运行”对话框中输入“regedit”，单击“确定”按钮。运行Regedit.exe注册表编辑器应用程序。

（2）选择菜单项“HKEY_CURRENT_USER”。

（3）选择“Control Panel\Keyboard”子项。

（4）要更改一个键开始重复的时间间隔，可以将“KeyboardDelay”的值设置为“REG-SZ”类型的0～3中的数值，它表示0.25s～2s。设置对话框如图3-36所示。

（5）要更改在重复操作期间插入的键的数量，可以将“KeyboardSpeed”的值设置为0～31中的数值。0表示每秒插入2个键；31表示每秒插入30个键。

（6）鼠标设置与键盘设置相同，需要选中“Control Panel\Mouse”子项，即可设置鼠标相关的参数。

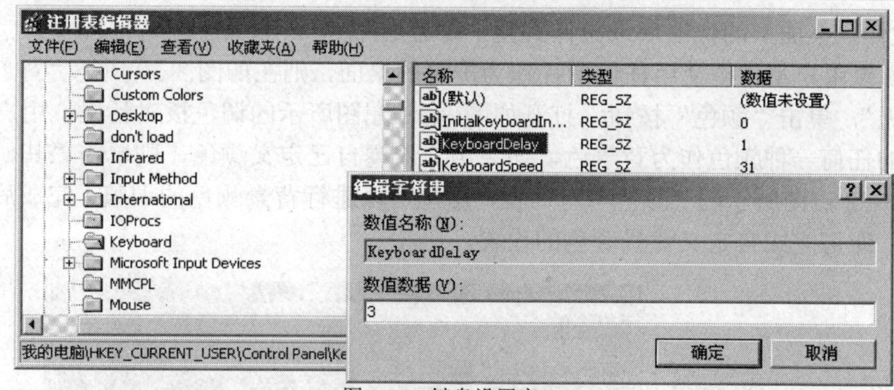

图 3-36　键盘设置窗口

3.3　显示类型设置

显示类型的设置主要包括自定义背景、设置屏幕保护程序、自定义外观、自定义显示效果，调整颜色、分辨率和刷新频率。

3.3.1　自定义背景

自定义背景的操作步骤如下。

（1）在桌面上的空白位置单击鼠标右键，在弹出的快捷菜单中选择“属性”选项，打开如图 3-30 所示的“显示属性”对话框。

（2）在“桌面”选项卡中，从“背景”列表框中选择背景图或背景颜色，单击“确定”按钮后即可更改桌面的背景。

（3）如果用户希望将自己喜欢的图片作为屏幕背景，则单击“浏览”按钮，打开如图 3-37 所示的“浏览”对话框，查找并定位硬盘上的位图文件，选择后单击“打开”按钮，回到“显示属性”对话框。

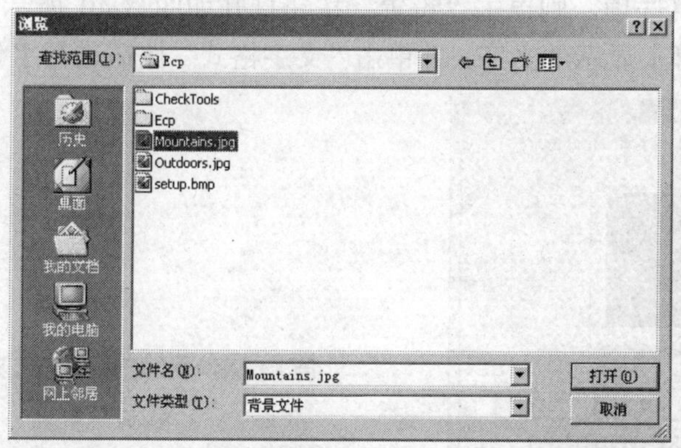

图 3-37　“浏览”对话框

（4）在“位置”下拉列表中选择图片显示方式。

① 居中：桌面上显示的位图墙纸以原文件大小居于屏幕的中间。

② 平铺：桌面上的位图墙纸以原文件大小铺满屏幕。

③ 拉伸：桌面上的位图墙纸拉伸到整个屏幕。

（5）如果用户不希望使用任何图片作为屏幕的桌面，则在如图3-30所示“背景”列表框中选择“无”，单击“颜色”按钮，打开如图3-38左图所示的调色板对话框，用户可以自行选择其中的任何一种颜色作为背景色，如果用户希望自己定义颜色，则单击“其他”按钮，打开如图3-38右图所示的“颜色”对话框，用户可以进行背景颜色的调整，完成后单击“确定”按钮，即可完成自定义背景颜色的设置。

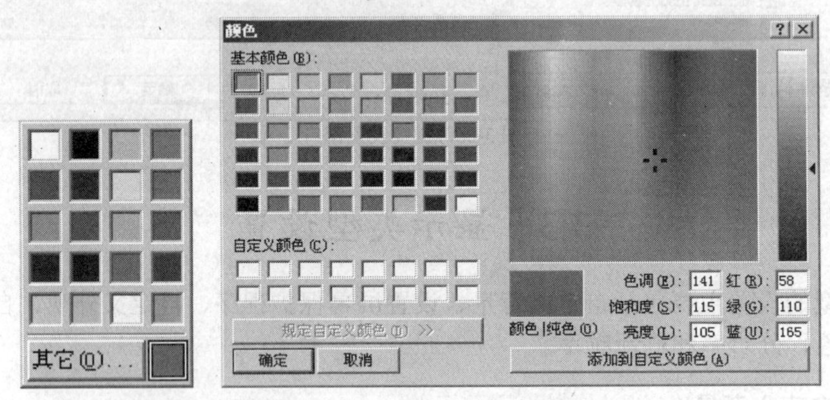

图3-38 桌面背景“颜色”对话框

3.3.2 设置屏幕保护程序

为了避免系统在暂时不使用时被其他人非法使用，以及显示器长时间亮度不均匀地显示，任何一个版本的Windows操作系统都提供了屏幕保护的功能，设置屏幕保护的操作步骤如下。

（1）鼠标右键单击如图3-30所示的“屏幕保护程序”选项卡，打开如图3-39所示的对话框。

（2）在“屏幕保护程序”的下拉列表中选择一种屏幕保护程序，Windows Server 2003，空白或字幕。

（3）如果选择字幕选项，则单击“设置”按钮打开如图3-40所示的字幕设置对话框，用户可以自行输入在屏幕上显示的文字，并单击“文字格式”按钮进行字体、字号、颜色的设置。

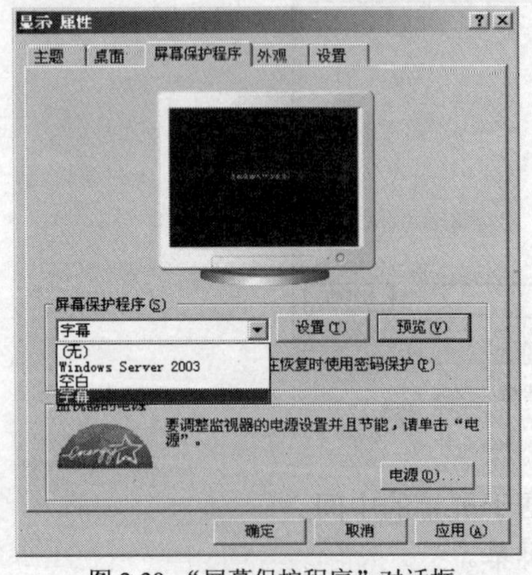

图3-39 “屏幕保护程序”对话框

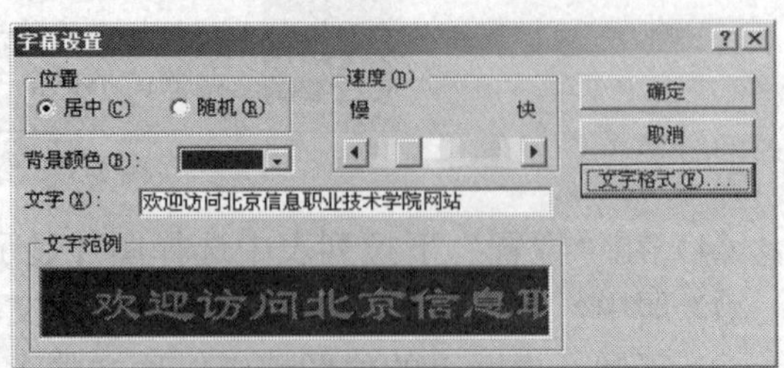

图3-40 “字幕设置”对话框

（4）预览屏幕保护程序的效果，单击“预览”按钮。

（5）对选定的屏幕保护程序进行参数设置，单击“设置”按钮，打开屏幕保护程序设置对话框进行设置。

（6）为屏幕保护程序加上密码，选择“在恢复时使用密码保护”复选框。

3.3.3 自定义外观

Windows 操作系统提供了系统显示的外观样式，但有的用户为了使桌面系统个性化，自定义自己喜欢的屏幕外观，自定义外观的操作步骤如下。

（1）鼠标右键单击如图 3-30 所示的“外观”选择项卡，如图 3-41 所示。

（2）设置 Windows Server 2003 操作系统在显示字体、图标和对话框时所使用的颜色和字体大小。

（3）从“颜色方案”下拉列表中，选择喜欢的预定外观方案。

（4）从“窗口和按钮”下拉列表中，选择“Windows 经典样式”或是“Windows XP 样式”。

（5）从“字体大小”下拉列表选择所选项目采用的字体的大小。

（6）单击右侧的“效果”按钮，在打开的“效果”对话框中可以设置菜单和工具的提示过渡效果、边缘平滑度、图标情况等。

（7）单击右侧的“高级”按钮，可以设置活动窗口、非活动窗口、消息框等项目的颜色、字体大小等内容。

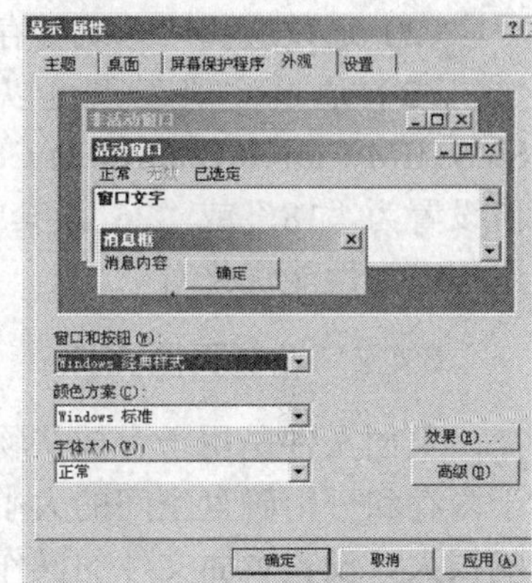

图 3-41 “外观”选项卡

3.3.4 调整颜色、分辨率和刷新频率

调整颜色、分辨率和刷新频率操作步骤如下。

（1）鼠标右键单击如图 3-30 所示的“设置”选项卡，如图 3-42 所示。

（2）在“颜色质量”选项区域中，从下拉列表中选择所需要的颜色数目：增强色（16 位）、真彩色（32 位）。

（3）在“屏幕分辨率”选项区域中，拖动滑块以改变屏幕的分辨率。

（4）单击“高级”按钮，选择“监视器”选项卡，如图 3-43 所示，改变屏幕的刷新频率。

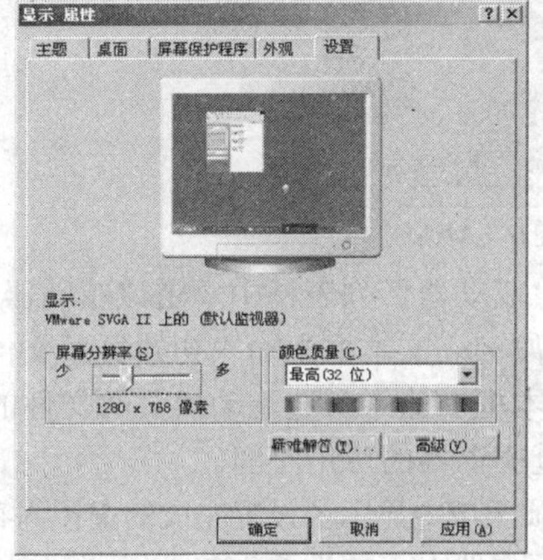

图 3-42 “设置”选项卡

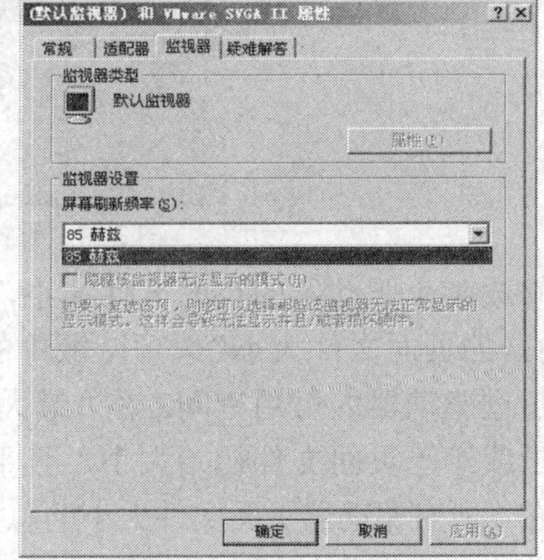

图 3-43 “高级”选项对话框

3.4 虚拟内存管理

3.4.1 设置内存优化对象

控制应用程序使用内存的方式，将影响到计算机的速度，因此应该合理设置内存优化对象。在 Windows Server 2003 操作系统中，性能优化应设置为后台服务。设置方法如下。

（1）在图 3-20 所示已打开系统性能的“高级”选项卡中，用户可选择处理器资源分配原则，要优化后台服务性能，选择“后台服务”按钮，然后单击“确定”按钮即可。

（2）通过选择“系统缓存”性能优化以分析系统的内存使用。

（3）通过注册表也可以选择性能优化对象，其内容在“HKEY_LOCAL_MACHINE\SYSTEM\CurrentControlSet\Control\PriorityControl”子项下。将“Win32priorityseparation”的值设置为“18”或“26”，其中“18”是指选择后台服务为性能优化对象，“26”是指选择应用程序为性能优化对象。

3.4.2 设置页面文件

页面文件是用于存放从物理内存中交换到硬盘上的数据的硬盘临时空间，它的大小取决于内存和可用磁盘空间的大小，最小为 2MB，一般为 94MB 或更大，对系统和网络的性能影响很大。设置页面文件的操作步骤如下。

（1）单击图 3-20 中的“虚拟内容”选项区域中的“更改”按钮，打开如图 3-44 所示的“虚拟内存”对话框。

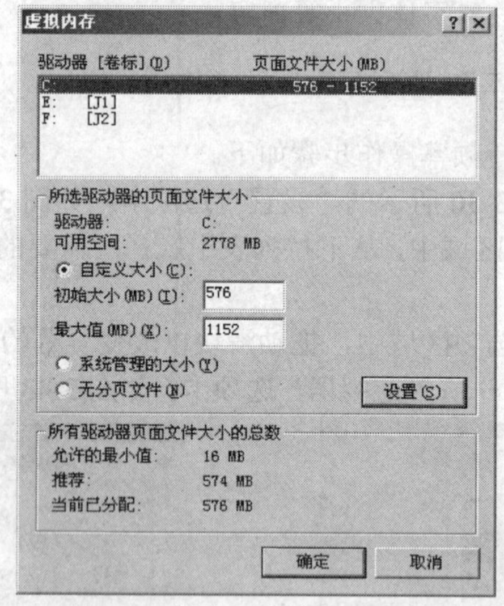

图 3-44 设置“虚拟内存”对话框

（2）修改某个驱动器的页面文件大小，可在“驱动器”列表框中单击该驱动器，然后在“所选驱动器的页面文件大小”选项区域中的“初始大小”文本框中输入初始页面文件的大小，其值不能超过驱动器的可用空间。在“最大值”文本框中输入所选驱动器页面文件的最大值，其值应大于或等于页面文件初始大小，且不能超过驱动器的可用空间。

（3）在“所有驱动器页面文件大小的总数”选项区域中显示了设置完成的虚拟内存的情况。

（4）单击“设置”按钮，使对所选驱动器页面文件大小的设置生效。

3.5 管理控制面板的应用程序

3.5.1 设置控制面板中应用程序的用户

打开"控制面板"对话框，如图3-45所示，"控制面板"是Windows系统的控制中心，通过控制面板，用户可以完成计算机系统的参数设置、应用程序的添加或删除、硬件的添加、系统的管理等工作。只要掌握好控制面板的应用，就能很好地应用Windows的基本管理功能。

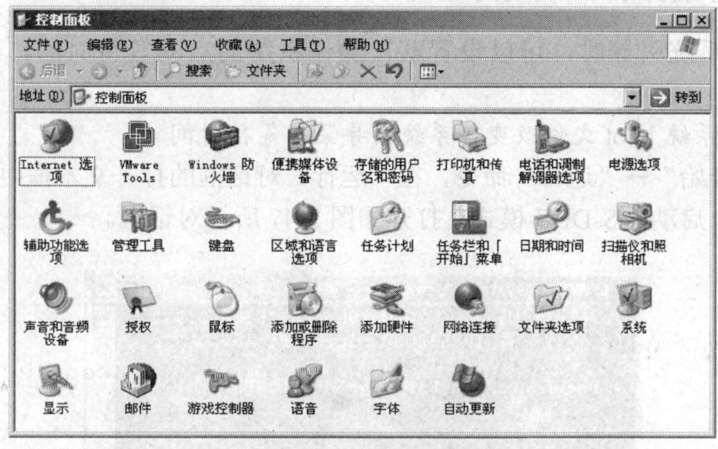

图3-45 Windows Server 2003的"控制面板"对话框

设置控制面板中应用程序的操作步骤如下。

（1）在如图3-45所示的"控制面板"对话框，选择要设置用户的应用程序。

（2）按住Shift键，然后鼠标右键单击应用程序，打开其快捷菜单。

（3）选择"运行方式"选项，打开如图3-46所示的"运行身份"对话框。

（4）如果只需要以域管理员的身份运行这个应用程序，选择第一个单选项；如果要以其他用户的身份运行这个应用程序，选择"下列用户"单选项，然后在"用户名"和"密码"文本框中分别输入新的用户名和密码。

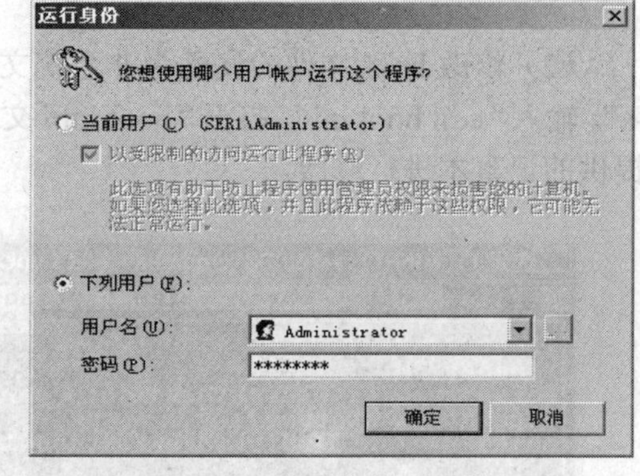

图3-46 "运行身份"对话框

（5）单击"确定"按钮完成设置。

提示：此处的用户名和密码必须是在Windows Server 2003操作系统中已创建的用户名和密码。

3.5.2 清除应用程序的设置项

在Windows Server 2003操作系统中，系统不但允许管理员删除和更改控制面板中的应用程序，而且还允许用户清除应用程序中的某个设置项，使管理员对控制面板程序的控制更加细致。这样，管理员就可以在保留应用程序的基本设置的同时，限制可能会对系统或其他用户产生不良影响的设置项。操作方法是打开“控制面板”对话框，双击“控制面板”中的应用程序，根据需要清除对应用程序的设置项。

3.6 设置系统引导时间和菜单

3.6.1 改变系统引导的等待时间

计算机为多系统引导时，可以设置默认操作系统的启动等待时间，由多种途径实现设置。

1. 通过编辑系统 boot 文件改变，系统引导菜单等待时间

（1）执行“开始”→“运行”命令，在“运行”对话框的打开文本框中输入“cmd”，单击“确定”按钮，启动 MS-DOS 模式。打开如图 3-47 所示对话框。

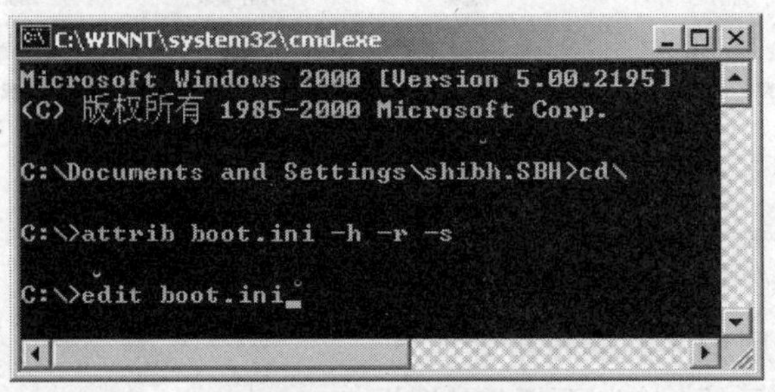

图 3-47 启动 MS-DOS 模式

（2）修改 boot 文件的属性为非系统文件和可读写文件，命令为：“C:\>attrib boot.ini -h -r -s”。输入“edit boot.ini”，打开“boot.ini”文件，打开如图 3-48 所示对话框，也可以用 Windows 提供的记事本进行修改。

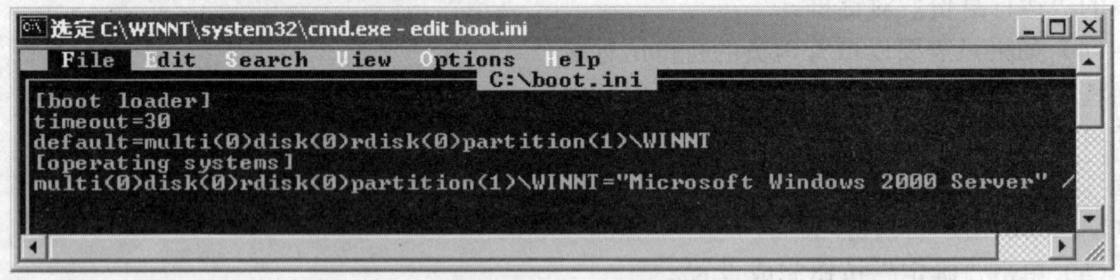

图 3-48 配置 boot 启动文件

（3）修改“timeout”的值，例如 timeout=8，使默认操作系统的启动等待时间为 8s，存盘并退出。

（4）保存修改后，重新加上系统和只读属性：“attrib -h -r -s boot.ini”。

2. 通过系统属性设置默认操作系统的启动等待时间

在 3.1.5 节已经介绍了通过“我的电脑”的“高级”选项卡进行系统启动参数设置方法，具体操作步骤如图 3-22 和图 3-23 所示。

3.6.2 设置引导菜单

虽然系统允许管理员和用户改变系统引导时间，但是系统引导列表在屏幕上显示的时间还是有一定的限制，在用户或管理员不做出选择时，系统会以默认选项启动。如果用户和管理员希望系统在启动时无论等待多长时间都不能使用默认选项启动系统，只能在作出选择后才能以选择的系统来启动，这就需要引导菜单永久显示。

设置引导菜单永久显示，可以修改上面提到的系统文件boot，修改里面“timeout”参数值，使其为“-1”即可。可以在系统启动框中，选择默认的操作系统。

3.6.3 减少系统关机或重新引导时间

通过注册表来设置Windows Server 2003操作系统等待系统服务停止的时间。

其操作步骤如下。

（1）运行注册表。执行“开始”→“运行”命令，打开如图3-49所示的“运行”对话框，在“打开”文本框中输入“regedit”后，单击“确定”按钮便打开了“注册表编辑器”对话框。

图3-49 运行注册表

（2）修改注册表。选择“HKEY_LOCAL_MACHINE\SYSTEM\Control SET001\Control”子项，如图3-50所示。

（3）双击“Wait To Kill Service Timeout”；将其值设置为要等待的时间，这个时间为执行启动注销或关机命令后显示等待结束任务和关机对话框之前的时间，一般为20 000（10 000表示10s）。图3-51所示为在“编辑字符串”对话框中修改等待的时间。

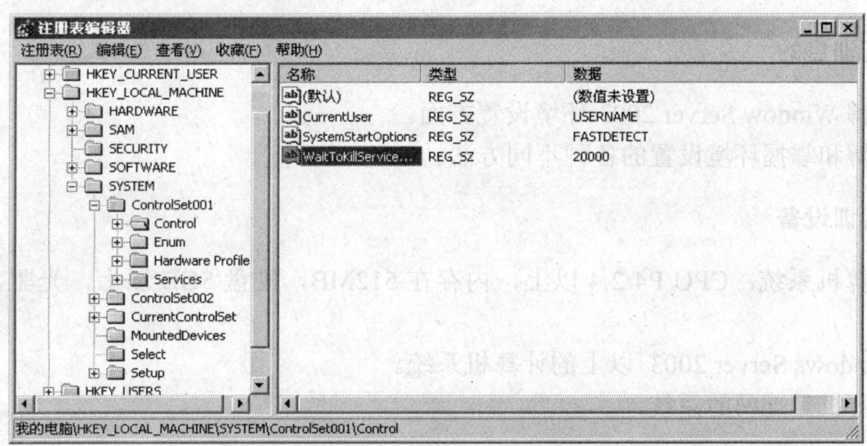

图3-50 选择注册表子项

图3-51 修改等待的时间

本章小结

本章介绍了 Windows Server 2003 基本操作，包括登录设置、鼠标键盘设置、桌面显示设置、桌面图标设置、虚拟内存管理、控制面板的应用程序设置等内容。通过设置这些属性可以方便管理员设计自己风格的界面与操作，改善系统性能。这些属性的设置可以通过控制面板内应用程序、管理工具完成，或者通过修改注册表来完成。

习　题

1．用什么方法可以在 Windows Server 2003 中配置任务栏和开始菜单？

2．怎样使桌面像网页面，可以显示网页内容？

3．刚刚删除文件 c:\test.txt，如何用最简单的方法恢复这个文件？

4．当用户以管理员身份登录时，没有出现“管理工具”，怎么办？

5．当用户希望将计算机配置为离开计算机 10min 后进入口令保护状态。应该如何设置？

6．支持完全编辑 Windows Server 2003 Registry 的主要实用程序是哪个？

7．哪个实用程序可以配置键盘与鼠标属性？

8．便携式计算机用户让计算机休眠时，哪个电源选项能将内存内容放到硬盘中？

实训　Window Server 2003 环境设置

一、实训目的

1．了解 Window Server 2003 环境设置方面。

2．了解和掌握环境设置的各种不同方法。

二、实训设备

1．计算机系统：CPU P4 2.4 以上，内存在 512MB，硬盘 5GB 以上，光驱，鼠标，网卡等。

2．Windows Server 2003 以上的计算机系统。

3．计算机是连网的系统。

三、实训内容

1．Windows 常规设置。

（1）将计算机重新命名为“test1”，并将其加入到网络中的一个工作组。

（2）配置计算机自动更新为每周一。

（3）更改计算机的虚拟内存大小为 512MB。

（4）更改计算机的启动文件 boot.ini，使其能在系统启动的等待时间 15s。

（5）更改桌面背景为一幅自选图片。

（6）更新系统的屏幕保护程序，内容为字幕，文字内容自定，要求系统在 5min 后进入屏幕保护状态，并要求屏幕保护密码为“55555”。

2．鼠标与键盘的设置。

（1）将鼠标设置为适合左手使用习惯。

（2）将鼠标设置为带指针阴影，并显示其运动轨迹。

（3）更改鼠标的驱动程序，将鼠标停用，并将其卸载。

（4）利用注册表对鼠标进行更改。

（5）设置字符的重复延迟、重复率以及光标的闪烁频率。

（6）利用注册表对键盘设置重复延迟和重复率。

3．网上搜索有关虚拟内存的内容。

第 4 章 磁盘管理

在 Windows Server 2003 中，系统集成了许多磁盘管理方面的新特性和新功能，磁盘管理是一项使用计算机时的常规任务，磁盘管理任务是以一组磁盘管理实用程序的形式提供给用户的，它们位于“计算机管理”控制台中，包括查错程序、磁盘碎片整理程序、磁盘整理程序、创建和删除分区、用 FAT、FAT32 或 NTFS 格式化卷、升级磁盘，以及创建容错磁盘系统等。用户在执行多数与磁盘相关的任务时，都不必重新启动计算机，因为多数配置更改都会立即生效，这些工具在 Windows NT 相应程序的基础上做了很大的改进，用户可以使用这些方便、强劲的磁盘管理工具对本地磁盘进行各种操作。

4.1 磁盘管理概述

在 Windows 2000 Server 中，磁盘管理器已经从以前 Windows NT 4.0 中的单个程序集成到 MMC 的插件中，成为“计算机管理”的一部分， Windows Server 2003 延用了这一特点，并为存储管理提供了新的、增强的特性，从而能够更加轻松和可靠地管理和维护磁盘和卷、备份和恢复数据、及向存储区域网（SAN）的连接。在用户使用磁盘管理程序之前，有必要首先了解一些有关磁盘管理的基础知识以及 Windows Server 2003 采用的磁盘管理新技术。只有清楚了系统中磁盘的各项功能及特性，才能更好的对本地磁盘进行管理、设置和维护，这样也才能保证计算机整体性能的快速、安全与稳定。本节阐述了 Windows Server 2003 系列存储管理服务的优势、新增特性和改进。

4.1.1 磁盘管理新特性

1. Windows Server 2003 *磁盘管理新增特性*

Windows Server 2003 除了具备 Windows 2000 Server 已具备的动态存储、本地和网络驱动器管理等强大的磁盘管理功能之外，还提供了一套集成的存储管理特性，可以降低成本和提高可用性。

（1）文件服务资源管理。

文件服务资源管理（File Server Resource Manager，FSRM）是 Windows Server 2003 独有的特性，旨在有效地管理各个规模企业中常见的数据的螺旋形增长。FSRM 通过新的定额管理工具使管理员能够按卷、文件夹或共享来监控和管理磁盘空间，从而有助于控制存储的增长。

（2）针对 SANs 的存储管理器。

新的 Microsoft 存储管理器为 IT 管理员提供了基础的存储区域网（Storage Area Network，SAN）功能，而不需要特别的群集服务，尤其是对成功的部署和对存储局域网的无故障维护。

（3）多供应商存储管理——虚拟磁盘功能。

虚拟磁盘服务（Virtual Disk Service，VDS）功能可以实现在 Windows 操作系统下多供应商存储设备间的交互操作。VDS 提供了存储硬件的 API，并且通过管理程序来管理硬件。系统管理员可以发现多供应商存储设备，并用一个统一的界面配置这些资源。

（4）数据管理——卷影拷贝服务。

卷影拷贝功能为创建一个单一卷或多重卷的指定时间点副本提供了架构支持。用于管理从直连存储器到 SAN 的数据，卷影拷贝服务与商业应用软件、备份软件以及存储硬件搭配以实现应用程序级的数据管理。

（5）数据保护——加密文件系统。

加密文件系统（Encrypting File System，EFS）是一种用来在 NTFS 卷上存储加密文件的技术。加密文件和文件夹像其他文件或文件夹一样使用容易——对授权用户而言是透明的，但其他人却无法访问。Windows Server 2003 在 EFS 方面的改进，包括授权额外的用户访问加密文件，以及像恢复 Web 文件夹中的加密文件一样访问加密脱机文件。

（6）数据保护——自动系统恢复。

自动系统恢复(Automated System Recovery，ASR)能够实现裸机恢复并保证服务器数据的恢复，包含“系统状态”的一致性。使用修复模式，ASR 确保服务器能在发生错误时自动恢复为错误发生前的状态。Windows 的备份应用程序能够轻松地让系统恢复使用 ASR 的功能。结合远程安装服务（Remote Installation Service，RIS），ASR 可以在没有用户干涉的情况下提供高效跨网络自动完成系统恢复的功能。

（7）可用性——多路 I/O。

多路径提供了从主机到外部存储设备多条连通路径的高可用性的功能。最高可以支持 32 条路径。负载平衡作为附加特性可用以提高性能。

（8）打开文件备份。

在 Windows 2000 Server 中，在开始备份操作之前必须关闭打开的文件。Windows Server 2003 的备份工具现支持打开文件备份，它使用影子副本的备份方式，确保了被用户访问的任何打开文件能够同时被备份。

（9）改进的磁盘检查命令。

在 Windows Server 2003 中，磁盘检测命令（Chkdsk.exe）的性能比 Windows 2000 Server 提供的版本快 20% 到 38%。在 Windows 卷（FAT 或 NTFS 文件系统）上的查错程序提高了可靠性及错误处理能力以确保程序只在严重错误发生及用户通过命令行开始错误检测命令时运行。

（10）支持存储区域网络。

Windows Server 2003 的存储区域网络使用极其方便。管理员通过 SAN 友好的按键辅助可以控制卷的挂载，以保护卷被无意访问。改良的光纤通道存储区域网络处理和 SAN 主机总线适配器（HBA）的互用性使管理工作更为灵活。

（11）Diskpart 命令。

Diskpart.exe 命令程序，通过命令行方式可完成全部基于管理控制台（MMC）的磁盘管理工具所具备的功能。

此外，Diskpart 可允许存储管理员在需要更多存储空间时扩展基本磁盘，Microsoft 群集服务使用的磁盘类型。

（12）分布式文件系统的改进。

分布式文件系统(Distribute File System，DFS)易于定位和管理网络中的数据。DFS 提供了对企业分布的多台服务器的统一管理和访问。DFS 联合多台不同计算机上的文件，使它们显示为拥有一个共同的名字空间，这样可以使网络中的多台文件服务器和多个文件共享使用单一的树状视图来表示。通过允许多个 DFS 根放在同一服务器上，Windows Server 2003 企业版以及 Windows Server 2003 数据中心版的 DFS 功能得以扩充。

总之，新的、改进过的存储管理特性使 Windows Server 2003 更加易于管理，更加可信。更多高效的备份存储操作降低了总成本，同时提高了客户的投资回报。

2. Windows Server 2003 *基本磁盘和动态磁盘管理*

Windows Server 2003 的磁盘管理支持基本磁盘和动态磁盘。基本磁盘包括主分区、扩展分区或逻辑驱动器的物理磁盘，也包括使用 Windows NT 4.0 或以前版本创建的跨卷（卷设置）、镜像卷（镜像设置）、带卷（带设置）和 RAID-5 卷（带奇偶检测的带设置）。可以使用 MS-DOS 访问基本磁盘。动态磁盘含有使用磁盘管理创建动态卷的物理磁盘。动态磁盘不能含有分区和逻辑驱动器，也不能使用 MS-DOS 访问。

Windows Server 2003 在一个磁盘系统中提供了基本存储和动态存储。然而，包含多个磁盘的卷必须使用同样类型的存储。当安装 Windows Server 2003 时，磁盘系统被初始化用作基本存储。使用更新向导可将它转变为动态的。任何一台添加到 Windows Server 2003 中的计算机硬盘都属于基本磁盘，可以对一个基本磁盘进行以下的操作。

（1）创建或删除主分区、扩展分区。

（2）在一个扩展分区创建逻辑分区。

（3）将一个主分区格式化并标记活动分区。

（4）删除卷设置、带设置、镜像设置和带奇偶校验的带设置（RAID-5）。

（5）从镜像设置中断开一个镜像。

在动态磁盘上，存储被分为卷，而不是分区，它不能含有分区或逻辑驱动器，也不能被 MS-DOS 访问。动态磁盘含有磁盘管理创建动态卷的物理磁盘，对一个动态磁盘，可以进行以下的操作。

（1）创建和删除简单、跨卷、带、镜像和 RAID-5 和卷。

（2）扩展一个简单、跨卷的卷。

（3）从一个镜像卷删除一个镜像，或者将卷分为两个卷。

（4）修复镜像和 RAID-5 卷。

（5）重新激活一个丢失的卷或一个脱机卷。

用户可以在任何时候将基本存储更新为动态存储。当更新为动态存储时，需要将现有的分区转换为卷。表 4-1 显示了用户应如何将分区转换为卷。

表 4-1 **分区转换为卷**

基本磁盘组织	动态磁盘组织	基本磁盘组织	动态磁盘组织
分区	卷	逻辑驱动器	简单卷
系统和启动分区	系统和启动卷	卷标设置	跨卷
活动分区	活动卷	带设置	带卷
扩展分区	卷和未分配空间	镜像设置	镜像卷

对于基本磁盘和动态磁盘，都可以完成检测磁盘属性；查看卷和分区属性；为一个磁盘卷、分区 CD-ROM 设备建立驱动器号；为一个卷或分区创建共享磁盘和安全设置；将一个基本磁盘升级为动态磁盘或将一个动态磁盘转化为基本磁盘等操作。

在用户了解了分区和卷的区别，以及将分区转换为卷时两个不同磁盘组织的对应关系后，便可以在需要时将基本磁盘更新到动态磁盘。其操作步骤如下。

（1）在扩展分区中，创建和删除逻辑驱动器。

（2）格式化分区并激活它。

（3）删除卷设置、带设置、镜像设置和带奇偶校验的带设置。

（4）从镜像设置中断开镜像。

（5）修复镜像设置和带奇偶校验的带设置。

在选择使用基本磁盘和动态磁盘的过程中，用户还需要清楚的是某些遗留功能对基本存储不再有用，因为多磁盘存储系统应使用动态存储。磁盘管理支持在多个硬盘有超过一个分区的遗留卷，但不允许创建新的卷。例如，不能在基本磁盘执行如下任务：创建卷、带、镜像和带奇偶校验的带，扩充卷和卷设置。

4.1.2 磁盘管理器的功能及相关概念

1. 磁盘管理器的功能

在 Windows Server 2003 中，几乎所有的磁盘管理操作都是通过“磁盘管理器”工具来完成的，而且，这些磁盘管理操作大多都是基于图形界面的。不过，计算机用户对它们并不一定陌生。因为，“磁盘管理器”实际上包含并扩展了基于字符的磁盘管理工具的功能，例如，用户所熟悉的 MS-DOS 中的 format.com 命令。Windows Server 2003 的“磁盘管理器”具有以下功能。

（1）创建和删除磁盘分区。

（2）创建和删除扩展分区中的逻辑驱动器。

（3）读取磁盘状态信息，例如分区大小。

（4）读取 Windows Server 2003 卷的状态信息，例如驱动器名的指定、卷标、文件类型、大小及可用空间。

（5）指定或更改磁盘驱动器及 CD-ROM 设备的驱动器名和路径。

（6）创建和删除卷和卷集。

（7）创建和删除包含或者不包含奇偶校验的带区集。

（8）建立或拆除磁盘镜像集。

（9）保存或还原磁盘配置。

2. 基本存储和动态存储

Windows Server 2003 将磁盘存储类型分为基本磁盘存储和动态磁盘存储两种，磁盘系统可以包含任意的存储类型组合，但是同一物理磁盘上，只能使用同一种存储类型，在基本磁盘上使用分区来分割磁盘，在动态磁盘上使用卷来分割磁盘。

基本磁盘指的是从 DOS 时代就已经存在的那种存储系统。其中允许有主磁盘分区和扩展磁盘分区，还可以有逻辑磁盘分区。基本磁盘使用的分区形式称为主启动记录（MBR），主启动记录位于基本磁盘上的第一个扇区。主启动记录中记录着关于磁盘结构的重要信息，例如开始扇区、结束扇区、扇区总数和分区信息（即分区表 FAT）等。

动态磁盘是从 Windows Server 2000 系统开始被引入的，Windows Server 2003 沿用了这一特性。与基本磁盘相比，它提供更加灵活的管理和使用特性。在动态磁盘上可以实现数据的容错、高速的读写操作、相对随意的卷大小修改等操作。在 Windows Server 2003 系统中，动态磁盘是以逻辑单位的形式集合起来工作的，这种逻辑单位又称为磁盘组。

在基本磁盘中，分区表（分区表中包含着磁盘分区的重要信息）被包含在主启动记录中。而动态磁盘则把关于磁盘的一些重要信息包含在一条记录项中。创建动态磁盘时，实际是在该磁盘卷的末尾写入了一条 1MB 的数据库信息。这个数据库中包含了服务器上所有动态磁盘的分区信息，并且这些信息会被自动复制到本机其他的动态磁盘上。

基本磁盘和动态磁盘都可以完成如下的功能。

（1）检测磁盘属性，如容量、可用空间和当前状态；查看卷或分区属性，如大小、分配的驱动器号、卷标、类型和文件系统。

（2）为一个磁盘卷或分区、CD-ROM 设备建立驱动器号。

（3）为一个卷或分区创建共享磁盘和安全设置。

（4）将一个基本磁盘升级为动态磁盘，或将动态磁盘转化为基本磁盘。

多磁盘的存储系统应采用动态磁盘，磁盘管理支持在多个硬盘上超过一个分区的遗留卷，但不允许创建新的卷，不能在基本磁盘上执行创建卷、带、镜像、带奇偶校验的带、扩展卷和卷设置等操作。

3. 磁盘管理器的相关概念

基本磁盘是包含主磁盘分区、扩展磁盘分区或逻辑驱动器的物理磁盘。基本磁盘上的分区和逻辑驱动器称为基本卷，只能在基本磁盘上创建基本卷。动态磁盘没有卷数量的限制，只要磁盘空间允许，可以在动态磁盘中任意建立卷。为了方便用户更好的理解磁盘管理技术，下面介绍磁盘管理的基本概念。

（1）分区。分区是物理磁盘的一部分，其作用如同一个物理分隔单元。分区通常指主分区或扩展分区。

（2）主分区。主分区是标记由操作系统使用的一部分物理磁盘。一个磁盘最多可有 4 个主分区（如果有 1 个扩展分区，则最多有 3 个主分区）。

（3）扩展分区。扩展分区是从硬盘的可用空间上创建的分区，而且可以将其再划分为逻辑驱动器。每个物理磁盘上的 4 个分区只允许使用其中之一作为扩展分区。创建扩展分区不需要有主分区。

（4）卷。卷是格式化后由文件系统使用的分区或分区集合。可以为 Windows Server 2003 的卷指定驱动器名，并使用它组织目录和文件。

（5）卷集。卷集是由一个或多个物理磁盘上的磁盘空间组成的逻辑驱动器分区组合。Windows Server 2003 不支持在 Windows NT 4.0 或更低版本下创建的多磁盘基本卷，如卷集、镜像集、带区集或带奇偶校验的带区集，它使用跨区卷代替卷集。

（6）简单卷。包含单一磁盘上的磁盘空间，和分区功能一样。

（7）跨区卷。跨区卷将来自多个磁盘的未分配空间合并到一个逻辑卷中。

（8）带区卷。组合多个（2 到 32 个）磁盘上的未分配空间到一个卷。

（9）镜像卷。单一卷两份相同的拷贝，每一份在一个硬盘上。即 RAID-1 廉价冗余磁盘阵列（Redundant Arrays of Independent Disks）。

（10）RAID 5 卷。相当于带奇偶校验的带区卷，即 RAID-5 方式。当用户拥有三个或三个以上的动态磁盘时，就可以使用更加复杂的 RAID 方式——RAID-5，此时在分卷界面中会出现新的分卷形式。

（11）磁盘分区。磁盘分区就是将硬盘分割成几个部分，每一个部分都可以单独使用。用户可以创建一个分区用来存储信息（例如备份数据），或者和另一个操作系统双重启动。当用户在硬盘上创建分区时，磁盘被分割成一个或多个可用不同文件系统（例如 FAT 或 NTFS）格式的区域。

（12）引导分区。引导分区包含 Windows Server 2003 操作系统文件，这些文件位于“%System root%”和“%System root%\System32”目录中。

4. 基本磁盘与动态磁盘的区别

基本磁盘是由主分区以及有逻辑驱动器的扩展分区组成，还可以包含利用 Windows NT 4.0 或更早版本所创建的卷、带区卷、镜像卷或有奇偶检验的带区卷，只要所使用的文件格式是可兼容的，基本磁盘就可以被 MS-DOS 和 Windows 的所有版本访问。

动态磁盘不使用分区或逻辑驱动器，只包含由磁盘管理所创建的动态卷。只有运行 Windows 2000 以上版本的计算机才能访问动态卷。动态磁盘利用动态卷，将物理磁盘组分成一个或多个由字母表的字母所列举的驱动器。动态磁盘与基本磁盘相比，不再采用以前的分区方式，而是叫卷集，它的作用其实和分区相一致，但是动态卷具有更大的灵活性。

（1）可以任意更改磁盘容量。动态磁盘在不重新启动计算机的情况下可更改磁盘容量大小，而且不会丢失数据，而基本磁盘如果要改变分区容量就会丢失全部数据。

（2）磁盘空间的限制。动态磁盘可被扩展到磁盘中不连续的磁盘空间，还可以创建跨磁盘的卷集，将几个磁盘合为一个大卷集。而基本磁盘的分区必须是同一磁盘上的连续空间，分区的最大容量就是磁盘的容量。

（3）卷集或分区个数。动态磁盘在一个磁盘上可创建的卷集个数没有限制，而基本磁盘在一个磁盘上最多只能分 4 个区。

4.2　磁盘文件系统

一个分区或磁盘能作为文件系统使用前，需要初始化，并将记录数据结构写到磁盘上。这个过程就叫建立文件系统。

文件系统是操作系统用于明确磁盘或分区上的文件的方法和数据结构，即在磁盘上组织文件的方法；也指用于存储文件的磁盘或分区，或文件系统种类。文件系统就是在硬盘上存储信息的格式，在所有的计算机系统中，都存在一个相应的文件系统，它规定了计算机对文件和文件夹进行操作处理的各种标准和机制。因此，用户对所有的文件和文件夹的操作都是通过文件系统来完成的。其中 Windows Server 2003 支持的文件系统包括如下 3 个。

（1）标准文件分配表（FAT）：运行 Windows NT、Windows95、MS-DOS 或 OS/2 操作系统可以存取主分区或者逻辑分区 FAT 上的文件。

（2）增强的文件分配表（FAT32）：这是在大型磁盘驱动器（超过 512MB）上存储文件的极有效的系统，如果用户的驱动器使用了这种格式，则会在驱动器上创建多至几百兆的额外硬盘空间，从而更高效地存储数据。此外，可使程序运行加快 50%，而使用的计算机系统资源却更少。

（3）Windows Server 2003 中推荐的文件系统（NTFS）：只有运行 Windows 2000 家族产品、Windows 2003 家族产品、Windows XP 或 Windows NT 的计算机才可以存取 NTFS 卷中的文件。

用户在安装 Windows Server 2003 之前，应该先决定选择哪一种文件系统。Windows Server 2003 支持使用 NTFS 文件系统和文件分配表文件系统（FAT 或 FAT32）。下面对以上的几种文件系统作简单介绍。

4.2.1 FAT 文件系统

FAT 文件系统最早是 MS-DOS 操作系统中采用的，而后在 Windows 操作系统中也使用了。如果想实现 Windows NT 或 Windows 2000 和 MS-DOS 或 Windows 95 或 Windows 98 的双重启动，必须用 FAT 文件系统格式化系统分区。

FAT 文件系统最初应用于小型磁盘和简单文件结构的简单文件系统。FAT 文件系统得名于它的组织方法：放置在卷起始位置的文件分配表。为了保护卷，使用了两份拷贝，确保即使损坏了一份也能正常工作。另外，为确保正确装卸启动系统所必须的文件，文件分配表和根文件夹必须存放在固定的位置。

采用 FAT 文件系统格式化的卷以簇的形式进行分配。默认的簇大小由卷的大小决定。对于 FAT 文件系统，簇数目必须用 16 位的二进制数字表示，并且是 2 的乘方，默认的簇大小如表 4-2 所列。通过使用命令行提示符下的“format”程序，用户可以指定簇的大小。不过，用户所指定的簇的大小必须大于表 4-2 中给出的大小。由于额外开销的原因，在大于 511MB 的卷中不推荐使用 FAT 文件系统。

表 4-2 FAT 文件系统默认的簇大小

分区大小/MB	扇区数/每簇	簇大小/KB
0～32	1	512
33～64	2	1
65～128	4	2
129～255	8	4
256～511	16	8
512～1023	32	16
1024～2047	64	32
2048～4095	128	64

如果用户的计算机上运行的是 Windows 95、Windows for Workgroups、MS-DOS、OS/2 或 Windows 95 以前的版本，那么 FAT 文件系统格式是最佳的选择。不过，需要注意的是，FAT 文件系统最好被用在较小的卷上。因为 FAT 文件系统采用 16 位的文件分配表（也称为 FAT16 文件系统），主要使用于 DOS、Windows 3.x/95 中，由于其在硬盘分区太大时所分配的簇的容量不科学，只能管理 4GB 以下的硬盘。

4.2.2 FAT32 文件系统

FAT32 文件系统提供了比 FAT 文件系统更为先进的文件管理特性，例如支持超过 32GB 的卷以及通过使用更小的簇来更有效率地使用磁盘空间，作为 FAT 文件系统的增强版本，它可以在容量从 512MB～2TB 的驱动器上使用。

在以前的操作系统中，只有 Windows 2000、Windows 98 和 Windows 95 OEM Release 2 能够访问 FAT32 卷。MS-DOS、Windows 3.1 及较早的版本，Windows for Workgroups、Windows NT 4.0 及更早的版本都不能识别 FAT32 卷，同时也不能从 FAT32 文件系统上启动它们。

FAT 和 FAT32 文件系统可以与 Windows Server 2003 之外的其他操作系统兼容。如果设置了双重启动配置，很可能需要 FAT 或 FAT32 文件系统。如果用户正在对 Windows Server 2003 和另一个操作系统进行双重启动配置，请选择一个适用于后者的文件系统。选择的标准如下所述。

（1）如果安装分区小于 2GB，或者如果希望双重启动配置 Windows Server 2003 和 MS-DOS、Windows 3.1、Windows 95 或 Windows NT 文件系统较早的版本，将安装分区格式化为 FAT 文件系统。

（2）在大于或等于 2GB 的分区上使用 FAT32 文件系统。如果在 Windows Server 2003 安装程序中选择使用 FAT 文件系统格式化，并且安装分区大于 2GB，安装程序将自动按 FAT32 文件系统格式化。

注：对于大于 32GB 的分区，建议使用 NTFS 而不用 FAT32 文件系统。

4.2.3　NTFS 文件系统

Windows Server 2003 所推荐使用的 NTFS 文件系统提供了 FAT 和 FAT32 文件系统所没有的、全面的性能：可靠性和兼容性。NTFS 与 FAT 文件系统相比，功能更强大，适合更大的磁盘和分区，支持安全性，是更为完善和灵活的文件系统，其设计目标就是用来在很大的硬盘上能够很快地执行，例如读、写和搜索这样的标准文件操作，甚至包括像文件系统恢复这样的高级操作。

NTFS 文件系统包括了公司环境中文件服务器和高端个人计算机所需的安全特性。NTFS 文件系统还支持对于关键数据完整性十分重要的数据访问控制和私有权限。除了可以赋予 Windows Server 2003 计算机中的共享文件夹特定权限外，NTFS 文件和文件夹无论共享与否都可以赋予权限。它是 Windows Server 2003 中唯一允许为单个文件指定权限的文件系统。然而，当用户从 NTFS 卷移动或复制文件到 FAT 卷时，NTFS 文件系统权限和其他特有属性将会丢失。

像 FAT 文件系统一样，NTFS 文件系统使用簇作为磁盘分配的基本单元。在 NTFS 文件系统中，默认的簇大小取决于卷的大小。在“磁盘管理器”中，用户可以指定的簇大小最大为 4KB。如果使用命令提示符程序“format.com”来格式化 NTFS 卷，则可以指定表 4-3 中的簇大小。

表 4-3　NTFS 文件系统的默认簇大小

分区大小/MB	扇区数/每簇	簇大小/KB
512 或更小	1	512
513～1 024（1GB）	2	1
1025～2 048（2GB）	4	2
2 049～4 096（4GB）	8	4
4 097～8 192（8GB）	16	8
8 193～16 384（16GB）	2	16
16 385～32 768（32GB）	64	32
>32 768	128	64

Windows Server 2003 包括一个新版本的 NTFS，该文件系统在原有的灵活的安全特性（例如域和用户账户数据库）之上又加入了新的特性，例如活动目录（Active Directory）。Windows Server 2003 中使用的 NTFS 支持以下特性。

（1）活动目录：使网络管理者和网络用户可以方便灵活地查看和控制网络资源。

（2）域：是活动目录的一部分，帮助网络管理者兼顾管理的简单性和网络的安全性。例如，只有在 NTFS 文件系统中用户才能设置单个文件的许可权限而不仅仅是目录的许可权限。

（3）文件加密：能够大大提高信息的安全性。

（4）稀松文件：是应用程序生成的一种特殊文件，它的文件尺寸非常大，但实际上只需要少部分的磁盘空间。也就是说，NTFS 只需要给这种文件实际写入的数据分配磁盘存储空间。

（5）其他的数据存储模式：这些模式可以提高存储和修改信息的效率。

（6）磁盘活动的恢复日志：它将帮助用户在电源失效或其他系统故障时快速恢复信息。

（7）磁盘配额：管理者可以管理和控制每个用户所能使用的最大磁盘空间。

（8）对于大容量驱动器的良好扩展性：NTFS 中最大驱动器的尺寸远远大于 FAT 文件系统格式，而且，NTFS 的性能和存储效率并不像 FAT 文件系统那样随着驱动器尺寸的增大而降低。

注：只有在 NTFS 文件系统中用户才可以使用例如活动目录和基于域的安全策略等重特性。

需要把整个磁盘或某个磁盘驱动器做成 NTFS 文件系统的用户，可以在安装 Windows Server 2003 时，在安装向导的帮助下完成所有操作。安装程序可以很轻松地把分区转化为 NTFS 文件系统，即使以前的分区使用的是 FAT 或 FAT32 文件系统。安装程序会检测现有的文件系统格式，如果是 FAT 或 FAT32 文件系统，会提示安装者是否转换为 NTFS 文件系统。用户也可以在安装完毕之后，以在 MS-DOS 命令行方式下使用"Convert.exe"命令来把 FAT 或 FAT32 文件系统的分区转化为 NTFS 文件系统分区。无论是在运行安装程序中还是在运行安装程序之后，这种转换都不会使用户的文件受到损害（相对于重新格式化磁盘来说）。

注：如果使用双重启动配置，则可能无法从计算机上的另一个操作系统访问 NTFS 文件系统分区上的文件。所以，如果要使用双重启动配置，FAT32 或者 FAT 文件系统将是更适合的选择。

4.2.4 NTFS 和 FAT 或 FAT32 文件系统的区别

运行 Windows Server 2003 操作系统的计算机的磁盘分区可以使用 3 种类型的文件系统：NTFS、FAT 和 FAT32。安装 Windows Server 2003 操作系统的用户建议使用 NTFS 文件系统。FAT 和 FAT32 文件系统很相似，只是 FAT32 文件系统更适合于较大容量的硬盘（对于大硬盘来说，最佳的文件系统是 NTFS 文件系统）。

NTFS 文件系统是使用 Windows Server 2003 操作系统所推荐的文件系统，它提供了服务器或工作站所需的安全保障。NTFS 具有 FAT 文件系统的所有基本功能，与 FAT 文件系统相比最大的特点是安全性，并且提供了 FAT 或 FAT32 文件系统所没有的优点。在 NTFS 分区上，支持随机访问控制和拥有权，对共享文件夹无论采用 FAT 文件系统还是 NTFS 都可以指定权限，以免受到本地访问或远程访问的影响；对于在计算机上存储文件夹或单个文件，或者是通过连接到共享文件夹访问的用户，都可以指定权限，使每个用户只能按照系统赋予的权限进行操作，充分保护了系统和数据的安全。NTFS 使用事务日志自动记录所有文件夹和文件更新，当出现系统损坏和电源故障等问题而引起操作失败后，系统能利用日志文件重做或恢复未成功的操作。它还支持磁盘压缩性能；支持最大达 2TB 的大硬盘（NTFS 可支持的最大磁盘容量比 FAT 文件系统大得多，而且随着磁盘容量的增大，NTFS 的性能不像 FAT 文件系统那样随之降低）；支持双重启动配置（在同一台计算机上同时安装有 Windows Server 2003 和其他操作系统）。

只有一种情况可能需要使用 FAT 或 FAT32 文件系统，就是确有必要配置 Windows Server 2003 和早期操作系统的双重启动。在这种情况下，就应该把系统配置成双重启动并在硬盘上用 FAT 或 FAT32 文件系统分区作为主分区（启动分区）。这是因为早期的操作系统不能访问采用最新版本 NTFS 格式的本地硬盘分区，唯一的例外就是 Windows NT 4.0 加上 Service Pack 4 或更高版本，它能够访问这种硬盘分区，但也有所限制。Windows NT 不能访问使用 NTFS

新特性存储的本地文件，因为这些 NTFS 新特性在 Windows NT 4.0 发布时还没有出现。如果服务器不需要配置双重启动功能，建议文件系统采用 NTFS 格式。如表 4-4 所列为各种文件系统和操作系统之间的兼容性。

表 4-4　　文件系统与操作系统之间的兼容性

NTFS	FAT 文件系统	FAT32 文件系统
运行 Windows Server 2003 的计算机可以访问本地硬盘中的文件，运行 Windows NT 4.0 及 Pack 4 或更高版本的计算机可以访问本地的部分文件，其他操作系统不能访问本地文件	MS-DOS，所有版本的 Windows，Windows NT，和访问本地 Service OS 可以都可访问本地文件	只有对 Windows 95、Windows98、Windows Server 2003 3 种操作系统

每一种文件系统可能的磁盘和文件大小比较参考表 4-5。

表 4-5　　文件系统的磁盘和文件大小比较

NTFS	FAT 文件系统	FAT32 文件系统
最小卷尺寸是大约 10MB；建议实际最大卷尺寸是 2TB	卷尺寸从软盘容量直到 4GB	卷尺寸从 512MB～2TB
不能用于软盘	不支持域	在 Windows Server 2003 中，用户只能把 FAT32 卷最大格式化到 32GB
文件尺寸只受限于卷的大小	最大文件尺寸为 2GB	不支持域，最大文件尺寸为 4GB

注：Windows Server 2003 支持由 Windows 95 或 Windows 98 创建的任何尺寸的 FAT32 卷。然而，Windows Server 2003 只能格式化最大 32GB 的 FAT32 卷。如果用户在安装过程中选择的 FAT 文件系统分区大于 2GB，则安装程序自动地把它格式化为 FAT32 文件系统格式。对于大于 32GB 的卷建议使用 NTFS 而不是 FAT32 文件系统。

4.3　基本分区的创建与设置

“磁盘管理器”是 Windows Server 2003 中的一个强大的图形界面的磁盘管理工具，在 Windows Server 2003 中关于更改驱动器名和路径、格式化与删除磁盘分区方面的内容都要使用这一工具。Windows Server 2003 的“磁盘管理器”具有如下的功能。

（1）创建和删除磁盘分区。

（2）创建和删除扩展分区中的逻辑分区。

（3）读取磁盘状态信息。

（4）读取 Windows Server 2003 卷的状态信息。

（5）指定或更改磁盘驱动器及 CD-ROM 设备的驱动器名和路径。

（6）创建和删除卷和卷集。

（7）建立或拆除磁盘镜像集。

（8）保存或还原磁盘配额。

4.3.1　配置磁盘分区

由于用户各自使用的计算机中的硬件和软件的配置都有所差别，这使得用户在配置自己的磁盘分区时也应有所不同。用户应根据实际的需要和现有的硬盘配置，合理地对磁盘分区进行规划和调整。通常情况下，用户可在安装 Windows Server 2003 的过程中对磁盘分区进行配置。在安装过程中用户可以有如下选择。

（1）如果硬盘未分区，可以创建 Windows Server 2003 分区并划分其大小。

（2）如果现有的分区足够大，可以在该分区上安装 Windows Server 2003。

（3）如果现有的分区太小，但还有足够大的未分区空间，可以创建一个新的 Windows Server 2003 分区。

（4）如果硬盘有一个已经存在的分区，可以删除它以便得到足够多的未分区空间创建 Windows Server 2003 分区。删除一个已有的分区将同时删除该分区上的所有数据。

（5）如果为 Windows Server 2003 设置了双重启动，一定要把 Windows Server 2003 安装到它自己的分区上。若把 Windows Server 2003 安装到另一个操作系统所在的分区上，可能导致安装程序覆盖由另一个操作系统安装的文件。

启动磁盘管理器工具，可以对计算机上安装的磁盘进行分区与管理，启动的方式为，执行“开始”→“所有程序”→“管理工具”→“计算机管理”命令，或鼠标右键单击“我的电脑”图标，在弹出的快捷菜单中选择“管理”选项，即可打开如图 4-1 所示的“计算机管理”对话框。

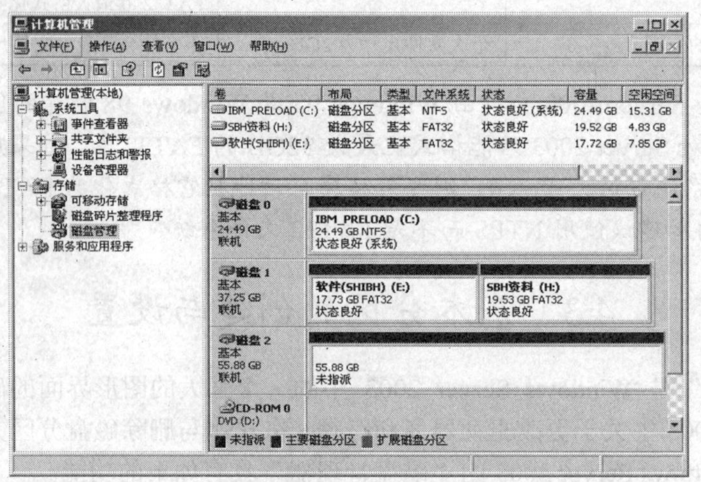

图 4-1 “计算机管理”对话框

在图 4-1 中，右窗格分为上下两部分，上端以文件描述的形式显示驱动器的信息，其中包括：驱动器（或卷）名、布局（是磁盘分区还是带区）、磁盘类型（基本或动态）、文件系统（FAT 或 NTFS）、状态、容量、目前的使用情况等；下端以图形方式显示了当前计算机系统安装了几个磁盘、各种磁盘的物理大小、当前的分区结果与状态等。

1. 创建磁盘分区

Windows Server 2003 的一个基本磁盘最多支持 4 个主分区或 3 个主分区和 1 个扩展分区，新安装的磁盘没有分区，必须进行分区后方可使用。用户可以在 MS-DOS 方式下，使用“Fdisk.exe”命令对磁盘进行分区，也可以使用 Windows Server 2003 的“磁盘管理”工具在图形化界面下进行磁盘分区。创建磁盘分区的操作步骤如下。

（1）鼠标右键单击图 4-1 中的“磁盘 2”的“未指派”图标，在弹出的快捷菜单中选择“新建磁盘分区”选项，打开“新建磁盘分区向导”对话框，如图 4-2 所示。

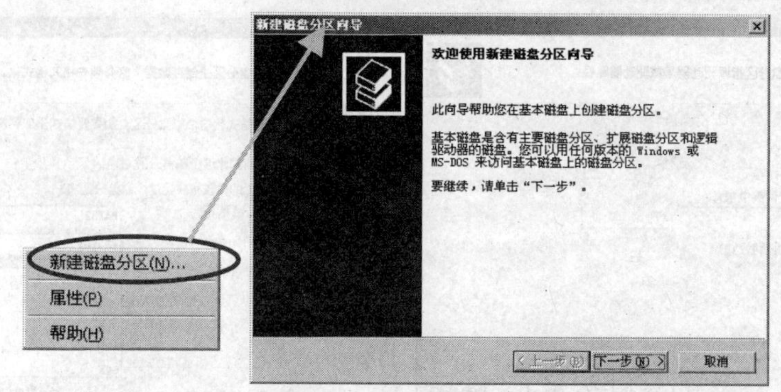

图 4-2 “新建磁盘分区向导”对话框

（2）单击“下一步”按钮，打开如图 4-3 所示的“选择分区类型”对话框，选择“主磁盘分区”单选项。

（3）单击“下一步”按钮，打开如图 4-4 所示的“指定分区大小”对话框，在“分区大小”文本框中输入需要设置的主分区的大小，也可以单击向上或向下的箭头选分区的大小。

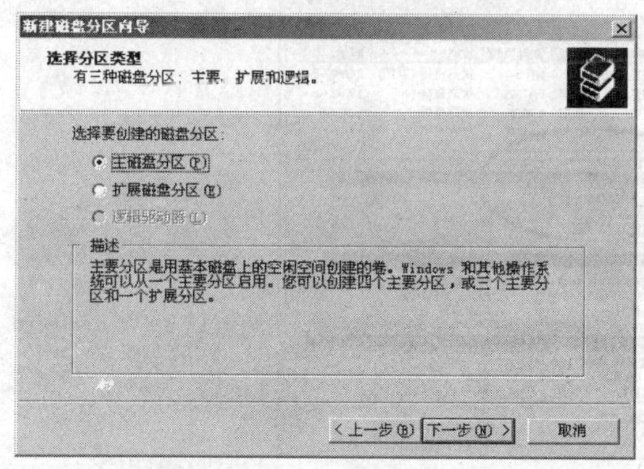

图 4-3 “选择分区类型”对话框

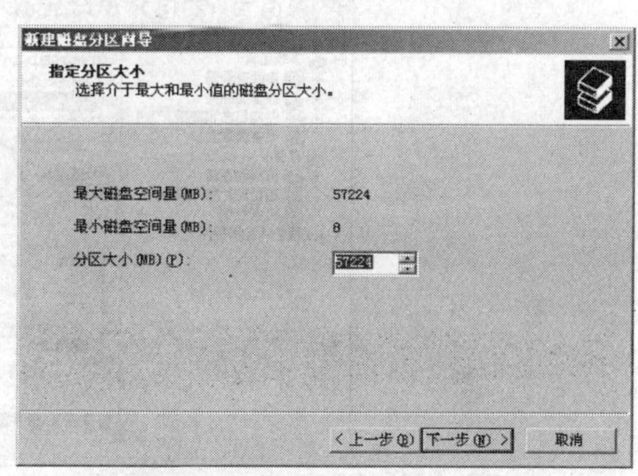

图 4-4 “指定分区大小”对话框

（4）单击“下一步”按钮，打开如图 4-5 所示的“指派驱动器号和路径”对话框，其中有 3 个选项。

① “指派以下驱动器号”：选择该单选项可以为主分区指派一个驱动器号。

② “装入以下空白 NTFS 文件夹中”：可以将该驱动器的内容装入指定的 NTFS 文件夹中，以后使用该文件夹时，就是该驱动器中的内容，当磁盘中安装了多于 26 磁盘分区时，由于驱动器号不够用，可以依照此方法使用相应的驱动器。

③ “不指派驱动器号或驱动器路径”：若选择此单选项，则在分区时不为驱动器指定驱动器号，创建了驱动器之后，再指定需要指派驱动器号或装入空白文件夹中。

（5）单击“下一步”按钮，打开如图 4-6 所示的“格式化分区”对话框，选择磁盘分区的文件系统（FAT 或 NTFS）、分配单位的大小（可通过下拉列表选择分配单位的大小），选择默认值时，系统会根据该分区的大小自动设卷标（给该分区输入一个卷标，不输入时默认的为“新加卷”）。也可以选择“执行快速格式化”，但对新磁盘，从来都没有格式化过的磁盘不能使用此项。如果选择了“启动文件和文件夹压缩”，则可以将该磁盘格式化为一个压缩磁盘，此后添加到该磁盘中的文件或文件夹都会被自动压缩。

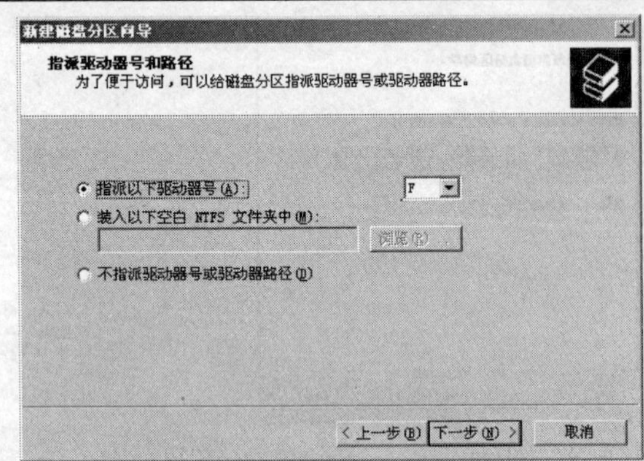

图 4-5 “指定驱动器号和路径”对话框

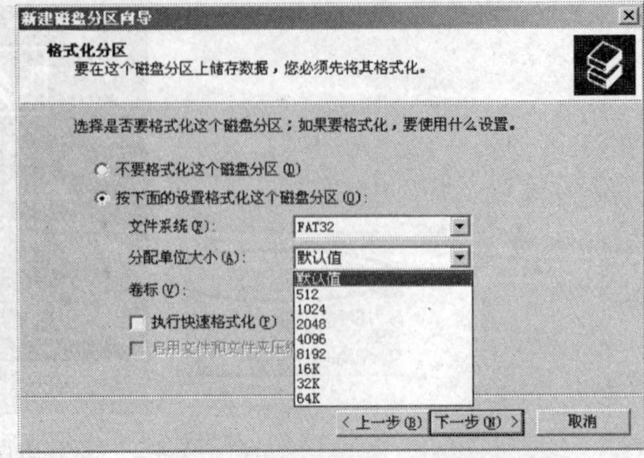

图 4-6 “格式化分区”对话框

（6）选择了需要的选项后，单击“下一步”按钮，打开“新建磁盘分区向导”最后的对话框，单击“完成”按钮，系统开始格式化分区的磁盘，如图 4-7 所示为创建并格式化后的磁盘主分区。

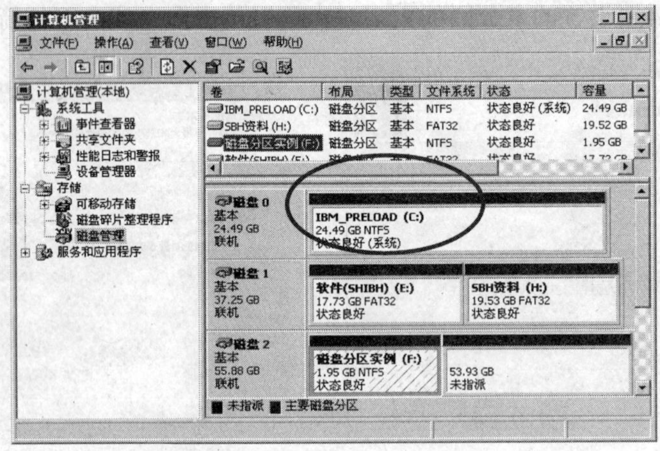

图 4-7 创建并格式化后的主分区

2. 创建扩展分区

基本磁盘可以支持 3 个主分区和 1 个扩展分区，因此，可以在还没有使用的空间中创建一个扩展分区，扩展分区创建后，可以为其创建多个逻辑磁盘驱动器，并给每个逻辑磁盘驱动器指派驱动器号。创建扩展分区的步骤与创建主分区的差不多，具体的操作步骤如下。

（1）鼠标右键单击图 4-7 所示的“磁盘 2”的“未指派”图标，在弹出的快捷菜单中选择“新建分区”→“新建分区向导”选项，在图 4-3 中选择“扩展磁盘分区”单选项，选择分区的大小，单击“下一步”按钮后即可完成扩展分区的创建；此时分区的图标为浅绿色，这表示还没有为分区创建逻辑磁盘驱动器，此时的分区还不可用。

（2）鼠标右键单击扩展分区的图标，在弹出如图 4-8 所示的快捷菜单中选择“新建逻辑驱动器”，打开“新建磁盘分区向导”对话框，单击“下一步”按钮，打开如图 4-9 所示的“选择分区类型”对话框。

（3）单击“下一步”按钮，打开如图 4-4 所示的“指定分区大小”对话框，选择分区大小。单击“下一步”按钮，打开如图 4-5 所示的“指派驱动器号和路径”对话框，选择逻辑分区的驱动器号，选择格式化的选项，即可完成逻辑分区的创建和格式化。

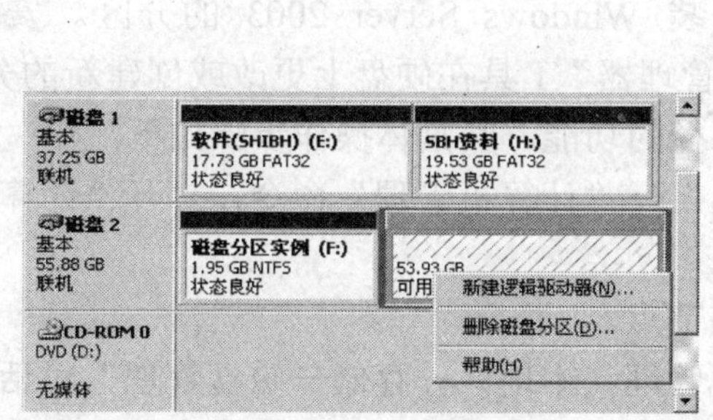

图 4-8　创建逻辑分区

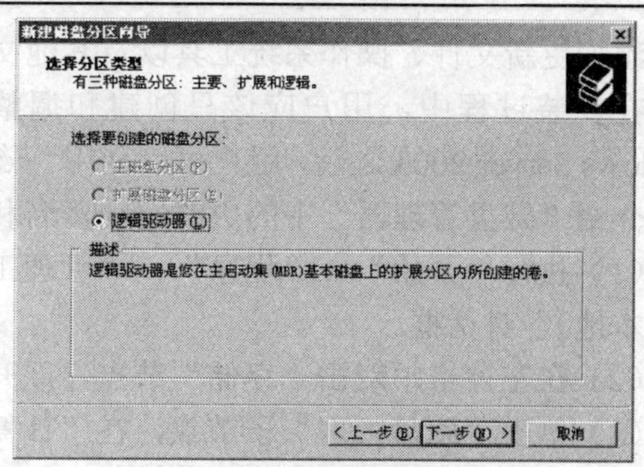

图 4-9　选择要创建的逻辑分区

3. 指定活动分区

分区创建并格式化后，只有活动的分区才能作为引导分区引导相关的操作系统，因此，在磁盘分区创建之后，如果希望该分区为引导分区，能引导相关的操作系统，则必须将该分区设置为活动分区，特别是在一台计算机上安装了多个操作系统时，每个操作系统所在分区都必须是活动分区。由于只有主分区才能作为引导分区，因此，只能将主分区设置为活动分区，扩展分区没有该选项。若指定的分区已被设置为活动分区，则该选项为不可选，设置活动分区的方法是鼠标右键单击需要设置的主分区，在弹出如图 4-10 所示的快捷菜单中选择“将磁盘分区标为活动的”选项，即可将选中的主分区设置为活动分区。

4. 文件系统转换

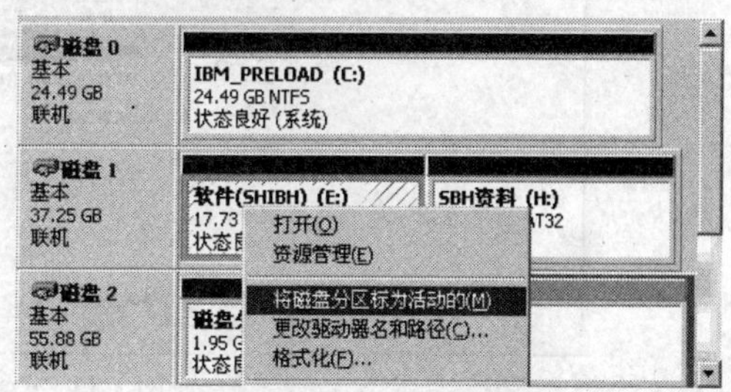

图 4-10　将磁盘分区设置为活动分区

Windows Server 2003 操作系统支持 FAT 和 NTFS 文件系统，在进行磁盘分区时设置的分区，可能在以后的应用中需要更改，Windows Server 2003 支持文件系统之间的转换，如果要将 NTFS 文件系统的分区转换为 FAT 或 FAT32 文件系统，则只能重新格式化该分区，原分区中的信息将全部丢失，因此在转换前最好备份磁盘分区中的文件。若将 FAT 文件系统转换为 NTFS 文件系统，则不会破坏原磁盘分区中的信息，Windows Server 2003 提供了一个命令文件“Convert.exe”，通过在 MS-DOS 方式下使用该命令可以将 FAT 的文件系统转换为 NTFS 文件系统，格式如下

```
C:\> convert    f: /FS:NTFS
```

即可将 F 盘的文件系统转换为 NTFS 文件系统。

5. 删除分区

Windows Server 2003 的“磁盘管理器”不仅能创建磁盘分区，也可以将创建的分区删除，重新创建需要的分区。删除方法为鼠标右键单击需要删除的磁盘分区，在弹出的快捷菜单中选择“删除磁盘分区”选项即可将选中的分区删除。

4.3.2　更改驱动器名和路径

虽然安装 Windows Server 2003 最少需要 850MB 的可用空间，但使用更大的安装分区为以后添加更新文件、操作系统工具以及其他文件提供了灵活性。

在安装过程中，用户应该只创建和调整安装 Windows Server 2003 的分区。安装了 Windows Server 2003 之后，用户可以利用“磁盘管理器”工具在硬盘上更改或创建新的分区。下面介绍“磁盘管理器”中的更改驱动器名和路径的功能，其具体操作步骤如下。

（1）执行“开始”→“程序”→“管理工具”→“计算机管理”命令，打开“计算机管理（本地）”对话框。

（2）在左窗格中双击“存储”节点，展开该节点。

（3）单击“磁盘管理”子节点，在“计算机管理（本地）—存储—磁盘管理”对话框右窗格中将显示本地计算机所拥有的驱动器的名称、类型、采用的文件系统格式和状态，以及分区的基本信息，如图 4-11 所示。

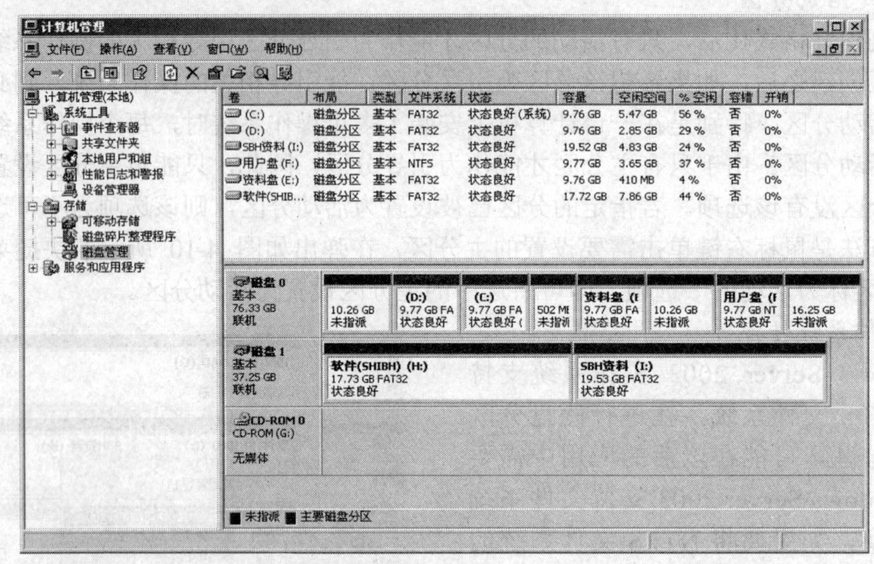

图 4-11 “磁盘管理”对话框

（4）在右窗格中鼠标右键单击需要更改名称或路径的驱动器，这里选择 H 盘。

（5）在弹出的快捷菜单中选择“更改驱动器名和路径”选项，打开“更改 H：（软件（SHIBH））的驱动器号和路径”对话框，如图 4-12 所示。

（6）单击“更改”按钮，打开如图 4-13 所示的“更改驱动器号和路径”对话框，选择“指派以下驱动器号”，即可更改为需要的驱动器名。

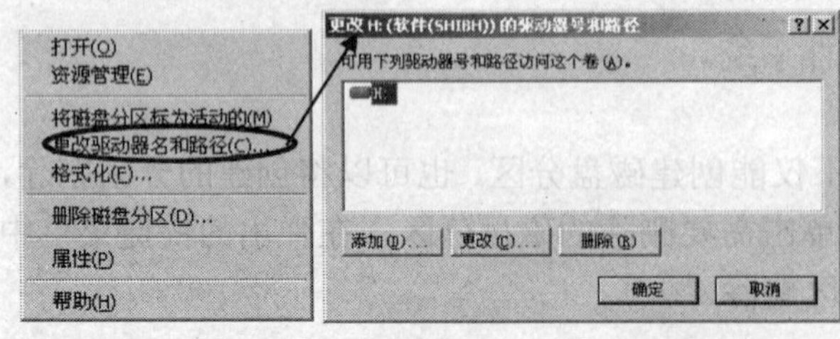

图 4-12 更改 H：（软件（SHIBH））的驱动器号和路径

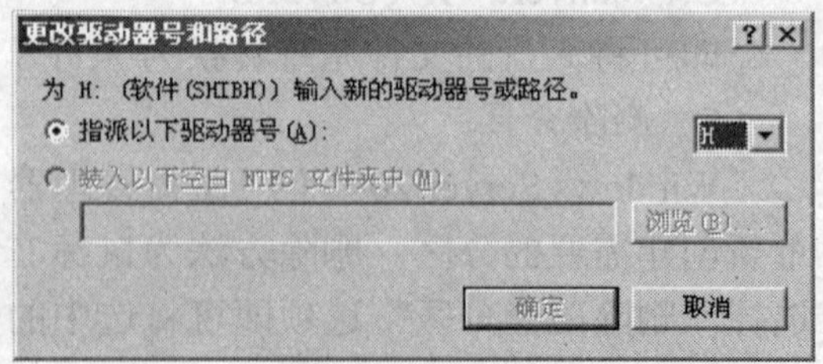

图 4-13 “更改驱动器号和路径”对话框

（7）如果需要将这个卷装入一个支持驱动器路径的空文件夹中，可单击“添加”按钮，打开“添加的驱动器号或路径”对话框，如图 4-14 所示，在“装入以下空白 NTFS 文件夹中”

文本框中输入合适的路径，然后单击“确定”按钮完成操作。也可单击“浏览”按钮，打开“浏览驱动器路径”对话框，如图 4-15 所示。

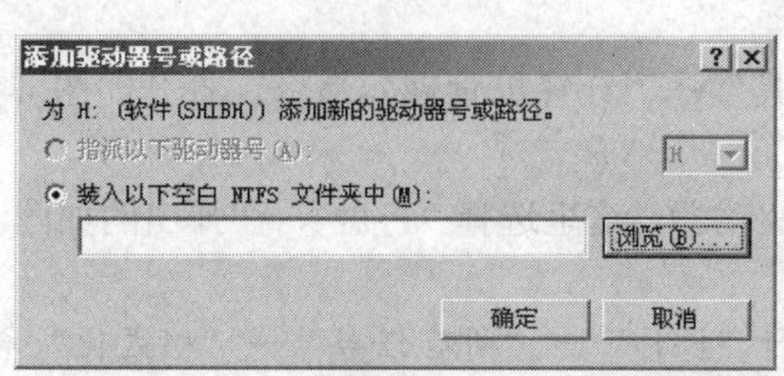

图 4-14　“添加的驱动器号或路径”对话框

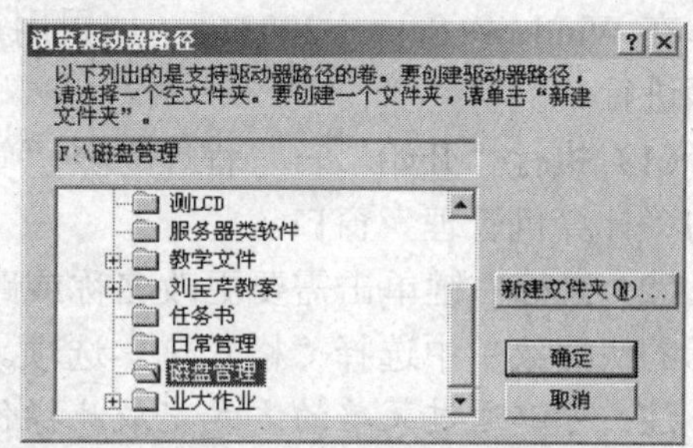

图 4-15　“浏览驱动器”对话框

（8）用户可在支持驱动器路径的卷列表框中直接选择一个空文件夹以便装入该卷，也可通过单击“新建文件夹”按钮来建立一个新的支持驱动器路径的文件夹作为选定卷的默认路径，例如创建一个新文件夹“磁盘管理”。

（9）选定“磁盘管理”文件夹，单击“确定”按钮返回到“添加驱动器号或路径”对话框中，单击“确定”按钮完成更改驱动器名称的所有操作。

（10）通过执行：“我的电脑”→“F 盘”命令，打开如图 4-16 所示的“用户盘（F:）”对话框，其中有一个名为“磁盘管理”的驱动器图标，双击该图标相当于双击“我的电脑”窗口中的“H”盘，通过打开的对话框，用户可以浏览到 H 盘中的所有文件和文件夹。

图 4-16　创建的新驱动器路径

注：用户还可通过单击“（H:　）本地驱动器号和路径”对话框中的“删除”按钮来删除选定的驱动器的名称，不过该操作会导致被删除的驱动器暂时无法读取，相关的应用程序就无法正常运行。

4.3.3　转换磁盘分区的类型和重新格式化

运行安装程序之前，用户需要决定是否保留、转换或者重新格式化现有分区。默认选项是保持现有分区的文件系统不变，这样也就是保留了该分区上的所有文件。如果用户决定转换或者重新格式化一个现有分区，则需要选择一个合适的文件系统（NTFS、FAT 或 FAT32）。

安装完 Windows Server 2003 后，可以通过“磁盘管理器”来转换磁盘分区的类型及重新格式化磁盘驱动器的有关内容。

在 Windows Server 2003 下，如果用户需要转换一个磁盘分区的文件系统类型，可按以下步骤进行。

（1）执行“开始”→“程序”→“管理工具”→“计算机管理”命令，打开如图 4-1 所示的“计算机管理”窗口。

（2）鼠标右键单击需要更改名称或路径的驱动器，这里选择“F 盘”，在弹出的如图 4-17 所示的快捷菜单中选择“格式化”选项。

注：可以通过菜单的方式完成此操作：执行“操作”→“所有任务”→“格式化”命令。

（3）在打开的如图 4-18 所示的“格式化 F:”对话框中选择相应的选项，这些选项与分区后直接格式化的选项一样。

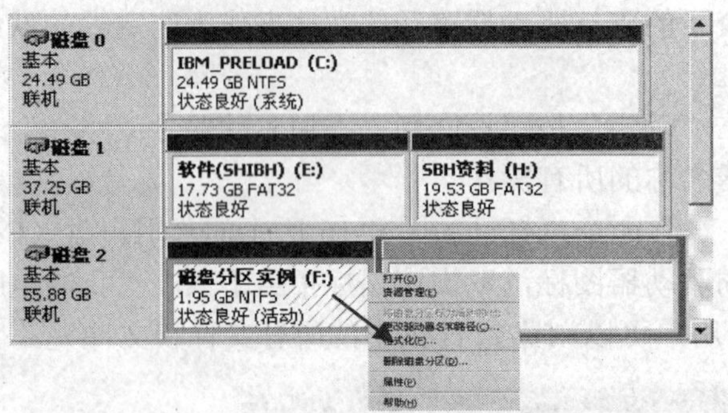

图 4-17 格式化选定的磁盘

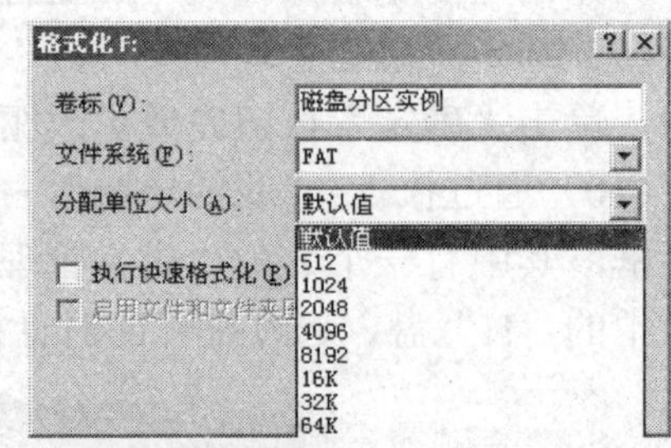

图 4-18 选择格式化的选项

（4）单击“确定”按钮，完成修改磁盘驱动器文件系统类型和格式化磁盘的所有操作。

注：在更改一个分区的文件系统之前，用户最好备份分区上的信息，因为对该分区的重新格式化将删除该分区中所有的数据，除非用户不再需要该磁盘上的信息。

4.4 动态磁盘分区创建与管理

Windows Server 2003 动态磁盘可支持多种特殊的动态卷，包括简单卷、跨区卷、带区卷、镜像卷和 RAID-5 卷，不同的卷有不同的功能，可以通过设置不同的卷提高访问效率、提供容错功能或扩大磁盘的使用空间。

4.4.1 升级为动态卷

只有在动态磁盘上才能创建动态卷，如果磁盘为基本磁盘，则必须选将其升级为动态卷磁盘，如果磁盘在升级之前已经创建了分区，则升级后原来的磁盘分区将为发生变化，变化情况如表 4-6 所示。

表 4-6 基本磁盘升级为动态磁盘后分区的变化

原磁盘分区	升级后的变化
主磁盘分区	简单卷
扩展磁盘分区	简单卷
镜像集	镜像卷
带区集	带区卷
带奇偶校验的带区集	RAID-5 卷
卷集	跨区卷

将基本磁盘升级为动态磁盘的操作步骤如下。

（1）在“计算机管理”对话框中，鼠标右键单击需要升级的磁盘，弹出如图 4-19 所示的快捷菜单。

（2）在弹出的快捷菜单中选择“升级到动态磁盘”选项，打开如图 4-20 所示的将基本磁盘升级为动态磁盘的“升级动态磁盘”对话框。

（3）选择需要升级的基本磁盘，单击“确定”按钮，打开如图 4-21 所示的“要升级的磁盘”对话框，在此对话框中，可以选需要升级的磁盘序号，该例中只有一个磁盘（磁盘 0）需要升级。

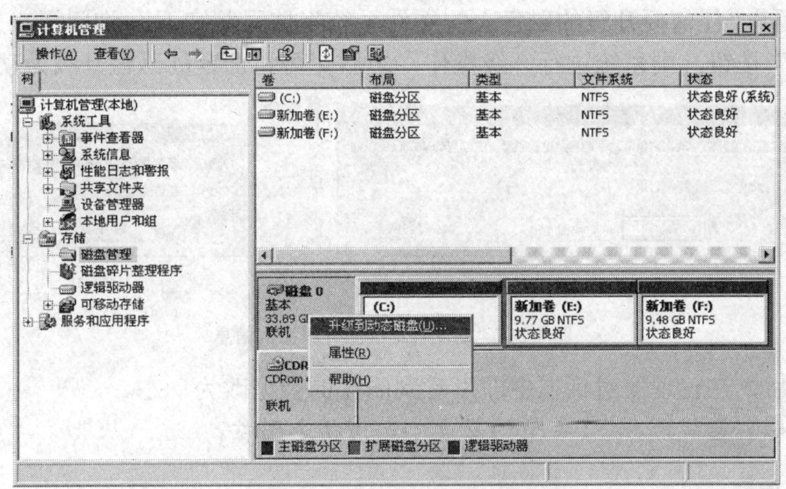

图 4-19 “升级动态磁盘”快捷菜单

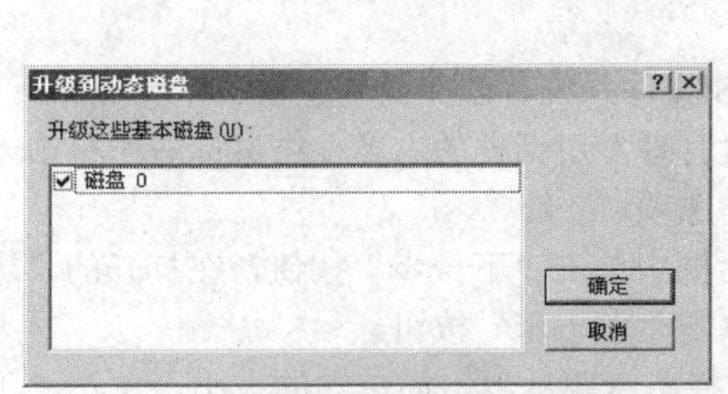

图 4-20 “升级到动态磁盘”对话框

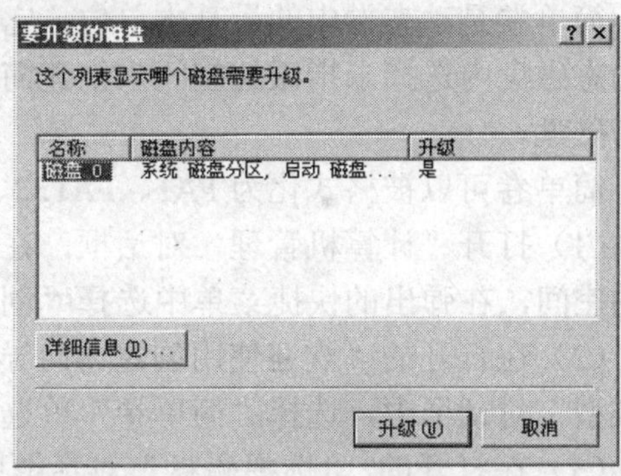

图 4-21 升级为动态磁盘

（4）单击“详细信息”按钮，打开如图 4-22 所示的磁盘“升级详细信息”对话框，显示将要升级的磁盘包含的卷的情况，供管理员参考。

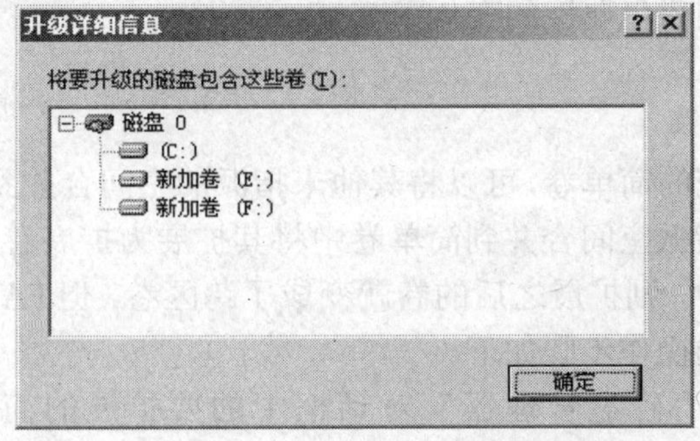

图 4-22 “升级详细信息”对话框

（5）单击图4-21中的“升级”按钮，打开如图4-23（a）所示的“磁盘管理”对话框，提示用户“一旦将这些磁盘升级为动态磁盘，就不能再从这些磁盘上的卷启动 Windows 以前的版本”，询问用户是否升级。一般情况下，应将非系统盘升级，从而不影响系统的启动。

（6）单击图4-23（a）中的“是”按钮，会打开如图4-23（b）所示的“升级磁盘”对话框，此时警告用户“任何要升级的磁盘上的文件系统将被强制卸下”，询问用户是否继续操作，如果单击“是”按钮，则系统进行升级操作，之后即可将选定的磁盘升级为动态磁盘。

（a）　　（b）

图4-23 “磁盘管理”的升级警告信息

升级完成后，在管理器对话框中即可看到磁盘的类型改为动态。

注：*只有磁盘总线为 SCSI 类型的磁盘才支持动态磁盘。*

4.4.2 简单卷

简单卷是动态卷中的最基本单位，它的地位与基本磁盘中的主磁盘分区相当，可以从一个动态磁盘内选择未指派的空间来创建简单卷，但简单卷的空间必须在一个物理磁盘上，不能跨磁盘。

简单卷可以被格式化为 FAT、FAT32、NTFS 文件系统。创建简单卷的操作步骤如下。

（1）打开“计算机管理”对话框，在“磁盘管理”对话框的右窗格中鼠标右键单击未指派的空间，在弹出的快捷菜单中选择“创建卷”选项。

（2）在打开的“欢迎使用创建卷向导”对话框中单击“下一步”按钮，在打开的“选择卷类型”对话框中，选择“简单卷”单选项，单击“下一步”按钮。

（3）在打开的 “选择磁盘”对话框中，选择磁盘驱动器、简单卷的大小，单击“下一步”按钮，打开“指派驱动器号和路径”对话框，指定一个驱动器号来代表该简单卷。单击“下一步”按钮，打开“卷区格式化”对话框，选择文件系统、设置卷标等，之后就完成了简单的卷的创建，单击“完成”按钮，则系统对该卷进行格式化，完成了卷的格式化之后，磁盘管理器窗口中就能看到磁盘属性的变化了。

4.4.3 扩展简单卷

对于 NTFS 文件系统的简单卷，可以将其他未指派的空间合并到简单卷中以扩展其容量，但只能将本磁盘中的未指派空间合并到简单卷中将其扩展为扩展卷，若要将其他磁盘中的未指派空间合并到简单卷中，则扩展之后的卷就变成了跨区卷，但 FAT 和 FAT32 文件系统的卷不能扩展。扩展简单卷的操作步骤如下。

（1）鼠标右键单击“磁盘管理器”对话框中的要扩展的简单卷，在弹出的快捷菜单中选择“扩展卷”选项。

（2）在打开的“扩展卷向导”对话框中单击“下一步”按钮，即可打开 “选择磁盘”对话框，选择要扩展的空间所在磁盘，设置扩展空间的大小，之后单击“下一步”按钮即可完成简单卷的扩展。

4.4.4 跨区卷

跨区卷是由几个位于不同物理磁盘的未指派空间组合成的一个逻辑卷，可以用来将动态磁盘内多个剩余的容量较小的未指派空间组合成为一个容量较大的卷，从而有效的利用磁盘空间。组成跨区卷的每个成员空量大小可以不同，但不能包含系统卷与启动卷，NTFS 文件系统的跨区卷也可以扩展容量。创建跨区卷的操作步骤如下。

（1）鼠标右键单击“磁盘管理器”对话框中的多个未指派空间中的任何一个，在弹出的快捷菜单中选择“创建卷”选项，打开“创建卷向导”对话框，单击“下一步”按钮，在打开的“选择卷类型”对话框中选择“跨区卷”单选项。

（2）单击“下一步”按钮，在打开的“选择磁盘”对话框中，选择要加入跨区卷的磁盘，并设置好每个磁盘加入多大的空间，单击“下一步”按钮设置卷的驱动器号和路径，并格式化该卷，即完成了跨区卷的创建。

4.4.5 带区卷

带区卷是一个与跨区卷类似的分别位于不同磁盘的未指派空间组成的一个逻辑卷，不同的是带区卷的每个组成成员的容量大小必须相同，并且数据的写入是以 64KB 为单位平均写到每个磁盘区的，带区卷是 Windows Server 2003 所有磁盘管理功能中运行速度最快的卷。其功能类似于磁盘阵列 RAID-0，但不具有扩展容量的功能。

创建带区卷的过程与创建跨区卷基本相同，唯一的区别就是在选择磁盘时，加入带区卷的磁盘空间必须有大小一样，并且最大值不能超过最小容量的参与该卷的未指派空间，创建完成的带区卷的容量是所有成员容量之和，例如由 5 个容量为 200MB 磁盘加入了带区卷，则最后生成的带区卷的总容量为 1GB。

4.4.6 镜像卷

镜像卷是由一个动态磁盘内的简单卷和另一个动态磁盘内的未指派空间组合成的，或由两个未指派空间组合成并给予一个逻辑驱动器号，这两个空间存储完全相同的数据，当一个磁盘出现故障时，另一个磁盘内的数据仍可能提供给系统使用，从而提高了系统的容错能力，但磁盘的利用率只有 50%，它可以包含系统卷和启动卷。

镜像卷的创建与前几种动态卷的创建过程类似，区别是选择卷类型时选择“镜像卷”，其他相同。如果用户希望单独使用镜像卷中的一个成员，可以通过以下的方法。

1. 中断镜像

中断镜像关系后，原镜像中的两个成员都成了简单卷，但其中原来的数据都会被保留，驱动器号会改变，第一个成员使用原来的驱动器号，后一个成员系统自动为其分配一个新的驱动器号。

2. 删除镜像

鼠标右键单击镜像卷中的任何一个成员，在弹出的快捷菜单中选择“删除镜像”选项，选择其中的一个成员删除，同时该成员中原来存储的数据都会被删除，它所占用的空间会被释放为未指派的空间。

系统采用镜像卷后，具有容错能力，即使其中的一个成员出现故障，系统还能正常工作，但此时系统不再具有容错能力，可以通过删除出现故障的磁盘，添加新的磁盘，重新创建镜像卷的方式来修复，使系统重新具备容错能力。

4.4.7 RAID-5 卷

RAID-5 卷与带区卷类似，也是由多个分别位于不同磁盘的未指派空间所组成的一个逻辑卷，不同的是 RAID-5 卷具有一定的容错能力，它在存储数据时会根据数据内容计算出奇偶校验数据，并将该校验数据一起写入到 RAID-5 卷中。当某个磁盘出现故障时，系统可以利用该奇偶校验数据推算出磁盘内的数据，其功能类似于磁盘阵列中的 RAID-5 标准。

RAID-5 卷最少要由 3 个磁盘组成，系统在写入数据时，以 64KB 为单位写入磁盘，奇偶校验数据不是存储在固定的磁盘内，而是依次分布在每台磁盘内，从而提高系统的容错能力。RAID-5 卷写入数据的效率较差，因为需要计算奇偶校验数据；但读取数据时效率较高，因为可以从多个磁盘中读取数据，且不用计算奇偶校验数据。创建 RAID-5 卷的操作步骤如下。

在如图 4-21 所示的“选择卷类型”对话框中选择“RAID-5 卷”单选项，单击“下一步”按钮之后，打开如图 4-22 所示的“选择磁盘”对话框，在其中设置磁盘容量，系统默认会以其中容量最小的空间为单位，按向导完成驱动器和路径的指派、格式化的参数等，即可完成 RAID-5 卷的创建。创建完成后，在“计算机管理”对话框中可以看到“布局”属性为“RAID-5”的逻辑卷。

4.5 整理磁盘

Windows 用户一般不需要使用第三方的基于 MS-DOS 的磁盘程序来修理或者整理 Windows Server 2003 使用的 FAT 主分区或者辑驱动器，除非是经过验证的与 Windows NT 4.0 或更高版本兼容的磁盘程序。使用非 Windows Server 2003 的工具有可能要冒丢失整个卷的风险，基于 MS-DOS 的 Defrag（碎片整理）程序在包含长文件名的 FAT 卷上不能正常工作。本节将介绍一些 Windows Server 2003 内置的文件系统维护工具和磁盘整理工具。

4.5.1 扫描与修复文件系统

用户可以使用 Windows Server 2003 命令提示符程序“Chkdsk.exe”来扫描和修理 FAT 卷和 NTFS 卷，该程序集成了基于 MS-DOS 的“Chkdsk”和“Scandisk”工具的所有功能，包括表面扫描、修复损坏的扇区等。除了直接运行基于 MS-DOS 的命令来扫描和修复文件系统，用户还可以使用 Windows Server 2003 中的磁盘扫描和检查工具完成同样的工作。

使用“Chkdsk”命令进行扫描和修复磁盘的操作步骤如下。

（1）执行“开始”→“程序”→“附件”→“提示符”命令打开“命令提示符”对话框，或执行“开始”→“运行”命令，在如图 4-24 所示的“运行”对话框的“打开”文本框中输入“cmd”，单击“确定”按钮，即可进入 MD-DOS 的命令行对话框。

（2）在命令提示符光标处输入“chkdsk/?”，如图 4-25 所示，然后按 Enter 键执行该命令，打开该命令的使用帮助对话框。

（3）从图 4-25 中可以了解到“Chkdsk”，命令的功能以及可使用的命令参数与相关作用，可参照屏幕上的信息并根据自己的需要，在命令提示符光标处输入“Chkdsk”以及相应的参数，然后按 Enter 键执行命令。

前面已经提到，使用 Windows Server 2003 内置的系统工具也可以对磁盘进行错误检查，操作步骤如下。

图 4-24 “运行”对话框

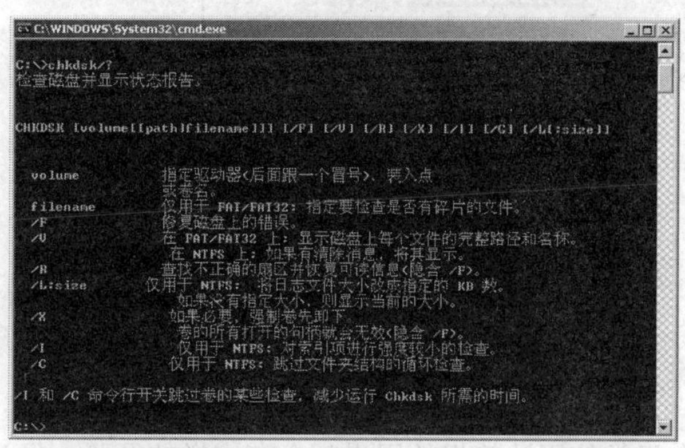

图 4-25 Chkdsk 帮助对话框

（1）打开“我的电脑”对话框，鼠标右键单击需要进行磁盘检查的驱动器盘符图标，此处选择了 E 盘。

（2）在弹出的快捷菜单中选择“属性”选项，打开“软件（SHIBH）（E:）属性”对话框，选择“工具”选项卡，显示“工具”选项卡中的内容，如图 4-26 所示。

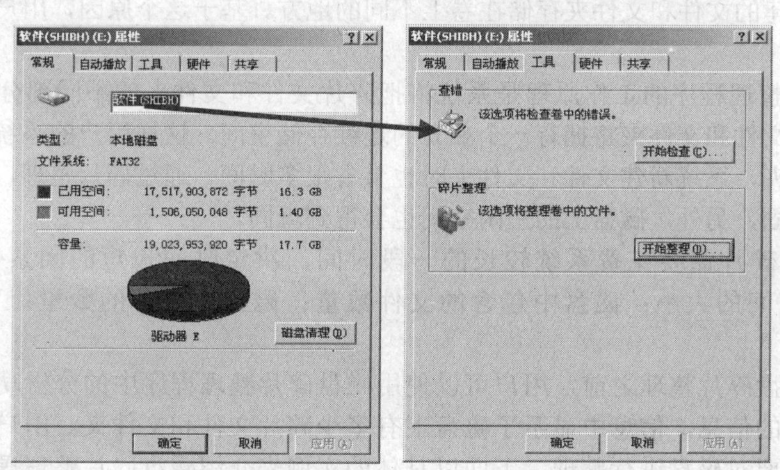

图 4-26 “软件（SHIBH）（E:）属性”对话框

（3）在“查错”选项区域中单击“开始检查”按钮，打开“磁盘检查软件（SHIBH）（E:）”对话框，如图 4-27 所示。在磁盘检查选项中可以同时选择“自动修复文件系统错误”和“扫描并试图恢复坏扇区”2 个选项，也可以只选择其中的一个。如果用户需要修复选定磁盘中的文件系统错误，可选择第 1 个选项复选框。如果用户希望扫描磁盘并修复磁盘上的坏扇区，可选择第 2 个选项复选框，此时可以不再选择第 1 个选项复选框，因为该选项具有自动修复功能。

注：在开始磁盘检查之前，用户必须关闭选定磁盘上的所有已打开的文件或程序。否则，系统将自动打开一个信息窗口，提示用户磁盘检查程序无法对磁盘进行独占性访问，询问用

户是否希望下次启动系统时再执行磁盘检查。

（4）关闭已打开的文件或程序后，单击“开始”按钮，系统将自动进行磁盘检查。系统完成磁盘检查工作后，将自动打开“已完成磁盘检查”对话框，单击“确定”按钮，完成磁盘检查操作。

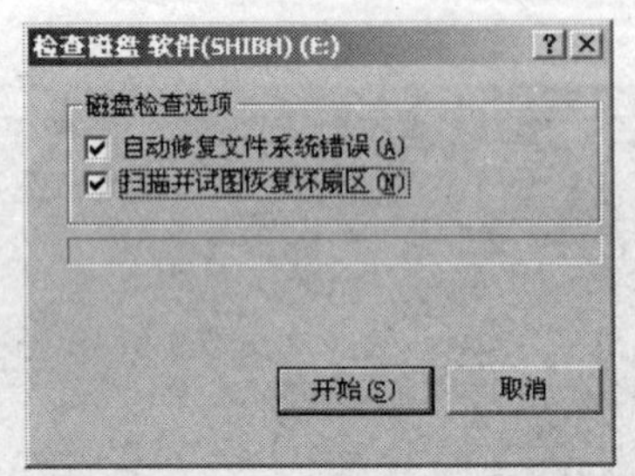

图 4-27 “检查磁盘软件（SHIBH）（E：）”对话框

4.5.2 磁盘碎片整理

经常使用计算机的用户都会有这样的经验，经过一段时间的操作后，计算机系统的整体性能有所下降。这是因为用户对磁盘进行多次读写操作后，磁盘上碎片文件或文件夹过多。由于这些碎片文件和文件夹被分割放置在一个卷上的许多分离的部分，Windows Server 2003 操作系统需要花费额外的时间来读取和搜集文件和文件夹的不同部分。同时用户建立新的文件和文件夹也会花费很长的时间，原因是磁盘上的空闲空间是分散的，Windows Server 2003 系统必须把新建的文件和文件夹存储在卷上不同的地方。基于这个原因，用户应定期对磁盘碎片进行整理。

磁盘碎片整理程序的工作原理是系统将把碎片文件和文件夹的不同部分移动到卷上的同一个位置，文件和文件夹将拥有一个独立的连续存储空间。这样用户的系统可以高效地访问文件或文件夹，系统新建文件和文件夹时也节省很多时间。通过碎片整理，用户的文件系统将会得到巩固，另外，磁盘上的空闲空间也会得到巩固。

整理磁盘碎片需要花费系统较长的一段时间，决定时间长短的因素包括以下几个部分：磁盘空间的大小；磁盘中包含的文件数量；磁盘上碎片的数量；可用的本地系统资源。

在进行磁盘碎片整理之前，用户可以使用磁盘碎片整理程序中的分析功能，得到磁盘空间使用情况的信息，信息中显示了磁盘上有多少碎片文件和文件夹。用户可以根据信息来决定是否需要对磁盘进行整理。下面以具体的实例来介绍磁盘碎片整理操作。操作步骤如下。

（1）打开“我的电脑”对话框，双击需要进行磁盘碎片整理的驱动器盘符图标，打开如图 4-26 所示的对话框。

（2）在“碎片整理”选项区域，单击“开始整理”按钮，打开“磁盘碎片整理程序”对话框，单击“分析”按钮，打开如图 4-28 所示的“磁盘碎片整理程序”对话框，启用系统的磁盘碎片分析功能，以便查看分析报告，确定该磁盘是否需要碎片整理。

（3）分析完成后，打开分析完成的对话框，如图 4-29 所示。

（4）用户可以单击“查看报告”按钮，查看分析报告。图 4-30 所示为“分析报告”

对话框。

（5）单击“碎片整理”按钮，可对磁盘进行碎片整理，系统自动进行碎片整理工作，并且在分析信息框和碎片整理信息框中将显示碎片整理的进度和各种文件信息，如图 4-31 所示。

（6）系统完成磁盘碎片整理工作后，单击“查看报告”按钮，查看磁盘碎片整理结果。

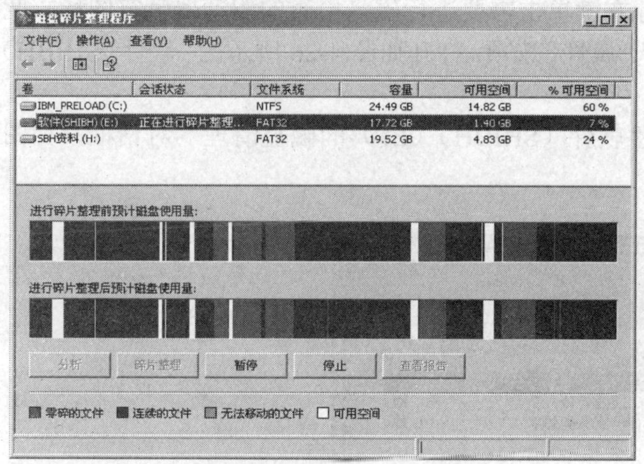

图 4-28 “磁盘碎片整理程序”对话框

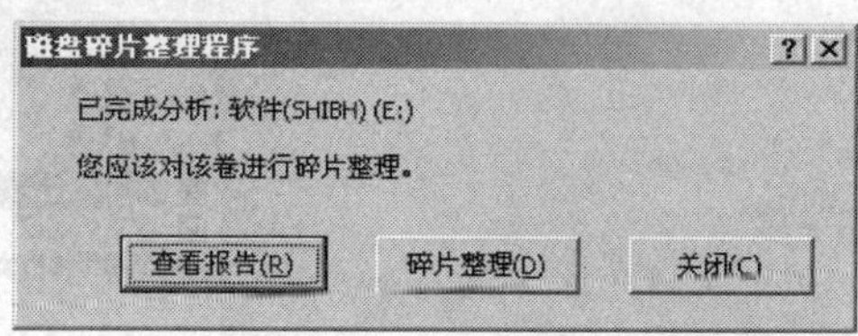

图 4-29 分析完成报告

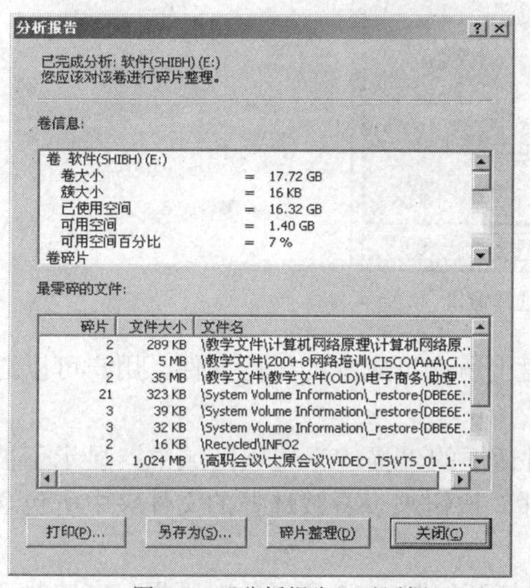

图 4-30 “分析报告”对话框

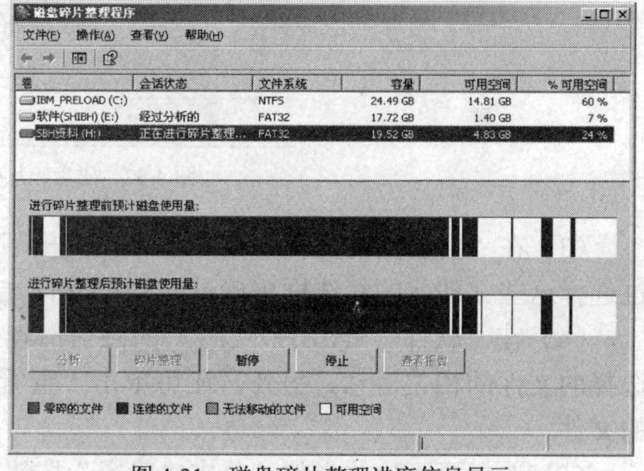

图 4-31 磁盘碎片整理进度信息显示

从信息显示中用户可以了解到需要整理的本地磁盘中各种性质文件在磁盘上的使用情况。其中红色区域表示零碎的文件，蓝色区域表示连续的文件，绿色区域表示系统文件，白色区域表示磁盘空闲空间。

注：*磁盘碎片整理过程中用户可随时单击“暂停”按钮，暂时终止整理工作，也可单击“停止”按钮来结束整理工作。*

4.5.3 清理磁盘

用户使用计算机一段时间后，由于系统会对磁盘进行大量的读写以及安装操作，使得磁盘上存留许多临时文件或已经没用的应用程序。这些残留文件和程序不但占用磁盘空间，而且会影响系统的整体性能。因此计算机用户需要定期进行磁盘清理工作，清除没用的临时文件和残留的无用程序，以便释放磁盘空间。同时该项工作也使文件系统得到巩固。清理磁盘的操作步骤如下。

（1）打开“我的电脑”对话框，鼠标右键单击需要进行磁盘检查的驱动器盘符图标，此处选择了 E 盘。在弹出的快捷菜单中选择“属性”选项，打开如图 4-26 所示的“软件（SHIBH）（E:）属性”对话框。

（2）单击“磁盘清理”按钮，打开“软件（SHIBH）（E:）的磁盘清理”对话框，如图 4-32 所示。

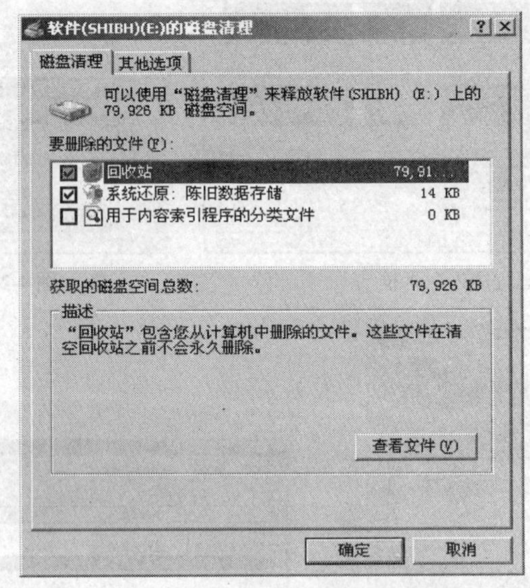

图 4-32 磁盘碎片整理选择窗口

（3）在“要删除的文件”列表框中，列出了 F 盘上所有可删除的无用文件。用户可以通过选择这些文件前的复选框来确认是否删除该文件。

（4）在“软件（SHIBH）（F:）的磁盘清理”对话框的“描述”选项区域中，显示了被选择的文件的相关信息。另外，还可单击“查看文件”按钮来查看被选择的文件夹中所包含的文件。

（5）选择要删除的文件，单击“确定”按钮，将打开如图 4-33 所示的对话框，在该对话框中，系统询问用户是否确实要删除所选定的文件，单击“是”按钮，删除选择的文件，之后即打开磁盘清理进度表对话框。

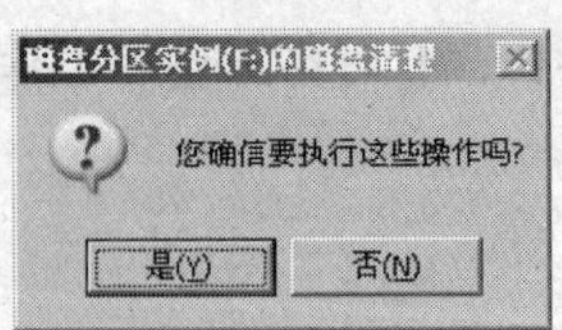

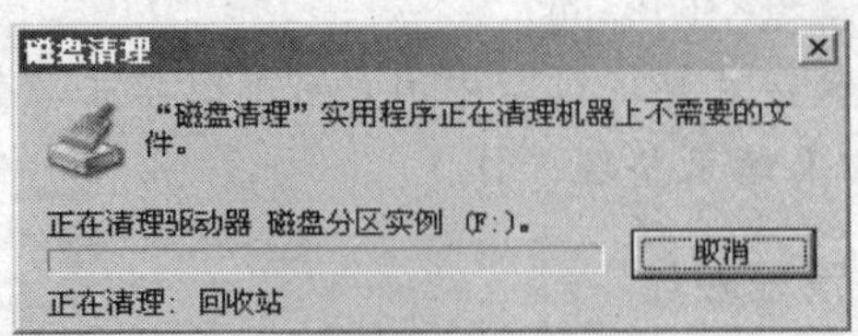

图 4-33 磁盘清理确认及清理过程

4.6 磁盘配额

在 Windows Server 2003 为服务器操作系统的计算机网络中，系统管理员有一项很重要的任务，是为访问服务器资源的客户机设置磁盘配额，也就是限制他们一次性访问服务器资源的卷空间数量。这样做的目的在于防止某个客户机过量地占用服务器和网络资源，导致其他客户机无法访问服务器和使用网络。本节将就配置服务器磁盘配额方面的相关内容进行介绍。

4.6.1 磁盘配额基础知识

磁盘配额对于普通的 Windows Server 2003 的用户不太重要，不过对于整个网络的系统管理员来说，此项操作却是至为重要的。因为一旦网络中的客户机很多并且频繁访问服务器资源以及使用网络的话，无论服务器的运算能力多强，或者是网络所能承受的通信量多大，也难于满足所有用户的需求。因此，系统管理员必须对网络中的客户机进行磁盘配额的设置。在 Windows Server 2003 中，磁盘配额按照卷跟踪控制磁盘空间使用。系统管理员可以按下面的步骤进行配置。

（1）当用户超过指定磁盘空间限制时，防止进一步使用磁盘空间和登录事件。

（2）当用户超过指定磁盘空间警戒等级时，登录一个事件。

（3）当启动磁盘配额时，可以设置两个值：磁盘配额限制和磁盘配额警戒等级。配额限制指定了用户可以使用的磁盘空间数量。警戒等级指定了用户接近配额限制的点。例如，设置用户磁盘配额限制是 60MB，磁盘配额警戒等级设置为 40MB。在此情况下，用户可在卷中存储不超过 60MB 的文件。如果用户在卷中存储了超过 40MB 的文件，将会有磁盘配额系统登录一个系统事件。

另外，系统管理员还可以指定用户超过配额限制。因为，当不想拒绝用户访问卷，但又想跟踪每个用户的磁盘空间使用时，启动配额和不限制磁盘空间使用是有用的。当用户超过配额限制和磁盘配额警戒等级时，也可以指定是否登录事件。

当启动卷的磁盘配额时，对于从那一点开始的新用户将自动跟踪卷的使用。然而，现有的卷用户将不能申请磁盘配额。通过在“配额项”窗口中添加新的配额项，可以为现有的卷用户申请磁盘配额。可以在本地卷和远程卷中启动配额，但只能在卷的根目录中共享的卷并格式化为 NTFS。

为支持磁盘配额，磁盘卷必须格式化为 NTFS 5.0。NTFS 4.0 卷将自动被 Windows 2003 Setup 更新为 NTFS 5.0 格式。而且，为了管理卷的配额，用户必须是驱动器所在的计算机上的管理员组中的成员。

注： 如果卷不是 NTFS 格式，或者用户不是本地计算机上的管理员组中的成员，“Quota”选项卡不显示在卷的属性页上。另外，文件压缩不影响卷的记账数字。例如，如果用户 John 被限制为 5MB 的磁盘空间，该用户只能存储 5MB 的文件，即使文件被压缩。

4.6.2 磁盘配额与用户的关系

在 Windows Server 2003 中，磁盘配额监视器卷只被单个用户使用，所以每个用户可对磁盘空间使用相同卷中其他用户的磁盘配额。例如，如果用户的磁盘配额为100MB的卷E，而用户已使用了50MB，则用户就不能将60MB的文件存储到卷E，除非从该卷中删除或移动一些现有的文件，即分配磁盘配额的用户不能将额外的数据写到此卷中。然而，其他用户可以继续在那个卷中存储数据。

磁盘配额根据文件的所有权，与卷中用户文件的文件夹位置无关。例如，如果用户将相同卷中的文件从一个文件夹移到另一个文件夹，卷空间的使用并不改变。然而，如果用户将文件复制到相同卷的不同文件夹，则卷空间使用加倍。

4.6.3 物理磁盘和文件夹对磁盘配额的影响

磁盘配额只适用于卷，与卷的文件夹结构和物理磁盘的分布无关。如果卷有多个文件夹，配额分配给共同申请所有文件夹的卷。例如，如果\\JSJ\hr和\\JSJ\Sales是相同卷，即卷E中的共享文件夹，用户对\\JSJ\hr和\\JSJ\Sales的使用不能超过在E卷上分配的配额。

如果单个物理磁盘含有多个卷，可以给每个卷分配配额，每个卷配额只适用于指定卷。例如，共享两个不同的卷（卷E和卷F），对两个卷的配额跟踪是独立的，即使它们存在于相同的物理磁盘。

如果卷跨越多个物理磁盘，卷的相同配额适用于整个跨区卷。例如，E卷有60MB的限制配额，那么用户不能存储超过60MB的数据到卷E，不管E卷在一个物理磁盘或跨越3个物理磁盘。

4.6.4 用户活动对磁盘配额的影响

在Windows Server 2003中，用户活动将会影响到磁盘配额。例如，下列两种情况的用户活动将导致磁盘空间被文件占据，系统管理员可按照用户配额来限制装载。

（1）用户复制或存储新文件到NTFS卷。

（2）用户获得NTFS卷中文件的所有权。例如，如果用户Peter获得用户John复制到卷中的6KB文件的所有权，用户John的磁盘使用减少6KB，而用户Peter的磁盘使用增加6KB。

如果修改其他人的存在文件，磁盘空间不分给用户。例如，如果管理员在服务器上创建了5MB的工程文件，组中的每个成员可以更新此文件，不管他们的配额状态如何。文件大小被分给管理员，因为管理员拥有此文件。

4.6.5 磁盘配额与文件系统转换的关系

在Windows Server 2003中，磁盘配额是基于文件所有权的一种操作，所以对卷的任何改变会影响其文件的所有权状态，包括文件系统转换，从而会影响到卷的磁盘配额。因此，用户在将现有的卷从一个文件系统转换为另一个之前，应该清楚文件系统的转换可能将导致文件所有权改变。使用存储在NTFS域中的数据识别文件所有者，磁盘配额即与新格式的NTFS卷有关，又与Windows NT 4.0和更早安装的NTFS卷有关。然而，由于FAT卷和FAT32卷中的文件为系统所有，从FAT卷或FAT32卷转换为NTFS卷上的文件不计算在拥有此文件的用户上。在这种情况下，此文件将计算到管理员账户下。不过，这很少造成什么大的问题，因为管理员具有无限的卷使用权。

4.6.6 本地和远程实现磁盘配额

磁盘配额可以在本地计算机和远程计算机的卷上启动。在本地计算机，系统管理员可以使用配额来限制登录到本地计算机的不同用户可使用的卷空间数量。对于远程计算机，系统管理员可以使用配额限制远程用户使用卷。

使用磁盘配额的好处有很多，系统管理员可以使用配额来保证服务器顺利完成各项服务功能，并保证网络运行的正常与顺畅。其中主要包括以下3点。

（1）保证登录到相同计算机的多个用户不干扰其他用户的工作。

（2）保证在公共服务器上的磁盘空间不被一个或更多用户独占。

（3）保证用户不过分使用个人计算机中共享文件夹上的磁盘空间。为了在远程计算机卷上启动配额，这些卷必须格式化为NTFS 5.0并能从卷的根目录共享。为了启动管理配额，还必须是远程计算机卷上的管理员组的成员。

Windows Server 2003操作系统文件包含在安装Windows Server 2003到本地计算机上的个人卷的使用中。因此，当在本地计算机上实现磁盘配额时，应当重视Windows Server 2003文件使用的磁盘空间。根据卷上的空闲可用空间，对安装Windows Server 2003的用户，可以设置高的配额限制或根本无限制。如果Windows Server 2003由管理员安装，即使他们超过了磁盘配额限制，也不必做此工作，原因是不能禁止管理员使用磁盘空间。

4.6.7 设置磁盘配额

以上内容介绍了磁盘配额的功能、优点以及涉及的相关知识，本节将通过实例介绍Windows Server 2003操作系统下对NTFS文件系统的卷进行磁盘配额设置的方法。具体操作步骤如下。

（1）打开“我的电脑”对话框，鼠标右键单击F盘（该驱动器必须使用NTFS文件系统），在弹出的快捷菜单中选择“属性”选项，再选择“配额”选项卡，打开如图4-34所示的“磁盘分区实例（F:）属性”对话框，选定“启用配额管理”复选框，激活“配额”选项卡中的所有配额设置选项。

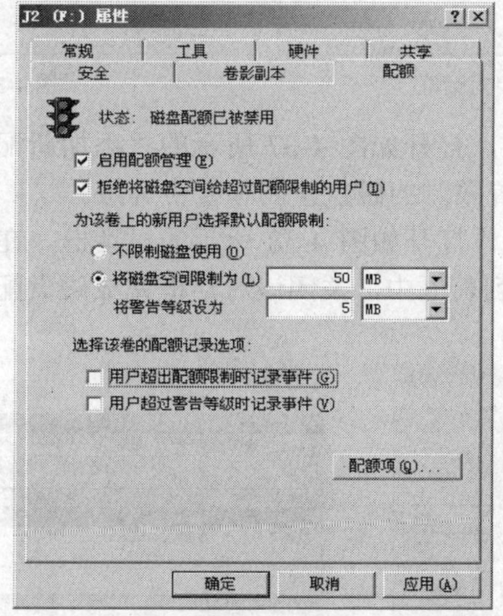

图4-34 “磁盘分区实例（F:）属性”对话框

（2）如果网络管理员希望不限制客户机使用服务器磁盘空间大小的话，可选择“不限制磁盘使用”单选项，以使所有用户随意使用服务器的磁盘空间。

（3）在通常网络管理员需要限制客户机使用服务器的磁盘空间数量，以便保证所有网络用户都可顺利的访问服务器及使用网络资源。在图 4-34 中选择“将磁盘空间限制为”，同时在后面的磁盘容量单位下拉列表中选择需要的磁盘容量单位，默认情况下系统设定为“KB”，之后即可在容量大小文本框中输入合适的数值以便将用户使用服务器的磁盘空间限制在该数值。

（4）如果管理员希望在客户机使用服务器磁盘空间过程中超过了为它分配的磁盘配额时，系统能及时的给出警告，可在“将警告等级设为”文本框中输入合适的磁盘容量数值并在后面的下拉列表中选择一种磁盘容量单位。这样一来，当用户超过了设定的磁盘配额限制时，系统将自动给出警告。

（5）如果网络中的某个客户机过量地占用了服务器的磁盘空间和资源，管理员可选择“拒绝将磁盘空间给超过配额限制的用户”复选框来限制这些用户对磁盘空间的占用。

（6）可以分别选择“用户超出配额限制时记录事件”复选框和“用户超过警告等级时记录事件”复选框，以启用这两项配额记录选项。

（7）单击“配额项”按钮，打开如图 4-35 所示的磁盘的配额项目对话框。

（8）通过该对话框，可以新建配额项、删除已建立的配额项，或是将已建立的配额项信息导出并存储为文件，以后需要时可直接导入该信息文件而获得配额项信息。

（9）执行“配额”→“新建配额项”命令，打开如图 4-36 所示的“选择用户”对话框，单击“高级”按钮，选择“立即查找”，在出现的用户列表中选择需要创建配额的用户名，单击“确定”按钮返回图 4-36 的对话框。

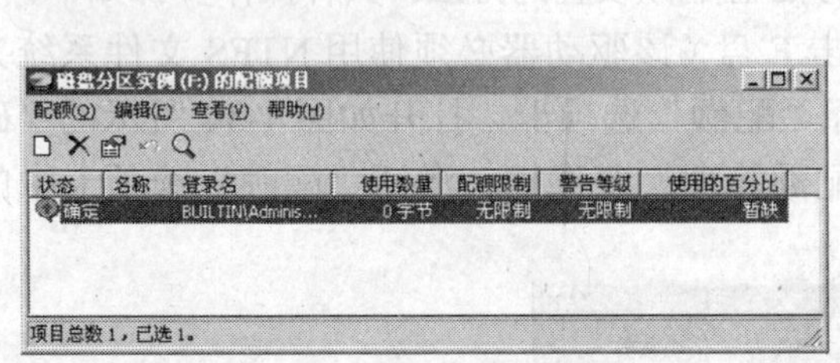

图 4-35 磁盘的配额项目对话框

图 4-36 “选择用户”对话框

（10）单击“确定”按钮，打开如图 4-37 所示的“添加新配额项”对话框，选择“将磁盘空间限制为”单选项，设置限制的磁盘空间和警告等级。

（11）单击“确定”按钮，打开如图 4-38 所示的对话框。在对话框中，可以看到新创建的用户“user”配额项显示在列表框中，关闭该对话框完成磁盘配额设置的所有设置，并返回到“配额”选项卡。

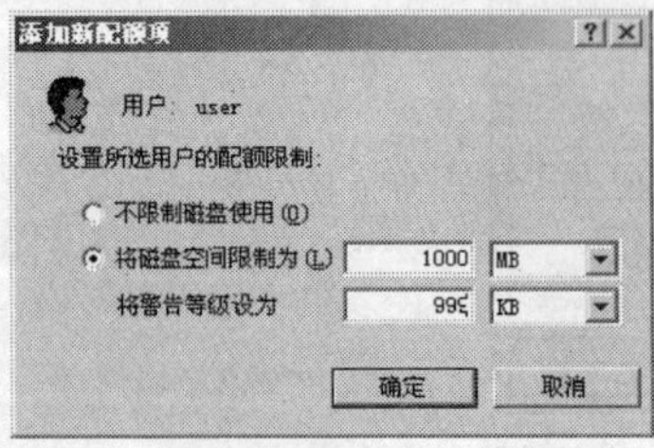

图 4-37 “添加新配额项”对话框

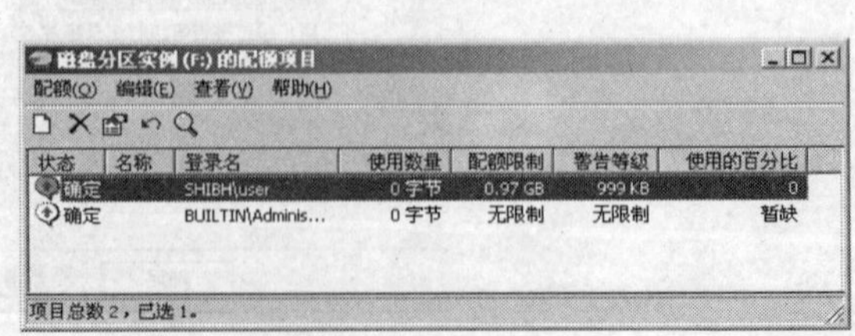

图 4-38 新建配额项后的磁盘（F：）的配额项目对话框

4.7　磁盘文件的备份与还原

由于磁盘驱动器损坏、病毒感染、供电中断、网络故障以及其他一些原因，可能引起磁盘中数据的丢失和损坏。因此，对于系统管理员来说，定期备份服务器硬盘上的数据是非常必要的。数据被备份之后，在需要时就可以将它们还原。即使数据出现错误或丢失，也不会造成很大的损失。

4.7.1　备份文件

使用 Windows Server 2003 的“备份工具”可以将数据备份到各种各样的存储媒体上，如磁带机、外接硬盘驱动器、Zip 盘以及可擦写 CD-ROM。下面就介绍在 Windows Server 2003 中备份文件的方法，具体操作步骤如下。

（1）执行“开始”→“程序”→“附件”→“系统工具”→“备份”命令，打开如图 4-39 所示的“欢迎备份与恢复向导”对话框，单击“下一步”按钮，打开如图 4-40 所示的备份或还原选择对话框。

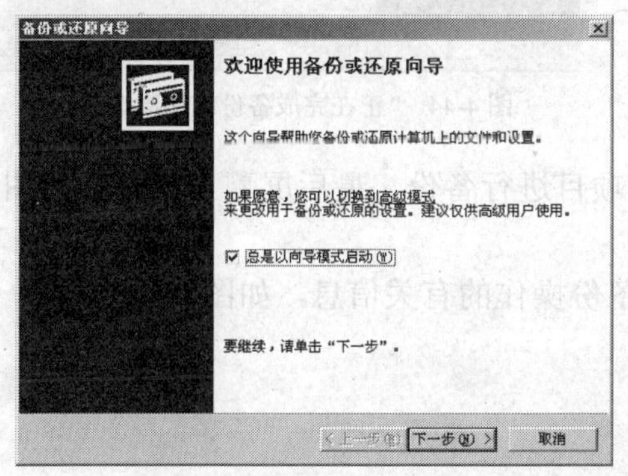

图 4-39　备份和还原向导

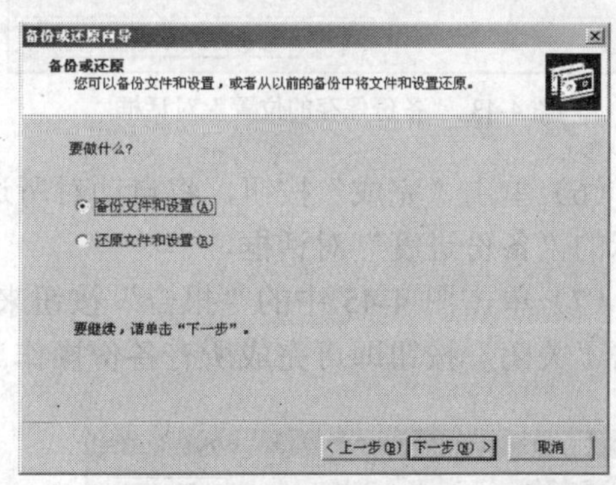

图 4-40　备份或还原选择窗口

（2）在选择“备份文件和设置”单选项后，单击“下一步”按钮，打开如图 4-41 所示的“要备份的内容”对话框。根据用户的备份需求选择备份所有信息或自选备份的内容。这里选择“让我选择要备份的内容”选项。

（3）单击“下一步”按钮，打开如图 4-42 所示的选择备份项目对话框，用户可以从中选择需要备份的具体项目。在“要备份的项目”列表框中，通过单击相应的复选框，选择要备份的驱动器、文件或文件夹。如果要展开“要备份的项目”列表框中的项目，则双击该项目节点。

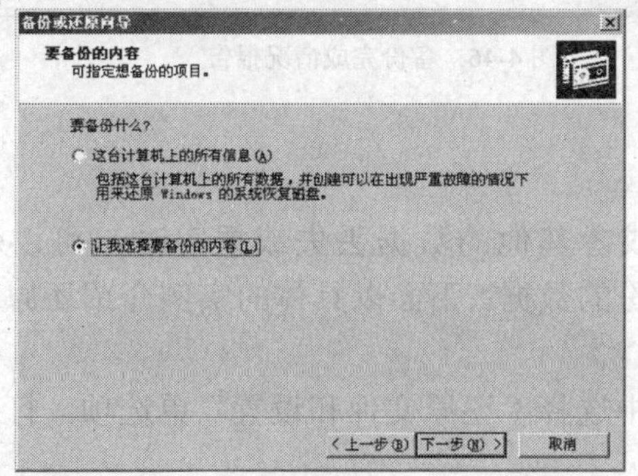

图 4-41　“要备份的内容”对话框

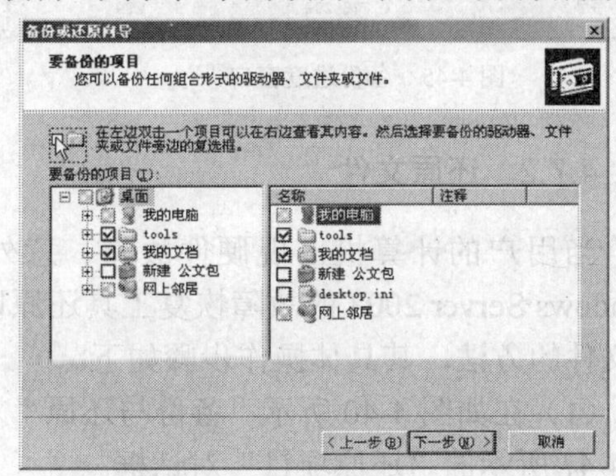

图 4-42　“要备份的项目”对话框

（4）选定需要备份的内容后，单击“下一步”按钮，打开如图 4-43 所示的“备份类型、目标和名称”对话框。在“输入这个备份的名称”文本框中用户需要输入希望存储备份文件的名称，在“选择保存备份的位置”文本框中，通过“浏览”按钮，在“打开”对话框中选择备份媒体和文件名，此处选择 E 盘作为备份的媒体。

（5）单击“下一步”按钮，打开如图 4-44 所示的“正在完成备份功还原向导”对话框。

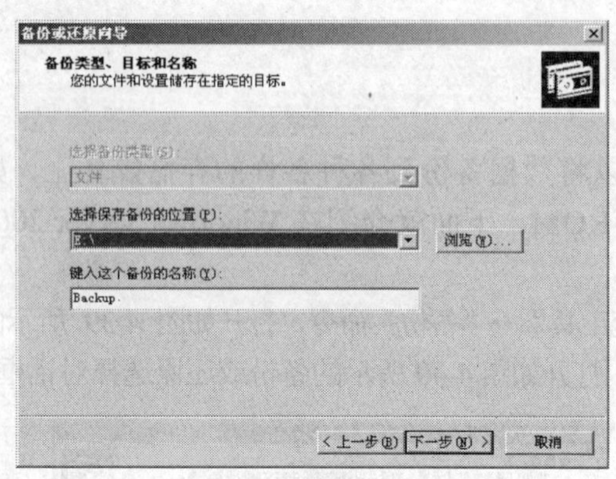

图 4-43 “备份保存的位置”对话框

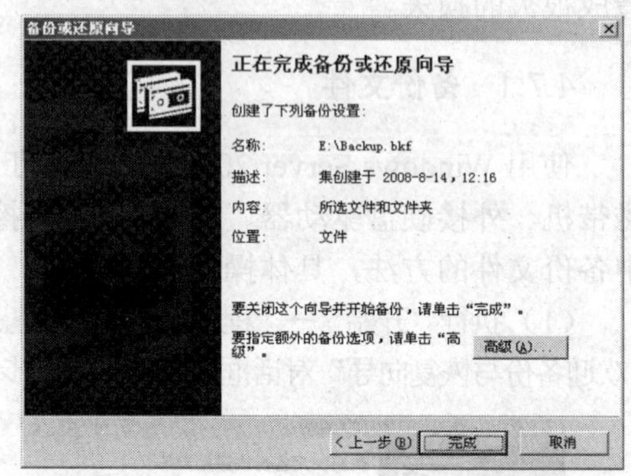

图 4-44 “正在完成备份或还原”对话框

（6）单击“完成”按钮，将自动对所选定的项目进行备份，最后屏幕上将显示如图 4-45 所示的“备份进度”对话框。

（7）单击图 4-45 中的“报告”按钮来查看备份操作的有关信息，如图 4-46 所示；最后单击“关闭”按钮即可完成所有备份操作。

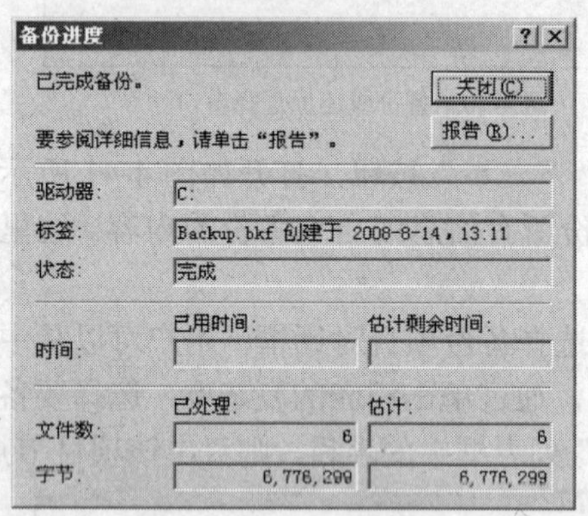

图 4-45 备份进度窗口

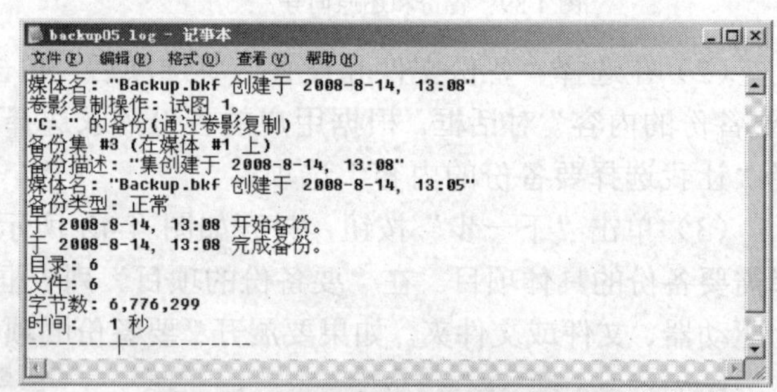

图 4-46 备份完成情况报告

4.7.2 还原文件

当用户的计算机出现硬件故障、意外删除或者其他的数据丢失或损害时，可以使用 Windows Server 2003 的故障恢复工具还原以前备份的数据。下面以具体的实例介绍还原备份的文件的方法，其具体操作步骤如下。

（1）在如图 4-40 所示“备份与还原”对话框中选择“还原文件和设置”单选项，打开如图 4-47 所示的“还原项目”对话框。

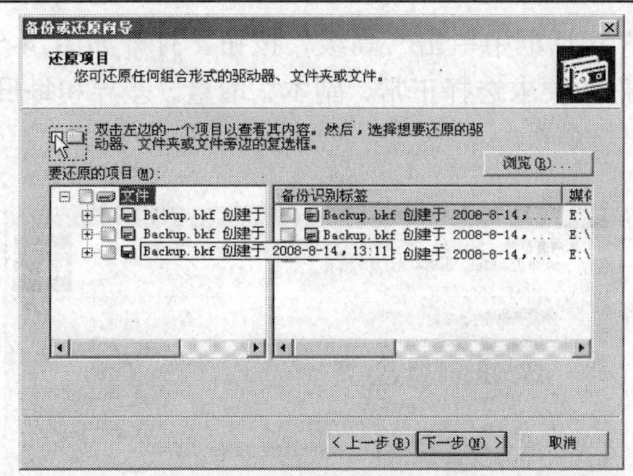

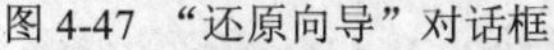

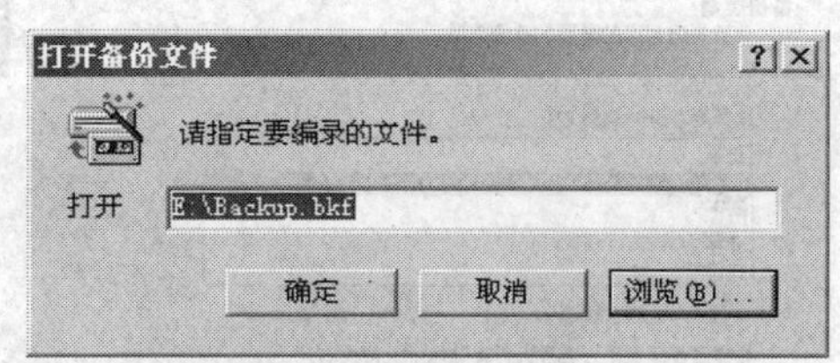

图 4-47 “还原向导”对话框

图 4-48 “打开备份文件”对话框

（2）单击“浏览”按钮，打开如图 4-48 所示的打开备份文件对话框，可以直接输入文件名或单击“游览”按钮选择已完成文件的文件名。

（3）鼠标单击图 4-47 中的“要还原的项目”列表框中的文件夹，打开文件夹，如图 4-49 所示，在“名称”对话框选择需要还原的文件或目录。

（4）单击“下一步”按钮，系统将打开图 4-50 所示的“正在完成备份或还原向导”对话框，可单击“高级”按钮选择还原的方式及相关的选项。

（5）单击“完成”按钮，系统将自动进行还原工作，屏幕上将显示与图 4-45 类似的“还原进度”的“还原已完成”对话框。

（6）用户可以单击“报告”按钮，查看还原操作的有关信息，最后单击“关闭”按钮结束还原操作。

注：在“备份”对话框中，使用“备份”和“还原”选项卡也可进行备份和还原工作，方法与“备份向导”和“还原向导”基本相同，在此不再赘述。

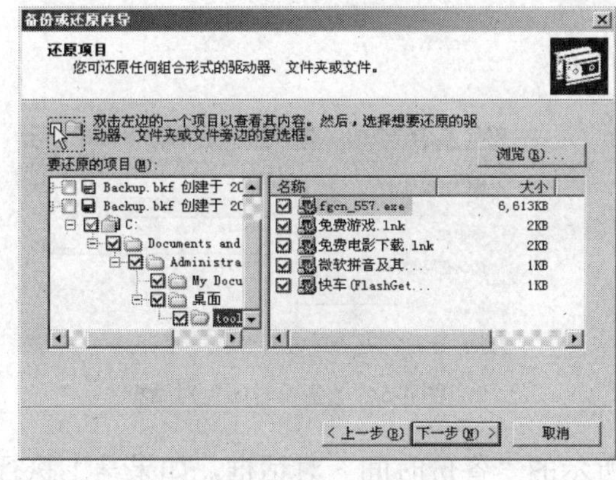

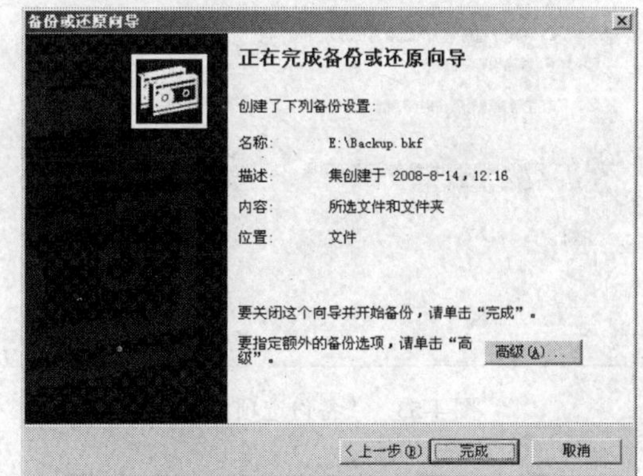

图 4-49 “还原项目”对话框

图 4-50 单击“完成”系统进行还原对话框

4.7.3 安排备份计划

如果用户觉得手动备份驱动器、文件和文件夹比较麻烦，可以让系统自动完成备份操作。要安排系统备份计划的操作步骤如下。

（1）可以在图 4-44“正在完成备份向导”对话框中单击“高级”按钮，打开如图 4-51 所示的“备份类型”对话框，用户可以根据备份的要求选择正常、副本、增量、差异和每日。备份类型不同，所备份的内容也不相同。

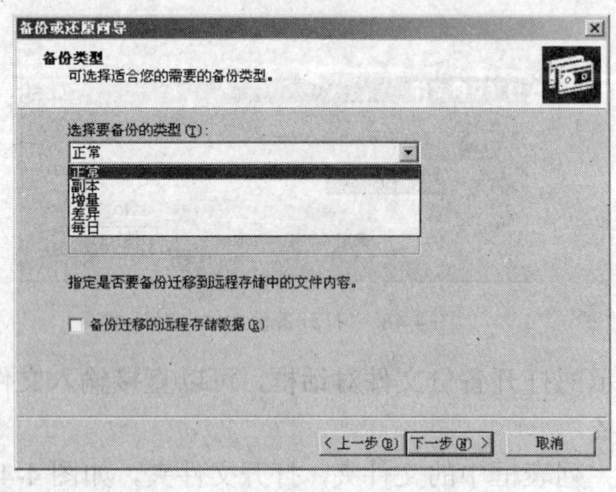

图 4-51 选择“备份类型”对话框

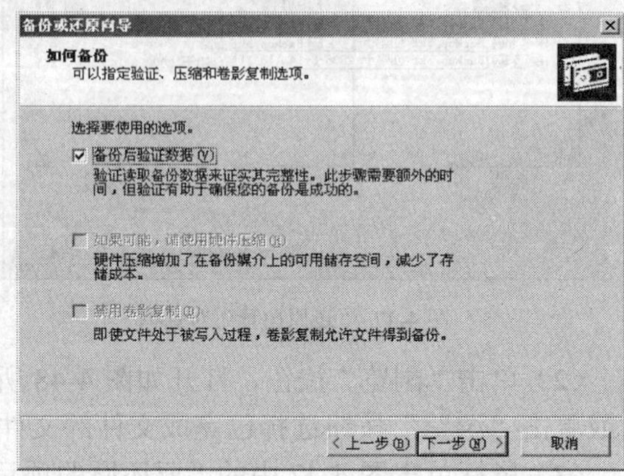

图 4-52 “如何备份”对话框

（2）单击“下一步”按钮，打开如图 4-52 所示“如何备份”的对话框，如果对数据的安全性要求较高，可以选择“备份后验证数据”复选框。

（3）单击“下一步”按钮，打开如图 4-53 所示“备份选项”对话框，用户可以根据备份的要求，选择“将这个备份附加到现在备份”或“替换现有备份”单选项。只有在系统中已存在备份文件时，才能选择第二项。

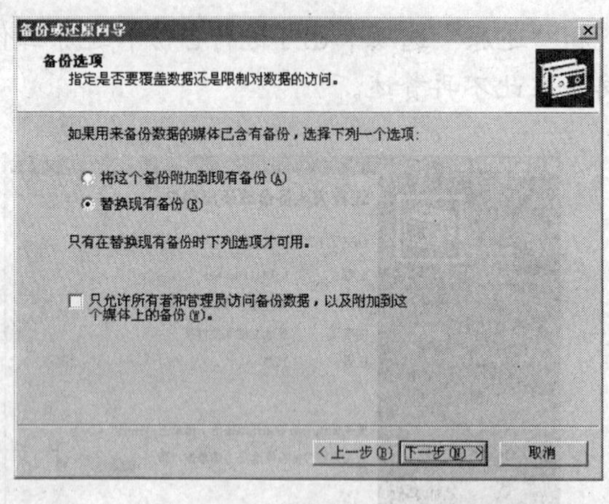

图 4-53 “备份选项”对话框

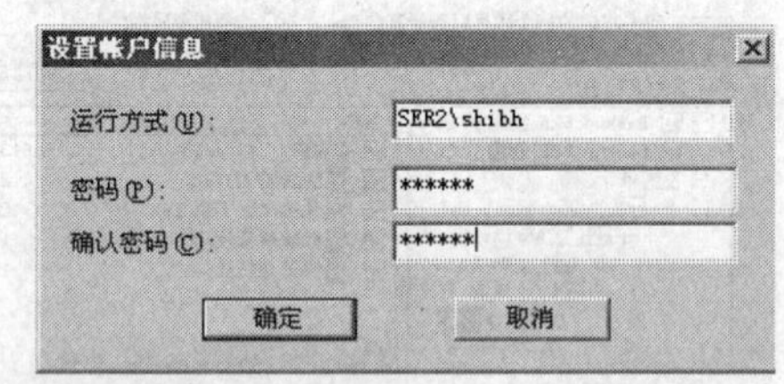

图 4-54 “备份时间”对话框

（4）单击“下一步”按钮，打开如图 4-54 所示的“备份时间”对话框，如果马上执行备份，则直接单击“下一步”按钮，系统会马上开始备份数据。

（5）备份数据大多数是在工作完成之后进行，因此，如果希望确定时间进行数据的备份，选择图 4-54 中的“以后”单选项，在“作业名”文本框中要备份的作业名称，单击“设定备份计划”按钮，打开如图 4-55 所示的“计划作业”对话框，如果是一次性的备份计划任务，用户可以在“运行日期”下拉列表中选择要进行备份的时间。单击“确定”按钮，打开如图

4-56 所示的“设置账户信息”对话框，输入需要进行备份的用户名的密码。单击“确定”按钮后返回到图 4-54，再单击“下一步”按钮即可完成备份的准备，系统会在已设置的时间进行数据的备份工作。

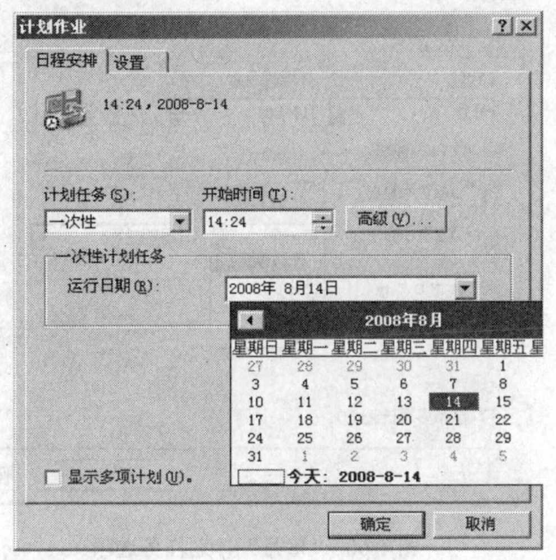

图 4-55 “计划作业”对话框

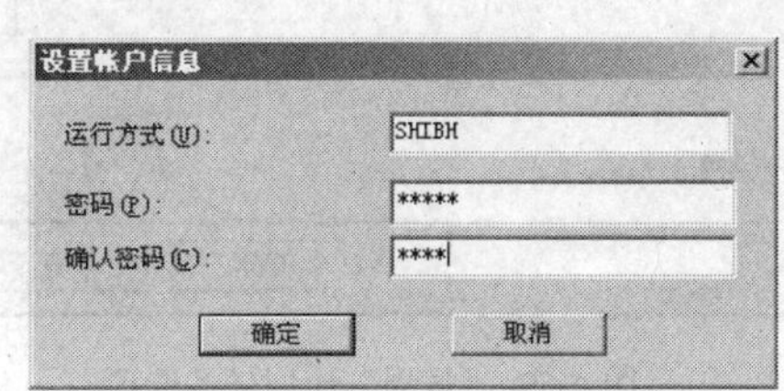

图 4-56 “设置账户信息”对话框

（6）如果计划是备份每天必须或每一段时间必须完成的工作，则从“计划作业”对话框的“计划任务”下拉列表中选择备份数据的形式，如图 4-57 所示。如果选择“每天”选项，则在图 4-58 所示的“每天计划任务”选项区域中输入需要几天进行备份；选择“每周”选项，则在图 4-59 所示的“每周计划任务”选项区域中输入每几周，在周次复选框中选择每周几进行一次备份；选择“每月”选项，则在图 4-58 中的“每月计划任务”选项区域中，选择这个月的第几天或这几周的周几。如果单击图 4-60 中的“选择月份”按钮，会打开如图 4-61 所示的“选择月份”对话框，可以选择需要进行备份的月份；选择“空闲时”选项，则在图 4-62 所示的“空闲时计划任务”中输入当计算机空闲多长时间进行数据备份。

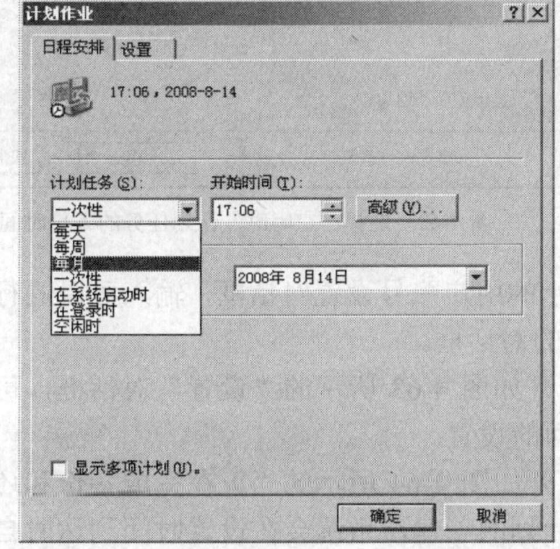

图 4-57　选择计划任务的时间

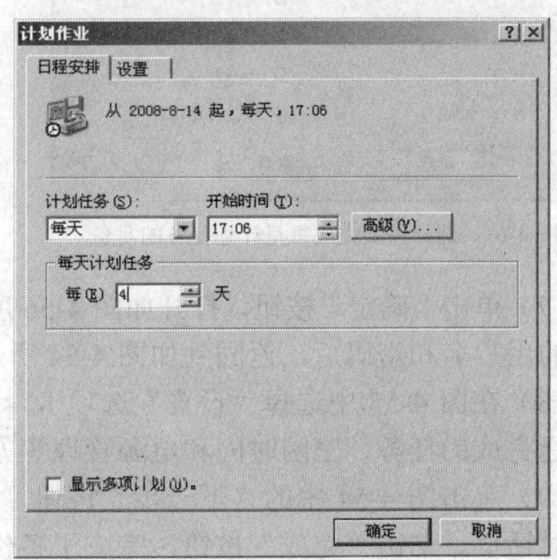

图 4-58 “每天”计划任务选项

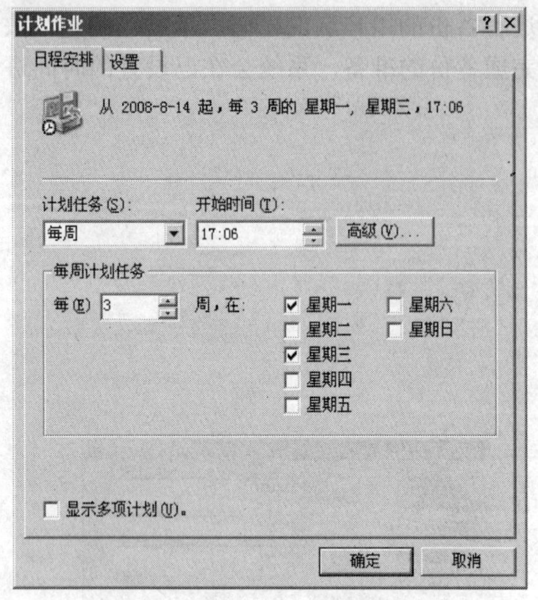

图 4-59 “每周”计划任务选项

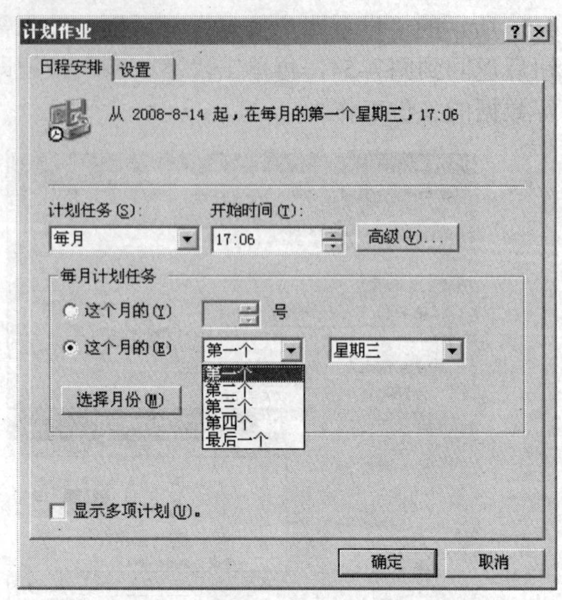

图 4-60 “每月”计划任务选项

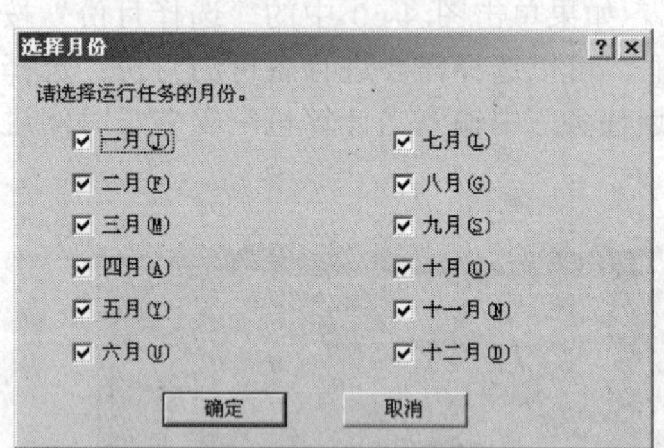

图 4-61 选择需要完成每月计划任务的月份

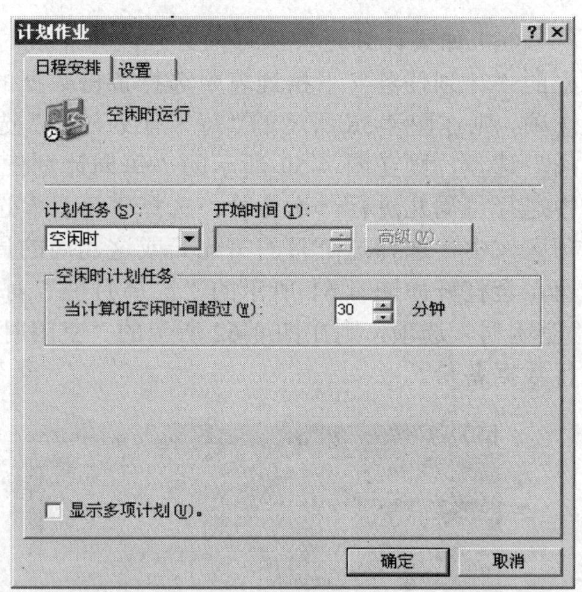

图 4-62 选择“空闲时”计划任务的备份时间

（7）单击“确定”按钮，打开如图 4-56 所示的用户账号设置对话框，输入可以进行数据备份的用户名和密码后，返回到如图 4-54 所示的对话框。

（8）在图 4-55 中选择“设置”选项卡，打开如图 4-63 所示的“设置”对话框，可进行处理已完成的任务、空闲时间和电源管理等方面的设置。

（9）单击图 4-54 中的“下一步”按钮，打开如图 4-64 所示的“正在完成备份和还原向导”对话框，单击“完成”按钮，完成了备份计划的创建，系统会在设置时间到达时自动完成备份工作。

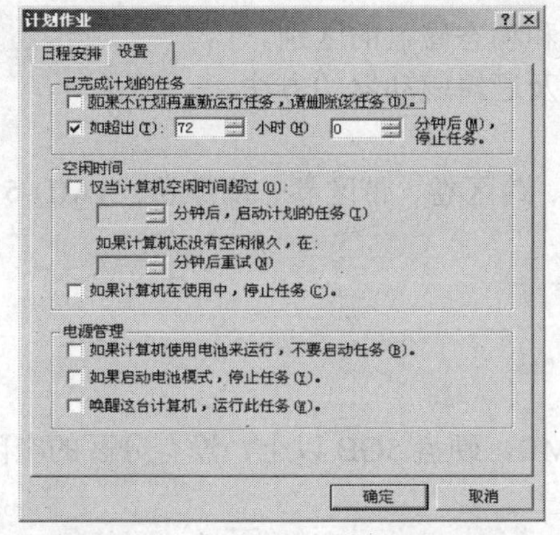

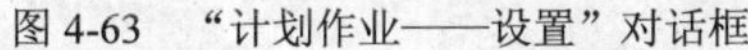

图 4-63　“计划作业——设置”对话框

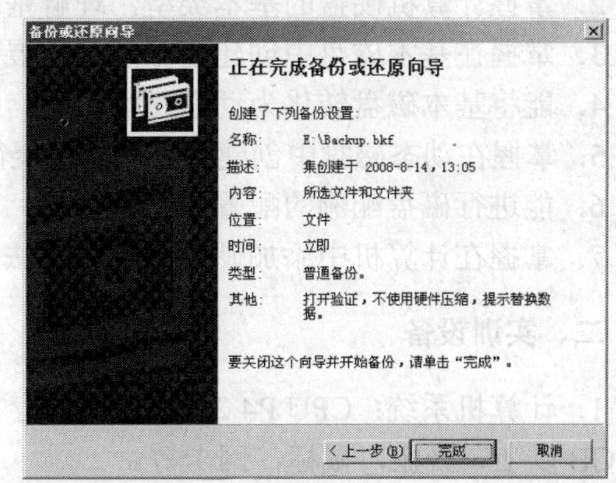

图 4-64　“正在完成备份和还原向导”对话框

备份计划设置好以后，系统会按照用户的设置自动进行备份。不过，系统自动进行备份的前提是系统和媒体都处在可用状态，否则无法完成计划备份任务。

本 章 小 结

本章主要介绍了在 Windows 环境下的磁盘管理，特别介绍了 Windows Server 2003 新增和改进的磁盘管理功能，介绍了文件系统（FAT 和 NTFS）及不同的文件系统之间的区别，详细描述了磁盘分类及基本分区情况，并对磁盘的管理、配额、文件系统的转换进行了说明，最后介绍了磁盘文件的备份方法。通过本章的学习，可以掌握磁盘的分区方式，能选择合适的文件系统，会对磁盘进行碎片整理，能对网络用户进行磁盘配额管理，并对网络中的重要数据进行定期备份。

习　　题

1．磁盘管理的主要工作有中哪些，Windows Server 2003 中有哪些磁盘管理的特征。

2．Windows Server 2003 中一个物理磁盘可以支持多少个分区？如何创建主分区、扩展分区和逻辑分区？

3．Windows Server 2003 支持哪几种动态卷，每一种动态卷工作原理和特点是什么，如何创建动态卷？

4．镜像卷如何实现系统的容错，如何解除镜像卷？

5．通过何种方式限制用户使用服务器上的磁盘空间？

6．在对系统数据进行备份时需要注意什么问题？

7．说明基本磁盘与动态磁盘的区别及各自的优缺点。

实训　磁盘管理

一、实训目的

1．掌握磁盘管理的基本功能和特点。

2．掌握计算机硬盘的基本类型，理解基本磁盘和动态磁盘的区别。

3．掌握在基本磁盘中创建主分区、扩展分区以及逻辑驱动器的方法。

4．能将基本磁盘转化为动态磁盘。

5．掌握在动态磁盘中创建简单卷、扩展简单卷、跨区卷、带区卷、镜像卷、RAID-5 卷。

6．能进行磁盘配额的配置与管理。

7．掌握在计算机中添加硬盘的不同方法。

二、实训设备

1．计算机系统：CPU P4 2.4 以上，内存在 512MB，硬盘 5GB 以上，没有分区的空闲磁盘 2GB 以上，光驱，鼠标，网卡等。

2．Windows Server 2003 以上的计算机系统。

3．计算机是连网的系统。

三、实训内容

1．打开“计算机管理”中的“磁盘管理”对话框，查看计算机中磁盘的分区与使用情况，说明主分区与扩展的逻辑分区颜色的区别。

2．将未分区的磁盘进行分区，划分一个主分区，一个扩展分区，扩展分区中再划分两个逻辑分区，分区的大小自定。将主分区格式化为 FAT32 格式，两个逻辑磁盘格式化为 NTFS 文件格式，并自定义各磁盘的卷标。

3．将部分数据文件复制到主分区中，并将主分区转换为 NTFS 文件系统。查看并说明转换后的变化情况。

4．将计算机中的基本磁盘升级为动态磁盘，查看并说明升级后的变化。

5．为计算机中的用户创建磁盘配置额，给每个用户 100M 的磁盘空间，并将警告等设置为 5MB。完成后，用相对应的用户登录，测试已设置的磁盘配额使用情况。

6．将 C 盘 Windows 目录下的 Fonts 目录备份到 D 盘根目录下，完成后再将数据恢复。制定备份计划，要求每周二下午 4:00 备份 C:\Windwos\Config 目录下的所有数据。

第 5 章 文件系统管理

5.1 Windows Server 2003 支持的文件系统

操作系统中负责管理和存取文件信息的软件系统称为文件管理系统，简称文件系统。文件系统由 3 部分组成：管理文件的软件；被管理的文件；实施文件管理所需要的数据结构，例如目录、索引表等。Windows Server 2003 支持 4 种文件系统类型，它们是文件分配表（FAT）系统、FAT32 文件系统、Windows NT 文件系统（NTFS）、激光磁盘归档系统（CDFS）。这 4 种文件系统各有自己的优点和局限性，其中激光磁盘归档系统应用于对光盘进行读写操作的光驱设备上。

1. NTFS 文件权限

为了保护计算机上的资源，系统管理员必须给文件和文件夹分配相应的 NTFS 文件权限。而且还必须为用户分配访问权限。如果没有给用户分配权限，用户将无法访问任何资源。Windows Server 2003 中的 NTFS 文件权限极大地提高了系统的安全性，它使得只有授权的用户才能访问特定的资源。NTFS 文件权限不仅在用户访问本地计算机的硬盘上的资源时受到限制，而且在用户通过网络访问资源的时候同样起作用。这样，就使得重要的资源更加安全。

在 Windows Server 2003 中，每个用户在使用计算机之前必须进行登录。登录过程要求用户提供合法的、经过授权的用户名和密码，每个用户的用户名是不一样的。登录的过程就是确认用户的身份。

为了保护计算机上的资源，系统管理员必须给文件和文件夹分配相应的 NTFS 文件权限，而且还必须为用户分配访问权限。如果没有给用户分配权限，以后将无法访问任何资源。

2. 访问控制列表

NTFS 对于每一个可访问资源，如文件夹或文件，都附有一个访问控制列表（ACL），如图 5-1 所示。ACL 中记录着所有被分配了访问该资源权限的用户、组和计算机的名称以及它们被分配的权限类型。如果一个用户想访问一个文件或文件夹，那么相应的 ACL 中必须包含一个该用户的记录，这个记录叫做

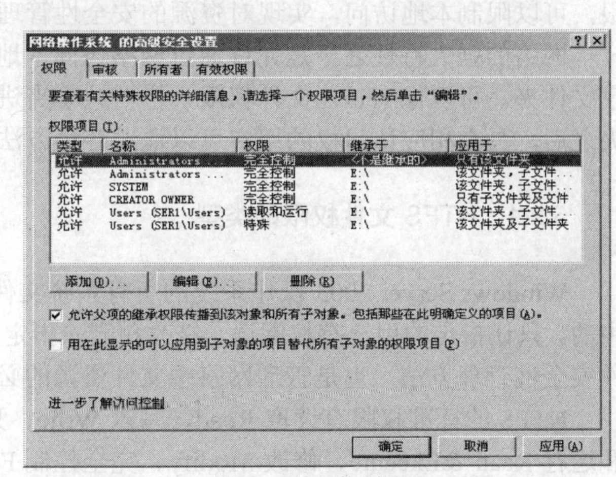

图 5-1 访问控制设置

访问控制项（Access Control Entry，ACE），访问控制项明确地记录着这个用户对这个文件或文件夹的访问权限。如果ACL中没有相应的ACE存在，那么Windows Server 2003将拒绝该用户对资源的访问。

不管用户访问的是本地计算机资源还是网络资源，Windows Server 2003都会查询系统的“访问控制列表”并自动赋予用户相应的权限。根据不同的访问者分配不同资源的使用权限。

3. 有效权限

当一个用户属于不同的组，而这些组对同一个文件夹或文件具有不同的权限的时候，这个用户就拥有了多重NTFS文件权限。这时的用户对同一个资源所拥有的真正权限称为有效权限。有效权限是一个用户被分配的所有权限的组合。例如User对文件夹“TEST”中的文件的权限是“读取”，User又属于GROUP-A，GROUP-A对文件夹“TEST”中的文件权限是“写入”，所以，User对文件夹“TEST”中的文件的有效权限就是“读取”和“写入”的叠加。当用户具有多重权限，其中有拒绝某一项权限的时候，例如拒绝“读取”或拒绝“写入”，这个拒绝权限将覆盖掉相应的允许权限。如User本身对文件夹“TEST”中的文件“test1”具有完全控制权限，User属于GROUP-A，GROUP-A对文件“test1”有“写入”权限，User同时属于GROUP-B，GROUP-B对文件“test1”有拒绝“写入”权限，那么User对文件“test1”的有效权限就是拒绝“写入”。

5.2 管理文件与文件夹的访问许可权

这里所说的许可权就是用户对指定资源所具有的权限。许可权定义用户或组可以访问哪些文件或记录，并为不同的用户提供不同的访问等级。管理员必须掌握基本文件管理技巧，管理文件与文件夹的访问许可权。对文件和文件夹的访问有两种途径，一种是本地访问，另一种是通过网络访问本地文件夹，无论哪一种访问，都要对访问的对象设置访问许可权。

本地访问定义用户对本地资源的访问权限。对NTFS分区上的文件与文件夹设置访问权限，可以限制本地访问，实现对资源的安全性管理。

网络的强大特性之一是允许通过网络访问本地文件夹。Windows Server 2003中很容易共享文件夹。可以像NTFS文件权限一样对共享夹进行权限设置，进行安全性管理。共享文件夹之后，具有相应访问权的用户可以通过各种方法访问共享文件夹。

5.2.1 NTFS文件权限的类型

Windows Server 2003操作系统的所有系统文件和用户的所有数据文件，都是存放在硬盘中的。只让指定的用户有权阅读、修改和删除指定的文件，是Windows Server 2003提供的文件安全性管理方法，也是管理网络中文件资源的必要手段。

NTFS的标准权限有读取Read、写入Write、列出文件夹目录List Folder Contents、读取和运行Read &Execute、修改Modify、完全控制Full Control。NTFS对文件夹和文件的权限是不一样的。表 5-1 所列为 NTFS 文件权限。

表 5-1　NTFS 文件权限

标准权限	NTFS 文件夹权限	NTFS 文件权限
读取（Read）	显示此文件夹中的文件和子文件夹 显示此文件夹的属性、所有者和权限分配情况	阅读此文件 显示此文件的属性、所有者和权限分配情况
写入（Write）	在文件夹中建立新的文件和子文件夹 改变文件夹的属性 显示此文件夹的所有者和权限分配情况	改写此文件 改变文件的属性 显示此文件的所有者和权限分配情况
列出文件夹目录（List Folder Contents）	显示此文件夹中的文件和子文件夹的名字	不存在此项
读取和运行（Read & Execute）	遍历此文件夹 具有“读取”权限和“列出文件夹目录”权限	运行应用程序 具有“读取”权限
修改（Modify）	删除此文件夹 具有“写入”权限和“读取和运行”权限	修改和删除文件 具有“写入”权限和“读取和运行”权限
完全控制（Full Control）	改变权限设置 取得所有权 删除此文件夹中的文件和子文件夹 具有以上所述的所有权限	改变权限设置 取得所有权 具有以上所述的所有权限

注：文件夹和文件的权限区分如下。

（1）如果为某个文件设定“读取”权限，表示可以阅读此文件，显示此文件的属性、所有者和权限分配情况。

（2）如果对某个文件夹设定“读取”权限，表示能够对这个文件夹有“显示此文件夹中的文件和子文件夹；显示此文件夹的属性、所有者和权限分配情况”权限。此时如果在这个文件夹中新建了一个文件，则这个文件会从文件夹继承读取的权限，此时这个读取就表示对文件的读取了。

（3）默认设置：当一个新的分区用 NTFS 格式化后，Windows Server 2003 会自动将根目录的完全控制权限分配给 Everyone 组。即 Everyone 组将具有在此目录上建立的所有文件夹和文件的完全控制属性。所以，为了限制未授权用户的访问，必须修改默认权限设置。

5.2.2　设置安全的访问许可权

在 Windows Server 2003 中设置安全的访问许可权的操作步骤如下。

（1）鼠标右键单击文件或文件夹，在弹出的快捷菜单中选择“属性”选项，打开属性对话框，选择“安全”选项卡，如图 5-2 所示。

（2）若要设置新的用户或组的权限，单击“添加”按钮，双击要分配权限的组或用户的名称，单击“确定”按钮。

（3）若要从权限列表中删除组或用户，在“名称”列表框中选择组或用户，单击“删除”按钮。如果当前文件或文件夹和父文件夹之间有继承关系，那么将不能删除用户或组，必须取消继承关系才能进行删除工作。

（4）若要修改现有的组或用户的权限，选择该组或用户，选择分配给该组或用户的允许权限或拒绝权限。

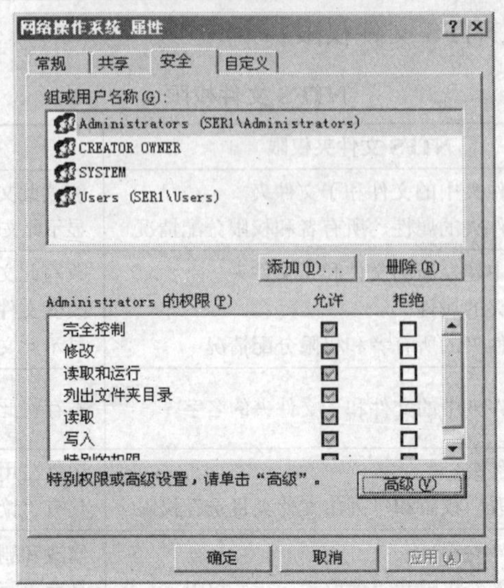

图 5-2 设置安全的访问许可权

注：拒绝权限的优先级比允许权限的优先级高。

通过这种方式可以实现对计算机本地资源的安全访问控制，对某一资源分配用户的访问权限。这种本地资源访问权限的设置仅对NTFS上的对象有效。

5.2.3 文件与文件夹的访问许可冲突

1．多重NTFS文件权限

当一个用户属于不同的组，而这些组对同一个文件或文件夹具有不同的权限的时候，这个用户就有了多重NTFS文件权限。这个用户对该文件或文件夹的有效权限遵循下列原则。

（1）用户对一个资源的有效权限是它所被分配的所有有效权限的组合。

（2）拒绝权限会覆盖掉其他所有权限。

2．NTFS文件权限的继承

在默认情况下，一个文件夹的权限会被它所包含的文件和子文件夹继承，并且会传播给在这个文件夹中新建立的文件或文件夹。单击图5-2中的“高级”按钮，打开如图5-1所示“高级安全设置”对话框，选择“允许将来自父系的可继承权限传播给该对象”复选框，即可设置NTFS文件权限的继承。

如果一个用户对一个文件夹有访问的权限，那么他对这个文件夹中的文件和子文件夹以及子文件夹中的文件或文件夹都有同样的访问权限，因为默认的文件夹上的权限设置是作用于当前文件夹、文件和子文件夹的。如果希望用户对子文件夹和文件的访问权限与它们的父文件夹不同，也可以防止这种权限继承关系。即选择图5-1中的“允许将来自父系的可继承权限传播给该对象”复选框，打开如图5-3所示的“安全”对话框，单击“删除”按钮删除继承来的权限。如果防止了一个子文件夹继承其父文件夹的权限，那么这个子文件夹改变成一个新的父文件夹，它将不再是原来的父文件夹的子文件夹。在这种情况下，这个新的父文件夹中的文件和子文件夹将继承这个新的父文件夹的权限，而原来的父文件夹的权限设置将不会影响到新的父文件夹中的文件和子文件夹。在断开继承链的时候，可以选择取消来自于父文件夹的权限，也可以复制一份父文件夹的权限。

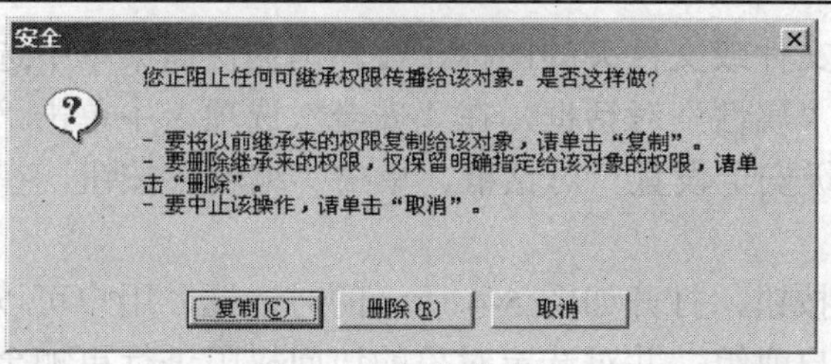

图 5-3　删除权限继承

对一个文件或文件夹的权限进行修改时，继承父文件夹的权限不能在当前文件夹中修改，只能在定义这个权限的父文件夹中修改。因为权限的继承实际上是将父文件夹的权限自动复制到每个子文件和文件夹的访问控制列表 ACL 中。所以，对父文件夹的权限的修改，会自动对所有子文件夹和文件中继承的权限进行修改。

3. 复制与移动文件和文件夹

当一个文件或文件夹被复制或移动时，它们的权限会根据被复制或移动的位置而发生改变。

在 NTFS 分区内部或 2 个 NTFS 分区之间复制文件夹或文件，此文件或文件夹将继承目标文件夹的权限；把文件或文件夹从 NTFS 分区复制到非 NTFS 分区上，此文件夹或文件将丢失所有 NTFS 属性。因为非 NTFS 分区不支持 NTFS 属性。要注意的是，在 NTFS 分区内部或 2 个分区之间复制文件或文件夹，必须有对源文件夹的“读取”权限和对目标文件夹的“写入”权限。

在 NTFS 分区内部移动文件或文件夹，此文件或文件夹将保留它原来的权限属性；在 2 个 NTFS 分区之间移动文件或文件夹，此文件或文件夹将继承目标文件夹的权限属性。实际上在 2 个 NTFS 分区之间进行移动的操作，就是先进行复制，然后再将其从源文件夹中删除。把文件夹或文件从 NTFS 分区移动到非 NTFS 分区上，此文件或文件夹将丢失所有 NTFS 属性。因为非 NTFS 分区不支持 NTFS 属性。要注意的是，在 NTFS 分区内部或 2 个分区之间进行移动文件夹或文件的操作，必须有对源文件夹的“写入和修改”权限以及对目标文件夹的“写入”权限。对源文件夹的“修改”权限是必须的，因为删除文件必须拥有“修改”权限。

4. 文件的许可权和文件夹的许可权

如果有文件夹“test1”，用户 User 对“test1”的权限是拒绝写入，而用户 User 对“test1”下的文件“Readme.txt”的权限是允许写入，在保留继承权限的前提下，用户 User 对“test1”下的文件“Readme.txt”的有效权限是允许写入，即用户 User 对“test1”下的文件“Readme.txt”是可以修改的。所以文件的许可权优先于文件夹的许可权，即文件的许可先生效，文件夹的许可后生效。

5. 共享许可权和 NTFS 许可权结合

一个网络上的文件服务器，往往是共享许可权和 NTFS 许可权都设定的，当从网络访问某一文件夹时，共享许可权和 NTFS 许可权都会生效，在两个许可权都存在时，用户得到的许可权是两个许可权的一个交集，是限制最严格的许可权。

5.2.4　查看文件与文件夹的访问许可权

鼠标右键单击文件或文件夹的图标，在弹出的快捷菜单中选择“属性”选项。在打开的文件或文件夹的属性对话框中选择“安全”选项卡。

5.2.5　更改文件或文件夹的访问许可权

更改文件或文件夹的访问许可权操作步骤如下。

（1）鼠标右键单击文件或文件夹的图标，在弹出的快捷菜单中选择“属性”选项，打开如图 5-2 所示的文件夹“属性”对话框，在“安全”选项卡中单击“高级”按钮，打开如图 5-1 所示的文件夹“高级安全设置”对话框，单击“编辑”按钮，在打开的对话框中，进一步设置高级访问权限。

（2）单击“编辑”按钮，打开如图 5-4 所示的对话框，用户可以通过“应用到”下拉列表，选择需要设定的用户或组，并对选定对象的访问权限进行更加全面的设置。

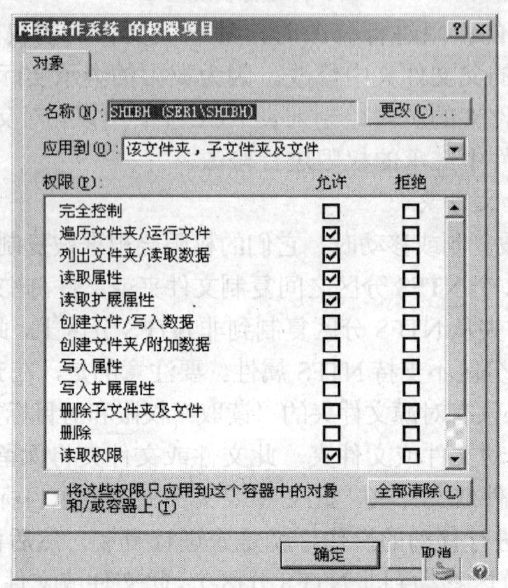

图 5-4 为用户或组设置额外的高级访问权限

文件夹标准权限是 13 个特殊权限的组合。文件夹标准权限和特殊权限的对照表见表 5-2。

表 5-2 文件夹标准权限和特殊权限的对照表

特殊权限	完全控制	修改	读取和运行	列出文件夹内容	读取	写入
遍历文件夹/运行文件	√	√	√	√		
列出文件夹/读取数据	√	√	√	√	√	
读取属性	√	√	√	√	√	
读取扩展属性	√	√	√	√	√	
创建文件/写入数据	√	√				√
创建文件夹/附加数据	√	√				√
写入属性	√	√				√
写入扩展属性	√	√				√
删除子文件夹和文件	√					
删除	√	√				
读取权限	√	√	√	√	√	√
更改权限	√					
取得所有权	√					

文件标准权限和特殊权限的对照表见表 5-3。

表 5-3　　　　文件标准权限和特殊权限的对照表

特殊权限	完全控制	修改	读取和运行	读取	写入
遍历文件夹/运行文件	√	√	√		
列出文件夹/读取数据	√	√	√	√	
读取属性	√	√	√	√	
读取扩展属性	√	√	√	√	
创建文件/写入数据	√	√			√
创建文件夹/附加数据	√	√			√
写入属性	√	√			√
写入扩展属性	√	√			√
删除子文件夹和文件	√				
删除	√	√			
读取权限	√	√	√	√	√
更改权限	√				
取得所有权	√				

5.3　添加与管理共享文件夹

为了让用户之间可以更方便快捷地交换文件，Windows Server 2003 提供了文件共享功能，并可以根据不同的需要为文件共享规定不同的权限，以提高文件的安全性。文件共享和打印共享是 Windows 操作系统最早的也是最基本的功能之一。

共享文件夹权限只能限制通过网络访问资源的情况，它不能限制用户访问他所使用的计算机上的资源，而且共享文件夹权限只能对文件夹赋予权限，不能对文件赋予权限。

5.3.1　共享文件夹的概述

在网络中交换文件的方式包括 E-mail、FTP（文件传送协议）/HTTP（超文本传输协议）下载文件、文件共享。

E-mail 的特点是受服务器和容量的限制，一般只能用于小文件的传输，而且速度较慢。FTP 的特点是速度快，在广域网特别是 Internet 上是一种比较好的传输方式。HTTP 下载文件的特点与 FTP 相似，由于提供服务较为麻烦，而且使用不够灵活，因此对于个人用户并不是很适合。文件共享的特点是可以自由地创建和取消，在局域网内传输速度很快，使用起来非常方便。

因此通过共享文件夹，使文件在局域网中共享，是最有效的一个方法。把应用程序、资料和文档存放在服务器上，让用户通过共享使用这些资源，可以节约用户的空间，便于加强管理，对提高安全性和可靠性都有好处。通过共享文件夹可以把应用程序存放在服务器上，让用户直接通过文件夹共享使用应用程序，便于对应用程序的安装和维护，降低了软件的使用费用。共享文件夹可以避免重复投资，但一般不用于广域网。

5.3.2 共享文件夹的权限类型

对于共享文件夹要进行合理的权限设置，提高系统的安全性，避免由于用户自由使用资源，带来的文件损坏和遗失，因此在建立共享之后一定要设置合理的共享权限。设置共享文件夹共享权限分为读取、更改和完全控制 3 种。

共享文件夹读取权限包括：查看文件名和子文件夹名，访问共享文件夹中不同的子文件夹，查看文件内容及属性和运行程序文件。

共享文件夹更改权限包括：允许读取权限中的所有权限，添加文件和子文件夹，更改文件中的数据，删除子文件和文件夹。

共享文件夹完全控制权限包括：更改权限，取得所有权。这两种权限仅对 NTFS 文件和文件夹而言。

为了保证文件和服务器的安全性，一定要删除网络默认的共享权限，即对 Everyone 组授予安全访问权限。删除 Everyone 组对文件夹的默认共享权限的方法是鼠标右键单击指定文件夹图标，在弹出的快捷菜单中选择“属性”选项，打开属性对话框，选择“安全”选项卡，在图 5-2 中选择 Everyone 组，单击“删除”按钮删除“Everyone 组”对文件夹的默认共享权限。

5.3.3 添加共享文件夹

1. 通过“计算机管理”添加共享文件夹

其操作步骤如下。

（1）执行“开始”→“程序”→“管理工具”→“计算机管理”命令，打开如图 5-5 所示的“计算机管理”对话框，然后展开“共享文件夹”中“共享”子节点，在右窗格中显示出了计算机中所有共享文件夹的信息。

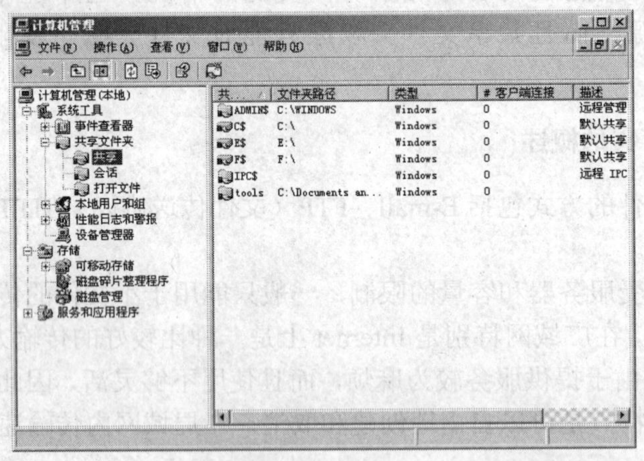

图 5-5 “计算机管理”的“共享”文件夹对话框

（2）如果要建立新的共享文件夹，可通过选择“操作”菜单中的“新文件共享”选项，或者在右窗格中单击鼠标右键，在弹出的快捷菜单中选择“新文件共享”选项，打开“欢迎使用共享文件夹向导”对话框，单击“下一步”按钮，打开如图 5-6 所示的共享文件夹选择对话框，在“文件夹路径”文本框中输入要共享的文件夹名称，也可以单击“浏览”按钮，打开“浏览文件夹”对话框，选择要共享的文件夹。

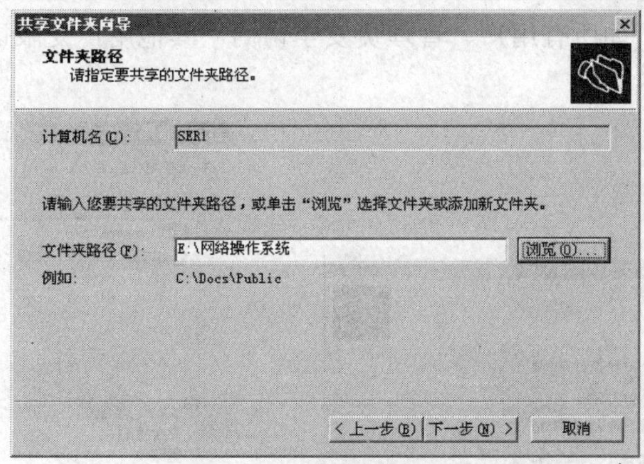

图 5-6　共享文件夹选择对话框

（3）单击“下一步”按钮，打开如图 5-7 所示的“名称、描述和设置”对话框。输入要共享的文件夹的共享名，在描述文本框中可输入一些该共享资源的描述性信息，以方便用户了解其内容。

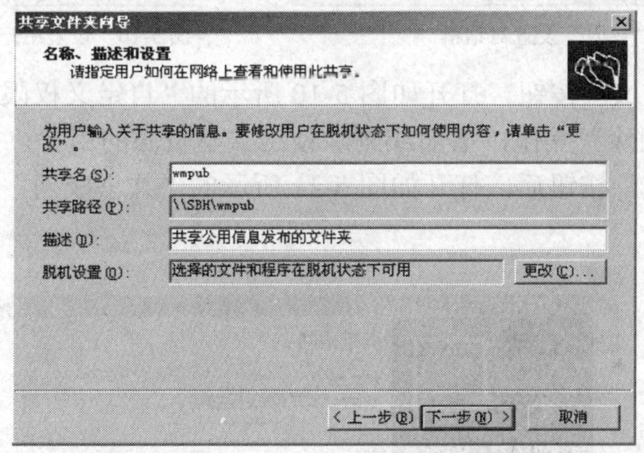

图 5-7 “名称、描述和设置”对话框

（4）单击“更改”按钮，打开如图 5-8 所示的“脱机设置”对话框，可以选择脱机用户是否可以使用共享及使用共享内容的方式。单击“确定”按钮返回。

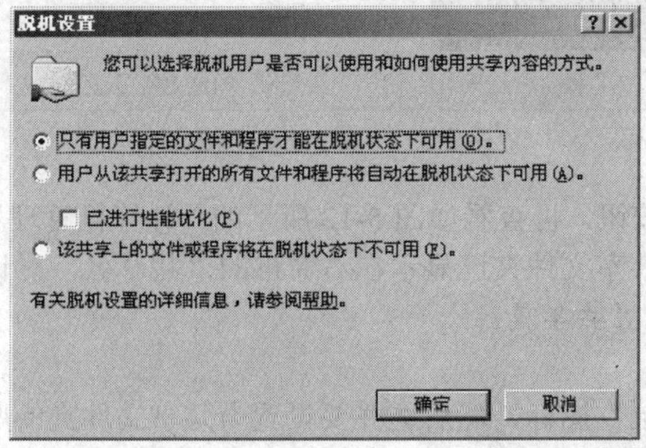

图 5-8 “脱机设置”对话框

（5）单击图 5-7 中的“下一步”按钮，打开如图 5-9 所示的“权限”对话框，可以选择使用基本的共享权限，如所有用户、管理员安全访问，其他用户受限访问等，也可以自定义用户的访问权限。

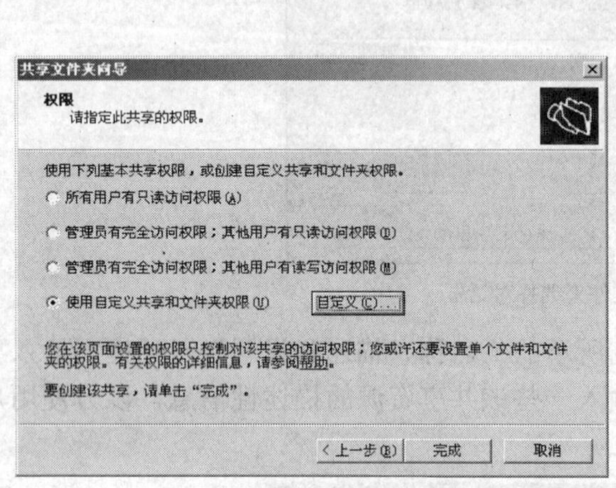

图 5-9 “权限”设置对话框

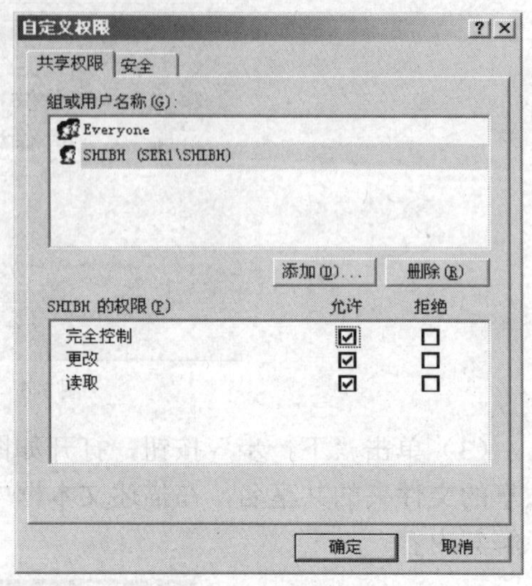

图 5-10 设置用户的共享资源的“自定义权限”

（6）单击“自定义”按钮，打开如图 5-10 所示的“自定义权限”对话框，在此用户可以通过“添加”和“删除”操作，增加或删除使用共享资源的用户，并可以设置用户的权限。

（7）单击“确定”按钮后，打开如图 5-11 所示的“共享成功”对话框，即可完成新建文件夹的共享设置。

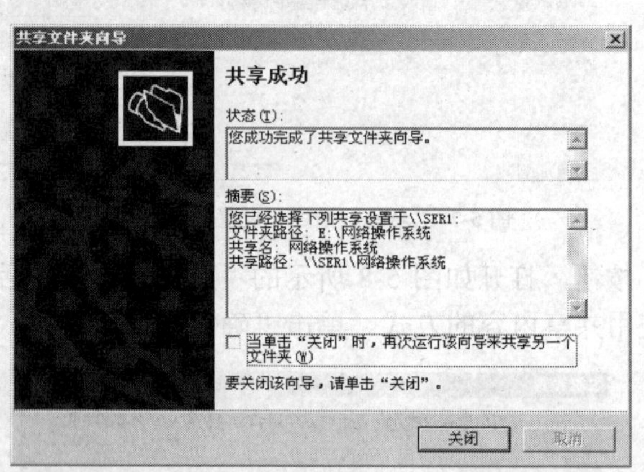

图 5-11 “共享成功”对话框

（8）单击“关闭”按钮，再查看如图 5-12 所示的“计算机管理”对话框中的“共享”内容，可以看到，设置的共享文件夹已显示在右窗格的“共享名”对话框中。

2. 直接由文件夹设置共享属性

其操作步骤如下。

（1）双击“我的电脑”图标，然后选择要设置为共享文件夹的驱动器并选定文件夹。

（2）鼠标右键单击选定的文件夹，在弹出的快捷菜单中选择“共享”选项，打开如图 5-13 所示对话框。

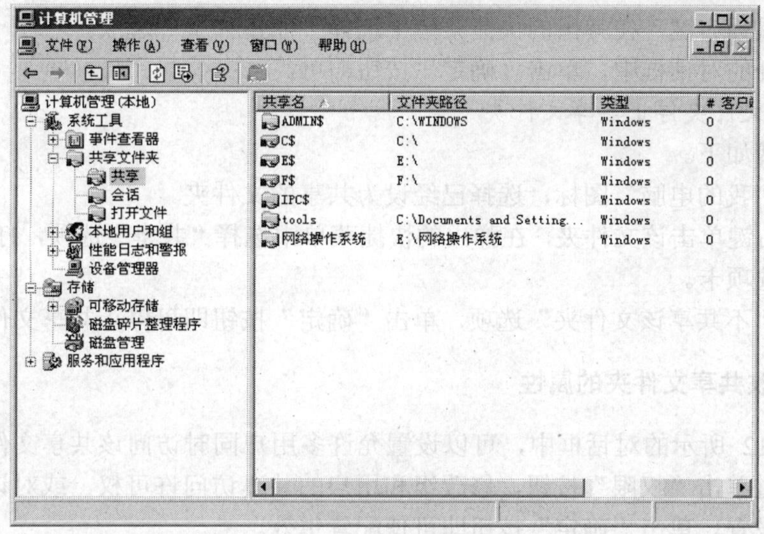

图 5-12　完成共享文件夹设置的结果

（3）在如图 5-13 所示对话框中，进行共享设置，例如更改共享名，设定允许的用户连接数量等。

（4）单击“权限”按钮，设置允许访问的用户权限，如图 5-10 所示。

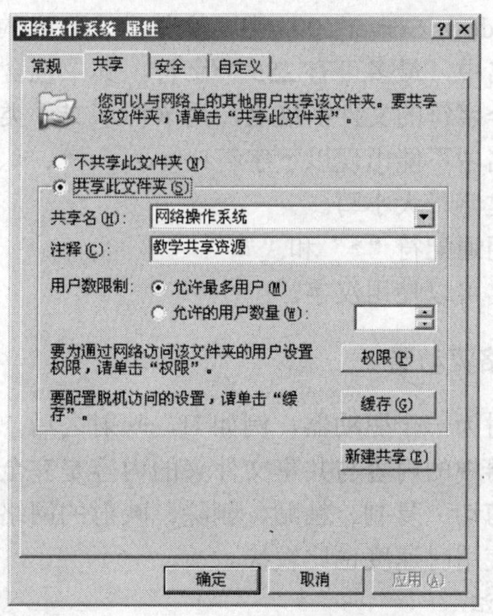

图 5-13　文件夹的共享选项

（5）在如图 5-10 所示的对话框中，单击“添加”按钮，可以添加其他用户对该文件夹的共享权限。

5.3.4　停止共享文件夹

1. 在“计算机管理”窗口中设置停止共享文件夹

其操作步骤如下。

（1）在如图 5-5 所示的“计算机管理”对话框中，选择要停止共享的文件夹。

（2）单击鼠标右键，在弹出的快捷菜单中选择“停止共享”选项。

（3）在打开的对话框中，单击“确定”按钮即可。

2. 直接由文件夹停止共享文件夹

其操作步骤如下。

（1）双击“我的电脑”图标，选择已经设为共享的文件夹。

（2）鼠标右键单击该文件夹，在弹出的快捷菜单中选择“共享”选项，打开如图5-12所示的“共享”选项卡。

（3）选择“不共享该文件夹”选项，单击“确定”按钮即可停止共享文件夹。

5.3.5 修改共享文件夹的属性

在如图 5-12 所示的对话框中，可以设置允许多用户同时访问该共享文件夹以及缓存设置，也可以通过单击“权限”按钮，修改组和用户的共享访问许可权，或对该文件和文件夹访问许可权的设置。单击“确定”按钮即可使配置生效。

5.3.6 共享名与文件名长度的限制

在 Windows Server 2003 中可以使用长文件名，文件名最多可长达 255 个字符，其中还可包含空格。一般来说，Windows Server 2003 中，文件和文件夹的命名约定有如下规定。

（1）文件名或文件夹名中，最多可有 255 个字符，其中包含驱动器和完整路径名。

（2）每一文件都有 3 个字符的文件扩展名，用来标识文件类型。

（3）文件名或文件夹名中不能出现以下字符：\、/、:、*、<、>、|。

（4）文件名不区分英文字母大小写。

（5）查找和显示可使用通配符“*”和“？”。

（6）文件名和文件夹名可以使用汉字。

5.3.7 映射和断开网络驱动器

共享文件夹可以被映射为一个驱动器，例如 H，映射之后，访问驱动器就等于访问相应的共享文件夹。网络驱动器中的内容与共享文件夹的内容是完全一致的，并可以和其他驱动器一样，可以进行文件的剪切、复制、粘贴、删除。映射的网络驱动器可以在每次用户登录时自动进行连接，因此在使用时速度也比较快。

1. 映射网络驱动器方法

其操作步骤如下。

（1）双击桌面上“我的电脑”图标，选择“工具”菜单中的“映射网络驱动器”选项，打开如图 5-14 所示对话框。

（2）在“驱动器”下拉列表中选择要映射到共享资源的驱动器号，在“文件夹”下拉列表中选择共享文件夹的路径，如\\servername \sharename，即\\有共享文件夹的计算机名\要文件夹的共享名。

（3）如果每次登录时都要映射网络驱动器，则选择“登录时重新连接”复选框。映射完成后，就可以在资源管理器中看到这个驱动器。

（4）设置完成后，在“我的电脑”对话框中，将发现本机多了一个驱动器符，通过该驱动器符可以访问该共享文件夹，如同访问本机的物理磁盘一样，如图 5-15 所示。“H”驱动器实际上是共享文件夹到本机的一个映射。

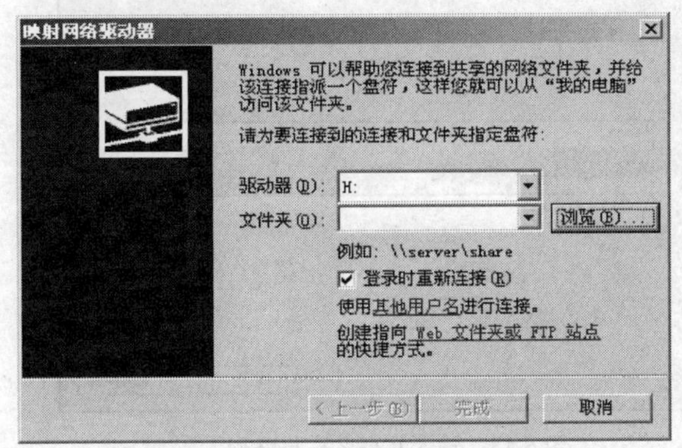

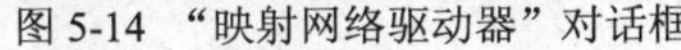

图 5-14 “映射网络驱动器”对话框

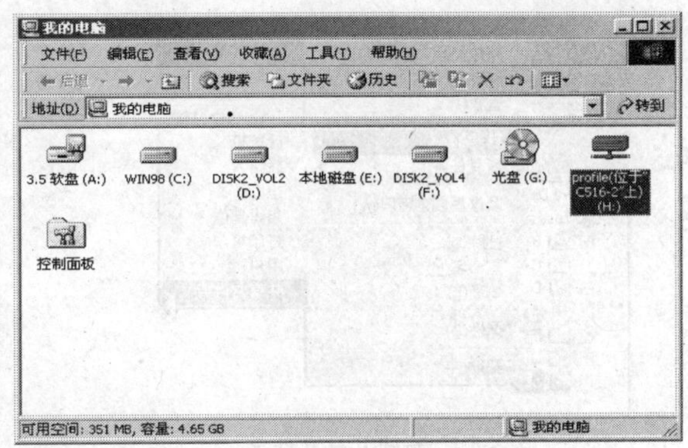

图 5-15　通过映射的驱动器访问共享文件夹

2. 其他映射方法

（1）命令方式。

执行“开始”→“运行”命令，在“运行”对话框中输入 “cmd”，打开命令行提示符对话框，在对话框中输入“net use 驱动器号：\\服务器名称\共享文件夹名称”，实现驱动器的映射。

（2）断开网络驱动器的方法。

双击桌面上“我的电脑”图标，选择“工具”菜单中的“断开网络驱动器”选项，打开如图 5-16 所示对话框，选择要断开的网络驱动器，单击“确定”按钮即可。

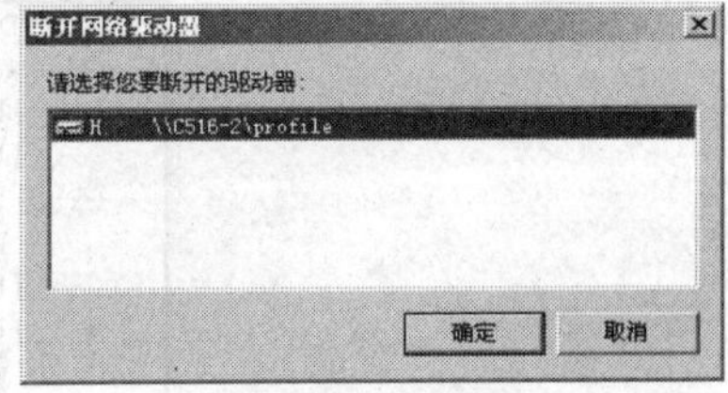

图 5-16 “断开网络驱动器”对话框

5.3.8　将共享文件发布到 Active Directory

在以前的系统环境中，如果要使用一个共享文件夹，可以通过共享文件夹所在的服务器和共享文件夹的名字或在“网上邻居”对话框中查找到该共享文件夹。在 Windows Server 2003 中新增了利用 AD 发布共享文件夹的方法，也就是用户可以在 AD 中查找到所需要的共享文件夹，然后再连接到那个文件夹。

在 AD 中发布共享文件夹等资源，可以让用户访问整个网络中资源，发布共享文件夹的好处在于即使共享文件夹的实际位置发生变化，用户仍然可以通过查找 AD 来访问这些文件夹。

1. 将共享文件发布到 Active Directory 的方法

其操作步骤如下。

（1）执行“开始”→“程序”→“Active Directory 用户和计算机”命令。

（2）在“Active Directory 用户和计算机”对话框的左窗格中，双击“域节点”。

（3）鼠标右键单击想在其中添加共享文件夹的文件夹，在弹出的快捷菜单中选择“新建”→“共享文件夹”选项，如图 5-17 所示。

（4）在如图5-18所示的对话框中输入文件夹的名称和网络路径。

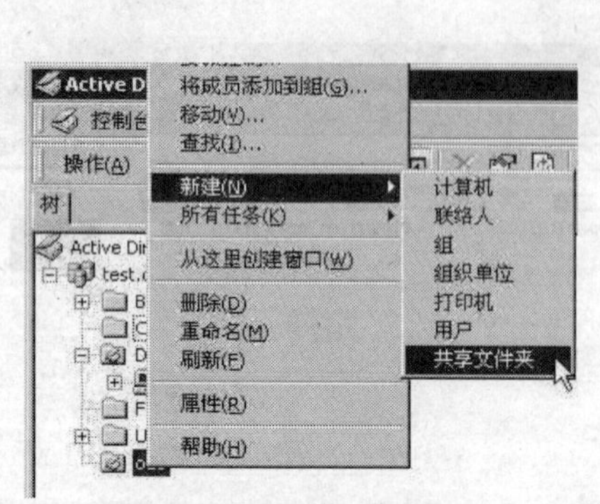

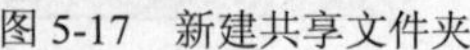

图5-17 新建共享文件夹

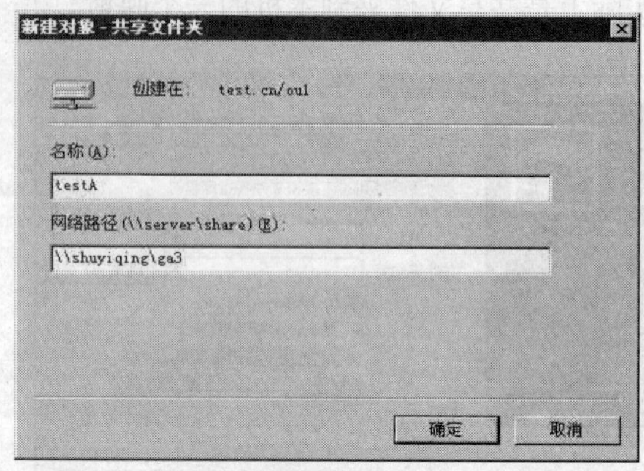

图5-18 输入共享名称与路径

（5）单击“确定”按钮，完成共享文件夹的发布。其发布结果如图5-19示。

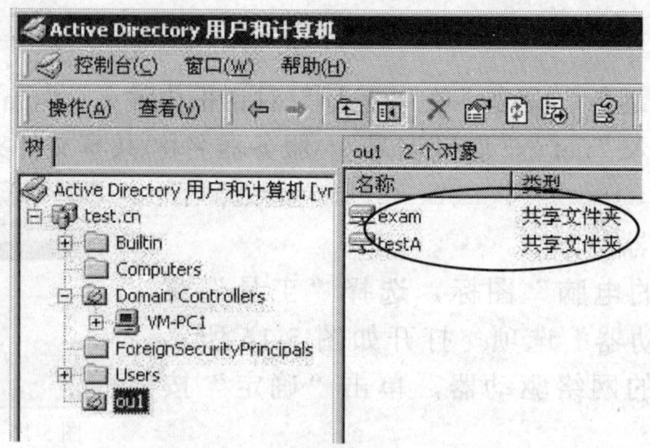

图5-19 共享文件夹的发布结果

2. 检查发布结果的方法

其操作步骤如下。

（1）执行“开始”→“程序”→“Active Directory用户和计算机”命令。

（2）在“Active Directory用户和计算机”对话框的左窗格中用鼠标右键单击“域节点”，在弹出的快捷菜单中选择“查找”选项，如图5-20所示。

（3）在“查找”对话框中选择要查找的项目，如图5-21所示。

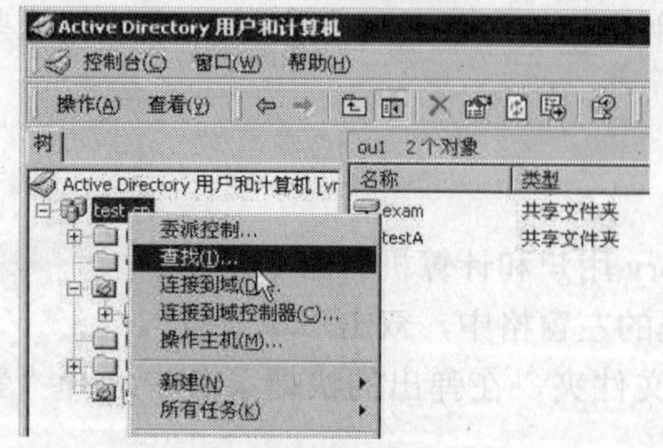

图5-20 查找发布结果

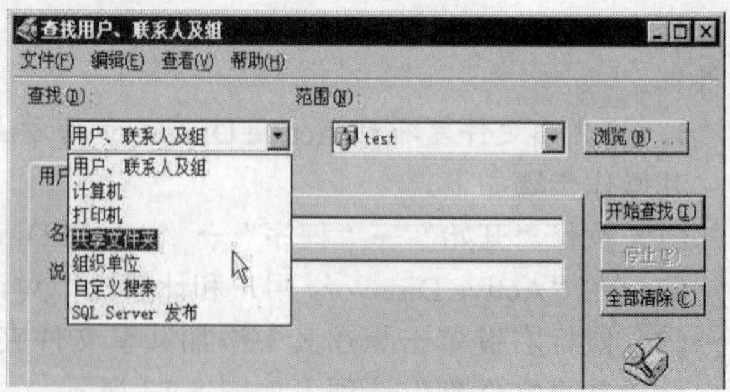

图5-21 确定查找项目

（4）单击“开始查找”按钮，直到搜索到所要查找的对象。查找结果如图 5-22 所示。

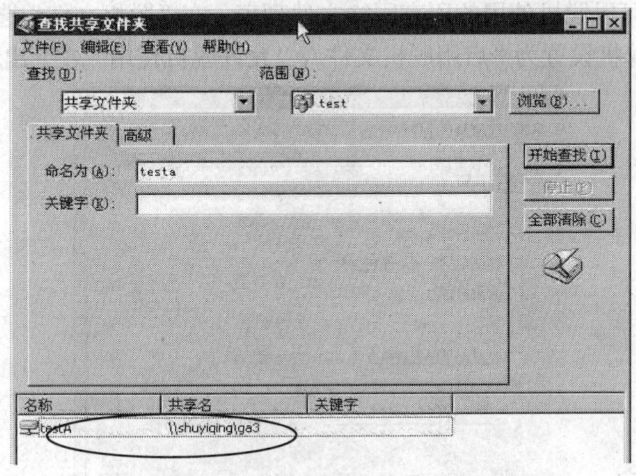

图 5-22 查找结果

5.4 脱机文件

双击“我的电脑”图标，打开“我的电脑”对话框，选择“工具”菜单中的“文件夹选项”选项，打开“文件夹选项”对话框，选择“脱机文件”选项卡，可以将计算机配置成使用脱机文件和文件夹。这是 Windows Server 2003 的新特性，可以在使用 Windows Server 2003 系统的计算机上存放网络文件和文件夹，然后在无法访问网络地址时，用户仍然能访问网络文件。

脱机文件和文件夹对经常出差的用户特别方便，可以使他们在连接网络和因为出差与网络断开时，能够使用相同的文件集，也就是说，用户可以在网络服务器关闭时照样能访问这些服务器上的共享文件。脱机文件和文件夹还能在网络可用时提高性能，因为用户可以用文件的本地版本，而不必通过网络访问这个文件。

5.4.1 服务器端的设置

1. 连接共享

要使用脱机文件和文件夹，就要先将指定文件和文件夹放到网络上，也就是说，网络中要有共享文件和文件夹，同时用户要有对该共享文件和文件夹相应访问权限，然后用户才能连接要脱机访问的共享文件和文件夹。

2. 将计算机配置成使用脱机文件和文件夹

其操作步骤如下。

（1）在桌面上双击“我的电脑”图标，打开“我的电脑”对话框。

（2）选择“工具”菜单中的“文件夹选项”选项，打开“文件夹选项”对话框，选择“脱机文件”选项卡。

（3）在“脱机文件”选项卡中，选择“启用脱机文件”复选框。

（4）选择“注销前同步所有脱机文件”复选框以便进行完全同步设置；清除该复选框则进行快速同步设置，如图 5-23 所示设置。

（5）关闭对话框。即使计算机配置为使用“脱机文件”，仍必须选择可以脱机使用的网络文件和文件夹。要查看可以脱机使用的所有网络文件列表，在“脱机文件”选项卡中单击“查看文件”按钮。只有将计算机设置为“启用脱机文件”，“允许脱机使用”才会出现在“文件”菜单上。

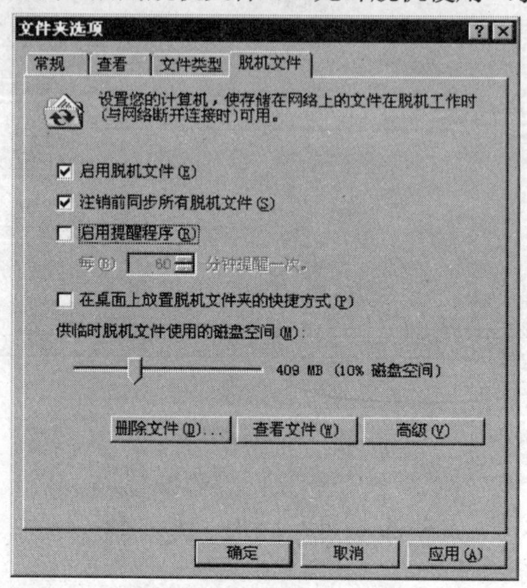

图 5-23 “脱机文件”对话框

3. 选择要脱机访问的文件与文件夹

其操作步骤如下。

（1）在“网上邻居”对话框中，鼠标右键单击要指定为可以脱机使用的共享网络文件或文件夹。

（2）在弹出的快捷菜单中选择“允许脱机使用”选项，如图 5-24 所示。

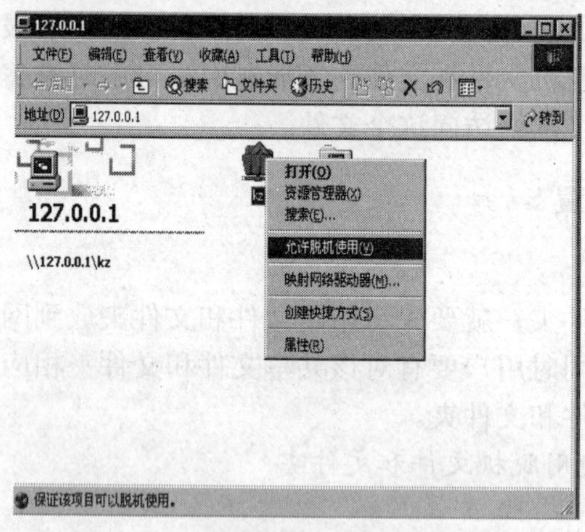

图 5-24 “允许脱机使用”的快捷菜单

第一次选择“允许脱机使用”命令时，“脱机文件”向导会引导完成该过程，操作结果如图 5-25 所示。可允许脱机使用共享网络文件夹中的单个文件或整个共享网络文件夹。如果允许脱机使用整个文件夹，该共享文件夹中的所有文件在下一次计算机同步时，将自动可以脱机使用。要取消文件或文件夹的脱机使用许可，鼠标右键单击该文件或文件夹，在弹出的快捷菜单中单击“允许脱机使用”选项，清除复选标记。

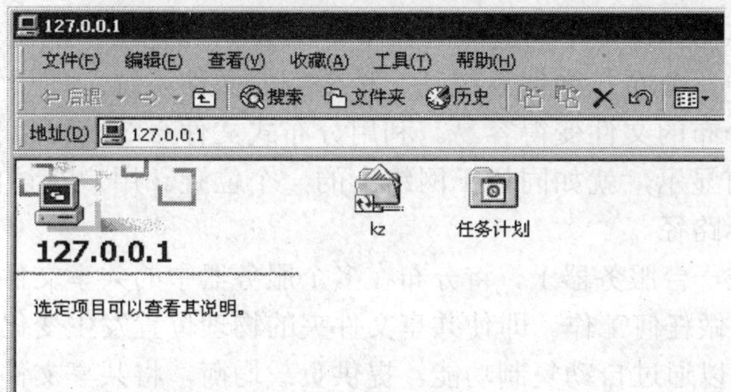

图 5-25　脱机文件与文件夹设置结果

5.4.2　如何脱机处理文件

通过“文件夹选项”的“脱机文件”选项卡，可以指定网络连接后计算机是否脱机工作。要配置计算机失去网络连接后的行为，单击图 5-23 中右下角的“高级”按钮，打开如图 5-26 所示的“脱机文件-高级设置”对话框，在该对话框中选择“通知我，然后开始脱机工作”单选项或选择“不允许计算机脱机工作”单选项。如果对多个服务器创建脱机文件和文件夹，则可以用对话框例外列表部分指定各自的不同行为，其操作步骤如下。

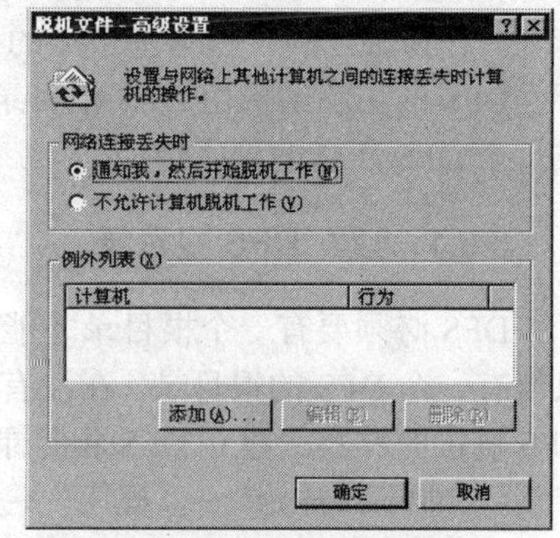

图 5-26　脱机文件的处理

（1）双击桌面“我的电脑”图标，选择“工具”菜单中的“文件夹选项”选项，在打开的对话框中选择“脱机文件”选项卡。打开如图 5-23 所示的对话框。

（2）在“脱机文件”选项卡中，单击“高级”按钮。打开如图 5-25 所示对话框。

（3）在“网络连接丢失时”选项区域中，执行下列操作之一。

- 选择“通知我，然后开始脱机工作”选项，接收已断开连接的通知并继续使用脱机文件和文件夹。
- 选择“不允许计算机脱机工作”选项，则在断开网络连接时无法使用脱机文件和文件夹。

要将单个计算机设置为不同于默认的响应，请单击“添加”按钮。例如，如果要在默认情况下继续脱机工作，但是不想脱机处理来自网络中某台特定计算机的所有文件，则可以将该计算机的名称加入例外列表，然后选择“永远不允许我的计算机脱机”选项作为对该计算机的响应。

5.5　分布式文件系统

当 Microsoft 公司最初介绍分布式文件系统（Distributed File System，DFS）的时候，把终端用户希望让事情变得简单一些的注意力都集中在自己身上。这种技术的思路是用户本身并不需要知道哪些服务器资源是真正存在的，他们只要简单地通过一个特殊的共享就可以访问到文件系统，而且还可以访问到所有他们所需要的数据，无论这些数据是集中存储在本地还是分散存储在许多不同的服务器中。DFS 可以把用户的工作量分配到多个含有文件副本的服务器中。分布式文件系统是一种全新的文件系统，使用它可以让用户访问和管理物理上跨网络分布的文件变得容易。利用分布式文件系统，可以使分布在多个服务器上的文件在用户面前显示，就如同位于网络上的一个位置。用户在访问文件时不再需要知道和指定它们的实际路径。

DFS 由管理员在一台服务器上，将分布在多个服务器中的共享文件夹组织为一种树型的逻辑关系，用户不必做任何工作。即使共享文件夹的物理位置发生变化，用户也不需要做任何改动。另外，还可以通过自动复制功能，提供负载均衡，将共享文件夹的逻辑关系复制到多台服务器上，分散用户对资源的访问、信息同步、容错性的服务。

Windows Server 2003 中提供的 DFS 管理工具，按下面两种方式中的一种来实施 DFS 的管理，作为独立的；作为基于域的 DFS。

DFS 的拓扑结构由 DFS 根目录、一个或多个 DFS 链接、一个或多个 DFS 共享文件夹，或每个 DFS 所指的副本组成。

5.5.1 建立 DFS 根目录

DFS 必须要有一个根目录才能工作，它是位于某一主机上的一个共享目录，每台主机上只能有一个 DFS 的根目录，在没有 AD 的情况下只能建立一个根目录。DFS 根目录是文件和 DFS 链接的容器。建立 DFS 根目录的操作步骤如下。

（1）执行“开始”→“程序”→“管理工具”→“分布式文件系统”命令，即运行 Windows Server 2003 操作系统提供的 DFS 管理工具。鼠标右键单击左窗格中“分布式文件系统”图标，在弹出的快捷菜单中选择“新建根目录”选项，如图 5-27 所示。也可以选择“操作”菜单中的“新建根目录”选项，打开“欢迎使用新建根目录向导”。

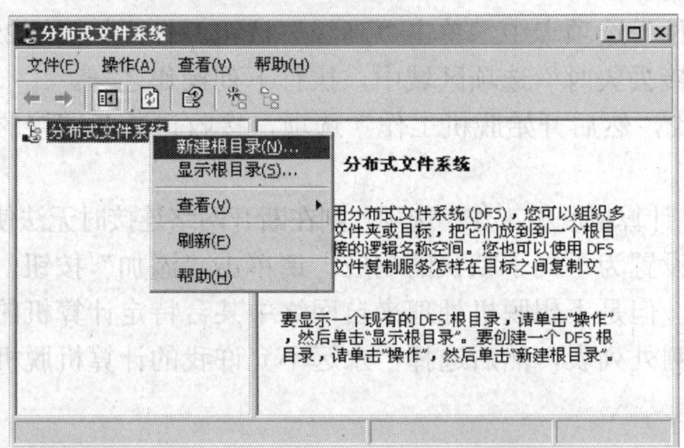

图 5-27 “新建根目录”对话框

（2）单击“下一步”按钮，打开如图 5-28 所示的“根目录类型”对话框，根据用户分布文件服务地要求，可以选择独立根目录和域根目录。

（3）选择“独立根目录”单选项后，单击“下一步”按钮，打开如图 5-29 所示的“主服务器”对话框，在“服务器名”文本框中，用户可以输入主服务器的名称，也可以通过单击“浏览”按钮，选择网络上其他的服务器名称。

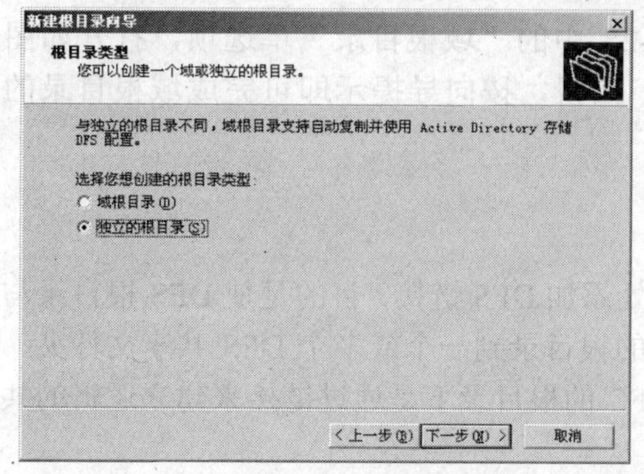

图 5-28 “根目录类型”对话框

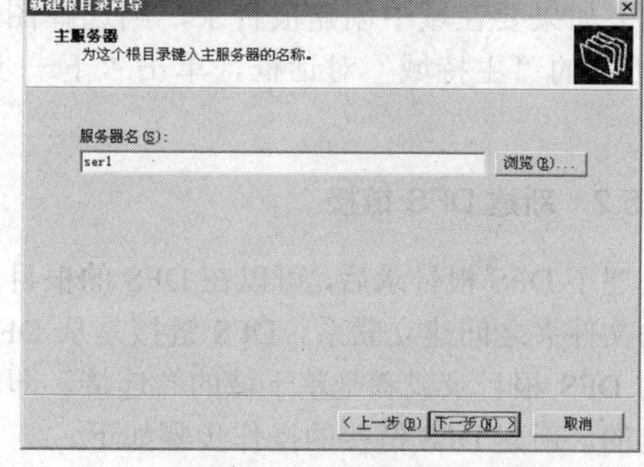

图 5-29 “主服务器”对话框

（4）单击“下一步”按钮，打开如图 5-30 所示的“根目录名称”对话框，需要在“根目录名称”文本框中输入分布式文件的根目录名称，在“注释”文本框中输入对该根目录的说明。

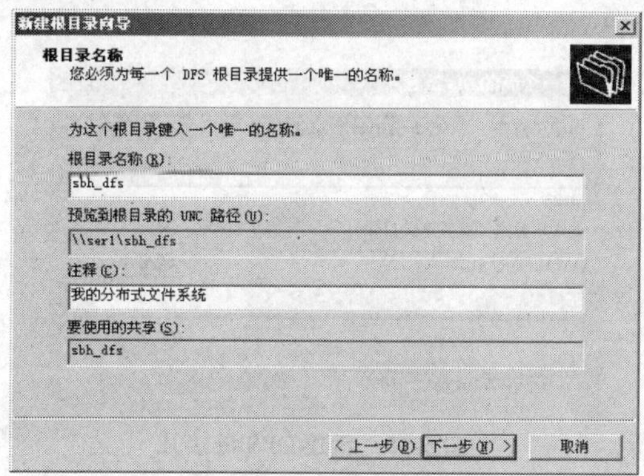

图 5-30 “根目录名称”对话框

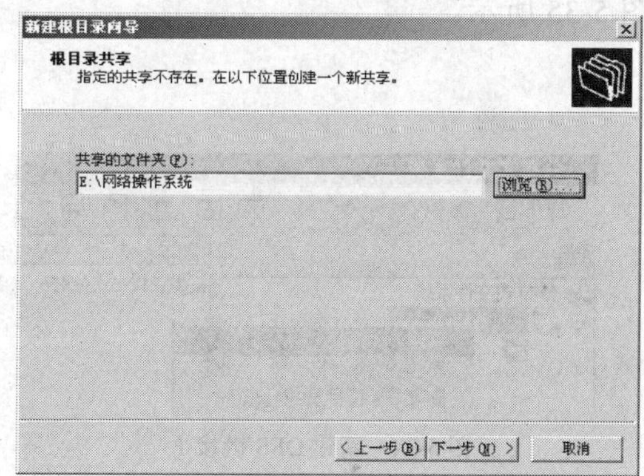

图 5-31 “根目录共享”对话框

（5）单击“下一步”按钮，打开如图 5-31 所示的“根目录共享”对话框，在“共享的文件夹”文本框中输入已设置了共享属性的文件夹，也可以通过单击“浏览”按钮，选择网络中的共享文件夹。

（6）单击“下一步”按钮，打开如图 5-32 所示的“正在完成新建根目录向导”对话框，在信息框中显示了新建根目录的信息，单击“完成”按钮即可完成新建的分布式文件共享根目录。

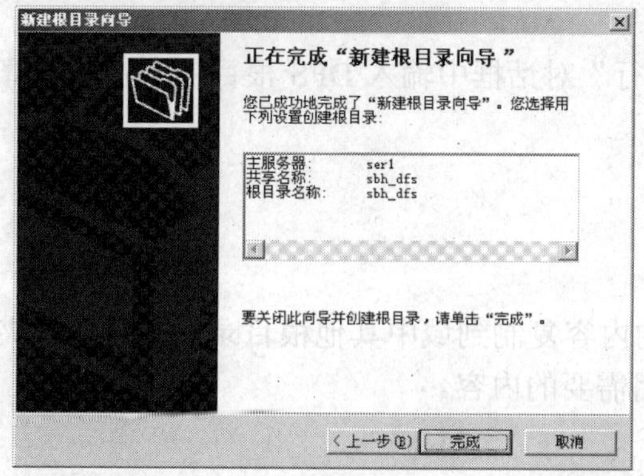

图 5-32 “正在完成新建根目录向导”对话框

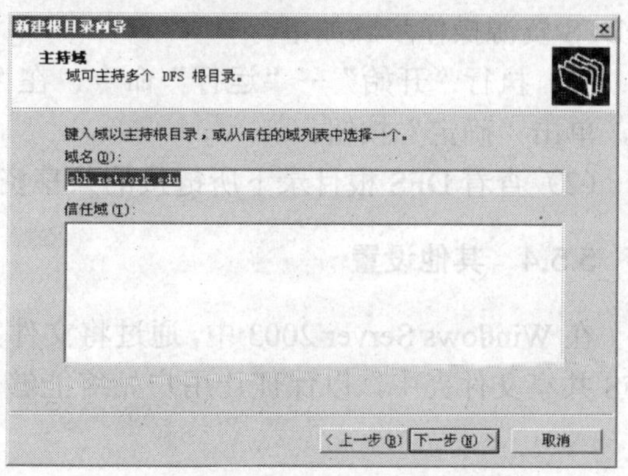

图 5-33 “主持域”对话框

（7）如果要在域中创建根目录，则选择图 5-28 中的“域根目录”单选项，打开如图 5-33 所示的“主持域”对话框，单击“下一步”按钮，按向导提示即可完成域根目录的创建。

5.5.2　新建 DFS 链接

创建了 DFS 根目录后，可以在 DFS 的根目录处添加 DFS 链接，目的是使 DFS 根目录与指定的文件夹之间建立联系。DFS 链接是从 DFS 的根目录到一个或多个 DFS 共享文件夹、其他的 DFS 根目录或者是基于域的卷连接。即 DFS 的根目录下是通过链接来建立逻辑的共享结构的。新建 DFS 链接的操作步骤如下。

（1）执行“开始”→“程序”→“分布式文件系统”命令，打开“分布式文件系统”对话框。

（2）鼠标右键单击 DFS 根目录，在弹出的快捷菜单中选择“新建 DFS 链接”选项，如图 5-34 所示。

（3）输入新 DFS 链接的名称和路径或单击“浏览”按钮，从共享文件夹的列表中选择，如图 5-35 所示。

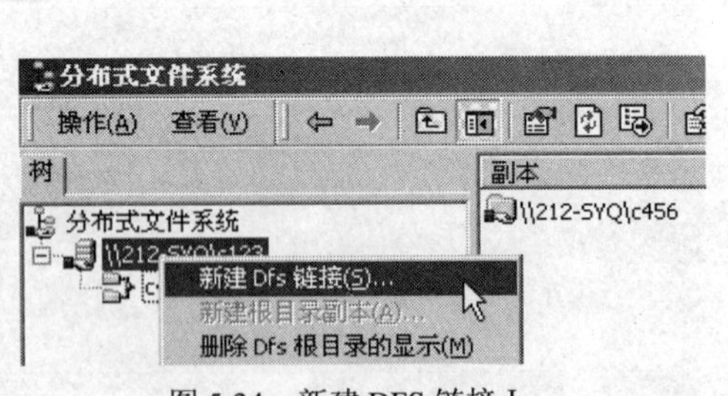

图 5-34　新建 DFS 链接 I

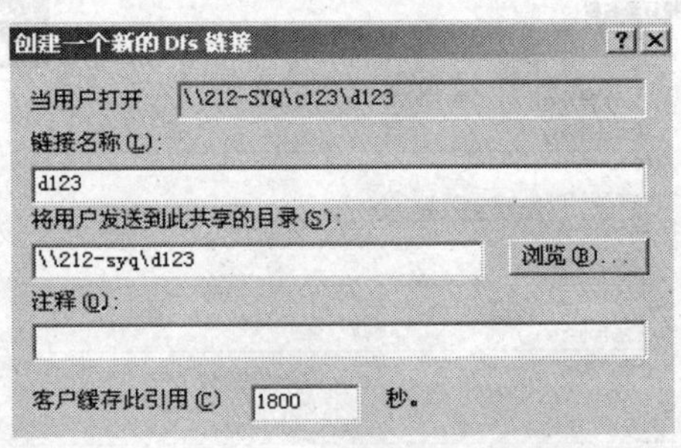

图 5-35　新建 DFS 链接 II

（4）输入期限（在此期限内到 DFS 链接的引用将被缓存到 DFS 客户机上）。

（5）新建成的 DFS 链接如图 5-36 所示。

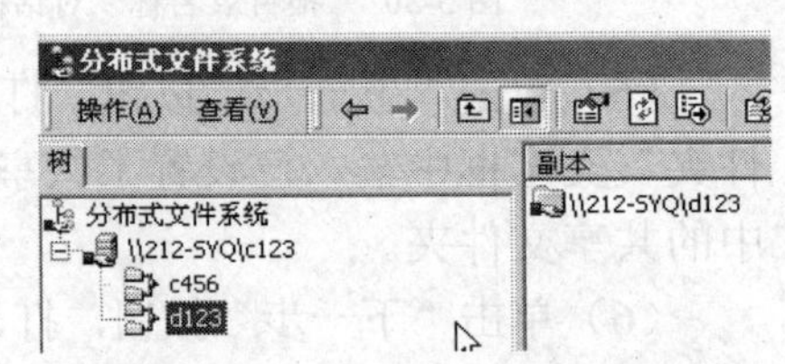

图 5-36　新建成 Dfs 链接III

5.5.3　链接 DFS 资源

建立 DFS 链接后，就可以链接到 DFS 资源上。链接 DFS 资源操作步骤如下。

（1）执行“开始”→“运行”命令，在“运行”对话框中输入\DFS 根目录所在的计算机名，单击“确定”按钮。

（2）查看 DFS 根目录下所链接的共享资源。

5.5.4　其他设置

在 Windows Server 2003 中，通过将文件夹的内容复制到域中其他根目录的共享文件夹或 DFS 共享文件夹中，以保证让用户始终能够使用需要的内容。

5.6　网络打印机的设置与管理

5.6.1　添加与管理网络打印机

添加直接连到网络的打印机的操作步骤如下。

（1）执行“开始”→“设置”→“打印机”命令，打开如图 5-37 所示的打印机设置对话框。

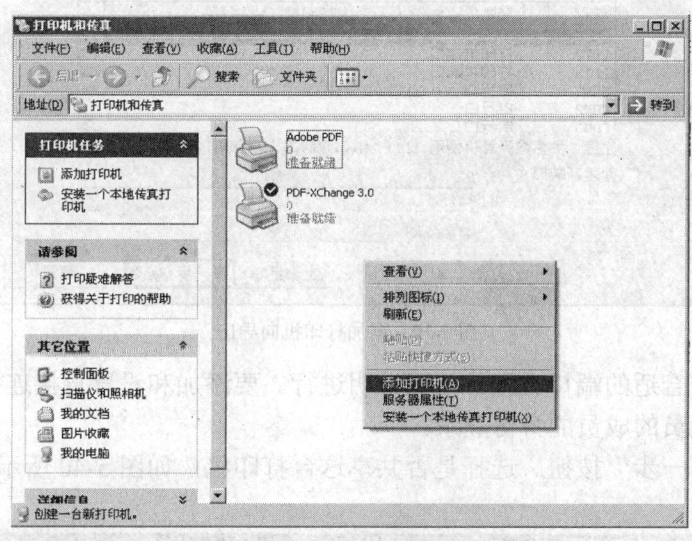

图 5-37　添加打印机向导 I

（2）双击“添加打印机”图标，或鼠标右键单击右窗格的空白处，在弹出的快捷菜单中选择“添加打印机（A）”选项，启动添加打印机向导，然后单击“下一步”按钮。

（3）选择“本地打印机”单选项，清除“自动检测并安装我的即插即用打印机”复选框，如图 5-38 所示，然后单击“下一步”按钮。

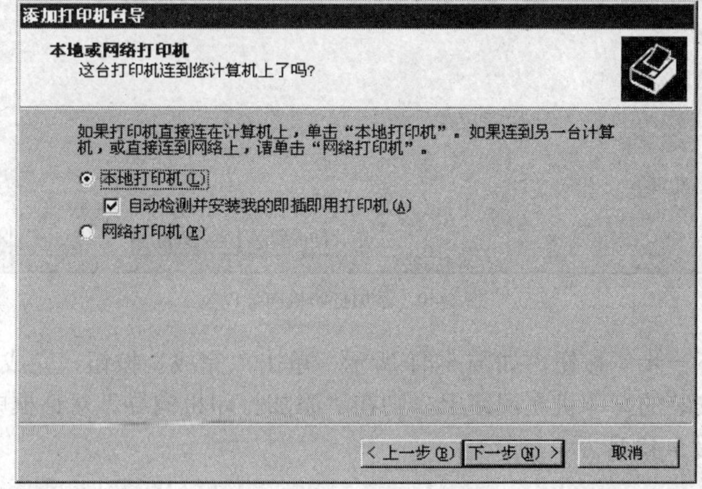

图 5-38　添加打印机向导 II

（4）按照屏幕上的说明，选择打印机端口、选择打印机的制造商和型号、键入打印机的名称，完成打印机设置，如图 5-39 所示。

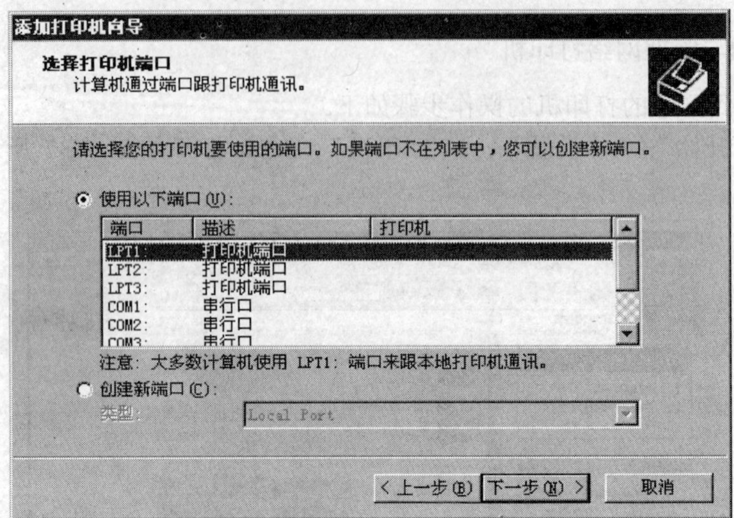

图 5-39　添加打印机向导Ⅲ

从列表中单击合适的端口类型并按照说明进行。要添加和设置直接连接到计算机上的打印机，必须以管理员的成员的身份登录。

（5）单击“下一步”按钮。选择是否共享这台打印机，如图 5-40 所示。

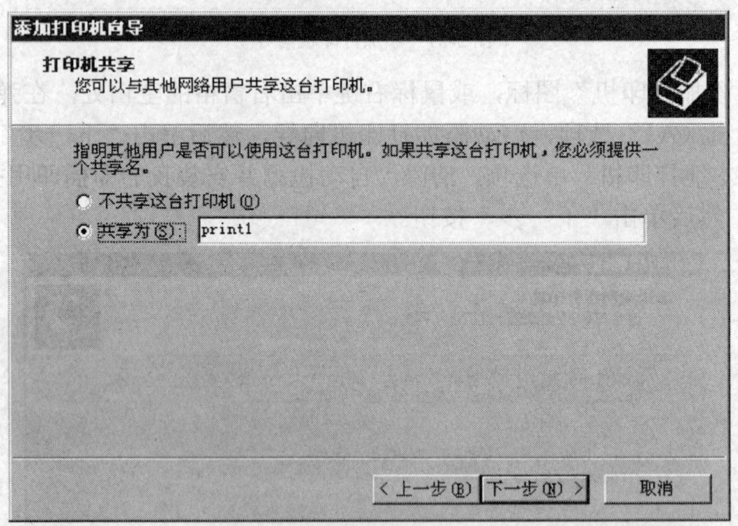

图 5-40　添加打印机向导Ⅳ

（6）单击“下一步”按钮，如图 5-41 所示，单击“完成”按钮，完成添加打印机向导。

（7）如果要安装的打印机在网络上，则在“添加打印机向导”对话框中选择“网络打印机”单选项，如图 5-42 所示。

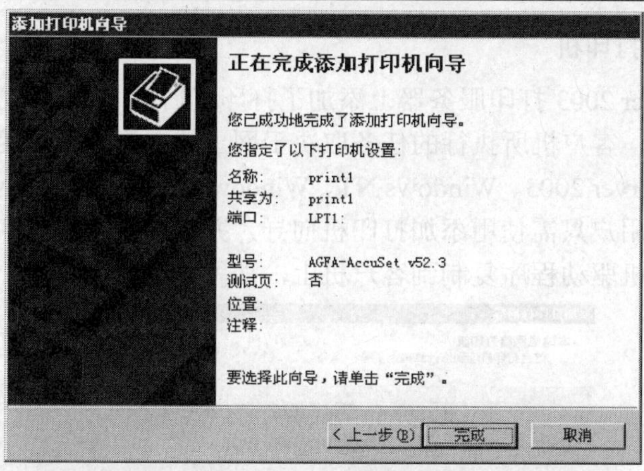

图 5-41　添加打印机向导 V

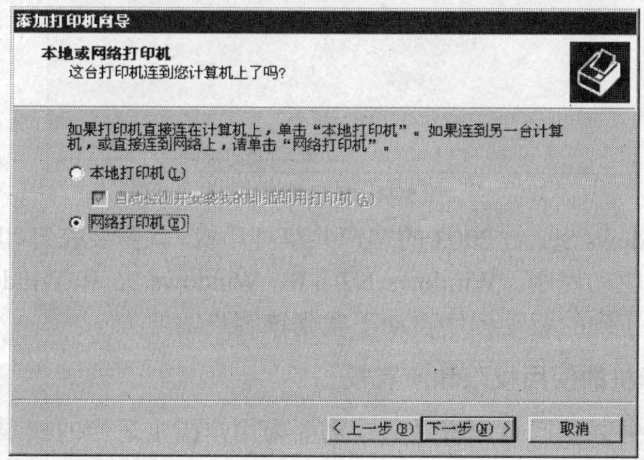

图 5-42　添加网络打印机

在 Windows Server 2003 中，默认情况下添加打印机向导共享打印机，并在 Active Directory 中发布，除非在向导的“打印机共享”对话框中选择了“不共享这台打印机”单选项。

安装完成后，在打印机窗口中出现安装好的打印机图标，如图 5-43 所示。

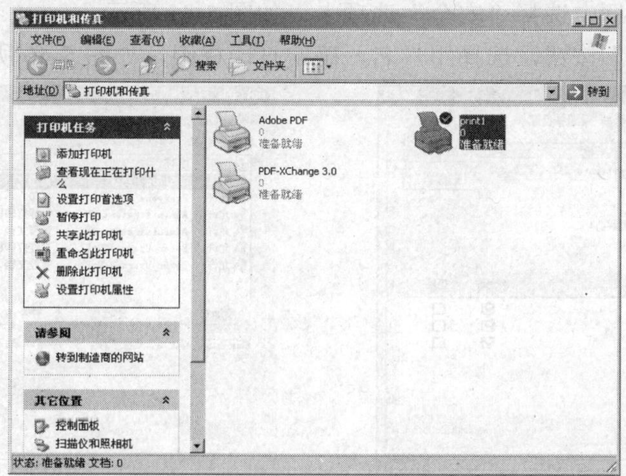

图 5-43　添加的网络打印机显示

5.6.2 连接共享打印机

在 Windows Server 2003 打印服务器上添加了打印机后，需要设置访问该打印服务器的客户。为确保用户打印，客户机所执行的任务取决于网上的客户机所使用的操作系统。

对于 Windows Server 2003、Windows NT、Windows 95 以及 Windows 98 客户，不需要再做任何工作。客户端用户只需使用添加打印机向导，并选择“网络打印机”。在这种情况下，系统会自动地将打印机驱动程序复制到客户机上，如图 5-44 所示。

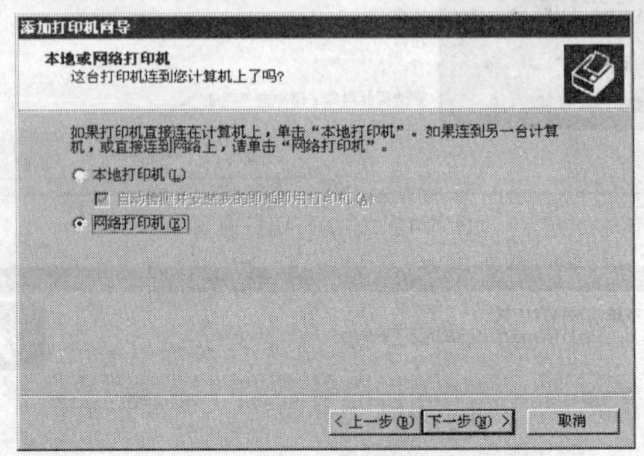

图 5-44 连接共享打印机

如果要与非 Windows Server 2003 的客户共享打印机，就需要在打印机服务器上为这些客户安装合适的打印机驱动程序。Windows NT 4.0、Windows 95 和 Windows 98 上的客户连接该打印机时，系统将正确的驱动程序自动下载到该客户。

5.6.3 设置打印机的使用权限和所有权

在服务器上添加并共享了打印机之后，需要为用户指定适当的权限。指定打印机权限除了包括用户可以打印之外，还可以控制用户对打印任务的操作权限。从安全性来说，需要限制用户对打印机的访问。操作步骤如下。

（1）执行“开始”→“设置”→“打印机”，打开打印机设置对话框。

（2）鼠标右键单击“打印机”图标，在弹出的快捷菜单中选择“属性”选项。

（3）在属性对话框中选择“安全”选项卡，如图 5-45 所示。

（4）单击“高级”按钮，选择用户名，确定打印权限，如图 5-46 所示。

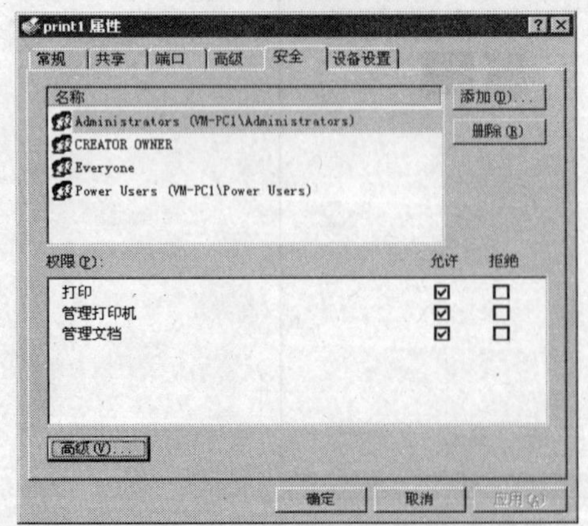

图 5-45 设置打印机的使用权限 I

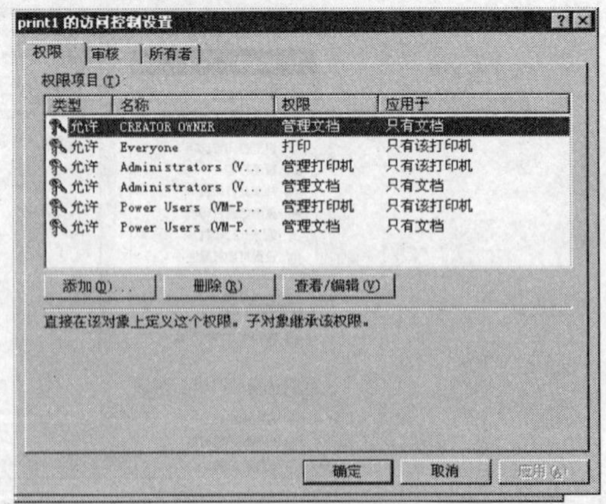

图 5-46 设置打印机的使用权限 II

（5）单击“查看/编辑”按钮，打开如图 5-47 所示的“print 1 的权限项目”对话框，可以进行特殊的权限设置。

（6）在如图 5-47 所示的对话框中单击“所有者”选项卡，打开如图 5-48 所示的对话框，在“将所有者更改为”列表框中，选择要设置为打印机所有者的用户账户，然后 2 次单击“确定”按钮。

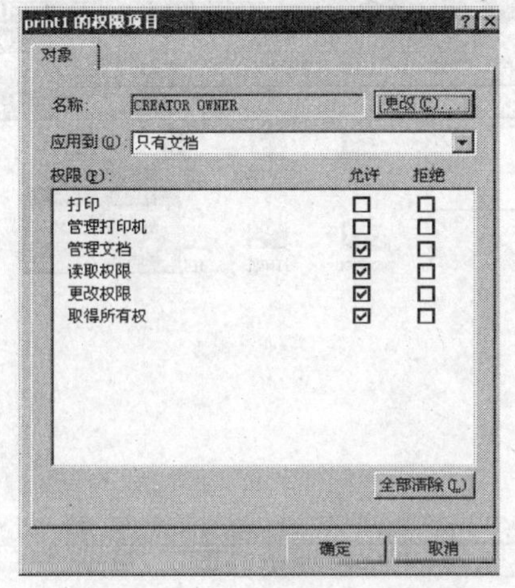

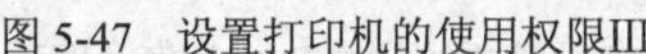

图 5-47　设置打印机的使用权限III

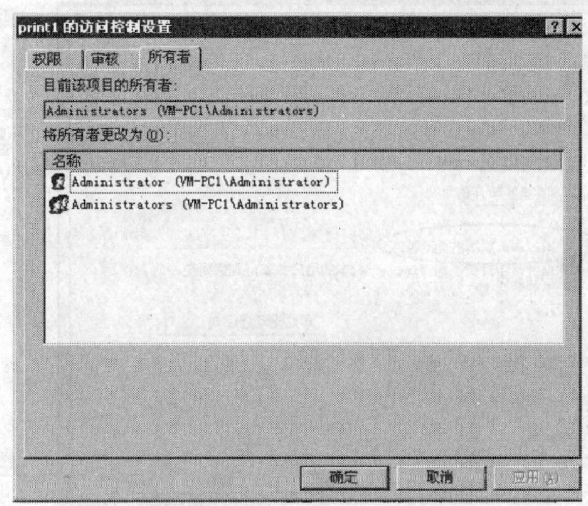

图 5-48　设置打印机的所有者

对于该打印机拥有“管理打印机”权限的用户或组成员可以取得其所有权。在默认情况下，Administrators、Print Operators、Server Operators 和 Power Users 组的成员拥有管理打印机权限，这将允许他们取得打印机的所有权。

5.6.4　将共享打印机发布到活动目录中

在 Windows Server 2003 中，如果登录到运行 Active Directory 的 Windows Server 2003 域中，则可以在目录中发布共享打印机。如果“列在目录中”出现在“共享”属性页上，就可以确定 Active Directory 正在运行当中。在 Active Directory 中发布打印机的操作步骤如下。

（1）执行“开始”→“设置”→“打印机”，打开打印机设置对话框。

（2）鼠标右键单击要发布的打印机，在弹出的快捷菜单中选择“属性”选项，打开属性对话框，选择“共享”选项卡。

（3）在“共享”选项卡上，选择“共享为”单选项，然后输入共享打印机的名称。

（4）选择“列在目录中”复选框，以便在 Active Directory 中发布打印机，如图 5-49 所示。

只有共享打印机才能发布。如果停止共享打印机，则不再发布该打印机。在使用添加打印机向导添加打印机，并选择共享该打印机时，默认情况下，系统将该打印机设置为发布。禁用组策略设置“自动在 Active Directory 中发布新打印机”时，将阻止添加打印机向导自动发布共享打印机。此外，必须启用组策略设置“允许发布打印机”（默认设置），才能在该计算机上发布打印机。在用添加打印机向导添加打印机时，如果是在 Windows Server 2003 操作系统上运行，则将此打印机默认为共享打印机，但如果是在 Windows 2000 Professional 操作系统上运行，则不将其默认为共享打印机。对于要共享或发布的打印机，必须具有“管理打印机”权限。

连接到在Active Directory中发布的打印机，首先查找要连接的打印机。鼠标右键单击要使用的打印机，在弹出的快捷菜单中单击“连接”，如图5-50所示。

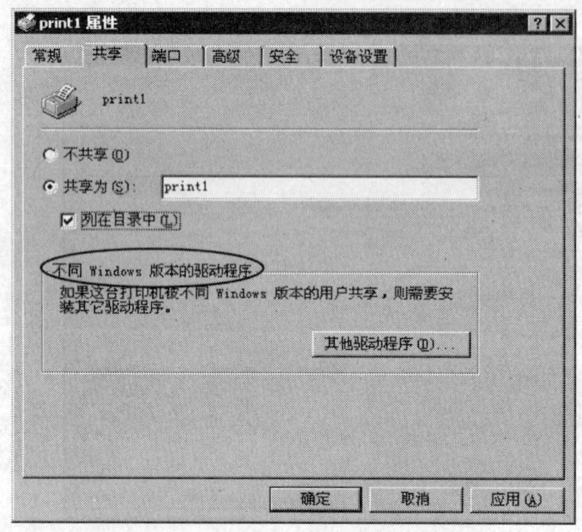

图5-49 共享打印机发布到活动目录

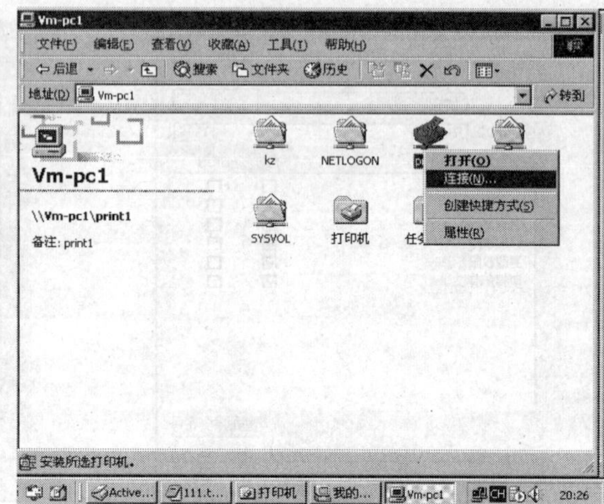

图5-50 连接到在Active Directory 中发布的打印机

只有登录到Windows Server 2003域中，并且客户是Windows 2000、Windows 95/98或Windows XP时，才可以在Active Directory中搜索打印机。

5.6.5 通过网页浏览器管理打印机

方法一：在Internet Explorer，或者任意其他浏览器中，输入URL“http://PrintServerName/printers/”。

方法二：输入特定打印机的URL“http://PrintServerName/PrinterName/”。打开如图5-51所示的对话框。

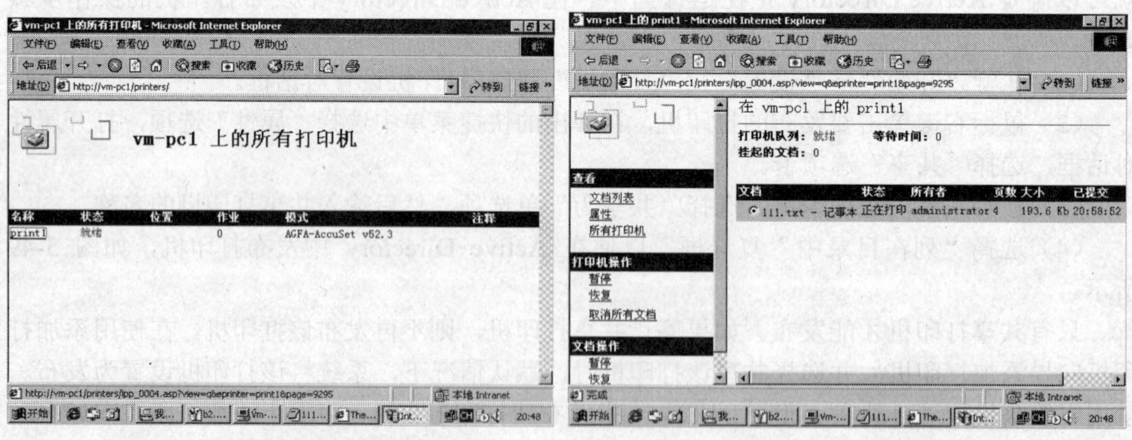

图5-51 通过网页浏览器管理打印机

图5-52 文档操作

在“PrintServerName”上的所有打印机中，单击要管理的打印机，打开如图5-52所示的对话框。

在“PrintServerName”上的“PrinterName”中，可以单击左窗格中的任意功能来停止、继续或取消特定文档或所有文档。也可以单击队列中的指定文档，来查看其属性。通过“组策略”设置“禁用基于 Web 的打印”，管理员可以禁用 Internet 打印功能。

要进行 Internet 打印，必须在 Windows Server 2003 上安装 Internet 信息服务（IIS）（这是默认安装的），或者在 Windows 2000 Professional 或 Windows XP 中安装“对等 Web 服务（PWS）”。

当启用基于网页的打印（默认）之后，就可以从任何一台 Windows Server 2003 计算机上管理任意 Windows Server 2003 打印服务器上的所有打印机。

本章小结

本章中介绍 Windows Server 2003 对文件系统的管理，主要是对文件、文件夹和打印机资源的管理，包括对使用本地资源的管理，对通过网络使用资源的管理。管理包括安全管理和方便用户通过网络使用资源的管理。在 AD 中发布共享资源，脱机文件和文件夹的设置，分布式文件系统，映射网络驱动器等都是为了方便用户的使用。

习 题

1．什么用户能够管理 NTFS 文件夹上的 NTFS 文件权限？

2．“文件夹选项”对话框中的“文件类型”标签的作用是什么？

3．什么用户能够创建共享文件夹？

4．NTFS 分区对 Everyone 组默认采用什么权限？

5．什么标记可以防止在用户浏览表中显示共享文件夹？

6．User1 用户有个文件夹 D:\TEST 要在网络上共享，其中包含文件 test1.txt，User1 要让用户一次一人编辑文件，以免在文件同时打开时一个用户无法覆盖另一个用户所做的改变，User1 应如何配置这个共享？

7．User1 将 D:\TEST 文件夹配置成 Everyone 组具有文件夹的读取访问权限。Everyone 组默认对 D:\TEST\test1.txt 有什么权限？

8．共享权限与 NTFS 文件权限同时作用于同一个文件夹时的相互关系是什么？

9．NTFS 文件系统：

（1）在“计算机管理”中查看本机各分区的文件系统。

（2）将 FAT32 文件系统转换为 NTFS：convert e:/fs:ntfs。

（3）为文件设置许可，并测试文件的许可设置。

（4）为文件夹设置许可，并测试文件夹的许可设置。

（5）测试多个组的访问许可的叠加。

（6）测试文件许可和文件夹许可的结合。

10．共享文件夹：

（1）查看主机名。

（2）查看现有的共享文件夹。

（3）设置共享文件夹。
（4）设置共享许可权。
（5）验证共享许可权。
（6）测试共享许可权和 NTFS 许可权的结合。
11．分布式文件系统：
（1）查看主机名。
（2）建立共享文件夹。
（3）建立 DFS 的根目录。
（4）建立 DFS 链接。
（5）验证 DFS。
12．脱机文件：
（1）建立共享文件夹或文件。
（2）设置脱机属性。
（3）验证脱机文件夹或文件。
13．网络打印机的设置与管理：
（1）添加本地打印机。
（2）连接网络打印机。

实训 文件系统管理

一、实训目的

1．了解和认识 Windows Server 2003 所支持的文件系统类型。
2．了解和掌握 FAT 与 NTFS 文件系统的区别及各自的优缺点。
3．会进行文件以及文件夹的访问许可权的设置。
4．掌握添加与管理共享文件夹，能进行分布式文件系统的设置。
5．掌握网络共享打印机的安装与配置方法。

二、实训设备

1．计算机系统：CPU P4 2.4 以上，内存在 512MB，硬盘 5GB 以上，光驱，鼠标，网卡等。
2．Windows Server 2003 以上的计算机系统。
3．计算机是连网的系统。

三、实训内容

1．在“计算机管理”的“磁盘管理”中查看你所使用的磁盘的文件类型。

2．在 Windows Server 2003 上创建新的用户 User1 和 User2，密码自定义，在 D 盘根目录下创建一个新的文件夹，名称为 Test，将该文件夹设置为只有 User1 用户能完全控制，而其他用户能只读访问。

3．新建一个文件夹，名称为 Test2，将其设置为共享，并设置该文件夹的共享安全属性为管理员组成员和 User2 完全控制，其他用户只读访问，并将此共享文件夹设置为可脱机共享。

4．将新建的 Test 文件夹设置为网络驱动器，并设置驱动器盘符为 H。

5．再新建一个文件夹为 Test3，并将此文件夹设置为分布式文件系统的根目录，并将网络中其他计算机上共享的文件夹链接到该根目录中。

6．再你所使用的计算机上安装一台打印机，并将此打印机共享，允许 User2 用户在网络中使用此打印机。

7．在网络中的其他计算机上安装此网络打印机，实现文档的打印。

第 6 章 活动目录与用户管理

活动目录(Active Directory,AD)服务功能是 Windows 平台的核心组件，是 Windows 2000 Server 新增的最重要的功能之一。它可将网络中各种对象组织起来进行管理，方便了网络对象的查找，加强了网络的安全性，并有利于用户对网络的管理。通过活动目录，用户可以对用户和计算机、域和信任关系，以及站点和服务进行管理。

6.1 活动目录概述

Microsoft 在 Windows 2000 Server 中首次引入了 AD 技术。经过几年的发展，AD 技术已经成为了 Microsoft 网络架构的核心，几乎所有的产品和技术都是围绕 AD 这个核心运转的。Windows Server 2003 家族改进了 Active Directory 的易管理性，简化了迁移和部署工作的复杂程度，并引入了一些关键特性，使 AD 成为当今市场上最为灵活的目录服务之一。

6.1.1 活动目录简介

活动目录包括两个方面：目录和与目录相关的服务。目录是存储各种对象的一个物理上的容器，例如用户、组、计算机、共享资源、打印机和联系人等。存储这些信息的地方称为目录数据库，通过目录数据库，管理员和用户可以方便地查找和使用网络信息。而目录服务是使目录中所有信息和资源发挥作用的服务，活动目录是一个分布式的目录服务，信息可以分散在多台不同的计算机上，保证用户能够快速访问。因为多台机上有相同的信息，所以在信息容错方面具有很强的控制能力。

1. 活动目录的重要性

（1）增强信息的安全性。

安装活动目录后信息的安全性完全与活动目录集成。用户授权管理和目录进入控制已经整合在活动目录当中了（包括用户的访问和登录权限等），而它们都是 Windows Server 2003 系统的关键安全措施。活动目录集中控制用户授权，目录进入控制不仅能在每一个目录中的对象上定义，还能在每一个对象的每个属性上定义。活动目录还可以提供存储和应用程序作用域的安全策略，提供安全策略的存储和应用范围，因此从某种意义上说，Windows Server 2003 的安全性就是活动目录所体现的安全性。

（2）基于策略的管理。

活动目录服务包括目录对象数据存储和逻辑分层结构（目录、目录树、域、域树、域林等所组成的层次结构）。作为目录，它存储着分配给特定环境的策略，称为组策略对象。作为逻辑结构，它为策略应用程序提供分层的环境。组策略对象设置决定目录对象和域资源的进入权限，什么样的域资源可以被用户使用，以及这些域资源怎样使用等。通过组策略对象，管理员可以只管理少量的策略而不是大量的用户和计算机，从而可以大量减少管理工作量。

（3）强的可扩展性。

Windows Server 2003 的活动目录具有很强的可扩展性，管理员可以在计划中增加新的对象类，或者给现有的对象类增加新的属性。计划包括可以存储在目录中的每一个对象类的定义和对象类的属性。

（4）强的可伸缩性。

活动目录可包含在一个或多个域中，每个域具有一个或多个域控制器，以便管理员可以调整目录的规模以满足任何网络的需要。多个域可组成为域树，多个域树又可组成为域林，活动目录随着域的伸缩而伸缩，较好地适应了单位网络的变化。目录将其架构和配置信息分发给目录中所有的域控制器，该信息存储在域的第一个域控制器中，并且复制到域中任何其他域控制器。当该目录配置为单个域时，添加域控制器将改变目录的规模，而不影响其他域的管理开销。将域添加到目录可以针对不同策略环境划分目录，并调整目录的规模以容纳大量的资源和对象。

（5）智能的信息复制。

信息复制为目录提供了信息可用性、容错、负载平衡和性能优势，活动目录使用多主机复制，允许您在任何域控制器上而不是单个主域控制器上同步更新目录。多主机模式具有更大容错的优点，因为使用多域控制器，即使任何单独的域控制器停止工作，也可继续复制。由于进行了多主机复制，它们将更新目录的单个副本。在域控制器上创建或修改目录信息后，新创建或更改的信息将发送到域中的所有其他域控制器，所以其目录信息是最新的。域控制器需要最新的目录信息，但是要做到高效率，必须把自身的更新限制在只有新建或更改目录信息的时候，以免在网络高峰期进行同步而影响网络速度。在域控制器之间不加选择地交换目录信息能够迅速搞垮任何网络。通过活动目录就能达到只复制更改的目录信息，而不至于大量增加域控制器的负荷。

（6）与 DNS 紧密集成。

活动目录使用域名系统 （Domain Name System，DNS）来为服务器目录命名，DNS 是将更容易理解的主机名（如 sbh.network.edu）转换为数字 IP 地址的 Internet 标准服务，利于在 TCP/IP 网络中计算机之间的相互识别和通信。

（7）与其他目录服务具有互连性。

由于活动目录是基于标准的目录访问协议，许多应用程序界面（Application Programming Interface，API）都允许开发者进入这些协议，例如活动目录服务界面（Active Directory Service Interface，ADSI）、轻型目录访问协议（Lightweight Directory Access Protocol，LDAP）第三版和名称服务提供程序接口 （Name Service Provider Interface，NSPI），因此它可与使用这些协议的其他目录服务相互协作。LDAP 是用于在活动目录中查询和检索信息的目录访问协议。因为它是一种工业标准服务协议，所以可使用 LDAP 开发程序，与同时支持 LDAP 的其他目录服务共享活动目录信息。活动目录支持 Microsoft Exchange 2003 客户程序所用的 NSPI 协议，以提供与 Exchange 目录的兼容性。

（8）具有灵活的查询功能。

任何用户可使用“开始”菜单、“网上邻居”或“活动目录用户和计算机”上的“搜索”命令，通过对象属性快速查找网络上的对象。例如，可通过名字、姓氏、电子邮件名、办公室位置或用户账户的其他属性来查找用户，反之亦然。

2. Windows Server 2003 产品家族中 AD 的新增功能和改进特性

（1）集成和生产力。

作为管理企业标识、对象和关系的主要手段，AD 中包含了众多增强的特性，通过管理控制台，管理员可以一次编辑多个用户对象，通过 IIS(Internet Information Service)集成了 Passport 身份验证功能，消息队列支持向驻留在 AD 中的分发列表发送消息，可以通过 ADSL 通过终端服务器实现属性的批量修改或编程修改。

（2）伸缩性。

Windows Server 2003 可以实现对 AD 信息的复制和同步操作管理。它支持群集化的虚拟服务器；能实现并发的 LDAP 绑定；优化了全局编录复制；改进了成员关系的复制，只复制单个成员的值，从而降低了网络带宽和处理器占用，消除了由于同步更新造成更新数据丢失的可能；支持 64 位部署，从而提高了系统的处理能力。

（3）系统管理和配置管理。

Windows Server 2003 增强了管理员有效配置和管理 AD 的能力，即便是拥有多个森林、域和站点的超大型企业也可以得到轻松的管理。利用新的“配置您的服务器”向导简化了设置 AD 的过程；通过使用基本的默认设置自动配置 DHCP、DNS 和 AD，建立网络中的第一台服务器；在用户安装文件服务器、打印服务器、Web 和媒体服务器、应用服务器、RAS 和路由或者 IP 地址管理服务器的时候，为用户指定所选择的服务器，从而帮助用户在网络中配置成员服务器；提供了增强的迁移工具，使用户可以从低版本的系统平衡地迁移到 Windows Server 2003 系统上，允许域的重命名，更加灵活了网络的管理。

（4）组策略特性。

组策略管理控制台（Group Policy Management Console，GPMC）是针对组策略管理的最新解决方案，它能够帮助管理员更具成本效益地管理企业。Windows Server 2003 组策略能重新定向默认的用户和计算机容器；允许管理员确定并分析当前应用在某个特殊目标上的策略集合；允许管理员依次查看现有的策略设置、应用程序以及某个假设情境的安全性；可以支持多达 150 个的新的策略设置；可以通过组策略实现 Web 视图管理模板、DNS 客户端管理和终端服务器的管理等。

（5）安全性增强。

在 Windows Server 2003 产品家族中，AD 具有了更多的安全特性，从而让管理员管理多个森林和跨域信任的工作变得更轻松。它可以利用森林信任管理安全性，实现跨森林的身份验证、跨森林的授权等。该特性极大地简化了跨森林的安全管理，并且允许信任森林在它信任的其他森林的安全主体名称上应用约束，以执行身份验证。

6.1.2 目录形式的数据存储

人们经常将数据存储作为目录的代名词。目录包含了有关各种对象，例如用户、用户组、计算机、域、组织单元（OU）以及安全策略的信息。这些信息可以被发布出来，以供用户和管理员的使用。

目录存储在被称为域控制器的服务器上，可以被网络应用程序或者服务所访问。一个域可能拥有一台以上的域控制器。每一台域控制器都拥有它所在域的目录的一个可写副本。对目录的任何修改都可以从源域控制器复制到域、域树或者域林中的其他域控制器上。由于目录可以被复制，而且所有的域控制器都拥有目录的一个可写副本，因此用户和管理员便可以在域的任何位置方便地获得所需的目录信息。

目录数据存储在域控制器上的 Ntds.dit 文件中。建议将该文件存储在一个 NTFS 分区上。有些数据保存在目录数据库文件中，而有些数据则保存在一个被复制的文件系统上，例如登录脚本和组策略。

有以下 3 种类型的目录数据会在各台域控制器之间进行复制。

1. 域数据

域数据包含了与域中的对象有关的信息。一般来说，这些信息可以是例如电子邮件联系人、用户和计算机账户属性以及已发布资源这样的目录信息，管理员和用户可能都会对这些信息感兴趣。

例如，在向网络中添加了一个用户账户的时候，用户账户对象以及属性数据便被保存在域数据中。如果修改了组织的目录对象，例如创建、删除对象或者修改了某个对象的属性，相关的数据都会被保存在域数据中。

2. 配置数据

配置数据描述了目录的拓扑结构。配置数据包括一个包含了所有域、域树和森林的列表，并且指出了域控制器和全局编录所处的位置。

3. 架构数据

架构是对目录中存储的所有对象和属性数据的正式定义。Windows Server 2003 提供了一个默认架构，该架构定义了众多的对象类型，例如用户和计算机账户、组、域、组织单元以及安全策略。管理员和程序开发人员可以通过定义新的对象类型和属性，或者为现有对象添加新的属性，从而对该架构进行扩展。架构对象受访问控制列表（ACL）的保护，这确保了只有经过授权的用户才能够改变架构。

6.1.3 活动目录相关名词术语

虽然活动目录中用到的许多技术在其他软件产品中也已经出现过，但作为全面的整体网络方案还是首次亮相，其中有许多名词或术语或许是闻所未闻的，所以有必要详细了解一下活动目录的有关名词或术语。

1. 名字空间

从本质上讲，活动目录就是一个名字空间，可以把名字空间理解为任何给定名字的解析边界，这个边界就是指这个名字所能提供或关联、映射的所有信息范围。通俗地说就是在服务器上通过查找一个对象可以查到的所有关联信息总和，例如一个用户，如果在服务器已给这个用户定义了用户名、用户密码、工作单位、联系电话、家庭住址等，那所说的总和广义上理解就是“用户”这个名字的名字空间，因为只输入一个用户名即可找到上面所列的一切信息。名字解析是把一个名字翻译成该名字所代表的对象或者信息的处理过程。举例来说，在一个电话目录形成一个名字空间中，可以从每一个电话户头的名字被解析到相应的电话号码，而不是像现在一样名字是名字，号码归号码，根本不能横向联系。Windows

操作系统的文件系统也形成了一个名字空间，每一个文件名都可以被解析到文件本身（包含它应有的所有信息）。

2. 对象

对象是活动目录中的信息实体，即通常所见的“属性”，但它是一组属性的集合，往往代表了有形的实体，例如用户账户、文件名等。对象通过属性描述它的基本特征，例如，一个用户对象的属性可以包括用户的全名、登录名等，而一个打印机对象的属性可以是打印机名、打印机的位置等等。如图6-1所示为对象示意图。

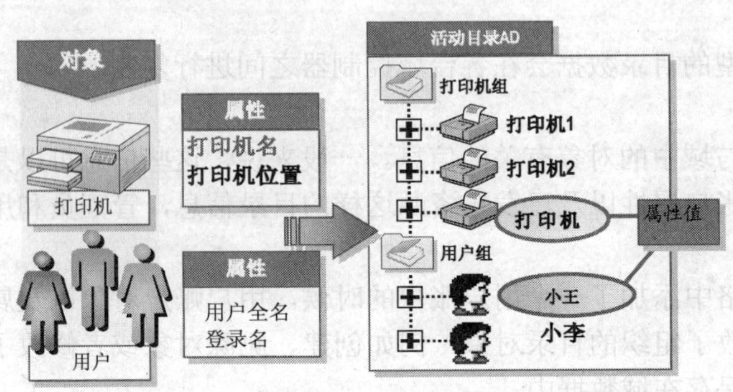

图6-1 对象示意图

3. 容器

容器是活动目录名字空间的一部分，与目录对象一样，它也有属性，但与目录对象不同的是，它不代表有形的实体，而是代表存放对象的空间，因为它仅代表存放一个对象的空间，所以它比名字空间小。例如一个用户，它是一个对象，但这个对象的容器就仅限于从这个对象本身所能提供的信息空间，如果它仅能提供用户名、用户密码，则其他的例如工作单位、联系电话、家庭住址等就不属于这个对象的容器范围了。

4. 目录树

在任何一个名字空间中，目录树是指由容器和对象构成的层次结构。树的叶子节点是对象，树的非叶子节点是容器。目录树表达了对象的连接方式，也显示了从一个对象到另一个对象的路径。在活动目录中，目录树是基本的结构，从每一个容器作为起点，层层深入，都可以构成一棵子树。一个简单的目录可以构成一棵树，一个计算机网络或者一个域也可以构成一棵树。

5. 域

域是Windows Server 2003网络系统的安全性边界。一个计算机网络最基本的单元就是“域”，这一点不是Windows Server 2003所独有的。活动目录可以贯穿一个或多个域。在独立的计算机上，域即指计算机本身，一个域可以分布在多个物理位置上，同时一个物理位置又可以划分不同网段为不同的域，每个域都有自己的安全策略以及它与其他域的信任关系。当多个域通过信任关系连接起来之后，活动目录可以被多个信任域共享。

6. 组织单元

组织单元是可将用户、组、计算机和其他单元放入活动目录的容器中，包含在域中特别有用的目录对象类型，它不能包括来自其他域的对象。组织单元是可以指派组策略设置或委派管理权限的最小作用单位。使用组织单元，可在组织单元中代表逻辑层次结构的域中创建容器，这样就可以根据组织模型管理账户、资源的配置和使用，可使用组织单元创建可缩放到任意规模的管理模型。可授予用户对域中所有组织单元或对单个组织单元的管理权限，组织单元的管理员不需要具有域中任何其他组织单元的管理权，组织单元有点像在 Windows NT 操作系统时代的工作组，从管理权限上来讲可以这么理解。

7. 域树

域树由多个域组成，这些域共享同一表结构和配置，形成一个连续的名字空间。树中的域通过信任关系连接起来，活动目录包含一个或多个域树。域树中的域层次越深级别越低，一个“.”代表一个层次，如域 child.microsoft.com 就比 microsoft.com 这个域级别低，因为它有两个层次关系，而 microsoft.com 只有一个层次。而域 grandchild.child.microsoft.com 比 child.microsoft.com 级别低，道理一样。

域树中的域是通过双向可传递信任关系连接在一起的。由于这些信任关系是双向的而且是可传递的，因此在域树或域林中新创建的域可以立即与域树或域林中其他的域建立信任关系。这些信任关系允许单一登录过程，在域树或域林中的所有域上对用户进行身份验证，但这不一定意味着经过身份验证的用户在域树的所有域中都拥有相同的权利和权限。因为域是安全界限，所以必须在每个域的基础上为用户指派相应的权利和权限。在 Windows Server 2003 中，域之间的信任关系基于 Kerbcros 安全协议，因为 Kerberos 信任关系是可传递的，所以域树可以通过信任关系建立层次结构。如图 6-2 所示，域 BITC 与域 JSJ 以及域 JSJ 与域 SOFT 之间有显式的信任关系，所以域 BITC 与域 SOFT 之间形成了隐式的信任关系。

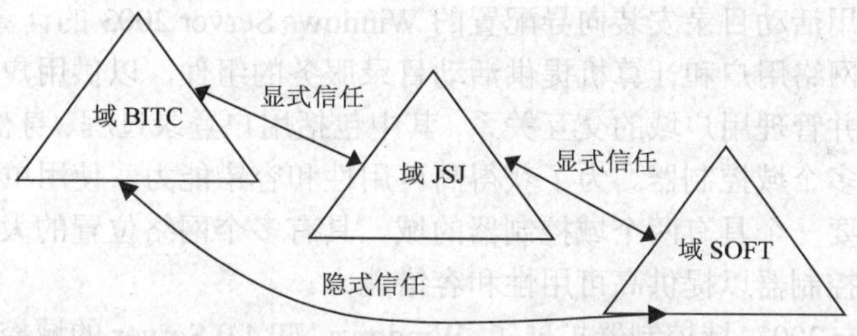

图 6-2　通过信任关系建立起来的域树

也可以从名字空间来看待域树的结构关系，域树中的域可以按照父子关系形成层次结构，并进一步形成一个完整的域树名字空间。这样的结构非常适合于把逻辑上分散的对象组织到一致的逻辑结构中。如图 6-3 所示，域 BITC、域 JSJ1、域 JSJ2 和域 SOFT 形成了一个简单的层次结构，这些域可以在同一个名字空间中被命名。

8. 域林

域林是指由一个或多个没有形成连续名字空间的域树组成，它与上面所讲的域树最明显的区别就在于这些域树之间没有形成连续的名字空间，而域树则是由一些具有连续名字空间的域组成。但域林中的所有域树仍共享同一个表结构、配置和全局目录。域林中的所有域树通过 Kerberos 信任关系建立起来，所以每个域树都知道 Kerberos 信任关系，不同域树可以交叉引用其他域树中的对象。域林都有根域，域林的根域是域林中创建的第一个域，域林中所有域树的根域与域林的根域建立可传递的信任关系。如图 6-4 所示显示了域林中域树之间的关系。

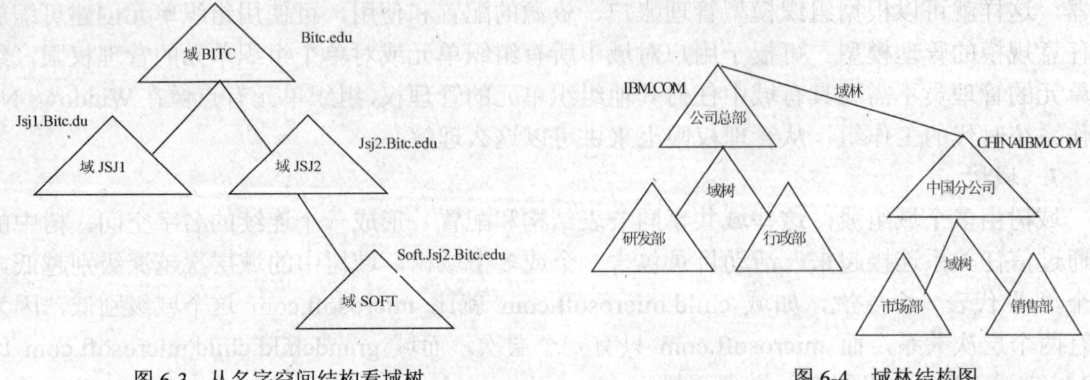

图 6-3　从名字空间结构看域树　　　　图 6-4　域林结构图

9. 站点

站点是指包括活动目录域服务器的一个网络位置，通常是一个或多个通过 TCP/IP 连接起来的子网。站点内部的子网通过可靠、快速的网络连接起来。站点的划分使得管理员可以很方便地配置活动目录的复杂结构，更好地利用物理网络特性，使网络通信处于最优状态。当用户登录到网络时，活动目录客户机在同一个站点内找到活动目录域服务器，由于同一个站点内的网络通信是可靠、快速和高效的，因此对于用户来说，可以在最快的时间内登录到网络系统中。因为站点是以子网为边界的，所以活动目录在登录时很容易找到用户所在的站点，进而找到活动目录域服务器完成登录工作。

10. 域控制器

域控制器是使用活动目录安装向导配置的 Windows Server 2003 的计算机。活动目录安装向导安装和配置为网络用户和计算机提供活动目录服务的组件，以供用户选择使用。域控制器存储着目录数据并管理用户域的交互关系，其中包括用户登录过程、身份验证和目录搜索，一个域可有一个或多个域控制器。为了获得高可用性和容错能力，使用单个局域网　（LAN）的小单位可能只需要一个具有两个域控制器的域。具有多个网络位置的大公司在每个位置都需要一个或多个域控制器以提供高可用性和容错能力。

Windows Server 2003　域控制器扩展了　Windows NT 4.0 Server 的域控制器所提供的能力和特性，Windows Server 2003　多宿主复制使每个域控制器上的目录数据同步，以确保随着时间的推移这些信息仍能保持一致，也就是说是动态的，这就是活动目录的作用。多宿主复制是 Windows NT 4.0 Server　中使用的主域控制器和备份域控制器模型的发展，在　Windows NT 4.0 Server 中只有一个服务器，即主域控制器，拥有该目录的可读写副本。

6.1.4　活动目录的结构

活动目录是一个分布式的目录服务，因为信息可以分散在多台不同的计算机上，保证各计算机用户快速访问和容错；同时不管用户从何处访问或信息在何处，对用户都提供统一的视图，使用户觉得更加容易理解和掌握　Windows　Server　2003　的使用。活动目录集成了 Windows Server 2003 服务器的关键服务，例如域名服务（DNS）、消息队列服务（MSMQ）、事务服务（MTS）等。在应用方面活动目录集成了关键应用，例如电子邮件、网络管理、ERP 等。要理解活动目录，必须从它的逻辑结构和物理结构入手。

1. 逻辑结构

活动目录的逻辑结构非常灵活，它为活动目录提供了完全的树状层次结构视图，为管理员和用户查找、定为对象提供了极大的方便。活动目录中的逻辑单元包括域、组织单元（Organizational Unit，OU）、域树和域林。

（1）域、域树、域林。

域是 Windows Server 2003 网络系统的安全性边界，是活动目录中逻辑结构的核心单元。一个计算机网络最基本的单元就是域，不论是 Windows NT 4.0 Server 还是 Windows 2000 Server 中，域的概念都是存在的，而活动目录可以贯穿一个或多个域。多个域可以组合为域树，这些域共享统一的表结构和配置，形成一个连续的名字空间。其中，域树中的第一个域称为根域，同一棵树中的其他域则称为子域。同一棵树上紧位于指定域上方的域称为子域的父亲。单一域树中的所有域都共享一个层次命名结构，子域的域名由子域名称再加上父域名称组成。例如，projectdepartment.company.com 是 company.com 域的一个子域，它们共享同一根域，又称为共享一个连续名称空间。一个域树或多个域树可以构成域林，域林中不同的树具有独立的根。

域林有一个或多个没有形成连续名字空间的域树组成，它与上面所讲的域树最明显的区别在于这些域林之间没有形成连续的名字空间，而域树则是由一些具有连续名字空间的域组成。域林中的所有域树仍共享同一个表结构、配置和全局目录。与域林中的所有域树通过 Kerberos 信任关系建立起来，不同的域树可以交叉引用其他域树中的对象。域林都有根域，域林的根域都属于域林中创建的第一个域，域林中所有域树的根域与域林的根域都建立了可传递的信任关系。

域是 Windows Server 2003 网络系统的逻辑组织单元，是对象（例如计算机、用户等）的容器，这些对象有相同的安全需求、复制过程和管理，这一点对于网管人员应是容易理解的。在 Windows Server 2003 中域中所有的域控制器都是平等的（这一点与 Windows NT 4.0 Server 不一样，没有主、副之分），域是安全边界，域管理员只能管理域的内部，除非其他的域显式地赋予他管理权限，他才能够访问或管理其他的域。每个域都有自己的安全策略，以及它与其他域的安全信任关系。这就涉及到了不同域之间的信任关系及传递关系，下面就具体讲一下 Windows Server 2003 中的域信任关系。

域与域之间具有一定的信任关系，一个域中的用户由另一域中的域控制器进行验证后，能访问另一个域中的资源。所有域信任关系中只有两种域：信任关系域和被信任关系域。信任关系就是域 A 信任域 B，则域 B 中的用户可以通过域 A 中的域控制器进行身份验证后访问域 A 中的资源，因此域 A 与域 B 之间的关系就是信任关系。被信任关系就是被一个域信任的关系，在上面的例子中域 JSJ 就是被域 BITC 信任，域 JSJ 与域 BITC 的关系就是被信任关系。信任与被信任关系可以是单向的，也可以是双向的，即域 BITC 与域 JSJ 之间可以是单方面的信任关系，也可以是双方面的信任关系。而在域中传递信任关系不受关系中两个域的约束，是经父域向上传递给域目录树中的下一个域，也就是说如果域 BITC 信任域 JSJ，则域 BITC 也就信任域 JSJ 下面的子域 JSJ1、子域 JSJ2……。传递信任关系总是双向的，关系中的两个域互相信任（是指父域与子域之间）。在默认情况下，域目录树或目录林（目录林可以看作是同一域中的多个目录树组成）中的所有 Windows Server 2003 信任关系都是传递的。大大减少需管理的委托关系数量，将在很大程度上简化域的管理。

Windows Server 2003 中的域传递信任关系一般是系统自动的，但对于相同域目录树或域林中的 WiIN2K 域，也可以显式（手工）地创建传递信任关系。这对于形成交叉链接信任关系是非常重要的。不传递信任关系受关系中两个域的约束，并且不经父域向上传递到域目录树中的下一个域。必须显式地创建不传递信任关系。在默认情况下，不传递信任关系是单向的，尽管也可以通过创建两个单向信任关系创建一个双向关系。所有不属于相同域目录树或域林中 WiIN2K 域间建立的委托关系都是不传递的。所有 Windows Server 2003 域和 Windows NT 4.0 Server 域之间的委托关系都是不传递的，这一点同时使用 Windows Server 2003 和 Windows NT 4.0 Server 域控制器的企业应特别注意，当从 Windows NT 升级到 WiIN2K 时，所有现有的 Windows NT 信任关系都将保持不变。在混合模式的网络中，所有 Windows NT 信任关系都是不传递的。Windows Server 2003 域和 Windows NT 4.0 Server 域目录林中的 Windows Server 2003 域和另一目录林中的 WiIN2K 域 Windows Server 2003 域和 MITKerberosV5 域单向信任关系是单独的委托关系。双向信任关系包括一对单向委托关系，所有传递信任关系都是双向的。为使不传递信任关系成为双向，必须在所涉及的域间创建两个单向信任关系。

如图 6-5 所示为一个完整的活动目录逻辑结构示意图，可以看出，域林由域树组成，域树又由域组成，域中的对象可以按组织单元划分，组织单元把对象组织起来。

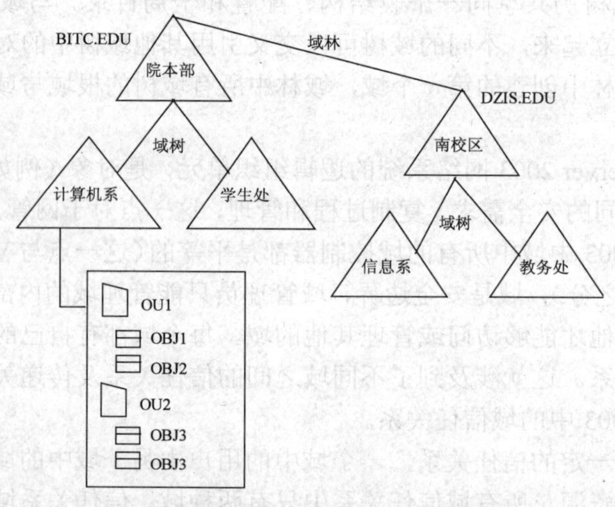

图 6-5 活动目录逻辑结构示意图

（2）组织单元。

组织单元（Organizational Unit，OU）是一个容器对象，它也是活动目录的逻辑结构的一部分，可以把域中的对象组织成逻辑组，从而简化管理工作。OU 可以包含各种对象，例如用户账户、用户组、计算机、打印机等，甚至可以包括其他的 OU，所以可以利用 OU 把域中的对象形成一个完全逻辑上的层次结构。对于企业来讲，可以按部门把所有的用户和设备组成一个 OU 层次结构，也可以按地理位置形成层次结构，还可以按功能和权限分成多个 OU 层次结构。很明显，通过组织单元的包容，组织单元具有很清楚的层次结构，这种包容结构可以使管理者把组织单元切入到域中以反应出企业的组织结构并且可以委派任务与授权。建立包容结构的组织模型能够解决许多问题，同时仍然可以使用大型的域，域树中每个对象都可以显示在全局目录，从而用户就可以利用一个服务功能轻易地找到某个对象而不管它在域树结构中的位置。

由于 OU 层次结构局限于域的内部，因此一个域中的 OU 层次结构与另一个域中的 OU 层次结构没有任何关系。因为活动目录中的域可以比 NT4 域容纳更多对象，所以一个企业有可能只用一个域来构造企业网络，这时候就可以使用 OU 来对对象进行分组，形成多种管理层次结构，从而极大地简化网络管理工作。组织中的不同部门可以成为不同的域，或者一个组织单元，从而采用层次化的命名方法来反映组织结构和进行管理授权。顺着组织结构进行颗粒化的管理授权可以解决很多管理上的头疼问题，在加强中央管理的同时，又不失机动灵活性。

2. 物理结构

活动目录的物理结构与逻辑结构有很大的不同，它们是彼此独立的两个概念。逻辑结构侧重于网络资源的管理，而物理结构则侧重于网络的配置和优化。活动目录的物理结构主要着眼于活动目录信息的复制和用户登录网络时的性能优化。物理结构的两个重要概念是站点和域控制器。

（1）站点。

站点是指包括活动目录与服务器的一个网络位置，由一个或多个 IP 了网组成，这些子网通过高速网络设备连接在一起。站点的划分使得管理员可以很方便的配置活动目录的复杂结构，更好的利用物理网络特性，使网络通信处于最优状态。当用户登录到网络时，活动目录客户机在同一个站点内找到活动目录域服务器，由于同一个站点内的网络通信是可靠和高速的，因此对用户来说，可以在最快的时间内登录到网络系统中。因为站点是以子网为边界的，所以活动目录在登录时很容易找到用户所在的站点，进而找到活动目录域服务器，完成登录工作。

活动目录中的站点与域是两个完全独立的概念，一个站点中可以有多个域，多个站点也可以位于同一个域中。站点与域名空间没有必然的联系。

活动目录站点服务可以通过使用站点提高大多数配置目录服务的效率。可以通过使用活动目录站点服务向活动目录发布站点的方法提供有关网络物理结构的信息，活动目录根据该信息确定如何复制目录信息和处理服务的请求。计算机站点是根据其在子网或一组已连接好子网中的位置指定的，子网提供一种表示网络分组的简单方法，这与常见的邮政编码将地址分组类似。将子网格式化可方便发送有关网络与目录连接物理信息的形式，将计算机置于一个或多个连接好的子网中充分体现了站点所有计算机必须连接良好这一标准，原因是同一子网中计算机的连接情况通常优于网络中任意选取的计算机。使用站点的意义主要在于以下 3 点。

① 提高了验证过程的效率：当客户使用域账户登录时，登录机制首先搜索与客户处于同一站点内的域控制器，使用客户站点内的域控制器首先可以使网络传输本地化，加快了身份验证的速度，提高了验证过程的效率。

② 平衡了复制频率：活动目录信息可在站点内部或站点与站点之间进行信息复制，但由于网络的原因，活动目录在站点内部复制信息的频率高于站点间的复制频率。这样做可以平衡对最新目录信息需求和可用网络带宽带来的限制。可通过站点连接来定制活动目录如何复制信息以指定站点的连接方法，活动目录使用有关站点如何连接的信息生成连接对象以便

提供有效的复制和容错。

③ 可提供有关站点连接信息：活动目录可使用站点连接信息费用、连接使用次数、连接何时可用以及连接使用频度等信息确定应使用哪个站点来复制信息，以及何时使用该站点。定制复制计划使复制在特定时间（例如网络传输空闲时）进行，会使复制更为有效。通常，所有域控制器都可用于站点间信息的交换，但也可以通过指定桥头堡服务器优先发送和接收站间复制信息的方法进一步控制复制行为。当拥有用于站间复制的特定服务器时，宁愿建立一个桥头堡服务器而不使用其他可用服务器，或在配置使用代理服务器时建立一个桥头堡服务器，用于通过防火墙发送和接收信息。

（2）域控制器。

域控制器是指运行 Windows Server 2003 版本的服务器，它保存了活动目录信息的副本。域控制器管理目录信息的变化，并把这些变化复制到同一个域中的其他域控制器上，使各个域控制器上的目录信息处于同步。域控制器存储着目录数据并管理用户域的交互关系，其中包括用户登录过程、身份验证和目录搜索。一个域可以有一个或多个域控制器。规模较小的域可以只需要两个域控制器，一个实际使用，另一个用于容错性检查；而规模较大的域可以使用多个域控制器。

Windows Server 2003 的域结构与 Windows NT 的域结构不同的是，活动目录中的域控制器没有主次之分。活动目录采用多主机复制方案，每一个域控制器都有一个可写入的目录副本，这为目录信息容错带来了很多的好处。尽管在某一个时刻，不同的域控制器的目录信息可能有所不同，但一旦活动目录中的所有域控制器执行同步操作后，最新的变化信息就会一致。

尽管活动目录支持多主机复制方案，但由于复制引起的通信流量，以及网络潜在的冲突，变化的传播并不一定能够顺利进行。因此，有必要在域控制器中制定全局目录服务操作主机。全局目录是一个信息仓库，包括活动目录中所有对象的一部分属性，这往往是在查询过程中访问最为频繁的属性。利用这些信息，可以定位到任何一个对象实际所在的位置。全局目录服务器是一个域控制器，它保存了全局目录的一个副本，并执行对全局目录的查询操作。全局目录服务器可以提高活动目录中大范围内对象搜索的性能，例如在域林中查寻所有的打印机操作。如果没有全局目录服务器，那么这样的查询操作必须调动域林中每一个域的查询过程。如果域中只有一个域控制器，那么它就是全局目录服务器；如果有多个域控制器，那么管理员必须将其中一个域控制器配置为全局目录控制器。

6.2　活动目录的特性

Windows Server 2003 活动目录是一个完全可扩展、可伸缩的目录服务，既能满足商业 ISP 的需要，又能满足企业内部网和外联网的需要，充分体现了 Microsoft 产品集成性、深入性和易用性等优点。

6.2.1　活动目录的集成性

Windows Server 2003 操作系统活动目录的集成性主要是指它结合了 3 个方面的管理内容，用户和资源管理、基于目录的网络服务和基于网络的应用管理。另外，Windows Server 2003

操作系统活动目录还广泛地采纳了因特网标准，把众多的因特网服务都集成在一起，增强自身网络管理功能。

目录管理的基本对象是用户和计算机，还包括文件、打印机等资源。用户对象的属性非常丰富，不但有常见的账号名、口令等，还包括邮件信箱和个人主页地址、在公司中的职位关系等，可以在活动目录中给用户对象发送邮件和访问其个人主页等。在活动目录中，支持全局性的查找，例如查找在整个网络中支持双面打印的彩色打印机等。

基于活动目录的应用服务是 Windows Server 2003 平台上的新一代的应用程序，它使应用开发人员可以扩展活动目录的 Schema 和 UI 两个对象，通过 ADSI/ADO 编程在活动目录中发布服务绑定信息，通过组策略配置应用程序。比较典型的基于目录的应用的例子是网络会议。在活动目录的环境中，你只要在 NetMeeting 中敲入同事的 E-mail 别名，就可以通过活动目录中的定位服务，与其进行对话和桌面协作等，非常方便。

活动目录完全采用了因特网标准协议，甚至连用户账号都可以用“用户名@域名”来表征，进行网络登录。单个域目录树中的所有域共享一个等级命名结构。一个子域的域名就是将该子域的名称添加到父域的名称中。例如，headquarters.mycompany.com 是 mycompany.com 域的子域。共享公用根域的域被认为共享邻近的名字空间。目录树中的域通过双向、传递的委托关系连接在一起。由于这些委托关系是双向和传递的，因此加入目录树的域会立即与目录树中的每个域建立委托关系。这些委托关系允许单个用户登录以验证用户并授权验证用户访问整个网络。这使得目录树中所有其他域中具有适当凭据的用户和计算机可以使用目录树所有域中的所有对象。例如，一家公司兼并了其他的公司，这家公司的域树可以和其他公司的域树 othercom.com 建立起整个的域林来。整个域林的所有对象，只要安全性管理许可，都可以用 LDAP 访问到。域名服务（Domai Nname Service，DNS）在此充当了名字解析的功能，建议用户使用与活动目录集成的 DNS 服务器来保证动态更新域名和更好的复制能力。在当今的因特网时代，Windows Server 2003 活动目录这种基于因特网标准的做法，给用户带来了众多的益处。

另外，活动目录集成了关键服务，例如 DNS、MSMQ（消息队列服务）；集成了关键应用，例如电子邮件、网管、ERP 等；集成了关键数据访问，例如 ADSI、OLEDB 等；还集成了关键的安全性，例如 Kerberos 第 5 版本和公开密钥基础设施等。

6.2.2 活动目录的深入性

Windows Server 2003 操作系统活动目录的深入性主要体现在其企业级的可伸缩性、安全性、互操作性、编程能力和升级能力上。Windows Server 2003 操作系统活动目录允许用户组建单域来管理少量的网络对象，也允许用户通过域目录管理成万上亿个对象。活动目录的伸缩性是通过为每个域创建一个目录存储的方法来获得的。在一个域目录存储中仅仅包括了这个域中的所有对象。但是，当域树建立之后，每个域都有能力搜索整个域树中所有的目录存储。这种划分整个域树的方法，使用户查找所需要的信息变得更加快捷。

活动目录的域树和域林的组建方法，可帮助用户使用容器层次来模拟一个企业的组织结构。组织中的不同部门可以成为不同的域，或者一个域中有层次结构的组织单元，从而采用层次化的命名方法来反映组织结构和进行管理授权。顺着组织结构进行颗粒化的管理授权可以解决很多管理上的头疼问题，在加强中央管理的同时，又不失机动灵活性。另外，借助全局目录，用户和管理员仍然能够迅速地找到对象和管理对象。由于有一系列的工具可以帮助 Windows NT（GlobalCatalog）4.0 的用户迁移到 Windows Server 2003 的目录环境中，Windows Server 2003 可以在现存的 Windows NT 4.0 的环境中工作，保护现有的投资。

Windows Server 2003 活动目录和其安全性服务（例如 Kerberos，PKI 和智能卡等）紧密结合，相辅相成，共同完成安全任务和协同管理。活动目录存储了域安全政策的信息，例如域用户口令的限制政策和系统访问权限等，实施了基于对象的安全模型和访问控制机制。在活动目录中的每个对象都有一个独有的安全性描述，定义了浏览或更新对象属性所需要的访问权限。不过，当 LDAP 客户端访问域时，不是由活动目录决定访问控制，而是由系统来实施访问安全控制。

6.2.3 活动目录的易用性

Windows Server 2003 活动目录主要体现在其简易的安装和管理上。先说一下活动目录的安装。在安装 Windows Server 2003 活动目录时，第一个域服务器都配置域控制器，而其他所有新安装的计算机都安装成为成员服务器，并且目录服务可以事后用 Dcpromo 的命令进行特别安装。而不用像在安装 Windows NT 4.0 那样，一开始就要定终生，是域控制器还是成员服务器，两者之间不可转换，且目录服务不可以卸载。Dcpromo 是一个图形化的向导程序，引导用户一步一步地建立域控制器，可以新建一个域林、一棵域树，或者仅仅是域控制器的另一个备份，非常方便。很多其他的网络服务，例如 DNS Server、DHCP Server 和 Certificate Server 等，都可以在以后与活动目录集成安装，便于实施策略管理等。

在活动目录安装之后，主要有 3 个活动目录的管理界面（MMC），一个是活动目录用户和计算机管理，主要用于实施对域的用户和计算机进行管理；一个是活动目录的域和域信任关系的管理，主要用于管理多域的委托和信任关系；还有一个是活动目录的站点管理，可以把域控制器置于不同的站点进行管理。一般情况下，一个站点内的域控制器之间的复制是自动进行的；站点间的域控制器之间的复制需要管理员设定，以优化复制流量，提高可伸缩性。

对于 SDOU，管理员还可以方便地进行管理授权。鼠标右键单击“SDOU”就可以启动“管理授权向导”，一步一步地设定管理员对于对象有什么样的管理权限。例如说企业内部技术支持中心的管理员，只有复位用户口令的权限，没有创建和删除用户账号的权限。

另外，活动目录还充分地考虑到了备份和恢复目录服务的需要。Windows Server 2003 备份工具中有专门备份活动目录的选项，在出现意外事故的时候，可以在机器启动时按 F8 键进入安全模式，进行目录服务的恢复，减少灾难的恶性影响。

6.2.4 活动目录的安全性

安全性通过登录身份验证以及目录对象的访问控制集成在活动目录之中。通过单点网络登录，管理员可以管理分散在网络各处的目录数据和组织单元，经过授权的网络用户可以访问网络任意位置的资源。基于策略的管理则简化了网络的管理，即便是那些最复杂的网络也是如此。

活动目录通过对象访问控制列表以及用户凭据保护其存储的用户账户和组信息。因为活动目录不但可以保存用户凭据，而且可以保存访问控制信息，所以登录到网络上的用户既能够获得身份验证，又可以获得访问系统资源所需的权限。例如，在用户登录到网络上的时候，安全系统首先利用存储在活动目录中的信息验证用户的身份。然后，在用户试图访问网络服务的时候，系统会检查在服务的自由访问控制列表（DCAL）中所定义的属性。

因为活动目录允许管理员创建组账户，管理员得以更加有效地管理系统的安全性。例如，通过调整文件的属性，管理员能够允许某个组中的所有用户读取该文件。通过这种办法，系统将根据用户的组成员身份控制其对活动目录中对象的访问操作。

6.3　安装活动目录

活动目录的安装配置过程并不是很复杂，因为 Windows Server 2003 中提供了安装向导，只需按照向导提示根据系统要求设定即可。但安装前的准备工作显得比较复杂，只有充分理解了活动目录，才能正确地安装配置活动目录。

6.3.1　活动目录安装规划

1. DNS 与活动目录

由于活动目录与 DNS（Domain Name System，域名系统）集成，共享相同的名称空间结构，因此注意两者之间的差异非常重要。

（1）DNS 是一种名称解析服务。

DNS 客户机向配置的 DNS 服务器发送 DNS 名称查询。DNS 服务器接收名称查询，然后通过本地存储的文件解析名称查询，或者查询其他 DNS 服务器进行名称解析。DNS 不需要活动目录就能运行。

（2）活动目录是一种目录服务。

活动目录是提供信息存储库以及让用户和应用程序访问信息的服务。活动目录客户使用“轻量级目录访问协议（Lightweight Directory Access Protocol，LDAP）”向活动目录服务器发送查询。要定位活动目录服务器，活动目录客户机将查询 DNS。活动目录需要 DNS 才能工作。

活动目录用于组织资源，而 DNS 用于查找资源；只有它们共同工作才能为用户或其他请求类似信息的过程返回信息。DNS 是活动目录的关键组件，如果没有 DNS，活动目录就无法将用户的请求解析成资源的 IP 地址。因此在安装和配置活动目录之前，我们必须对 DNS 有深入的理解。

2. 规划活动目录

在安装活动目录之前，首先要对活动目录的结构进行细致的规划设计，让用户和管理员在使用和管理时更为方便。

（1）规划 DNS。

如果用户准备使用活动目录，则需要首先规划名字空间。当 DNS 域名字空间在 Windows Server 2003 中正确执行之前，需要有可用的活动目录结构。所以，从活动目录设计着手并用适当的 DNS 名字空间支持它。

在 Windows Server 2003 中，用 DNS 名称命名活动目录域。选择 DNS 名称用于活动目录域时，把保留在 Internet 上使用的已注册 DNS 域名后缀（如 bitc.edu），和单位中使用的地理（部门）名称结合起来，组成活动目录域的全名。例如，microsoft 的 sales 组可能称他们的域为“sales.microsoft.com”。这种命名方法确保每个活动目录域名是全球唯一的。而且，这种命名方法一旦被采用，使用现有名称作为创建其他子域的父名称，以及进一步增大名字空间以供单位中的新部门使用的过程将变得非常简单。

（2）规划用户的域结构。

最容易管理的域结构就是单域。规划时，用户应从单域开始，在单域模式不能满足用户的要求时，才增加其他的域。单域可跨越多个地理站点，并且单个站点可包含属于多个域的用户和计算机。在一个域中，可以使用组织单元（Organizational Units，OU）来实现这个目标。然后，可以指定组策略设置并将用户、组和计算机放在组织单元中。

（3）规划用户的委派模式。

用户可以将权限下派给单位中最底层部门，方法是在每个域中创建组织单元树，并将部分组织单元子树的权限委派给其他用户或组。通过委派管理权限，用户不再需要那些定期登录到特定账户的人员，这些账户具有对整个域的管理权。

6.3.2 活动目录安装前的准备

活动目录是整个 Windows Server 2003 操作系统中的一个关键服务，它不是孤立的，它与许多协议和服务有着非常紧密的关系，还涉及到整个 Windows Server 2003 操作系统的系统结构和安全。安装活动目录不是安装一般 Windows 组件那么简单，在安装前要进行一系列的策划和准备，否则无法享受到活动目录所带来的优越性，更严重的是不能正确安装活动目录这项服务。准备工作如下所述。

（1）在安装活动目录之前，必须保证已经有一台机器安装了 Windows Server 2003 或者 Windows 2000 Advanced Server，且至少有一个 NTFS 分区，而且已经为 TCP/IP 配置了 DNS 协议，并且 DNS 服务支持 SRV 记录和动态更新协议。

（2）要规划好整个系统的域结构，活动目录可包含一个或多个域，如果整个系统的目录结构规划得不好，就不能很好地发挥活动目录的优越性。选择根域（就是一个系统的基本域）是关键，根域名字的选择可以有以下几种方案。

① 可以使用一个已经注册的 DNS 域名作为活动目录根域名，这样做的好处在于企业的公共网络和私有网络使用同样的 DNS 名字。

② 还可使用一个已经注册的 DNS 域名的子域名作为活动目录的根域名。

③ 为活动目录选择一个与已经注册的 DNS 域名完全不同的域名。这样可以使企业网络在内部和因特网上呈现出两种完全不同的命名结构。

④ 把企业网络的公共部分用一个已经注册的 DNS 域名进行命名，而私有网络用另一个内部域名，从名字空间上把两部分分开，这样做就使得每一部分要访问另一部分时必须使用对方的名字空间来标志。

（3）要进行域和账户命名策划，因为使用活动目录的意义之一就在于使内、外部网络使用统一的目录服务，采用统一的命名方案，以方便网络管理和商务往来。活动目录域名通常是该域的完整 DNS 名称，但是为确保向下兼容，每个域最好还有一个 Windows Server 2003 以前版本的名称，以便在运行 Windows Server 2003 的计算机上使用。用户账户在活动目录中，每个用户账户都有一个用户登录名、一个 Windows Server 2003 以前版本的用户登录名（安全账户管理器的账户名）和一个用户主要名称后缀。在创建用户账户时，管理员输入其登录名并选择用户主要名称，活动目录建议 Windows Server 2003 以前版本的用户登录名使用此用户登录名的前 20 个字节。活动目录命名策略是企业规划网络系统的第一个步骤，命名策略直接影响到网络的基本结构，甚至影响网络的性能和可扩展性。活动目录为现代企业提供了很好的参考模型，既考虑到了企业的多层次结构，又考虑到了企业的分布式特性，甚至为直接接入因特网提供完全一致的命名模型。

所谓用户主要名称是指由用户账户名称和表示用户账户所在的域的域名组成。这是登录到 Windows Server 2003 操作系统域的标准用法。标准格式为：user@domain.com（像个人的电子邮件地址）。但不要在用户登录名或用户主要名称中加入“@”号。活动目录在创建用户主要名称时自动添加此符号。

在活动目录中，默认的用户主要名称后缀是域树中根域的 DNS 名。如果用户的单位使用由部门和区域组成的多层域树，则底层用户的域名可能很长。对于该域中的用户，默认的用户主要名称可能是 grandchild.child.root.com，默认的登录名可能是 user@grandchild.child.root.com。用户使用该用户口登录，非常不方便，为了解决这一问题，Windows Server 2003 规定在创建用户主要名称后，只要在根域后加上相应的用户名，使用 user@root.com 就可以登录。

（4）注意设置规划好域间的信任关系，对于 Windows Server 2003 计算机，通过基于 Kerberos V5 安全协议的双向、可传递信任关系启用域之间的账户验证。在域树中创建域时，相邻域（父域和子域）之间自动建立信任关系。在域林中，根域和添加到域林的每个域树的根域之间自动建立信任关系。如果这些信任关系是可传递的，则可以在域树或域林中的任何域之间进行用户和计算机的身份验证。

如果将 Windows Server 2003 以前版本的域升级为 Windows Server 2003 域时，Windows Server 2003 域将自动保留域和任何其他域之间现有的单向信任关系，包括 Windows Server 2003 以前版本的域的所有信任关系。如果用户要安装新的 Windows Server 2003 域并且希望与任何 Windows Server 2003 以前版本的域建立信任关系，则必须创建与那些域的外部信任关系。

6.3.3　安装活动目录

大部分的网络操作系统的安装都是将服务器安装成为成员服务器，如果在新安装 Windows Server 2003 时选择安装了“活动目录”选项，则系统就会出现类似于“如果您此时安装活动目录则系统中的所有域名就不能再次改变……”之类的提示。一般情况下在新安装系统时不选择安装活动目录，以便有时间来具体规划与活动目录有关的协议和系统结构。目录服务都需要事后用 dcpromo.exe 命令特别安装。

dcpromo.exe 是一个图形化的向导程序，引导用户建立域控制器，可以新建一个域林、一棵域树，或者仅仅是域控制器的另一个备份，非常方便。很多其他的网络服务，例如 DNS Server、DHCP Server 和 Certificate Server 等，都可以在以后与活动目录集成安装，便于实施策略管理等。这个图形化界面向导程序也没有什么特别之处，只要在前面理解好了活动目录的含义，并进行了安装前的一系列规划，则可以很容易完成所有的安装任务。

1. 活动目录的安装

安装 Windows Server 2003 时默认的情况下系统并没有安装活动目录。在操作系统安装完成后，将独立的 Windows Server 2003 服务器通过活动目录安装向导创建活动目录，从而成为一个域控制器。系统提供的活动目录安装向导，可以帮助管理员配置自己的域服务器。

用户可以根据目录网络中的域情况创建新域控制器、新建子域、新建域目录树或目录林等，可将现有的服务器设置为备份域控制器，加入旧域、旧目录树或目录林。

活动目录必须安装到NTFS分区上，如果安装Windows Server 2003操作系统使用的是FAT或FAT32分区，可以在完成安装之后使用convert.exe程序把FAT或FAT32分区转化为新版本的NTFS分区，然后进行活动目录的安装，安装操作步骤如下。

（1）安装DNS。首先要安装DNS，从“控制面板”对话框中选择“添加/删除程序”→“Windows 组件”选项，进行安装。安装后，不要建立新的域名，因为活动目录需要在域中建立SRV资源记录。也可以不事先安排，而在安装AD时自动建立。

（2）安装 AD。执行“开始”→“所有程序”→“管理工具”→“配置您的服务器”命令，打开如图6-6所示的“配置您的服务器向导”对话框，单击2个“下一步”按钮之后，打开“服务器角色”对话框，在“服务器角色”列表框中选择“域控制器（(Active Directory)”选项，单击“下一步”按钮，启动如图6-7所示的“欢迎使用Active Directory安装向导”对话框。或执行“开始”→“运行”命令，打开“运行”对话框，在“打开”文本框中输入“dcpromo”。

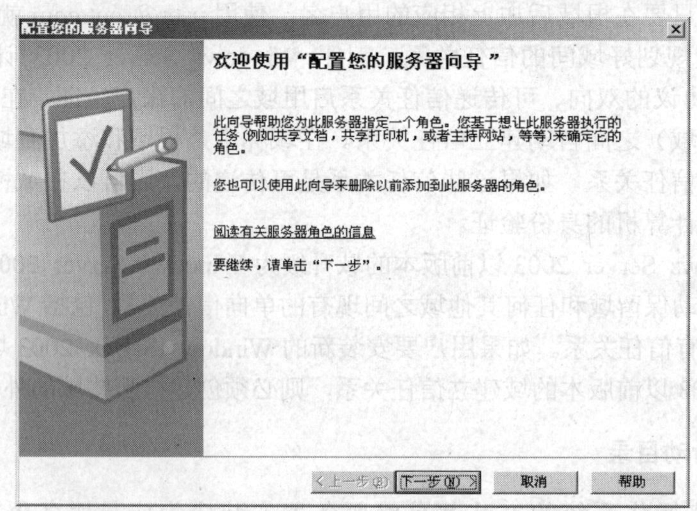

图6-6 “配置您的服务器向导”对话框

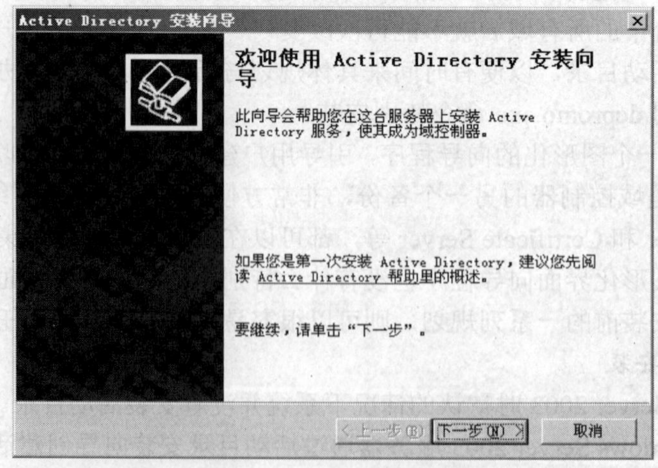

图6-7 “欢迎使用Active Directory安装向导”对话框

（3）单击“下一步”进入图 6-8 所示的“操作系统兼容性”对话框，此对话框提示用户，Widows Serer 2003 域中改进的安全设置会影响以前版本的 Windows 操作系统。

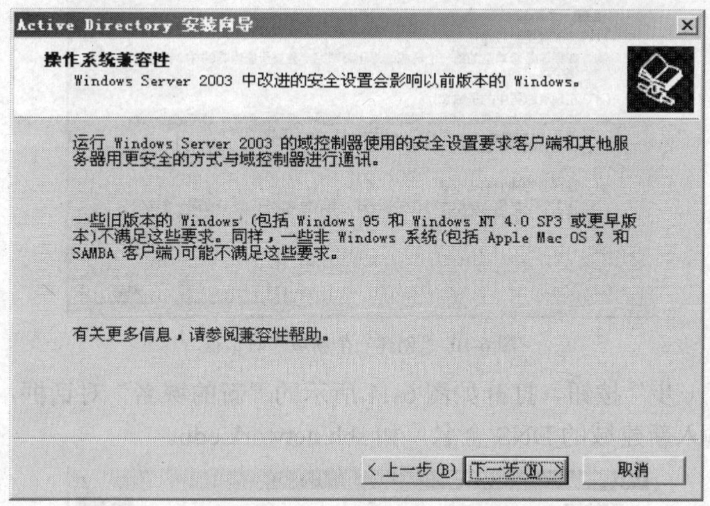

图 6-8 “操作系统兼容性”对话框

（4）单击“下一步”按钮，打开如图 6-9 所示的“域控制器类型”对话框，选择“新域的域控制器”单选项，使服务器成为新域中的第一个域控制器。如果网上已有域控制器，可选择“现有域的额外域控制器”单选项。

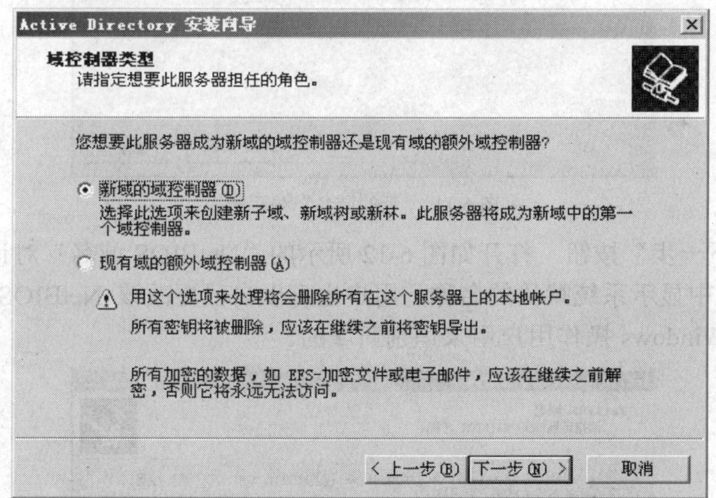

图 6-9 “域控制器类型”对话框

（5）单击“下一步”按钮，打开如图 6-10 所示的“创建一个新域”对话框，如果用户的计算机是域中的第一台域服务器，则选择“在新林中的域”单选项；如果网络中已创建了域控制器，而该域是控制器已建域的子域，则选择“在现有域树中的子域”单选项；如果网络中已创建了域树，而该服务器不是现在域的子域，则选择“在现有的林中的域树”单选项。此处我们是网络中的第一个域服务器，因此，选择第一项，创建一个新的域。

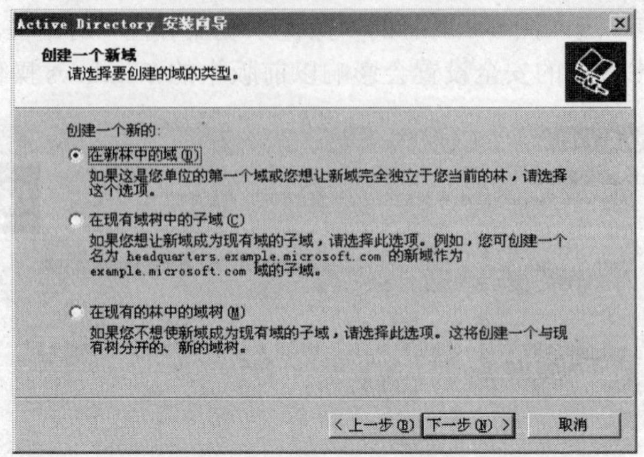

图 6-10 “创建一个新域”对话框

（6）单击“下一步”按钮，打开如图 6-11 所示的“新的域名”对话框，在“新域的 DNS 全名”文本框中输入新建域的 DNS 全名，如 sbh.network.edu。

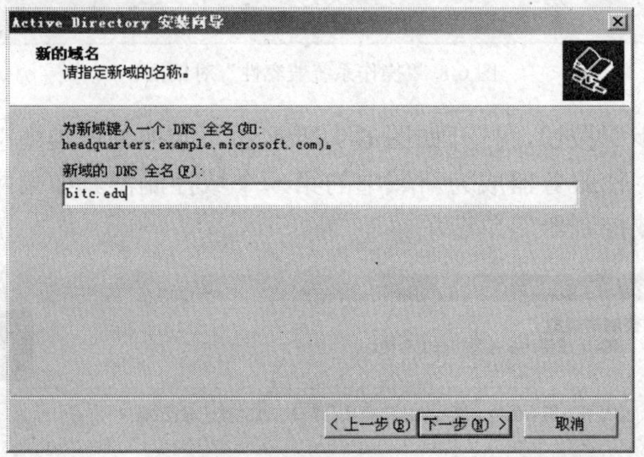

图 6-11 “新的域名”对话框

（7）单击“下一步”按钮，打开如图 6-12 所示的“NetBIOS 域名”对话框，在“域 Net BIOS 名”文本框中显示系统默认的名称，用户也可以自己更改该 NetBIOS 域名。NetBIOS 域名是供早期的 Windows 操作用户用来识别新域的。

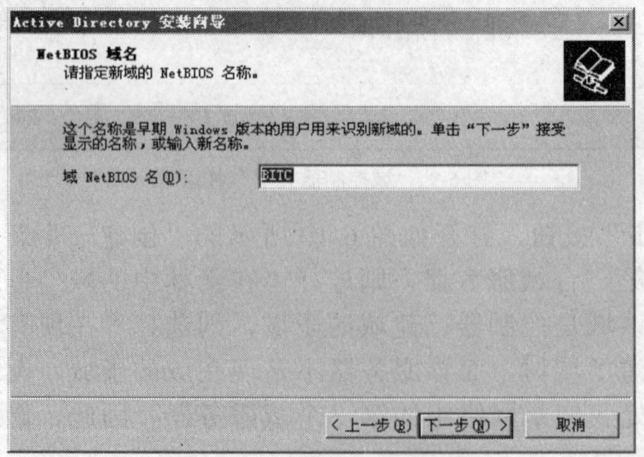

图 6-12 “NetBIOS 域名”对话框

（8）单击“下一步”按钮，打开如图 6-13 所示的“数据库和日志文件位置”对话框，在“数据库位置”文本框中输入保存数据库的位置，或者单击“浏览”按钮选择路径，在“日志位置”文本框中输入保存日志的位置，或者单击“浏览”按钮选择路径。

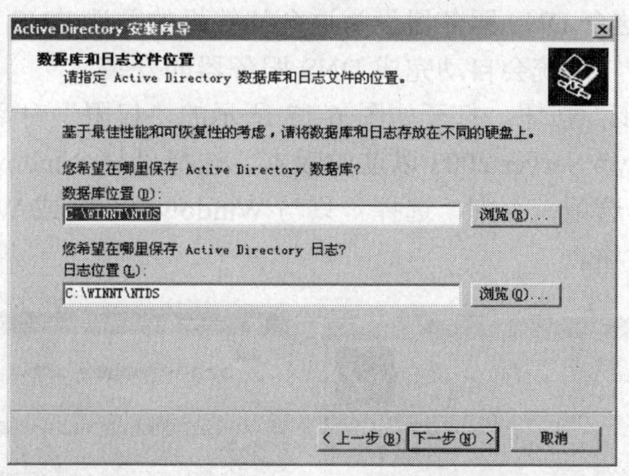

图 6-13 “数据库和日志文件位置”对话框

注意：基于最佳性能和可恢复性的考虑，最好将活动目录的数据库和日志保存在不同的硬盘上。

（9）单击“下一步”按钮，打开如图 6-14 所示的“共享的系统卷”对话框，在 Windows Server 2003 中，Sys.vol 文件夹存放域的公用文件的服务器副本，它的内容将被复制到域中的所有域控制器上。在“文件夹位置”文本框中输入 Sys.vol 文件夹位置，或单击“浏览”按钮选择路径。

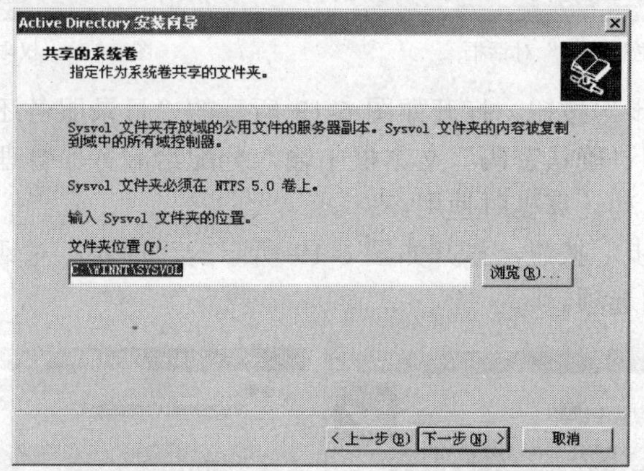

图 6-14 指定系统卷共享文件夹

注意：共享的系统卷 Sys.vol 文件夹必须存放在 NTFS 文件格式的硬盘上，若给定的硬磁盘或目录不是 NTFS 文件系统，则系统会给出提示信息如图 6-15 所示，要求用户将文件系统转换为 NTFS 文件系统。

图 6-15 系统提示转换文件系统

（10）单击“下一步”按钮，如果用户没有配置名称为 bitc.edu 的 DNS 服务器，则系统会打开如图 6-16 所示的“DNS 注册诊断”对话框，提示用户没有安装 DNS 服务，用户可以从三个选项中选择一种方式进行 DNS 服务的安装配置，此处选择“在这台计算机上安装并配置 DNS 服务器，并将这台 DNS 服务器设为这台计算机的首选 DNS 服务器”单选项，这样，在安装活动目录的同时，系统会自动完成 DNS 服务器的安装。

（11）单击“下一步”按钮，打开如图 6-17 所示的“权限”对话框，如果在服务器上存在或者需要使用 Windows Server 2003 以前的版本，选择“与 Windows 2000 之前的服务器操作系统兼容的权限”单选项；否则，选择“只与 Windows 2000 或 Windows Server 2003 操作系统兼容的权限”单选项。

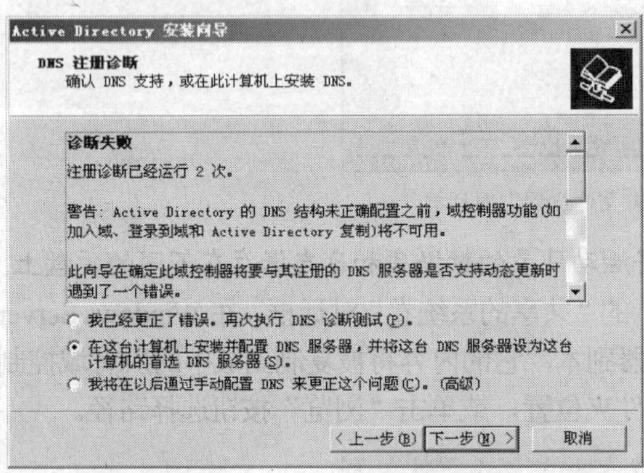

图 6-16 “DNS 注册诊断”对话框

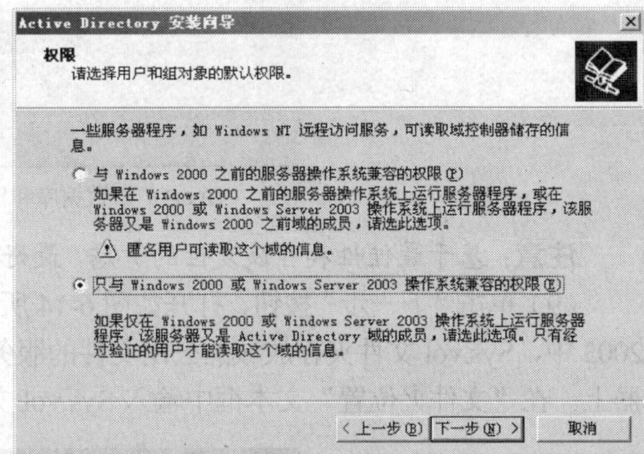

图 6-17 “权限”对话框

（12）单击“下一步”按钮，打开如图 6-18 所示的“目录服务还原模式的管理员密码”对话框。在“密码”和“确认密码”文本框中输入分配给服务器管理员的密码，以便在“目录服务恢复模式”下启动计算机时使用。

（13）单击“下一步”按钮，打开如图 6-19 所示的“摘要”对话框。通过该对话框，用户可检查并确认选定的选项。

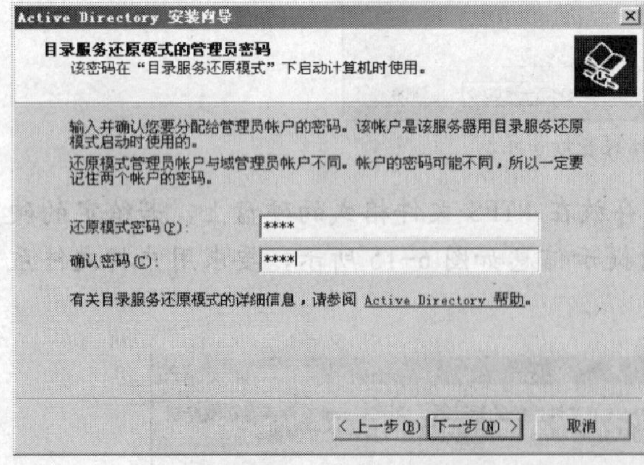

图 6-18 “目录服务还原模式的管理员密码”对话框

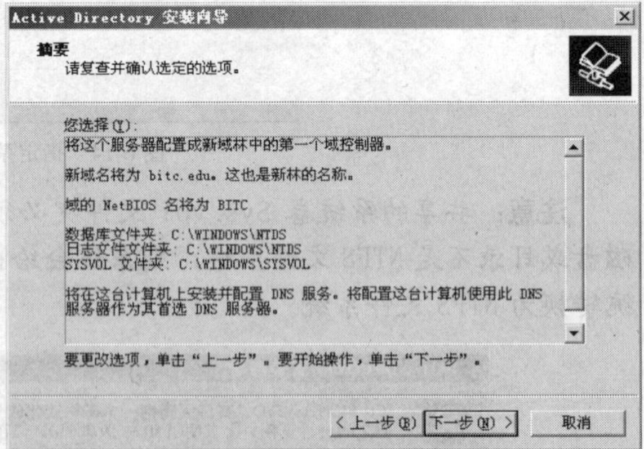

图 6-19 “摘要”对话框

（14）单击“下一步”按钮，系统开始配置活动目录，同时打开如图 6-20 所示的“正在配置 Active Directory”对话框，显示配置过程。

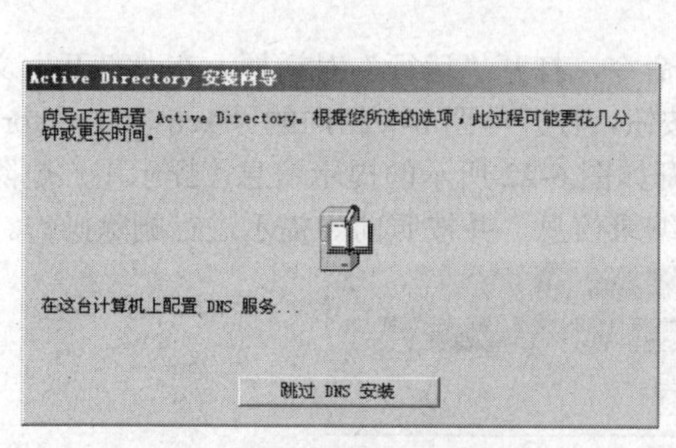

图 6-20 “正在配置 Active Directory”对话框

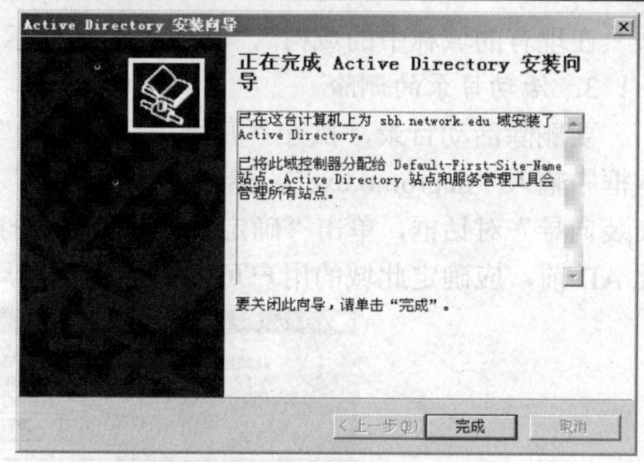

图 6-21 完成活动目录的安装

（15）经过几分钟之后，系统会打开如图 6-21 所示的“完成 Active Directory 安装向导”对话框，单击“完成”按钮，即完成活动目录的安装，重新启动计算机，活动目录即会生效。

说明：在活动目录安装之后，不但服务器的开机和关机时间变长，而且系统的执行速度变慢。如果用户对某个服务器没有特别要求或不把它作为域控制器使用，可将该服务器上的活动目录删除，使其降级为成员服务器或独立服务器。成员服务器是指安装到现有域中的附加域控制器；独立服务器是指在名字空间目录树中直接位于另一个域名之下的服务器。使删除活动目录的服务器成为成员服务器还是独立服务器，取决于该服务器的域控制器的类型。如果要删除活动目录的服务器不是域中的唯一的域控制器，则删除活动目录将使该服务器成为成员服务器；如果要删除活动目录的服务器是域中最后一个域控制器，则删除活动目录将使该服务器成为独立服务器。

2. 创建子域和域树

（1）创建子域。

对一些中大型的企业而言，网络中只有一个域控制器不能满足企业的管理需求，因此，需要在网络的现有域中创建一个或多个子域。在创建子域时，需要详细地划分某个域范围或名字空间，如果企业现有的主域名为 bitc.edu，则其软件所的子域可设为 soft.bitc.edu，创建子域的过程与创建主域的过程一样，只是在图 6-10“创建一个新域”对话框选择“现在域树中的子域”单选项，在单击“下一步”按钮后，在 “网络凭据”对话框中输入主域的管理员用户名和密码，在“子域安装”对话框中输入子域名，按照向导即可完成子域的安装。

（2）创建域林中的第二棵域树。

Windows Server 2003 操作系统允许把两个不完全独立的域组成一个统一的结构，但它不是一个标准的树型结构，因为它们具备完全不同的名字，不能按照子域命名规则来统一部署。最终形成的结构是将这个域树组成一个域林。域林是由多棵树组成的。 对于存在企业兼并的大型公司，就需要有域树和域林的存在，首先创建一个真正的林根域控制器，然后在这个林根域下建立需要的域树，从而形成完整的域名空间。

域控制器的安装与 DNS 服务器有密切的关系，所以在域林中安装第二棵树时，DNS 服务器要做一定的设置，增加新域的 DNS 搜索区域，以保证第二棵域树能正常进行域的资源管理。安装域林中的第二棵域树的方法与创建主域的方法一样，只是需要选择图 6-10 中的第三项“在现有的域林中的域树”，其他按向导提示即可完成安装。

3. 活动目录的删除

要删除活动目录，执行“开始”→“运行”命令，打开“运行”对话框。在“打开”文本框中输入“dcpromo.exe”，然后单击“确定”按钮，打开与图6-7相同的“Active Directory安装向导”对话框，单击“确定”按钮后，会打开如图6-22所示的提示信息，提示用户删除此AD前，应确定此域的用户可以访问其他全局编录信息，并按照向导提示进行删除操作。

图6-22 删除域控制器提示信息

6.3.4 检验安装结果

已安装了活动目录的服务器，在重新启动 Windows Server 2003 操作系统后，系统会自动打开如图 6-23 所示“配置您的服务器”对话框，用户可以选择需要配置的服务选项进行配置。

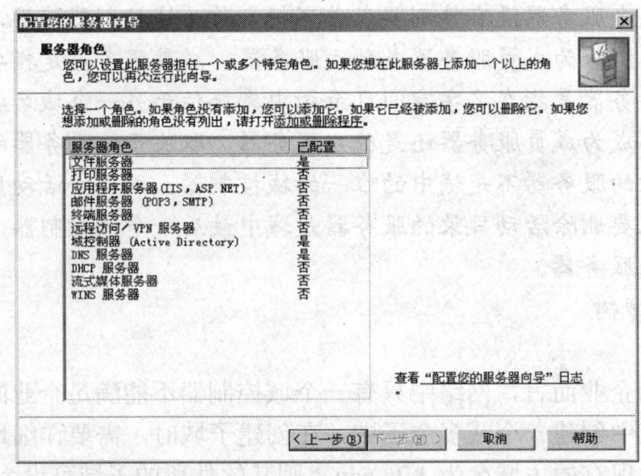

图6-23 已安装了活动目录的“配置您的服务器”对话框

执行“开始”→“程序”→“管理工具”命令后，可以看到管理工具中多了如图6-24所示的3个选项。用户可以利用这些选项对活动目录中的用户和计算机、域的信任关系、站点和服务进行配置。

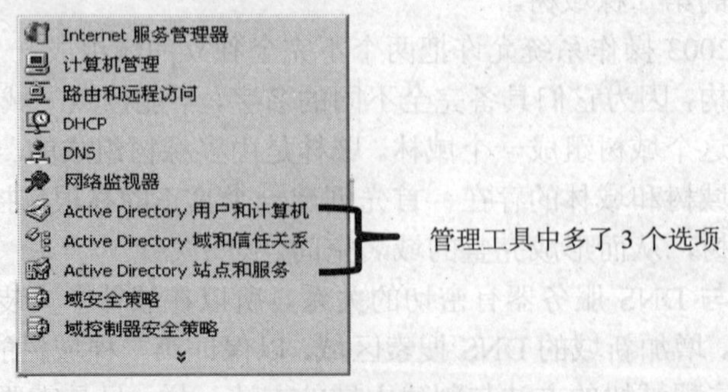

图6-24 管理工具中选项的变化

6.4　域控制器管理

在活动目录中，目录存储只有一种形式，即域控制器，它包括了完整的域目录的信息。因此，每一个域中必须有一个域控制器，否则域也就不存在了。Windows Server 2003 操作系统的活动目录不再有主域控制器和备份域控制器的区别，所有的域控制器在用户访问和提供服务方面都是相同的。它们之间的同步是采用了一种先进的多主复制技术，称为 Update Sequence Numbers（USN）。每个服务器跟踪其复制伙伴的最新 USN 列表，保证及时更新并且更新不会有冲突或相互覆盖等。

对于用户来说，域控制器管理是最重要的工作，因为域控制器的运行状态直接关系到网络的正常运行。

6.4.1　设置域控制器属性

在网络运行过程中，特别是在单域网络中，域控制器是网络正常运作的中心，所起到的网络控制作用是非常重要的。用户必须根据网络运行情况合理地设置域控制器的属性。网络管理员通过设置域控制器属性，不但可以确定域控制器的位置、操作系统和常规属性，而且还可设置域控制器的组织和管理者。域控制器属性的设置操作步骤如下。

（1）执行"开始"→"程序"→"管理工具"→"管理您的服务器"命令，打开图 6-23 所示的"管理您的服务器"对话框，单击左窗格"域控制器（Active Directory）"对应的"Active Directory 用户和计算机"超级链接，打开如图 6-25 所示的对话框，在左窗格中选择需要设置属性的域控制器所在的目录，右窗格中将列出该目录中所有的域控制器。

（2）单击左窗格的"Domain Controllers"目录，右窗格中显示出该域中所有的域控制器名称，鼠标右键单击选择的域控制器，在弹出的快捷菜单中选择"属性"选项，打开如图 6-26 所示的域控制器"JSJBOOK 属性"对话框。

（3）在"常规"选项卡中，可以对域控制器的描述、DNS 名称，以及角色（域控制器或工作站）等常规属性进行设置，并确定该域控制器是否可以接受委派控制。如果不希望把域控制器的可受信任作为委派，则不要选择"信任计算机作为委派"复选框。

（4）选择"操作系统"选项卡，卡上列出了当前计算安装的操作系统的名称、版本及其 Service Pack 版本。管理员只能查看而不能修改这些内容。

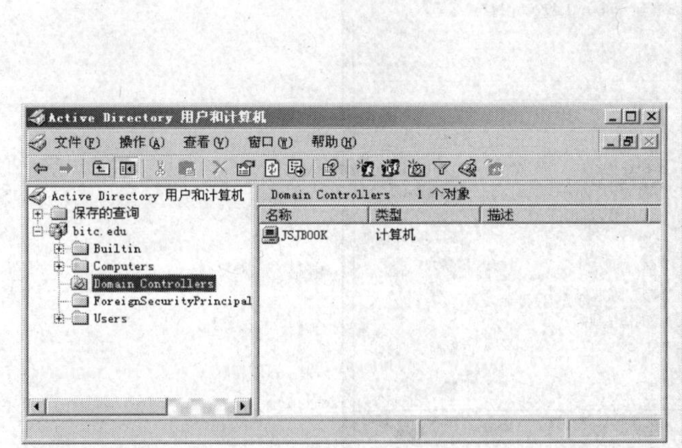

图 6-25　"Active Directory 用户和计算机"对话框

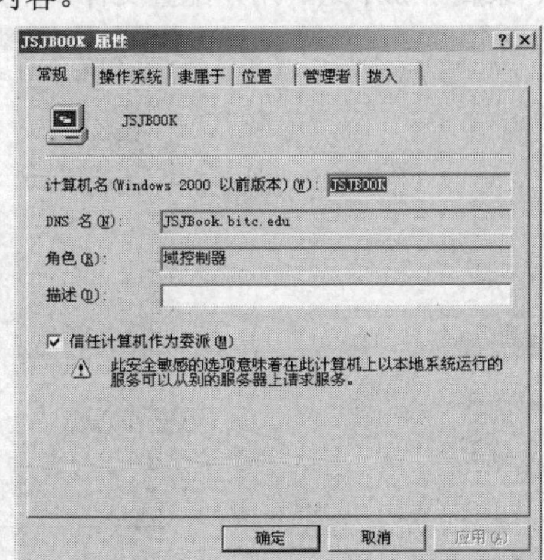

图 6-26　"JSJBOOK 属性"对话框

（5）选择“隶属于”选项卡，如图 6-27 所示，要添加组，单击“添加”按钮，打开“选择组”对话框，为域控制器选择一个要添加的组；要删除某个已经添加的组，在“隶属于”列表框选择该组，然后单击“删除”按钮即可。

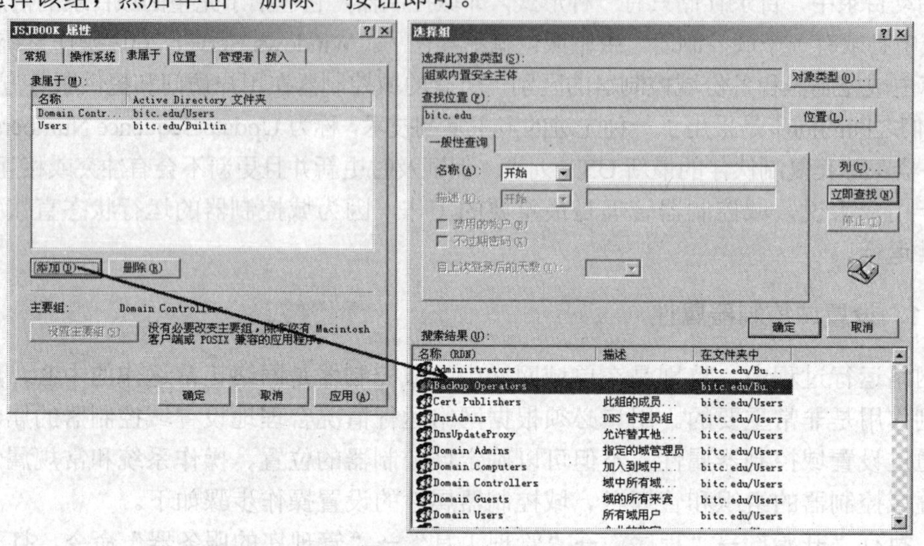

图 6-27 设置成员组

（6）当管理员为域控制器添加多个组时，还可为域控制器设置一个主要组。要设置主要组，在“隶属于”列表框中选择要设置的主要组，一般为“Domain Controllers”，也可为“CertPublishers”，然后单击“设置主要组”按钮即可。

（7）选择如图 6-28 所示的“位置”选项卡，在“位置”文本框中输入域控制器的位置；或者单击“浏览”按钮选择路径。

（8）选择如图 6-29 所示的“管理者”选项卡，要更改域控制器的管理者，可单击“更改”按钮，打开“选择用户、联系人或组”对话框，选择新的管理者即可。要删除管理者，可单击“清除”按钮来删除。

（9）要查看和修改管理者属性，可单击“属性”按钮，打开如图 6-30 所示的该管理者属性（此处为 shibh 属性）对话框，可以对管理者的相关信息（包括常规信息、账户信息、成员、隶属于哪个组、用户配置文件、用户环境等）进行修改。

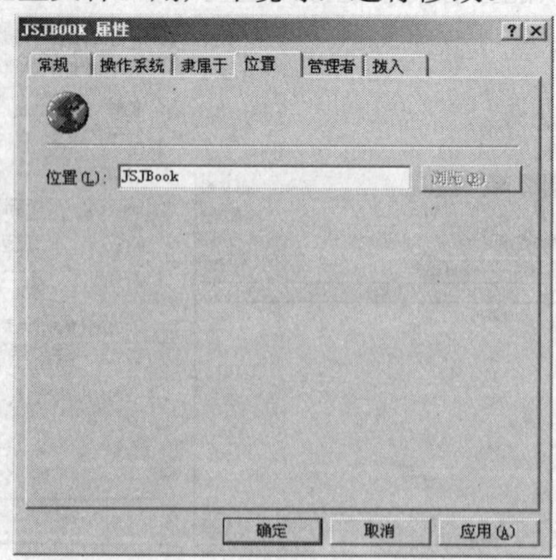

图 6-28 为域控制器选择位置

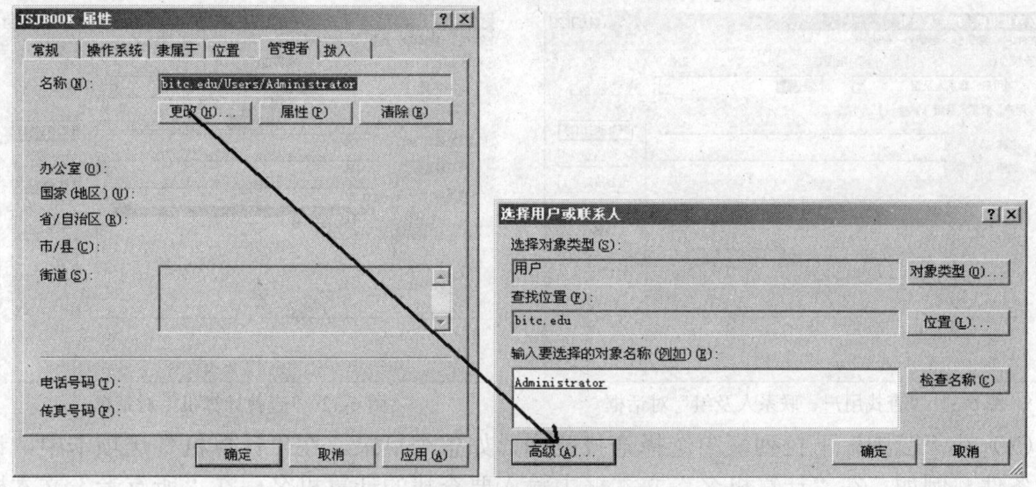

图 6-29　更改管理者

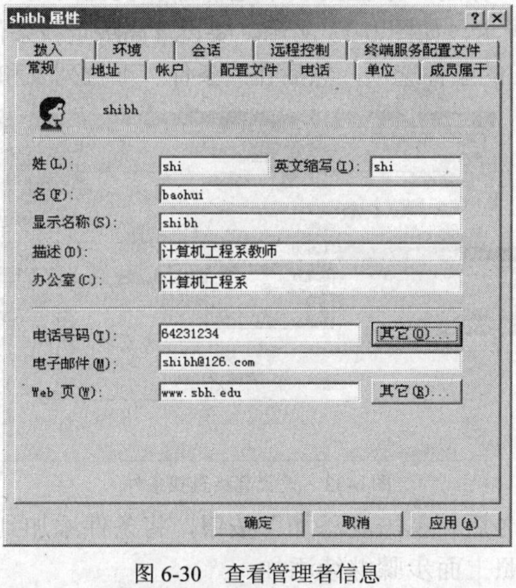

图 6-30　查看管理者信息

（10）控制器设置完毕，单击“确定”按钮保存设置。

6.4.2　查找域控制器目录内容

在 Windows Server 2003 中，活动目录实际上是一个网络清单，包括网络中的域、域控制器、用户、计算机、联系人、组、组织单元及网络资源等各个方面的信息，使管理员对这些内容的查找更加方便。要查找目录内容，操作步骤如下。

（1）在“Active Directory 用户和计算机”对话框的控制台目录树中，鼠标右键单击域节点，在弹出的快捷菜单中选择“查找”选项，打开如图 6-31 所示的“查找用户、联系人及组”对话框。

（2）在“查找”下拉列表选项中选择要查找的目录内容，包括用户联系人及组、计算机、打印机、共享文件夹、组织单元、自定义搜索和路由器等，例如，选择“计算机”选项，这时对话框标题变为“查找计算机”，如图 6-32 所示。

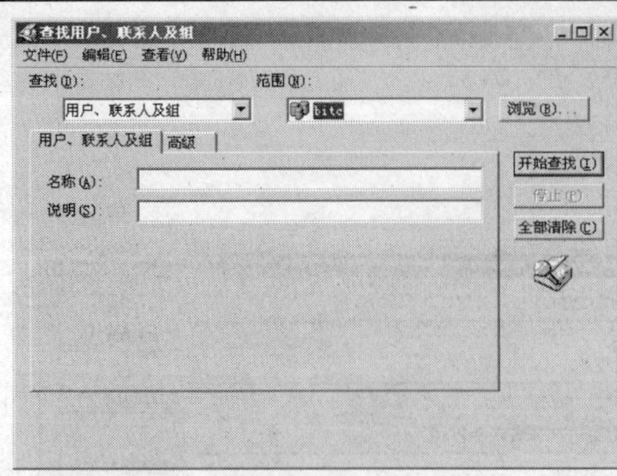

图 6-31 “查找用户、联系人及组”对话框

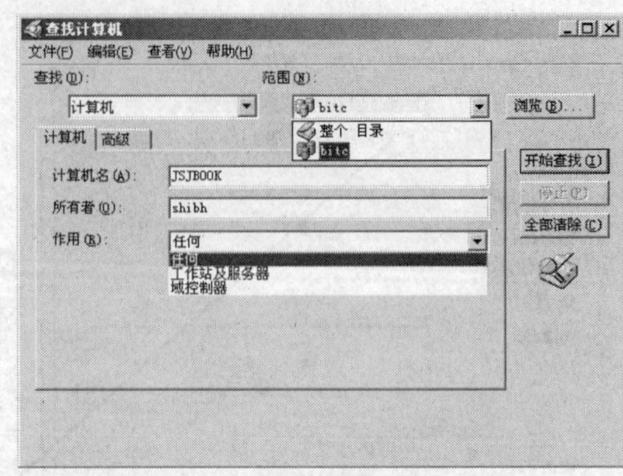

图 6-32 “查找计算机”对话框

（3）在“范围”下拉列表中选择查找范围，如整个目录。在“计算机”选项卡中，设置查找条件。例如，在“计算机名”文本框中输入要查找的计算机名；在“所有者”文本框中输入计算机的用户名；在“作用”下拉列表中选择计算机在网络中作用。

（4）选择“高级”选项卡，如图 6-33 所示。要设置高级查找条件，单击“字段”按钮，在弹出的快捷菜单中选择相应的条件选项，然后在“条件”下拉列表和“值”文本框中设置条件。

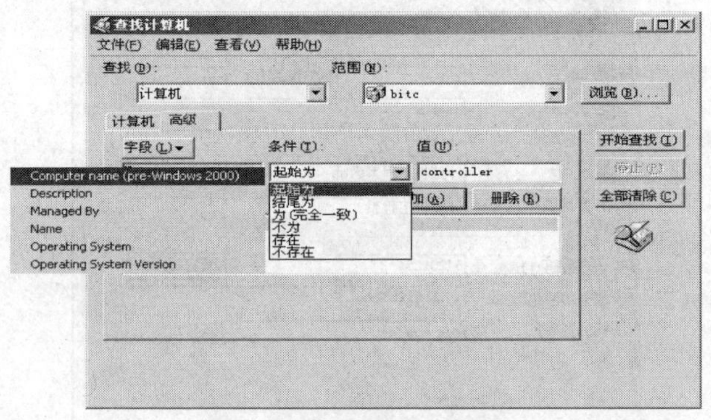

图 6-33 设置高级查找条件

（5）高级条件设置好之后，单击“添加”按钮，将条件添加到下面的文本框中。如果要继续添加高级条件，可按照上面步骤继续添加。

（6）所有查找条件设置完毕，单击“开始查找”按钮即开始查找，并将查找结果在如图 6-34 所示的“查找计算机”对话框中列出。

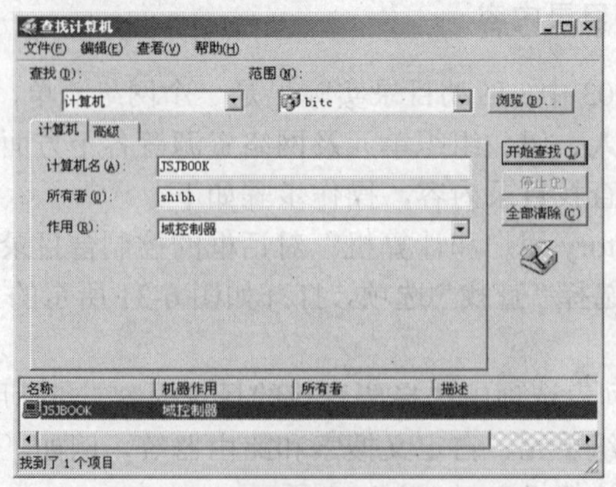

图 6-34 列出查找结果

（7）查找完毕，单击"关闭"按钮，关闭对话框。

6.4.3　连接到其他域

在一个多域的网络中，用户经常需要将当前域连接到其他域，这样可使当前域中的用户和计算机能访问其他域中的资源，也可将当前域控制器的部分操作主机功能传送给其他域控制器，甚至可将当前域控制器更改为其他域中的域控制器。

要连接到网络中其他域，在控制台目录树中，鼠标右键单击"Active Directory 用户和计算机"根结点，在弹出的快捷菜单中选择"连接到域"选项，打开如图 6-35 所示的"连接到域"对话框，在"域"文本框中输入要连接的域的名称；或者单击"浏览"按钮，打开"浏览域"对话框选择要连接的域。要连接的域选择好之后，单击"确定"按钮即可建立连接。

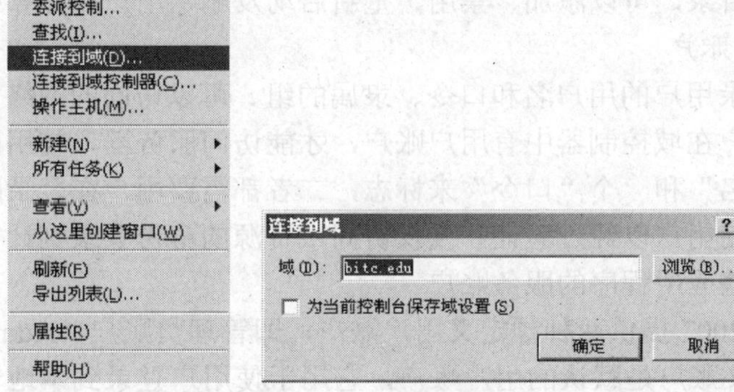

图 6-35　连接到其他域

6.4.4　更改域控制器

虽然一个域的控制器是域网络的中心，一般都能够稳定地运行，但是它也有出现故障的可能，导致域网络不能正常运行。这时，管理员必须更改域控制器，以保证网络的正常运作。在 Windows Server 2003 中，由于不再区分主域控制器和辅助域控制器，域控制器的更改变得更加简单，用户只须建立当前域与其他任何可写的域控制器的连接即可。

要更改域控制器，在控制台目录树中，如图 6-35 所示在左边的快捷菜单中选择"连接到域控制器"选项，打开如图 6-36 所示的"连接到域控制器"对话框，然后在"更改为"文本框中输入要连接的域控制器；或者从域控制器列表中选择一个要连接的域控制器。如果在域中没有列出其他可用的域控制器，可选择"任何可写的域控制器"选项，系统会根据网络连接情况自动选择可用的域控制器。要连接的域控制器选定之后，单击"确定"按钮完成连接。

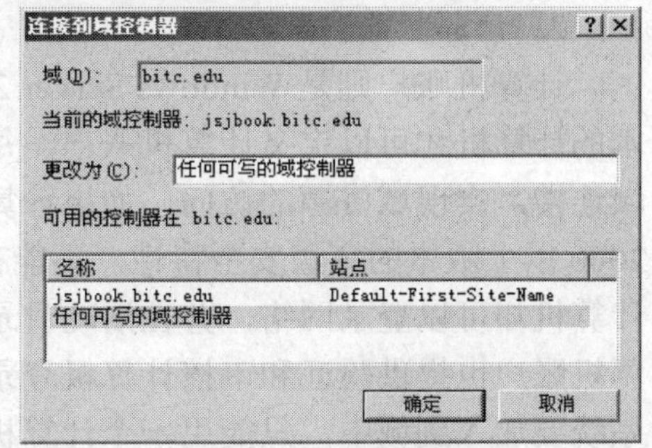

图 6-36　连接到域控制器

说明：一般情况下，一个域网络中至少应有两个域控制器（一个域控制器和一个附加域控制器），以便在当前域控制器出现故障时，可使用附加域控制器来代替当前域控制器，保证网络的正常运行。

6.5 用户和计算机账户管理

在一个网络中，用户和计算机都是网络的主体，两者缺一不可。拥有计算机账户是计算机接入 Windows Server 2003 网络的基础，拥有用户账户是用户登录到网络并使用网络资源的基础，因此用户和计算机账户管理是 Windows Server 2003 网络管理中最必要且最经常的工作。

6.5.1 用户和计算机账户简介

活动目录用户和计算机账户表示例如计算机或个人等物理实体。账户为用户或计算机提供安全凭据，以便用户和计算机能够登录到网络并访问域资源。活动目录的账户主要用于验证用户或计算机的身份；授权对域资源的访问；审核使用用户或计算机账户所执行的操作的合法性等。利用活动目录，可以添加、禁用、重新启动及删除用户和计算机等。

1. 活动目录用户账户

用户账户用来记录用户的用户名和口令、隶属的组、可以访问的网络资源，以及用户的个人文件和设置。用户在域控制器中有用户账户，才能访问服务器，使用网络上的资源。用户账户由一个“用户名”和一个“口令”来标志，二者都需要用户在登录时输入。通过活动目录，用户账户可以使用户以经过验证和授权访问域资源的身份登录到计算机和域。此外，用户账户也可作为某些应用程序的服务账户。

Windows Server 2003 提供两种预定义用户账户，即管理员账户（Administrator）和客户账户（Guest）。预定义账户是默认的用户账户，它用于使用户登录到本地计算机和访问其上的资源。这些主要是为初始登录和本地计算机配置而设计的。每个预定义账户都有不同的权利和权限组合，管理员账户具有最广泛的权利和权限，而客户账户则只有有限的权利和权限。

如果网络管理员未修改或禁用预定义账户的权利和权限，则任何使用管理员或客户身份登录到网络的用户或服务均可以使用它们。如果管理员希望获得用户验证和授权的安全性，则应为每个用户创建独立的用户账户。为用户创建了独立的用户账户后，用户需要使用活动目录的用户和计算机加入到网络。之后，网络管理员可将每个用户账户（包括管理员和客户账户）添加到 Windows Server 2003 组中以控制指定给账户的权利和权限。

2. 计算机账户

计算机账户则是 Windows Server 2003 的新增功能。只有安装了 Windows 2000 及以上版本的计算机才可以定义计算机账户，每个加入域的计算机都具有计算机账户，否则无法进行域连接，实现域资源的访问。如果计算机安装了 Windows 9X，则会因它们不具备 Windows 2000 以上版本的高级安全特性，不能在域中建立计算机账户，但是，安装了 Windows 9X 的计算机却可以登录网络，并在活动目录域中使用 Windows 9X 计算机。与用户账户类似，计算机账户也提供验证和审核计算机登录网络及访问域资源的方法。但不同的是，一个计算机系统要加入到域中，只能用一个计算机账户，而一个用户可以拥有多个用户账户，且可在不同的计算机（指已经连接到域中的计算机）上使用自己的用户账户进行网络登录。

说明： Windows 98 和 Windows 95 计算机不具备 Windows 2000 以上版本 和 Windows NT 计算机所具有的高级安全特性，无法在域中为其指定计算机账户。不过，用户仍可以登录到网络并在活动目录域中使用 Windows 98 和 Windows 95 计算机。

6.5.2　创建用户和计算机账户

在 Windows Server 2003 中，新用户如果需要使用网络上的资源，就必须拥有用户账户。因此，管理员需要在域控制器中为该用户添加一个相应的用户账户，否则该用户将无法访问到域中的资源。另外，当客户计算机第一次连接到域中时，管理员要在域控制器中为其创建一个计算机账户，以便它有资格成为域成员。

“Active Directory 用户和计算机”是在配置为域控制器的计算机上安装的目录管理工具。它允许在目录中添加、删除、修改和组织 Windows 2003 用户账户、安全和通信组以及公布的资源。其安装操作步骤如下。

1. 新建用户

（1）在“Active Divectory 用户和计算机”窗口的控制台目录树中，展开域节点。

（2）鼠标右键单击要添加用户的组织单元或容器，在弹出的快捷菜单中选择“新建”→“user”选项；如果要创建计算机账户，鼠标右键单击要添加计算机的组织单元或容器，此处单击“User”，如图 6-37 所示。

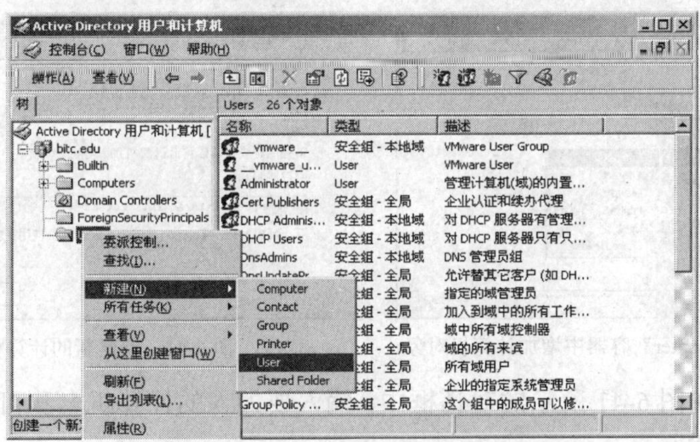

图 6-37　在用户容器中增加新用户对象

（3）打开如图 6-38 所示的“新建对象-User”对话框，在“姓”和“名”文本框中分别输入姓和名，并在“用户登录名”文本框中输入用户登录时使用的名字。

（4）单击“下一步”按钮，打开如图 6-39 所示的设置密码和使用期限对话框。

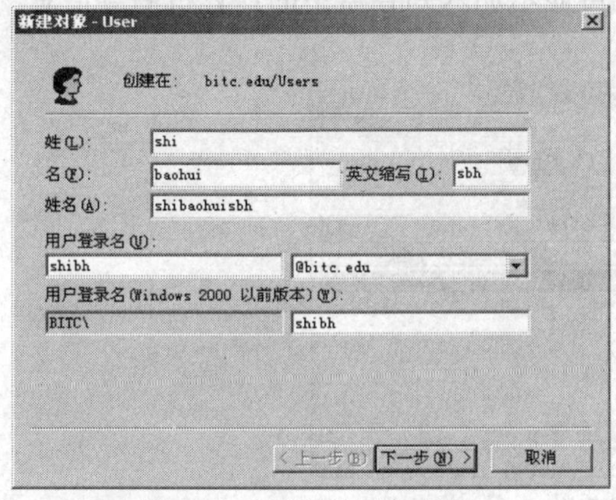

图 6-38　创建新的用户对象

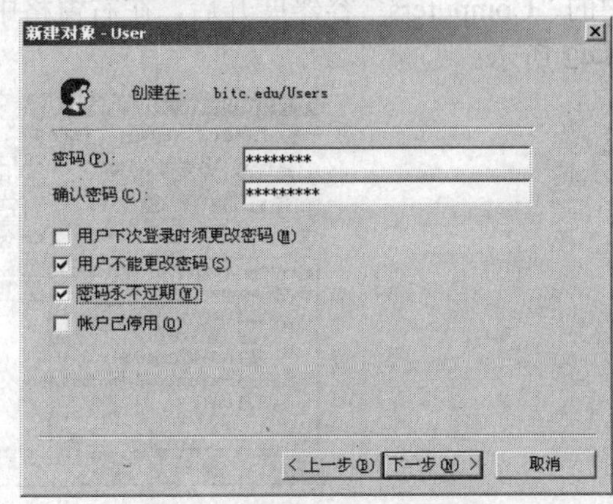

图 6-39　密码设置和使用期限

（5）在“密码”和“确认密码”文本框中输入要为用户设置的密码。如果希望用户下次登录时更改密码，可启用“用户下次登录时须更改密码”复选框，否则启用“用户不能更改密码”复选框。如果希望密码永远不过期，可启用“密码永不过期”复选框。如果暂不启用该用户账户，可启用“账户已停用”复选框。

（6）单击“完成”按钮即可完成创建。

新的用户创建后，在“Active Directory 用户和计算机”对话框的控制台目录树中，左窗格“User”展开后，在右窗格中即可显示新用户信息，新用户即可通过用户名和密码在该域中的任何一台计算机登录到域并访问网络中的共享资源。

2. 新建计算机

（1）创建计算机账户时，选中要添加计算机的组织单元后进行创建，此处将计算机增加在“Computers”容器中，鼠标放在“Computers”容器上，单击鼠标右键，在弹出的快捷菜单中选择“新建”→“Computer”选项，如图6-40所示。

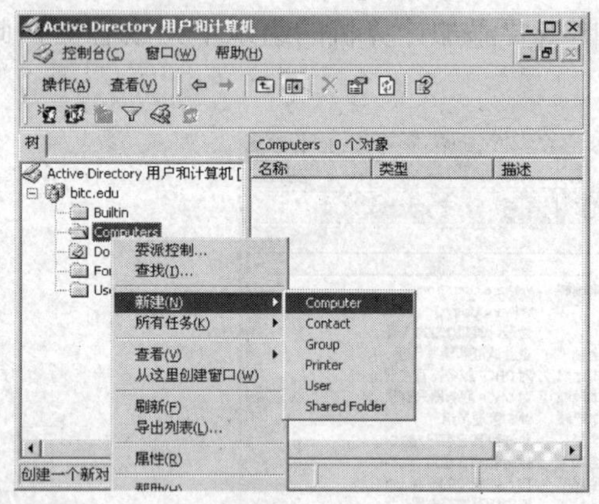

图6-40 在“Computer”容器中增加计算机对象

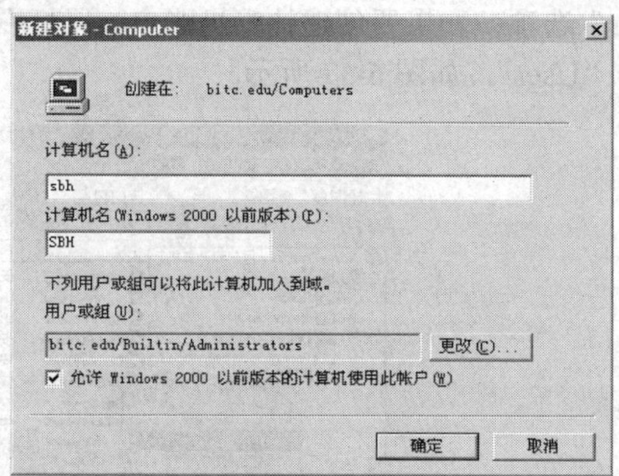

图6-41 创建新的计算机对象

（2）在打开的如图6-41所示的对话框中，输入要加入的计算机名和可以将此计算机加入到域的用户或组。

（3）单击“确定”按钮即可将计算机加入到“Computers”容器中，此后这台计算机就有权访问域中的所有资源，而不管哪个用户使用此计算机。

（4）增加了计算机对象之后，将“Active Directory 用户和计算机”对话框的控制台目录树中的“Computers”容器展开后，在右窗格中就可显示加入到容器中的计算机名等信息，如图6-42所示。

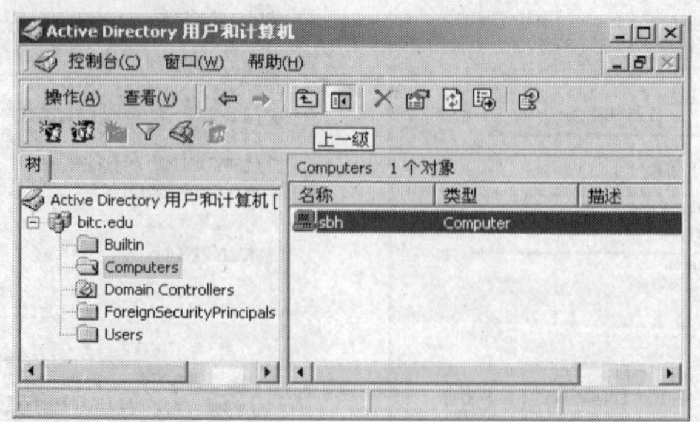

图6-42 增加了新计算机对象的 Computers 容器

6.5.3　删除用户和计算机账户

当系统中的某一个用户账户不再被使用或者管理员不再希望某个用户账户存在于安全域中，可将该用户账户删除以便更新系统的用户信息。另外，在网络的使用中，当域中的某个计算机断开了与网络的连接，或者管理员不再希望某个计算机存在于自己的安全域中，可将该计算机的计算机账户从域控制器中删除，以防有其他计算机假借原来的计算机使用域中的网络资源。

如果要删除一个用户和计算机账户，则在控制台目录树中，展开域节点，单击要删除的用户和计算机所在的组织单元或容器，例如 Users，使详细资料窗格中列出组织单元或容器的内容。然后在右窗格中鼠标右键单击要删除的用户和计算机，在弹出的快捷菜单中选择“删除”选项，出现如图 6-43 所示的删除信息确认框后，单击“是”按钮即可删除该用户或者计算机。

图 6-43　删除计算机账户确认信息

6.5.4　停用/启用用户和计算机账户

如果某个用户的账户暂时不使用，可将其停用。例如，公司有长期出差人员，可暂停其账户的使用。如果某个计算机账户暂时不使用，也可将其停用。例如，公司有的计算机因故障而不能在短时间内使用，可将该计算机的账户停用。停用账户的目的是防止其他用户或者计算机使用暂时不使用的账户进行域登录。当该用户或者计算机需要重新使用已被停用的账户时，管理员可重新启用该账户以便用户或计算机使用。

1. 停用用户账户

将“Active Directory 用户和计算机”对话框的控制台目录树中的“User”容器展开后，鼠标右键单击对话框中需要停用的用户账户，将打开如图 6-44 所示的提示对话框，单击“确定” 按钮，即可完成停用账户操作。被停用的用户名前会出现一个红色圆块，并在其中有一个“×”号，如图 6-45 所示。

图 6-44　禁用账户提示

图 6-45　停用用户账户后的效果

2. 停用计算机账户

在控制台目录树中展开域节点，选择“Computers”容器，鼠标右键单击该容器右窗格中的某台需要停用的计算机，在弹出的快捷菜单中选择“停用账户”选项，打开如图6-46所示的确认提示对话框，单击“是”按钮即可停用被选中的计算机账户。

图6-46 停用计算机账户的确认信息

被停用的计算机名前会出现一个红色圆块，并在其中有一个“×”号。

6.5.5 移动用户和计算机账户

在一个大型网络中，为了便于管理，管理员经常需要将用户和计算机账户移动到新的组织单元或容器中。例如，公司一个职员从研发部调到销售部，则应将其账户从研发部的组织单元中移动到销售部所在的组织单元中。账户被移动之后，用户和计算机仍可使用它们进行网络登录，不需要重新创建。不过，用户和计算机账户的管理者和组策略将随着组织单元的改变而改变。

如果要移动用户和计算机账户，则在控制台目录树中展开域节点。选择要移动用户或者计算机账户所在的组织单元或容器，使右窗格中列出相应的内容。在右窗格中，鼠标右键单击要移动的用户账户，在弹出的快捷菜单中选择“移动”选项，打开“移动”对话框，在“将对象移动到容器”文本框中双击域节点，展开该节点，如图6-47所示。单击移动的目标组织单元，然后单击“确定”按钮即可完成移动。

如图6-48所示为将wwwww用户从“Users”容器移动到了“Computers”容器中的效果。

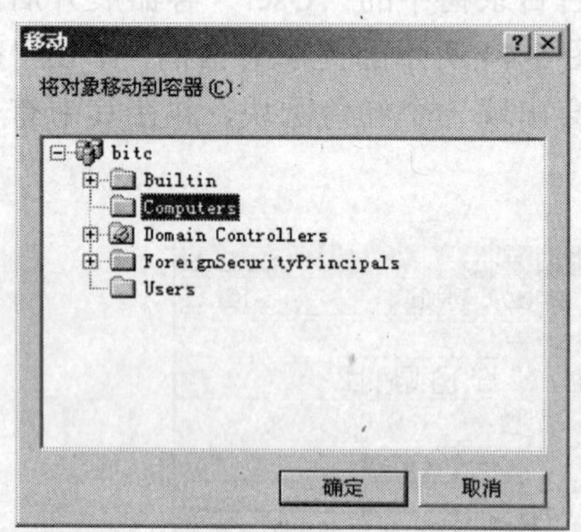

图6-47 移动用户账户

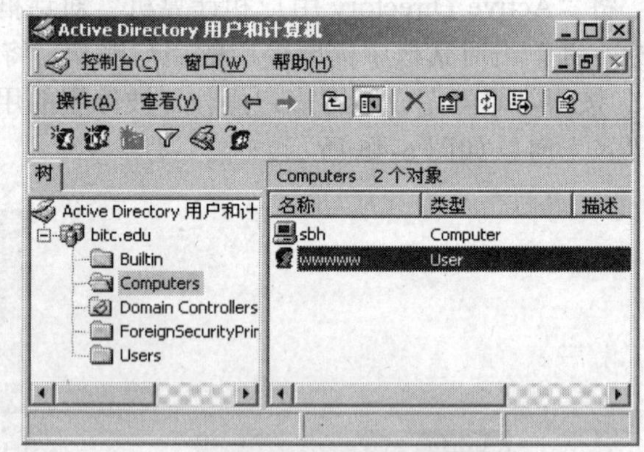

图6-48 移动了组的用户在新组中的位置

6.5.6 为用户和计算机账户添加组

为了方便管理员对众多的用户和计算机账户进行管理，Windows Server 2003继续沿用了Windows NT操作系统中组的策略。通过将不同的计算机添加到具有不同权限的组中的方式，使该用户和计算机继承所在组的所有权限。同时管理员也可以直接通过组来对多个用户和计算机账户进行管理，这大大减轻了管理员对用户和计算机账户的管理工作。

要为用户账户添加组，在控制台目录树中展开域节点，接着选择 User 或者要加入组的计算机所在的其他组织单元及容器，使右窗格中列出相应内容。在右窗格中，鼠标右键单击要加入组的用户账户，在弹出的快捷菜单中选择“将成员添加到组”选项，打开如图 6-49 所示的“选择组”对话框，在组列表框中选择一个要添加的组，单击“确定”按钮即可为用户添加组。

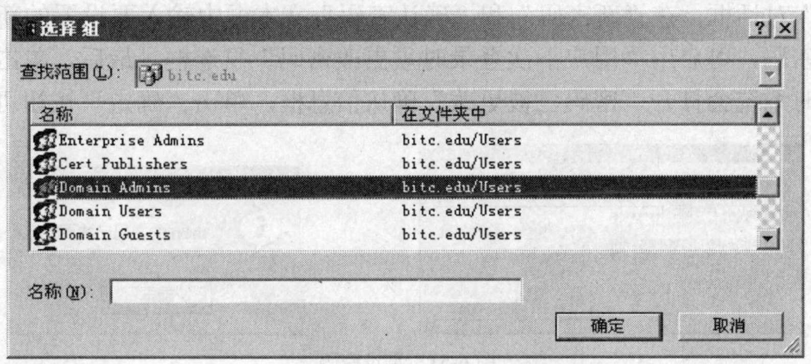

图 6-49　为用户添加组

要为计算机账户添加组，可先在控制台目录树中展开域节点，接着选择“Computers”或者要加入组的计算机所在的其他组织单元及容器，使右窗格中列出相应内容。鼠标右键单击要加入组的计算机账户，在弹出的快捷菜单中选择“属性”选项，打开该计算机的属性对话框。然后选择“成员属于”选项，如图 6-50 所示，打开“成员属于”选项卡，单击“添加”按钮，打开“选择组”对话框，选择要加入的组。选择要加入的组之后，单击“确定”按钮完成添加。

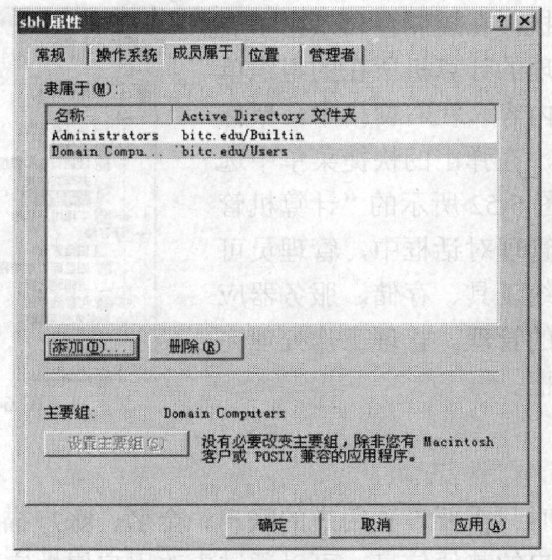

图 6-50　给计算机账户设置组

6.5.7　重设用户密码

用户密码是用户在进行网络登录时所采用的最重要的安全措施，所以当用户密码被别人盗用或者用户感到有必要修改自己的密码时，管理员可以通过 Windows 2003 提供的修改密码工具对用户使用的旧密码进行重新设置。在设置密码时，密码要与用户所在的组织单元和用户账户的各种信息保持一致性，以方便用户记忆。

如果要重新设置用户密码，则在控制台目录树中展开域节点。然后选择包含要重新设置密码的用户的组织单元或容器，使右窗格中列出相应的内容。接着在右窗格中，鼠标右键单击要重新设置密码的用户账户，在弹出的快捷菜单中选择“重设密码”选项，打开如图 6-51 所示的“重设密码”对话框，在“新密码”和“确认密码”文本框中输入要设置的新密码。如果不允许用户更改密码，可启用“用户下次登录时须更改密码”复选框。最后，单击“确定”按钮保存设置，同时系统会打开“密码已被更改”确认信息框，单击“确定”按钮可完成设置。

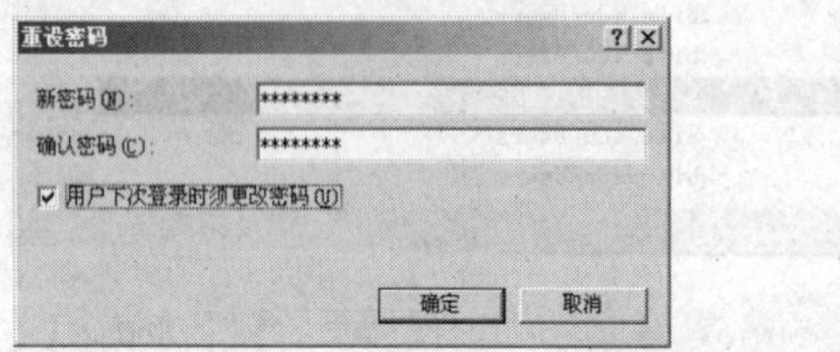

图 6-51 重设密码

6.5.8 管理客户计算机

管理客户计算机是 Windows Server2003 网络操作系统的强大功能之一，它允许管理员通过域控制器直接管理网络中的客户计算机，这样操作系统不但加强了域控制器的作用，而且有利于用户对网络的管理和维护。不过，通过域控制器直接管理的计算机所运行的系统必须是 Windows 2000 或 Windows NT 操作系统，安装 Windows95 /98 或者其他操作系统的计算机不能被直接管理。

如果要管理客户计算机，在控制台目录树中展开域节点，然后选择要管理的计算机所在的组织单元，使右窗格列出相应的内容。在右窗格中，鼠标右键单击要管理的计算机，在弹出的快捷菜单中选择“管理”选项，打开如图 6-52 所示的“计算机管理”对话框。在该计算机管理对话框中，管理员可以对连接的计算机进行系统工具、存储、服务器应用程序和服务等各个方面的管理。管理工作处理完毕，关闭计算机管理对话框。

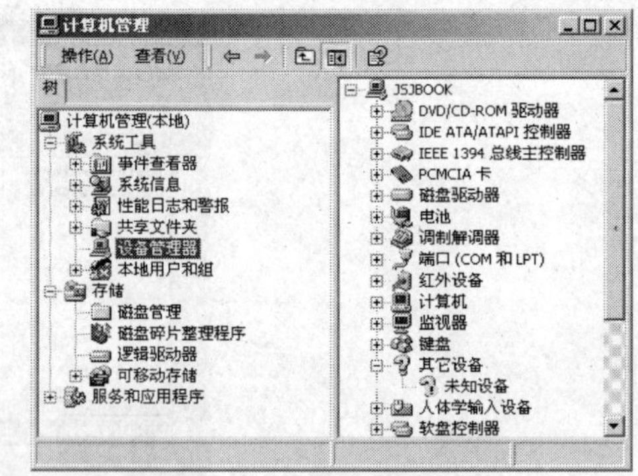

图 6-52 管理客户计算机

6.5.9 管理用户属性

通常，建立用户账户时只需要设置用户的账户、全名、账户描述及密码等基本信息。如果希望进一步配置用户账户的其他信息，可以通过更改用户属性实现。

在“Active Directory 用户和计算机”对话框左窗格中选择需要进行配置的用户所在的组织单元或容器，在右窗格中即可显示详细用户列表；鼠标右键单击该用户账户，在弹出的快捷菜单中选择“属性”命令，打开如图 6-53 所示的“(用户名）属性”对话框，该对话框各选项卡的配置方法如下。

（1）在“常规”选项卡中可以修改用户的姓名，设置用户的办公室、电话号码、电子邮件地址及网页等信息。

（2）“单位”选项卡用于输入用户单位的信息，包括职务、所在部门、公司名称等，如图 6-53 所示。

（3）“地址”选项卡用于输入用户的地址信息，包括所在国家、省、市、邮政编码等。

（4）“电话”选项卡用于输入用户的家庭电话、移动电话、传真等信息。

（5）“账户”选项卡用于配置用户账户信息，如图 6-54 所示。

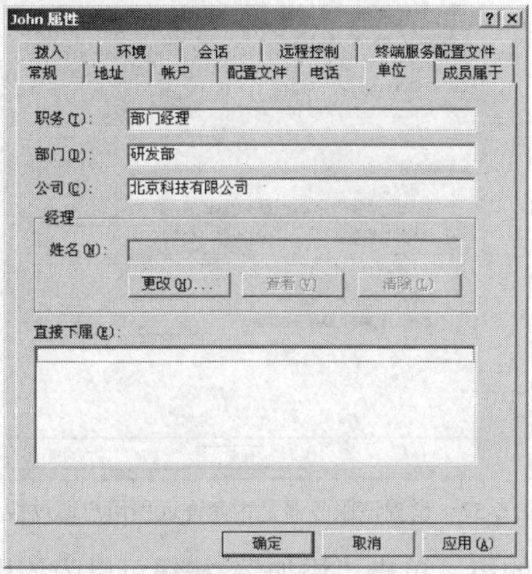

图 6-53 “单位”选项卡

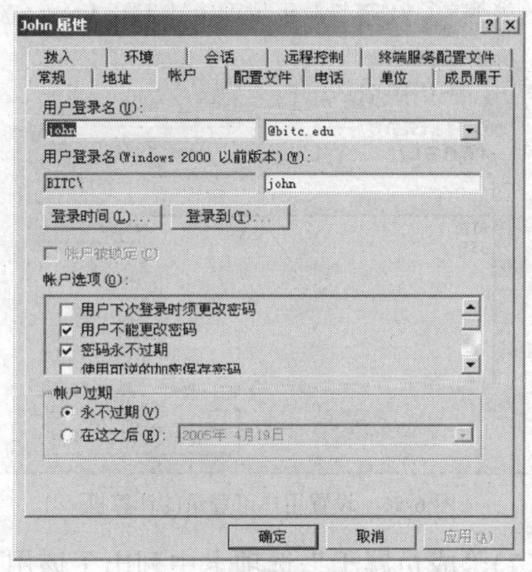

图 6-54 用户账户信息

① 在“账户选项”列表框中提供的复选框，可以设置用户账户是否具备指定的属性设置；“账户过期”选项区域中提供的单选项，可以设置账户的有效期限，系统默认设置为“永不过期”单选项，如果需要指定用户账户的有效期限，可以首先启用“在这之后”单选项，然后利用位于按钮右侧的下拉式日历中选择有效期限的截止日期即可。

② 单击“登录时间”按钮，打开如图 6-55 所示的“(用户名) 的登录时段”对话框，可以设置用户账户的登录时间。其中，蓝色标记的区域为允许登录的时间段，系统默认的用户登录时间限制为任意时段，即没有登录时间限制。如果需要设置用户的登录时间段，可以用鼠标托动的方法选取设置为不允许登录的时间段组合，然后选择“拒绝登录”单选项。通常，用户登录时段以一星期为准，最小值为 1 小时。

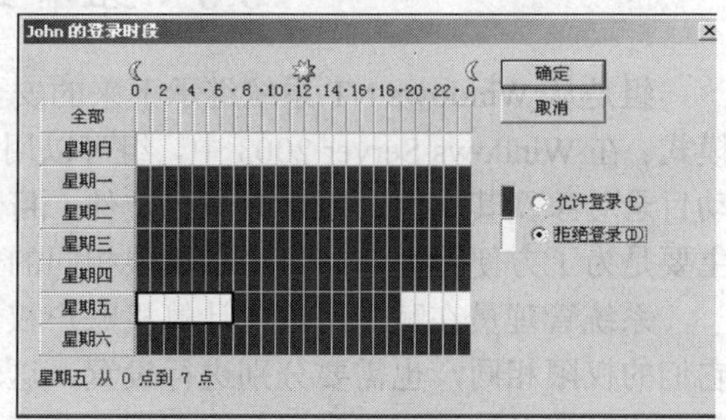

图 6-55 用户的登录时段设置

③ 单击“登录到”按钮，打开如图 6-56 所示的“Logon Workstations（登录工作站）”对话框，可以设置用户账户的登录工作站。系统的默认设置为不限制用户的登录计算机，即选择“此用户可以登录到”选项区中的“所有计算机”单选项。如果计算机中安装了 Net BIOS 协议，则选择“下列计算机”单选项，然后在“计算机名”文本框中输入计算机名，也可以单击“添加”和“删除”按钮更改指定用户许可的登录计算机。

（6）在如图 6-57 所示的“拨入”选项卡中，可以利用“远程访问权限”选项区域中的“允许访问”、“拒绝访问”和“通过远程访问策略控制访问”单选项设置该账户的拨号权限；利用“回拨选项”选择区域中提供的单选按钮组可以设置该账户的回拨方式。其中，选择“不回拨”单选项，表示该账户不具备回拨功能；选择“由呼叫方设置”单选项，则表示该账户具备回拨功能，但回拨电话由用户回拨时自动设置；选择“总是回拨到”单选项，则可以在右侧的文本框中预先设置回拨时的电话号码。

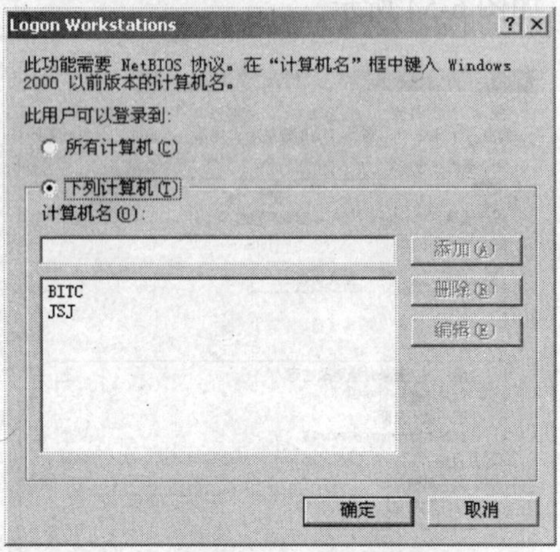

图 6-56 设置用户可登录的计算机

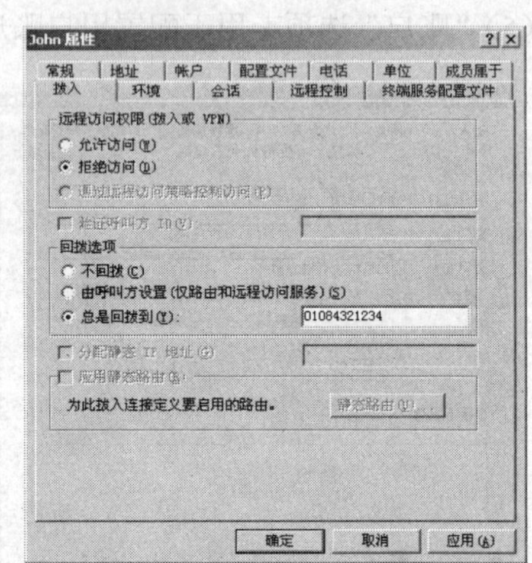

图 6-57 设置该服务器是否允许远程用户通过拨号访问

（7）“成员属于”选项卡中列出了该用户所属的组。单击“添加” 按钮可以为该用户选择新的组。

用同样的方法配置其他选项。

6.6 组和组织单元管理

组是从 Windows NT 系统继承下来的安全管理模式，Windows Server 2003 继续使用这种模式。在 Windows Server 2003 中，组可以用来管理用户和计算机对网络资源的访问，例如活动目录对象及其属性、网络共享、文件、目录、打印机队列，还可以筛选组策略。使用组，主要是为了方便管理访问目的和权限相同的一系列用户和计算机账户。

系统管理员在赋予用户或计算机账户权限时，必须针对它们权限的不同分别设置。即使它们的权限相同，也需要分别进行设置，这就多做了许多重复性工作，使管理活动目录中数千用户对资源的访问成为一项繁重的任务，并且容易产生错误。有了组的概念后可以将这些具有相同权限的用户或计算机划归到一个组中，即使这些用户成为该组的成员，然后通过赋予权限来使这些用户或计算机都具有相同的权限，系统管理员就可以很方便的进行账户管理工作。

说明：组和组织单元有很大的不同。组主要用于权限设置，而组织单元则主要用于网络构建；另外，组织单元只表示单个域中的对象集合（可包括组对象），而组可以包含用户、计算机、本地服务器上的共享资源、单个域、域目录树或目录林。

6.6.1　组的概念

组是指活动目录或本地计算机对象，包含用户、联系人、计算机和其他组等。

1. 组的类型

组的类型有安全组和分布式组两种。安全组显示在访问控制列表（Access Control Lists，ACLs）中，可以用于定义资源和对象的访问权限，同时也可以作为一个电子邮件实体，即向该组发送的电子邮件将被发送到安全组中的所有成员。分布式组则不能用于定义资源和对象的访问权限，只能用作电子邮件的实体。因此，如果只希望建立一个用于接受特定种类电子邮件的实体，而不需要为该实体定义访问权限，则应当建立一个分布式组。

2. 组的作用范围

活动目录中的组都有作用范围，根据作用范围的不同，又可以将组分为 3 种类型：通用组、全局组和域内本地组。其中，通用组可以包含当前域林中任何一个域中的成员，可以被赋予域林中任何一个域的访问权限；全局组能包含组所在域中的成员，也可以被赋予域林中任何一个域的访问权限；域内本地组只能包含某个域的成员，且只能在该域中被赋予访问权限。

更具体的说，通用组包含的用户范围是本地节点上的任何域、全局组及任何一个通用组。通用组可以放置在本地节点中的任何组和任何访问列表中，也可以被转换为其他范围的组，但不能建立在跨节点的域中。

全局组包含的用户范围是本地节点域中的任何全局组。全局组可以放置在域中的任何组和任何访问的列表中，也可以被转换为通用组，但前提是它本身不能是其他全局组的成员。

域内本地组包含的用户范围是组所在域中的用户、全局组和通用组。域内本地组可以放置在同一个组中的其他域内本地组和访问列表中，也可以被转换成为通用组，但前提是它本身不能包含任何其他域内本地组。

注意：在多个域林的情况下，一个域林的组中不能包含其他域林中的用户，也不能被其他域林中的组授予访问权限。

3. 系统内置组

安装完成一个域控制器后，Windows Server 2003 将自动生成一些内置组。这些内置组定义了一些最常用的权限集合，通过将用户添加到系统内置组的方式，可以使用户获得相应的权限。系统内置组都是安全组，根据作用范围不同分别位于“Active Directory 用户和计算机”对话框的“Builtin”和“Users”容器内。其中，内置的域内本地组位于“Builtin”容器，如图 6-58 所示，内置的全局组位于“Users”容器，如图 6-59 所示。用户可以将“Builtin”容器和该容器内的内置域内本地组移动到其他容器中，但不可以将它们移动到其他域。

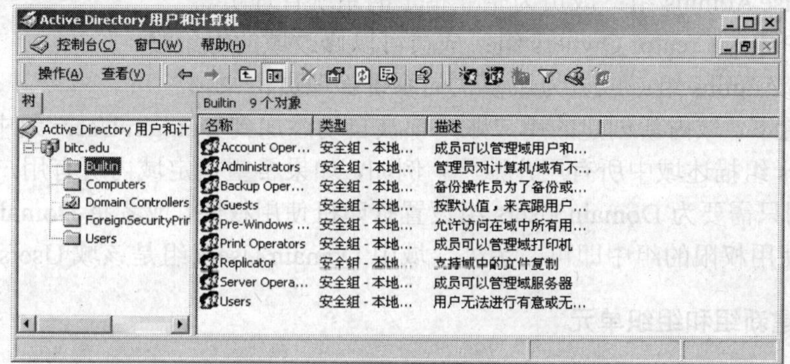

图 6-58　Builtin 容器内的内置域内本地组

图 6-59 Users 容器内的内置全局组

（1）Builtin 容器内的内置域内本地组。

① Account Operators 组：成员可以管理域用户和组账号 Administrators 组，其成员为域管理员，有对计算机/域的完全访问权。

② Backup Operators 组：成员为备份操作员，只能用备份程序将文件和文件夹备份到计算机上。

③ Guests 组：成员为客户，可以操作计算机并保存文档，但不能安装程序和对系统文件进行设置。

④ Print Operators 组：成员可以管理域中的打印机。

⑤ Replicator 组：成员支持域中的文件复制。

⑥ Server Operators 组：成员可以管理域服务器。

⑦ Users 组：成员可以操作计算机并保存文档。但不能安装程序和对系统文件进行设置。

（2）Users 容器内的内置全局组。

① Cert Publishers 组：成员可以进行企业认证和续办代理。

② Domain Admins 组：成员为指定的域管理员。

③ Domain Computers 组：成员为加入到域中的工作站和服务器。

④ Domain Controllers 组：成员为域内的域控制器。

⑤ Domain Guests 组：成员为域内的所有客户。

⑥ Domain Users 组：成员为域内的一般用户。

⑦ Enterprise Admins 组：成员为企业指定的系统管理员。

⑧ Group Policy Creator Owners 组：成员可以修改域的组策略。

⑨ Schema Admins 组：成员为域模式的系统管理员。

在默认设置下，域内新创建的用户账户都被自动添加到 Domain Users 组中，用户可以利用 Domain Users 组描述域中所有用户账户。例如，如果希望指定域内所有用户都拥有使用打印机的权限，则只需要为 Domain Users 组设置打印机使用权限，或者将 Domain Users 组添加到具有打印机使用权限的组中即可。另外，域中 Domain Users 组是该域 Users 组的成员。

6.6.2 创建新组和组织单元

虽然系统提供了许多内置组用于权限和安全设置，但是它们不能满足特殊安全和灵活性的需要。所以，用户要想很好的管理用户和计算机账户，必须根据网络情况创建一些新组。新组创建之后，就可以像使用内置组一样使用它们，赋予权限和进行组成员的添加。另外，在域中合理地添加和安排组织单元，不但方便了管理员对域中账户和组的管理，而且还有利于网络的扩展。

1. 创建一个新组

操作步骤如下。

（1）在“Active Directory 用户和计算机”对话框左窗格中鼠标右键单击要创建组的容器（例如 Users），在弹出的快捷菜单中选择“新建”→“Group”选项，打开如图 6-60 所示的“新建对象-Group”对话框。

（2）在“组名”文本框中输入待创建组名的名称，该名称将被默认设置为“组名（Windows 2000 以前版本）”。

（3）“组作用域”选项区域的单选项用于设置新建组的作用范围（全局组或本地域组），可以将该组的作用限制在其所在的域内。

（4）“组类型”选项区域的单选项用于设置新建组的类型（安全式或分布式），系统默认的选择是“安全式”的全局组。

图 6-60 “新建对象-Group”对话框

（5）单击“确定”按钮即完成新组的创建。

2. 创建新的组织单元

组织单元的建立，对于网络资源、对象进行直观地、集中的管理起到了很大的作用。利用组织结构，域中的网络管理员可以将域中的某个或某些组织单元的管理权授予某个特殊的用户；同样，域中的某个用户即可以被授予域中所有组织单元的管理权，也可以只被授予某个单独的组织单元的管理权。

一个组织单元的性质与域中其他容器一样，可以将组织单元添加到成员组中，也可以在组织单元中创建用户、联系人、计算机等。当安装完活动目录后，容器中只有一个域控制器组织单元，在容器下创建组织单元的具体方法如下。

（1）在“Active Directory 用户和计算机”对话框的左窗格中，鼠标右键单击域服务器的域名（此处为 bitc.edu），在弹出快捷菜单中选择“新建”→“Organization Unit”选项，打开如图 6-61 所示的“新建对象-Organization Unit”对话框。

（2）在“名称”文本框中输入待新建组织单元的名称。

（3）单击“确定”按钮即完成新组的创建。

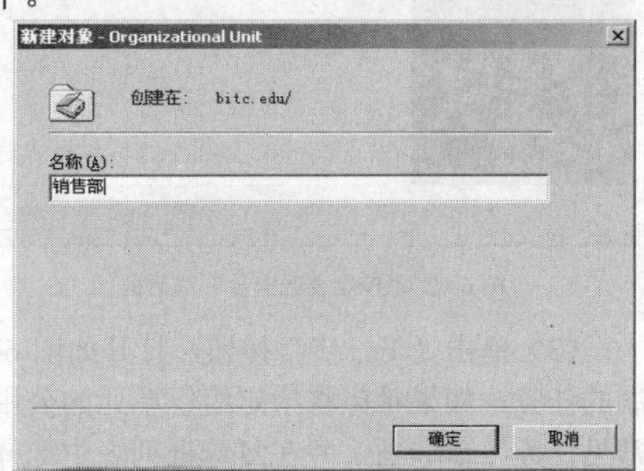

图 6-61 创建新的组织单元

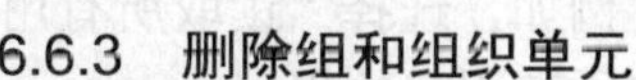

6.6.3 删除组和组织单元

当用户的活动目录中的组和组织单元因太多而影响了对用户和计算机账户的管理时，管理员可对自己创建的组和组织单元进行清理。例如，当目录中有长期不使用的组或者是不符合网络安全的组，可将其删除。当域中的某个组织单元中所包含的用户、计算机、联系人和组织单元等已经被删除或因为其他原因而不再发挥作用时，也可将其删除。不过，管理员只能删除自己创建的组和组织单元，而不能删除由系统提供的内置组和组织单元。

要删除组和组织单元，在控制台目录树中，展开域节点。选择要删除的组或组织单元所在的组织单元，使右窗格中列出该组织单元的内容。然后鼠标右键单击要删除的组或组织单元，在弹出的快捷菜单中选择“删除”选项，这时系统会打开信息确认对话框，单击“是”按钮即完成组或组织单元的删除。

6.6.4 委派控制组或组织单元

在 Windows Server 2003 网络操作系统中，随着组和组织单元的增多，网络的管理工作越来越繁杂，仅仅依靠管理员去处理所有的网络问题是不可能的。为此，Windows Server 2003 操作系统提供了一项新的网络功能——委派控制，通过它，管理员可以将一部分域管理工作委派给其他用户、计算机或组，由其他用户、计算机或组来帮助进行管理，这样就减轻了对用户网络系统的管理工作。对某个组或组织单元进行委派控制，操作步骤如下。

（1）在“ActiveDirectory 用户和计算机”对话框的左窗格中，鼠标右键单击要委派控制的组织单元或组节点，如 Users，在弹出的快捷菜单中选择“委派控制”选项，打开如图 6-62 所示的“控制委派向导”对话框。

（2）单击“下一步”按钮，打开如图 6-63 所示的“用户和组”对话框，指定当前组织单元的委派控制对象，它可以是组或用户。单击“添加”按钮，打开“选择用户、计算机或组”对话框，系统将自动启动搜索过程，并将指定范围内可以委派控制的对象列在列表中，用户可以直接在列表中选择理想的委派控制者，单击“添加”和“确定”按钮即可。

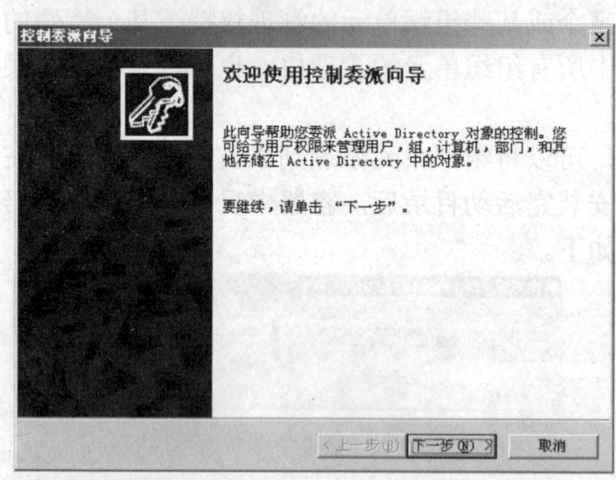

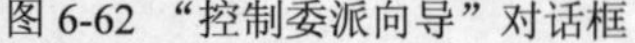

图 6-62 “控制委派向导”对话框

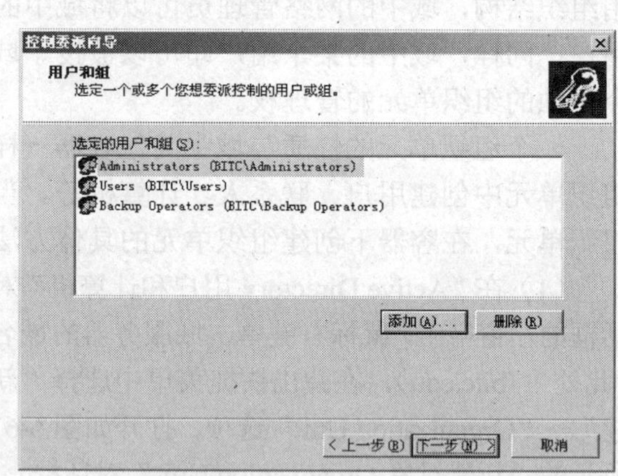

图 6-63 显示要委派控制的文件夹

（3）单击“下一步”按钮，打开如图 6-64 所示的“要委派的任务”对话框，设置委派控制的任务。如果希望将指定组织单元的公用任务委派给该指定的组或用户，选择“委派下列常见任务”单选项，并在复选框列表中选择理想的任务组合。例如，选择“读取所有用户信息”复选框，则指定委派控制对象拥有在当前组织单元内读取所有用户的权限。

（4）如果希望为委派控制设置当前组织单元的自定义任务序列，选择“创建自定义任务去委派”单选项，然后单击“下一步”按钮，打开如图 6-65 所示的“Active Directory 对象类型选择”对话框，设置委派控制自定义任务序列的控制对象。如果选择“这个文件夹，在这个文件夹中的对象，以及创建在这个文件夹中的新对象”单选项，可以完成管理文件夹、创建新对象类型及管理现有对象等控制；如果选择“只是在这个文件夹中的下列对象”单选项，则可以完成列表框选择对象类型的控制，这些对象主要包括：共享文件夹、用户、打印机、子网、站点、计算机、组和组织单元等。

（5）单击“下一步”按钮，打开如图 6-66 所示的“权限”对话框，选择要委派的权限。在“显示这些权限”选项区域中包括“常规”、“特定属性”、“特定子对象的创建/删除”3 个复选框。选择不同的复选框时，在“权限”列表框中将列出相应的任务选项。

（6）单击“下一步”按钮，打开如图 6-67 所示的“完成控制委派向导”对话框，列表框中自动列出所有委派控制选项，单击“完成”按钮即可完成委派设置。

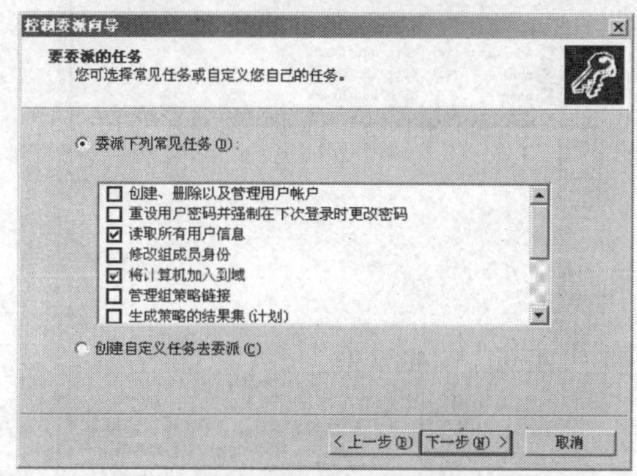

图 6-64　选择要委派的任务

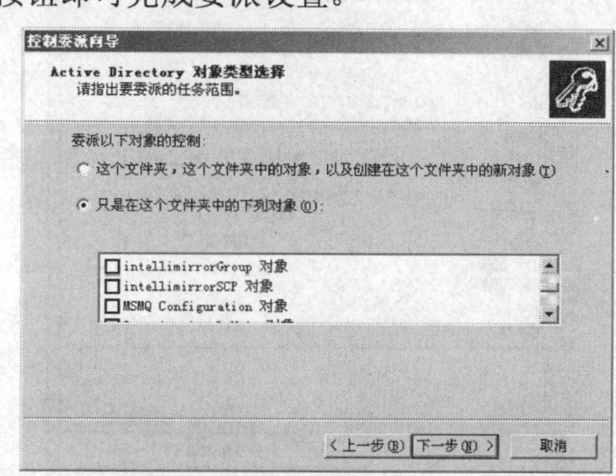

图 6-65　“Active Directory 对象类型选择”对话框

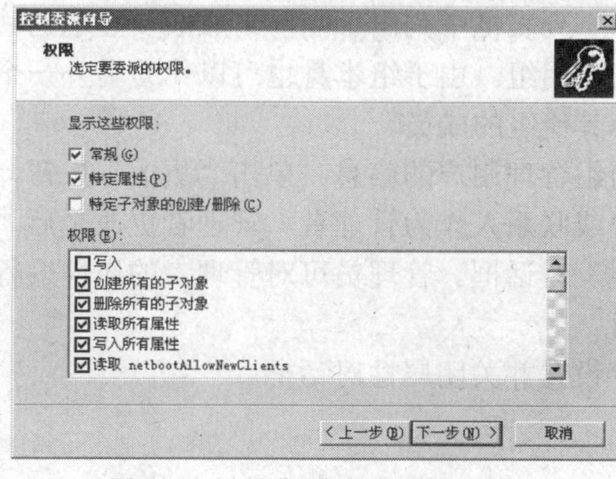

图 6-66　设置委派权限对话框

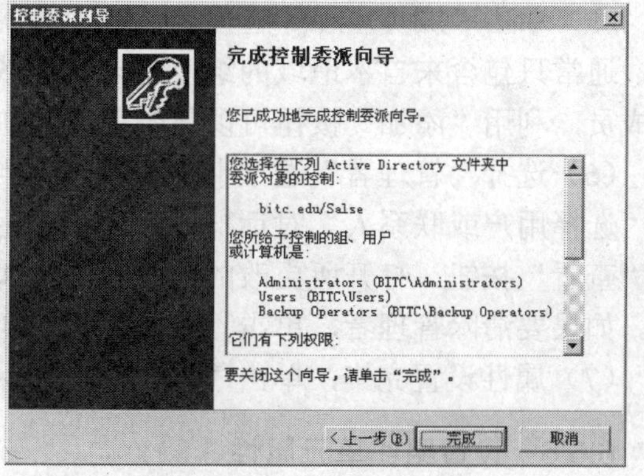

图 6-67　完成委派控制设置

6.6.5　设置组属性

一个新组被用户创建好之后，系统并没有设置该组常规属性和权限，也没有为其指定组成员和管理者，该组几乎不发挥任何作用。如果要充分发挥组对用户和计算机账户的管理作用，用户必须设置该组的属性，组的属性包括组名称、组类型和组范围等主要信息，组属性的设置步骤如下。

（1）在“Active Directory 用户和计算机”对话框的左窗格中，选择待设置属性的组容器。在右窗格中选择待设置属性的组。

（2）单击鼠标右键，在弹出的快捷菜单中选择“属性”选项，打开如图6-68所示的“（组名）属性”对话框，它包含“常规”、“成员”、“成员属于”和“管理者”4个选项卡。

（3）“常规”选项卡中列出当前组名称、创建时的范围和类型设置。在“描述”文本框可以输入当前组的说明信息，以辅助用户掌握组内容及权限；利用“组类型”及“组作用域”选项区域中的单选项可以更改组的类型及作用范围等属性。

（4）在如图6-69所示的“成员”选项卡的“成员”列表框中列出了当前组中包含的所有成员信息。用户可以利用位于该列表框底部的“添加”和“删除”按钮更改组成员的组成信息等属性。

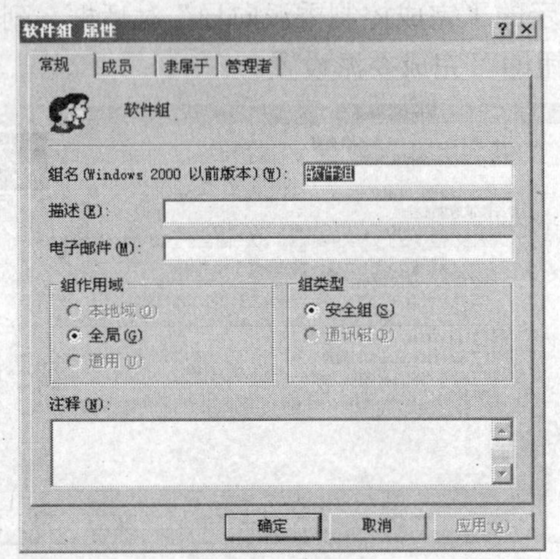

图6-68 “软件组属性”对话框

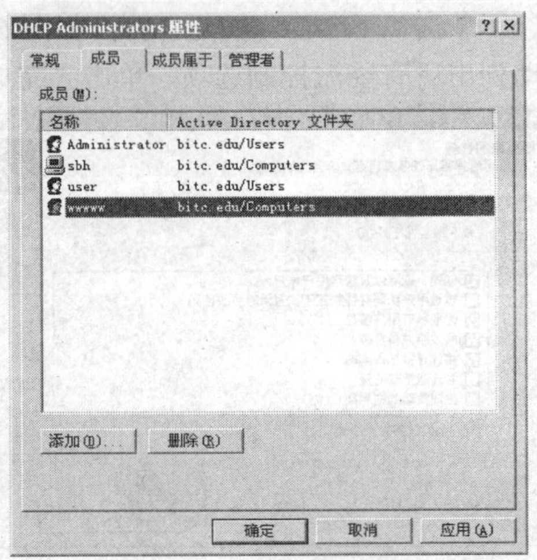

图6-69 添加/删除成员

（5）单击“成员属于”选项卡，在“隶属于”列表框中列出了当前组成成员显示的其他组，通常只包含来自本地域的组及来自其他域的通用组。由于组本身也可以作为另外一个组的成员，利用“添加”按钮可以将当前组添加为其他组的成员。

（6）选择“管理者”选项卡，可以设置当前组管理用户的信息。单击“更改”按钮，打开“选择用户或联系人”对话框，选择一个用户或联系人作为管理者。管理者更改之后，单击“查看”按钮，打开所更改的管理者的“属性”对话框。管理员可对管理者的属性进行修改。如果要清除管理者，单击“清除”按钮即可。

（7）属性设置完毕，单击“确定”按钮保存设置并关闭属性对话框。

6.6.6 设置组织单元属性

用户创建组织单元后，应根据需要设置组织单元的属性，才能更好的发挥组织单元在管理方面的方便性和安全性等优点。组织单元的属性设置主要包括描述信息等常规属性、管理者名称及地址设置等信息，同时可以为组织单元创建组策略。组策略由用户配置和计算机配置组成，它存储在域中，作用于站点、域或组织单元，以反映活动目录的级连结构。一个站点、域或组织单元可以拥有一个或多个组策略，也可以没有组策略设置。如果为一个组织单元设置了组策略，则组策略将只应用于组织单元成员的用户或计算机；如果当前组织单元中只包含组，而不包含用户，则组织策略将不会影响成员的设置。组织单元的属性设置步骤如下。

（1）在“Active Directory 用户和计算机”对话框的左窗格中，鼠标右键单击要设置属性的组织单元的容器名。

（2）在弹出的快捷菜单中选择“属性”选项，打开如图 6-70 所示的“（组织单位名）属性”对话框，它包含“常规”、“管理者”、“组策略”3 个选项卡。

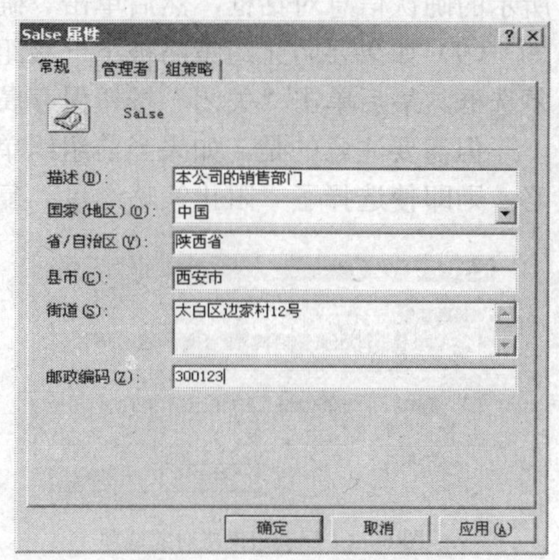

图 6-70　组织单元属性对话框

（3）在“常规”选项卡中，可以设置描述计算机和用户统一的常规信息。在“描述”文本框中为组织单位输入一段描述；在“省/自治区”、“县市”、“街道”和“邮政编码”文本框中输入组织单位所包含的计算机用户的统一通信地址和邮政编码。

（4）“管理者”选项卡用于设置当前组织单位管理用户的信息。单击“更改”按钮打开“选择用户或联系人”对话框，选择一个用户或联系人作为管理者。单击“查看”或“清除”按钮，可查看管理者的属性或者清除管理者。

（5）如图 6-71 所示的“组策略”选项卡用于控制组单位的组策略设置。在“组策略对象连接”列表框中列出了当前组织单位中已经设置的组策略对象，越在上面的组策略，其优先级也就越高。如果当前组织单元中拥有多个组策略，利用位于列表下方的“向上”与“向下”按钮可以调整其在列表中的位置，从而更改选定组策略的优先级设置。

（6）要新建一个组策略对象，单击“新建”按钮，在组策略对象列表框中会出现一个新的组策略对象，如图 6-72 所示，在名称文本框中为新策略输入一个有意义的名称。

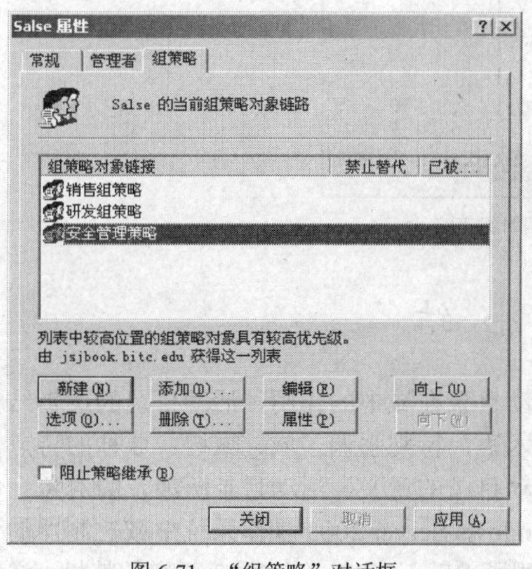

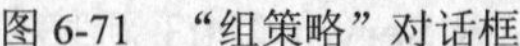
图 6-71　“组策略”对话框

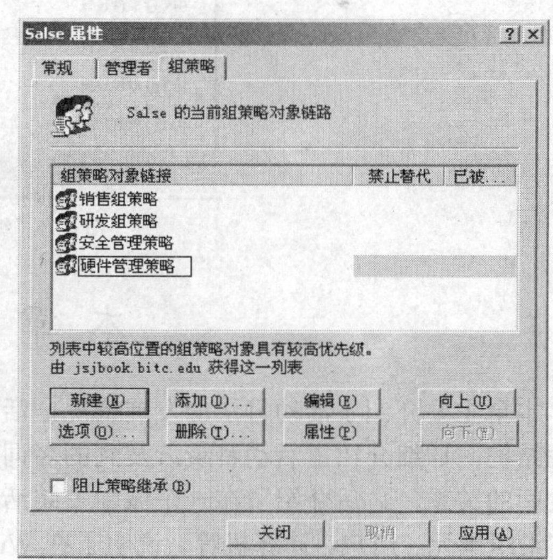

图 6-72　新增组策略对象

（7）用户要配置某个组策略对象的选项，在列表中选择该对象，单击“选项”按钮，打开如图 6-73 所示的该组策略对象的选项对话框。

（8）在“链接选项”选项区域中，选择“禁止替代”复选框，可防止其他组策略对象替代这个组对象中的策略集；选择“被禁用”复选框，可暂时禁用该策略，此时会打开如图6-74所示的确认信息对话框，然后单击“确定”按钮返回到组策略选项卡。

（9）如果要防止组策略被下一级组织单元所继承，可在图6-72中选择“阻止策略继承”复选框。最后单击“关闭”按钮保存属性设置。

但需要注意的是，如果当前组织单元上的文件加入其中包含了禁止代替选项类型的组策略，则即使选择了“阻止策略继承”复选框，也无法阻止这种组策略的继承。

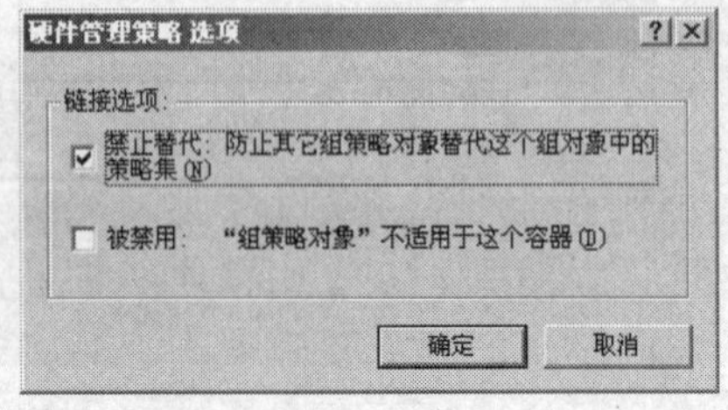

图6-73　配置组策略对象选项

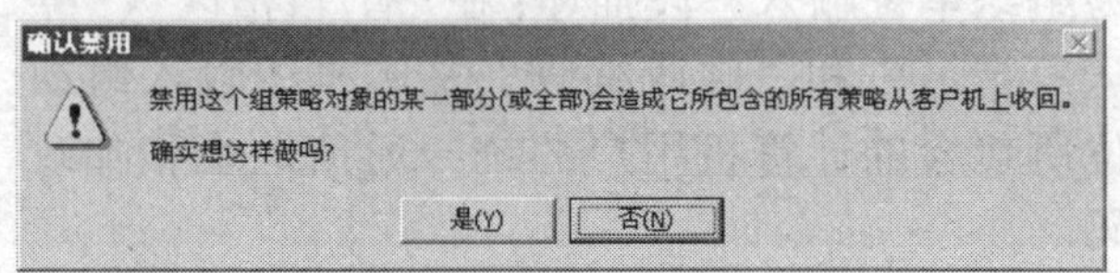

图6-74　确认禁用该组策略

（10）组策略创建好之后，单击“编辑”按钮，会打开如图6-75所示的“组策略”对话框。在该窗口中，管理员可对创建的组策略进行编辑，包括计算机配置和用户配置两个方面，编辑完毕，关闭窗口。

（11）如果要删除某个组策略对象，在列表中选择该对象，然后单击“删除”按钮即可。

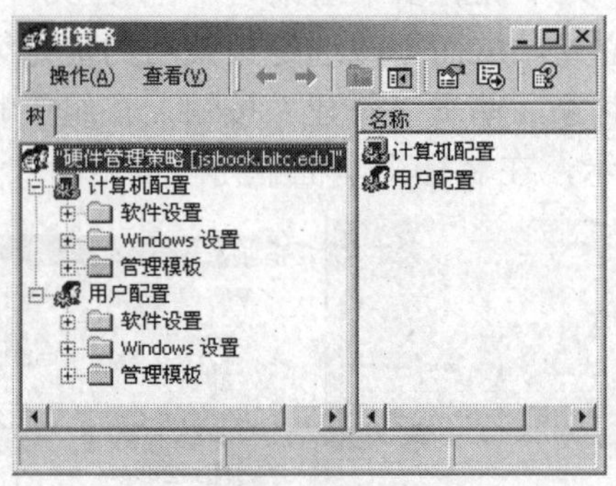

图6-75　编辑组策略

本章小结

本章主要介绍了活动目录的发展情况，活动目录在域中的作用，活动目录的逻辑结构和物理结构；详细介绍了活动目录涉及到的名词术语，特别强调了域、域树、域林的特点及相互之间的关系，之后介绍了在一个域中安装活动目录的意义，活动目录所涉及的对象，包括组、组织单元、用户、计算机等，说明了在Windows Server 2003操作系统中域控制器的作用并可以实现多个域控制器共存的特点，特别说明了Windows Server 2003新增的特性。详细介绍了活动目录的安装与配置，在安装活动目录时，必须先安装与配置DNS服务器。完成了活动目录的安装后，介绍了如何实现对域控制器的管理、在活动目录如何增加新的用户与计算机账户，并说明了组与组织单元的特点及管理方法。

习　题

1．简述域、域树和域林的概念及相互之间的关系。

2．简述活动目录的基本特征。

3．简述安装活动目录的意义。

4．如何限制用户在某个特定时段登录？

5．简述活动目录中的结构，并说明物理结构和逻辑结构的特点。

6．创建一个新用户，将其添加到某个成员组中，并设置其权限。

7．什么是域信任关系，在 Windows Server 2003 中，域之间的信任关系是否可以传递？父域和子域间是否自动存在信任关系，为什么？在域林中不同的域树之间是否自动存在信任关系，为什么？

8．在已安装 Windows Server 2003 的成员服务器上安装活动目录服务，并配置相关的用户和计算机账户，使用该服务器能为网络中的用户和计算机提供服务。

9．在 Windows Server 2003 域中增加一个组织单元，并设置该组织单元具有远程安装软件的组策略属性。

10．在 Windows Server 2003 域中，将管理员的登录密码重新设置为你自己使用的密码。

11．将你所使用的域控制器连接到网络中的另一个域中。

实训　活动目录的安装配置与用户管理

一、实训目的

1．掌握活动目录的概念及在域中的作用。

2．能进行活动目录安装与配置管理。

3．会在域中管理活动目录的域控制器。

4．能在域中进行用户和管理帐户的创建与管理。

二、实训设备

1．计算机系统：CPU P4 2.4 以上，内存在 512MB，硬盘 5GB 以上，光驱，鼠标，网卡等。

2．4 台安装了 Windows Server 2003 的独立服务器。

3．计算机是连网的系统。

三、实训内容

1．规划活动目录的域和 IP 地址。

（1）分别为 4 台服务器配置 IP 地址：192.168.1.1~4/254。

（2）将主域控制器规划为 DNS 服务器，所有域的首选 DNS 为主域控制器的 DNS 服务器。

（3）规划活动目录的域名空间：主域 Test.edu，子域为 student.Test.edu，域中的第二棵域树为 teacher.edu，还有一台成员服务器。

2．活动目录的安装。

按规划好的活动目录的 IP 地址进行活动目录的安装，保证 DNS 服务器能解析域林中的所有域名。

3．用户和计算机帐户管理。

（1）在域中创建一个新的组，命名为“软件组”，在组中增加 3 个新的用户。

（2）域中创建一个组织单元，命名为“销售科”，并在该组织单元中创建 3 个新的用户。

（3）比较组织单元和组中的用户的区别。

（4）网络中有一台独立的计算机，请将该计算机添加到域中，增加一个计算机账户，使其能访问域中的资源。

第 7 章 Windows Server 2003 系统管理

Windows Server 2003 提供了计算机硬件设备例如声卡、网卡、显示卡、调制解调器等硬件设计驱动程序，并且允许用户随时添加新的硬件或软件，Windows Server 2003 还提供了许多内置的服务，例如，活动目录服务、文件与打印服务、DHCP 服务、DNS 服务、磁盘管理及 IIS 服务等。用户安装了 Windows Server 2003 之后，重要的是在使用过程中对系统进行管理，即对一些重要的系统服务、系统设备、系统选项等涉及到服务器整体性能的一些选项进行配置和调整。而 Windows Server 2003 中允许改动的选项及可设置的参数数量很多，几乎每一项调整都可能有不同的选择。因此对于普通用户来说，系统的管理尤其是配置或管理工作是很复杂的工作，即使是专业的计算机系统管理人员也会为此花费大量时间。Windows Server 2003 在这方面做了相当多的改进，通过 Microsoft 的管理控制台，使普通用户或系统管理员能更方便、更快速地完成这类任务。

7.1 微软管理控制台

在用户安装了 Windows Server 2003 操作系统之后，对服务器整体性能进行配置和调整等这些系统复杂的管理工作会占用管理员大量的精力，而 Windows Server2003 中允许改动的选项及可设置的参数数量又很多，几乎每一项调整都可能有不同的选择。因此 Microsoft 提供了能更方便、更快速地完成这类管理任务的管理控制台（Microsoft Management Console，MMC）。

MMC 是指进行系统维护的各种管理工具工作的地方，通过它用户可以创建、保存和打开用于管理硬件、软件和 Windows 系统组件的工具。MMC 本身不执行管理功能，但它可以接纳执行各种系统功能的工具。可在 MMC 中添加的插件，包括管理工具、ActiveX 控制、链接到网页、文件夹、控制台任务板和任务。用户使用 MMC 有两种方法，第一种是在用户模式下使用现有的 MMC 系统，第二种是在作者模式下创建新控制台和修改现有的 MMC。

Windows Server 2003 具有新的、公共的、可扩充的“管理控制台”（MMC）体系，它可以集中管理以前相互独立的计算机管理工具，例如“事件监视器”、“设备管理器”、“计算机管理”和“Internet 服务管理器”、DNS 等。Windows Server 2003 可以创建一个或多个“控制台”，这些控制台内可以包含一个或多个的管理单元。所有这些特性都能被远程计算机使用，并允许管理员从同一网络上的任何其他计算机上修复和配置其中的某台计算机。“管理控制台”和“管理单元”帮助用户更容易地管理本地或远程计算机。

MMC 是一个框架，它通过提供在不同工具间通用的导航栏、菜单、工具栏和工作流，来统一和简化 Windows 中的日常系统管理任务。使用 MMC 工具(称为管理单元)可以管理网络、计算机、服务、应用程序和其他系统组件。

7.1.1 MMC 对话框

Windows Server 2003 的 MMC 对话框由两个窗格组成，左窗格称为控制台目录树，右窗格则称为结果窗格，如图 7-1 所示的“计算机管理\存储\磁盘管理”控制台对话框。

启动 MMC 的方法是：执行“开始”→“运行”，在“运行”对话框的“打开”文本框中输入“mmc”即可打开如图 7-1 所示的控制台对话框。

控制台目录树显示出控制台中可用的项目，结果窗格则包含有关这些项目功能的信息。在控制台目录树中，当用户单击不同项目时，结果窗格中的信息将相应改变，结果窗格可以显示很多类型的信息，包括网页、图形、图表、表格和列表等。

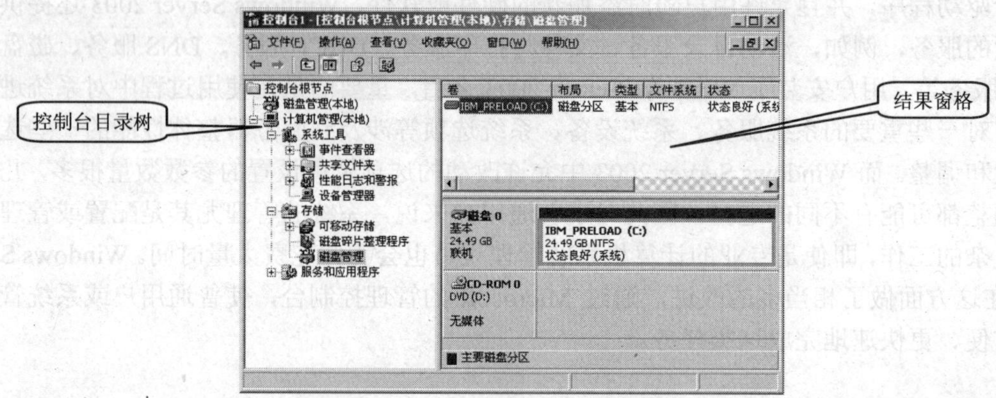

图 7-1 “组件服务”控制台窗口

控制台目录树是在 MMC 的左窗格中的一个分层结构。它显示控制台中的可用项目。这些项目可包括文件夹、插件、控制项、网页、任务板以及其他工具。在新控制台中，控制台目录树中的唯一项目是一个标记为“控制台根目录”的文件夹。可通过将项目添加到控制台创建控制台的管理功能。用户无需在控制台根目录中固定控制台对话框；可以在控制台目录树中的任何项目上固定控制台对话框。这样做将隐藏根以上控制台目录树中的项目，并使对话框主要显示新控制台根目录和所有其下面的管理工具。

每个控制台都拥有其自身的菜单栏和主工具栏，它们与主 MMC 对话框的菜单和工具栏是分开的，其作用是帮助用户执行任务。此外，在对话框底部还有一个状态栏。将项目添加到控制台后，可以隐藏主菜单栏、主工具栏和状态栏以便防止用户对控制台进行不必要的更改。

7.1.2 添加 MMC 插件

插件是MMC的基本组件，它总是驻留在控制台中，自身不运行。当在运行 Windows Server 2003 的计算机上安装与插件相关联的组件时，插件对于所有在该计算机上创建控制台的用户都是可用的（除非受到用户策略的限制）。

用户可以将一个或多个控制台以及项目添加到 MMC 中。此外，可将插件的多个范例添加到同一 MMC 以管理不同的计算机。一般说来，用户只能添加安装在本地计算机上的插件。但是，在 Windows Server 2003 中，如果计算机是工作组或域的一部分，则可以使用 MMC 下载任何非本地计算机安装却能够在活动目录的目录服务中找到的有效插件。

MMC 支持两种类型的插件：独立插件和扩展名插件。其中独立插件经常称为插件，在添加独立插件时，不需要先添加其他项目，便可将其添加到控制台目录树中。扩展名插件也经常称为扩展名，它不能单独进行添加，需要添加到已存在于控制台目录树中的独立插件或扩展名插件中；这样做后，扩展名插件将在由插件控制的对象上进行操作，例如打印机、调制解调器或其他设备等。

7.1.3　控制台任务板和任务

任务板是可以在其中添加内容的 HTML 页面，添加内容包括控制台结果窗格中的列表以及给定控制台内外函数的快捷方式。可以使用快捷方式运行例如启动向导、打开属性页、执行菜单命令、运行命令行和打开网页等任务。可以对任务板进行配置以便它能包含给定用户需要的所有任务。此外，可以在控制台中创建多个任务板以便将任务分组。

任务板使初学计算机的用户可以很容易地执行作业。例如，可将应用任务添加到任务板当中而后隐藏控制台目录树，以便用户可以在熟悉控制台目录树中特殊功能的位置之前开始使用工具。也可以使用任务板使复杂任务变得容易。例如，如果用户必须频繁执行涉及多个插件和其他工具的任务，则可以将任务放在打开或运行必要对话框、属性页、命令行和脚本的单一位置上。

7.1.4　添加/删除控制台新功能

为了便于统一管理和增强控制台的功能，用户可以向控制台添加新功能。但有时，某一项控制台管理单元的功能可能不再为用户所使用，这时用户可以将它删除。注意，用户添加插件后，可能会发现由“添加/删除管理单元”命令提供的插件不能提供需要的功能。这时，可以尝试以下两种解决方案：第一，检查网络中是否存在由 Microsoft 或其他厂商发送的其他插件或扩展。第二，创建自身的扩展以增加现存插件的功能，或创建新的独立插件以便提供全新功能。下面以 WINS 控制台为例介绍管理单元添加和删除。

（1）执行“开始”→“程序”→“管理工具”→“WINS”命令，打开 WINS 控制台对话框，选择“文件”→“添加/删除管理单元”选项，打开如图 7-2 所示的“添加/删除管理单元”对话框。

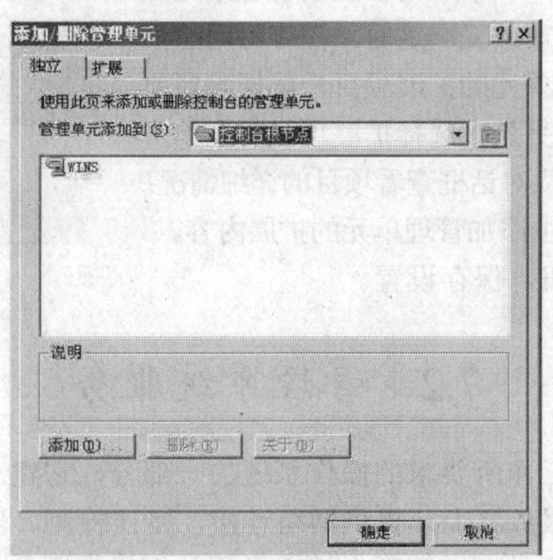

图 7-2　“添加/删除管理单元”对话框

（2）在“独立”选项卡中，从“管理单元添加到”下拉列表中选择管理单元要添加的目的地。

（3）管理单元要添加的目的地选择好之后，单击“添加”按钮，打开如图7-3所示的“添加独立管理单元”对话框。

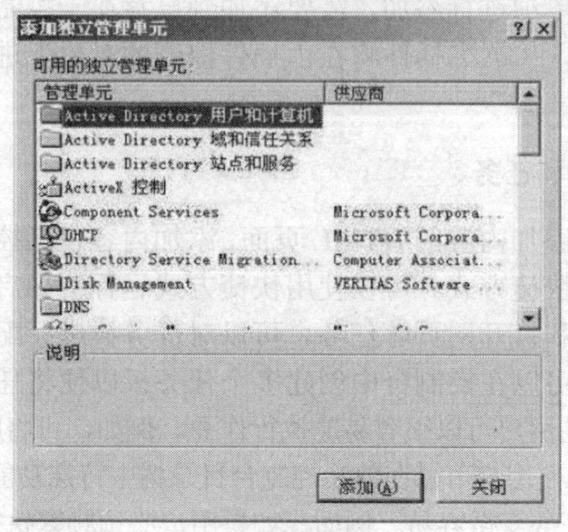

图7-3 “添加独立管理单元”对话框

（4）在“添加独立管理单元”对话框中，从“可用的独立管理单元”列表框中选择要添加的独立管理单元，单击“添加”按钮即可添加该管理单元。若用户想继续添加，可按照上面的步骤继续进行。用户在选择管理单元时，在“说明”选项区域中，可以看到关于该管理单元的功能说明。独立管理单元添加好之后，单击“关闭”按钮，关闭对话框。

（5）在“独立”选项卡中，用户还可以将不常用的独立管理单元删除。从管理单元列表框中选择要删除的管理单元，然后单击“删除”按钮即可。

（6）如果用户想添加管理单元的扩展，可单击“扩展”选项卡，打开如图7-4所示的对话框。

（7）在“扩展”选项卡中，从“可扩展的管理单元”下拉列表中选择要扩展的管理单元，这时，在“可用的扩展”列表框中会列出该管理单元的扩展项目，选择项目前的复选框，即可完成添加。另外，选择扩展项目后，单击“关于”按钮，可打开“属性”对话框查看项目的详细情况；单击“下载”按钮，可从网上添加管理单元的扩展内容。

（8）单击“确定”按钮，保存设置。

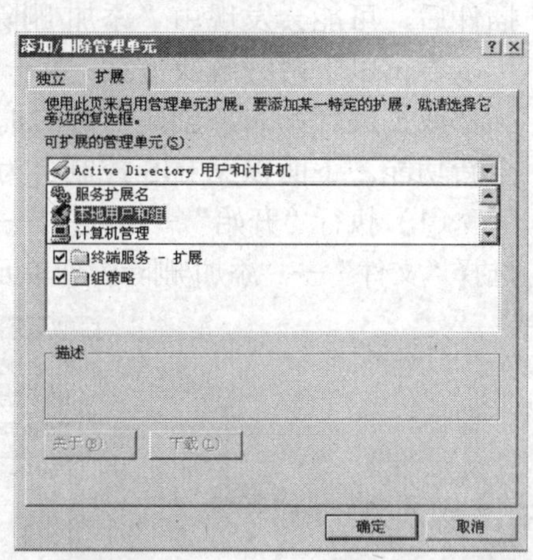

图7-4 “扩展”选项卡

7.2 管理系统服务

系统服务是某个功能工作所要求的操作系统的一部分，它建立于基础操作系统、目前安装的硬件设备和其他系统服务之上，提供网络连接、错误检测、安全性和其他基本操作系统功能。通过系统服务，管理员可以管理本地或远程计算机的服务。在Windows Server 2003中，用户还能设定在服务失败时所采取的挽救措施，为服务创建用户自定义的名称和描述，以便用户能够更好地识别它们。

7.2.1 Windows Server 2003 提供的系统服务

在 Windows Server 2003 中，系统为用户提供了许多服务和功能。用户使用这些系统服务与系统功能可以完成所需要的各种操作。例如，用户可以使用系统服务进行网络连接、系统错误检测、保证系统安全，还可以在远程或本地计算机上启动、停止、暂停恢复服务等操作。其中 Windows Server 2003 中的默认服务及其功能主要包括以下几项。

（1）Alerter Server ——警报器服务：发生服务失败之类的管理警报时，为选定的用户或计算机提供通知。Alerter 服务由 Server 服务使用，且要求 Messenger 服务正在运行。

（2）ClipBook Server ——剪贴板服务器服务：允许其他计算机上的过程剪贴簿看到在本地剪贴簿中存放的页。

（3）Computer Browser ——计算机浏览器服务：跟踪网络上的其他计算机，并在需要时为应用程序提供信息。资源管理器和网上邻居使用 Computer Browser 服务。

（4）Directory Replicator ——目录复制程序服务：在网络上的计算机之间复制目录和目录中的文件。当管理员设置本地容错环境或在远程服务器的本地副本增加访问文件的性能时，通常使用这个服务。

（5）EventLog ——事件日志服务：在事件日志中存放应用程序、安全性和系统事件。事件日志查看器允许用户看到由 EventLog 服务存放的事件。

（6）Messenger ——消息服务：发送和接收由系统管理员或 Alerter 服务发送的信息。

（7）NetLogon ——网络登录服务：保持安全性特性，如用户登录和域安全性。NetLogon 服务还提供安全性文件在域内服务器之间同步的机制。

（8）Network DDE ——网络 DDE 服务：为动态数据交换（DDE）会话提供网络传输和安全性。Word 和 Excel 这样的应用程序在网络上通过 DDE 共享信息时，利用 Network DDE 服务。

（9）Network DDE DSDM ——网络 DDE 数据服务：DDE 共享数据库管理器（DSDM）处理多个 DDE 会话的管理，由 Network DDE 服务使用。

（10）NT LM Security Support Provider Plug and Play Locator ——NT 安全支持提供程序服务：为使用 LAN Manager 命名管道之外的 RPC 应用程序提供 Windows NT 安全性。这个服务主要由老的数据库服务器应用程序使用。这个服务管理 Windows NT 和在系统中安装的任何即插即用的 BIOS 支持。

（11）Remote Procedure Call（RPC）——远程过程调用服务：处理数据库服务器这样的分布式应用程序的目录。RPC 应用程序使用 RPC Locator 服务登记它的可用性。这个服务还由客户端用于查找兼容的分布式 RPC 服务器应用程序。

（12）Remote Procedure Call（RPC）Service——远程过程调用（RPC）服务：RPC Service 是 Windows Server 2003 的 RPC 子系统，为 RPC Locator 和其他 RPC 服务提供通信功能。

（13）Schedule——计划调度服务：At 命令使用 Schedule 服务在指定的时间和日期运行应用程序。

（14）Server ——服务器服务：为连接到本地计算机的用户管理文件和打印服务，它还管理命名管道和 RPC 支持功能。当 Server 服务失败时，该计算机不能从网络上进行用户访问。

（15）Spooler ——后台打印程序服务：提供打印作业假脱机服务。当一个打印作业发送到打印机时，Spooler 服务把它排在前面的打印作业之后，等待发送到打印机。当打印作业准备好打印时，Spooler 服务管理从打印队列到打印机制数据流。

（16）UPS ——不间断电源服务：管理连接到计算机的不间断电源的功能。UPS 服务处理 UPS 硬件和计算机上 UPS 控制器服务之间的通信。当电源掉电时，UPS 服务给管理电源定时的 UPS 控制器服务发送一个信息，提供暂时电源供电并处理任何系统关闭功能。

（17）Workstation ——工作站服务：管理网络连接、驱动器号映射、打印机连接和本地其他应用程序与网络的交互。Internet 浏览器使用 Workstation 服务。

没有系统服务，计算机就没有那么多的功能，特别是需要系统服务处理网络功能时。除了默认的系统服务外，还有许多其他的服务可以装入和卸载，它们提供了 Windows Server 2003 中的许多功能。例如，购买了一个作为系统服务运行的，在指定间隔时间内进行系统备份的软件。在安装该备份软件时，调度功能的系统服务将自动安装到系统服务列表中。用户甚至可以从因特网下载一个提供 Telnet Server 服务的共享软件。这个系统服务可以进行自动安装，或者手动安装。

7.2.2 启动和停止系统服务

在 Windows Server 2003 启动之后，系统将自动启动必需的服务。

执行“开始”→“程序”→“管理工具”→“计算机管理”命令，打开如图 7-5 所示的“计算机管理”对话框。在左窗格中展开“系统工具”节点，在展开的项目中选择“服务”节点，则右窗格中将会列出系统中已有的服务选项，并给出了它们的名称、描述等属性和目前的状态等。

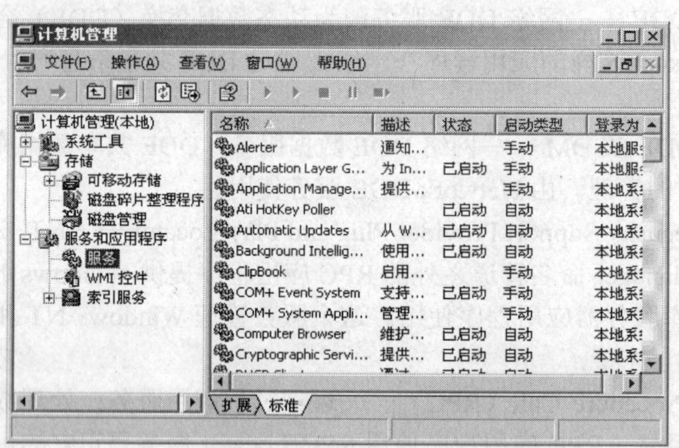

图 7-5 “计算机管理”的“服务”对话框

如果在系统运行过程中，需要启动某个服务，操作步骤如下。

（1）用鼠标右键单击想要启动的系统服务名称，这里启动的是 Alerter 服务。

（2）在弹出的快捷菜单中选择“属性”选项，打开如图 7-6 所示的“Alerter 的属性”对话框。

（3）在“启动参数”文本框中输入启动服务时所需的参数，选择该服务的“启动类型”（手动、自动、已禁用），单击“启动”按钮，打开如图 7-7 所示的“服务控制”对话框，其中显示了服务启动的进度。

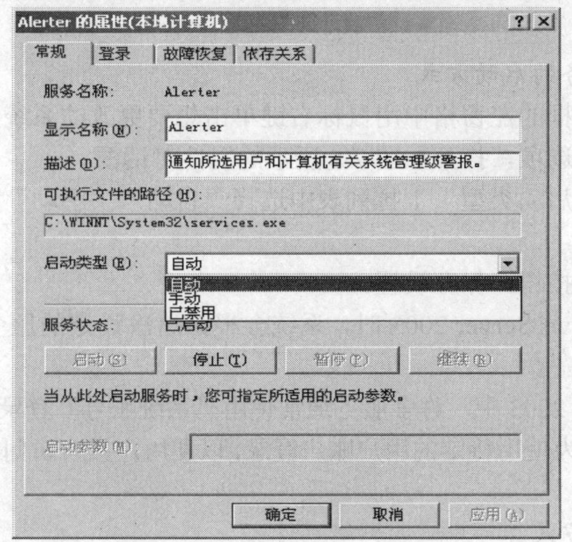

图 7-6 “Alerter 的属性”对话框

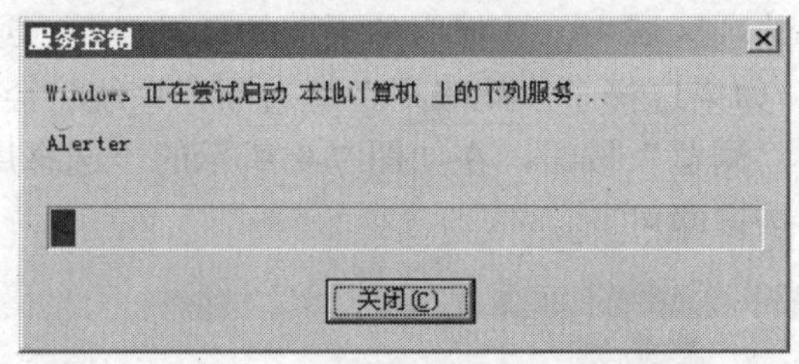

图 7-7　启动“服务控制”对话框

计算机在某项服务已被启动之后，如果想要快速的重新启动，可用鼠标右键单击服务名称，然后在弹出的快捷菜单中选择“重新启动”选项即可。

如果由于硬件故障或其他的一些原因，要停止一个系统服务，也可按照上述步骤进行。当选定已经启动的服务时，在“常规”选项卡的“服务状态”选项区域中“停止”按钮将变为可用，单击此按钮即可停止当前选定的服务。

如果停止服务较为突然，例如，在计算机处于网络连接状态中，有其他用户正在使用某项服务，此时可以暂停服务，即允许当前用户完成正在做的工作，而且能够防止新用户开始使用此项服务。

如果要对系统进行其他的配置，则可以选择“Alerter 的属性”对话框中的“登录”、“故障恢复”、“依存关系”选项卡，可以对服务的登录用户进行控制，选择当服务失败时的恢复方式，确定当该服务依赖的系统组件被停止或运行不正常时，服务可能会受到什么影响。

7.2.3　设置系统服务

Windows Server 2003 中对服务提供了 3 种启动时的选项，分别为自动、手动和已禁用，允许用户灵活地选择系统中服务的初始启动方式。例如，对于必要的和常用的服务，用户就可以设置为“自动”，将在 Windows Server 2003 启动时自动装入；对于不是很常用的服务，可以设置为“手动”，在系统启动后需要时手动启动服务；对于一些暂时用不上的服务，可以设置为“已禁用”。

1. 设置或更改服务的启动方式

（1）在控制台对话框的左窗格中用鼠标右键单击想要更改的系统服务名称，选择弹出的快捷菜单中的“属性”选项，打开如图 7-6 所示的属性对话框。

（2）根据需要在“启动类型”下拉列表中选择“自动”、“手动”和“已禁用”3 种方式中的一种。

（3）单击“确定”按钮，保存设置。

在下次启动 Windows Server 2003 时，系统会根据这次设定的服务启动方式启动相应的服务。

在 Windows Server 2003 中，许多服务通常使用“系统账号”登录到系统，尽管如此，一些服务还是能够被设定为使用特定的用户账户登录，以便用户具有访问被 Windows Server 2003 保护的资源的权限。

2. 设置服务登录方式

（1）在如图 7-6 所示的对话框中，选择“登录”选项卡，打开如图 7-8 所示的对话框。

（2）在“登录身份”选项区域中，选择服务采取的登录身份（通常情况下服务采用的是默认的“本地系统账户”，如果选择了“此账户”单选项，系统将会使用指定的账户登录）。如果要指定账户，可单击“浏览”按钮，在如图 7-9 所示的“选择用户”对话框中选择一个登录账户，单击“确定”按钮即可。

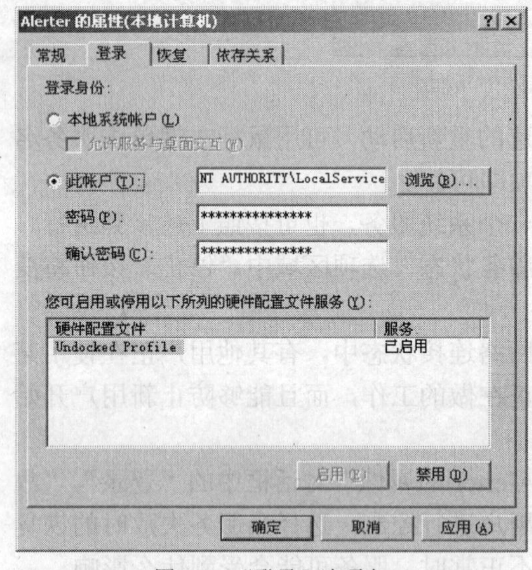

图 7-8 “登录”选项卡

图 7-9 “选择用户”对话框

说明：在“登录”选项卡的下部的“硬件配置文件”列表框中，如果对应的硬件配置文件状态栏中标明了“已启用”，则说明在使用此硬件配置文件启动系统时，服务是可被启用的。

在服务属性对话框中，单击“恢复”选项卡，打开如图 7-10 所示的对话框，用户可以在此设置当服务失败时所采取的措施，分别是：“不操作”、“重新启动服务”、“运行一个程序”和“重新启动计算机”，其中每种措施还有相应的补充选项，用户可根据需要自行设置服务失败时的操作。

系统中的服务可能依赖于其他服务的正常运行，如果某个服务不能正常运行，可能是因为所依赖的其他服务没有正常运行。在如图 7-6 所示的对话框中的“依存关系”选项卡可以使用户清楚地看出各服务之间相互依存的关系。例如，如图 7-11 所示的对话框为远程访问连接管理器服务与其他组件和驱动程序之间的依赖关系。

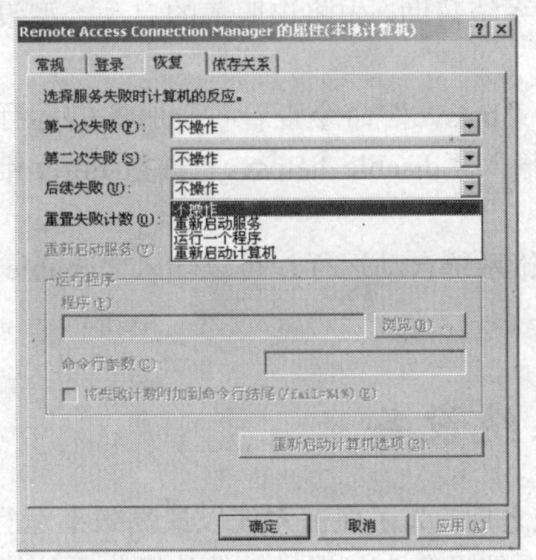

图 7-10 “恢复”选项卡设置服务失败时的恢复方案

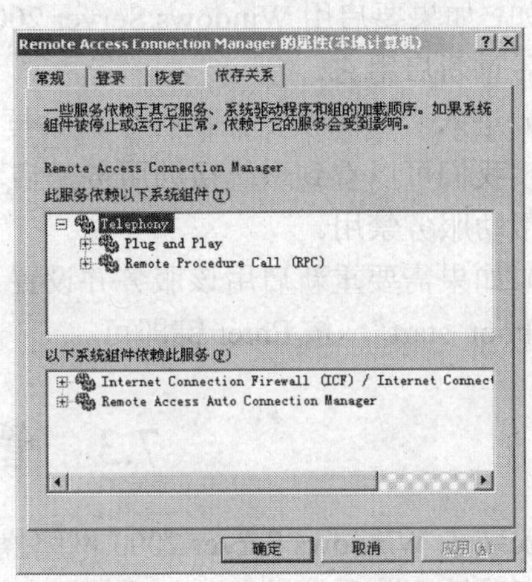

图 7-11 “依存关系”选项卡

在图 7-11 的对话框中，在“此服务依赖以下系统组件”列表框中列出了选定的服务所依存的服务项目列表，此处为“即插即用”和“远程过程调用”，“以下系统组件依赖此服务”列表框中则列出了需要当前选定服务的服务项目列表，此处为“Internet 连接防火墙/Internet 连接共享”和“远程访问自动连接管理器”。这两个系统组件出现故障，就可能影响到该远程访问连接服务。

7.2.4 备份与保护系统服务

在对系统服务进行配置管理以前，对其进行备份是相当重要的，一旦出现错误可以马上恢复到正常状态。这里，我们介绍直接备份注册表中与服务相关的内容。

1. 备份系统服务

(1) 运行注册表编辑器，依次展开注册表 hkey_local_machine\system\ currentcontrolset\services。

(2) 执行“文件”→“导出”命令，在打开的对话框中，选择“所选分支”选项，将此分支下的注册表内容导出并保存为一个 REG 文件。如果需要恢复系统服务，可以直接双击该 REG 文件导入注册表。

2. 灾难保护

如果由于误操作，不慎禁用了某个重要的服务，导致 windows 无法启动，也无法重新启动相应的服务，这就造成了一个恶性循环。在这种情况下，只能使用系统控制台来进行手动恢复。在系统控制台中，我们可以随意启动任何服务或控制服务的启动类型。

将 Windows Server 2003 安装光盘放入光驱中，然后在 bios 中将光驱启动设置为优先。启动计算机进入“欢迎使用安装程序”对话框时，依照提示，按下 r 键进入 Windows Server 2003 “故障恢复控制台”对话框。选择需要修复的系统，并键入系统管理员密码。

在命令提示符状态下，需要用到“enable”和“disable”命令。其中，enable 的命令格式为“enable [service_name] [startup_type]”；disable 的命令格式为“disable [service_name]”。在这里，[service_name]是希望启用/禁用的服务或设备名称，[startup_type]则是启动的类型，表示了不同的启动类型。可用的类型包括有 service_disabled、service_boot_start、service_system_start、service_auto_start、service_demand_start。

例如，如果要启用 Windows Server 2003 中的系统帮助，先将该服务的启动类型设置为禁用，然后重新启用它。

（1）进入“故障恢复控制台”对话框，运行“listsvc”命令查看各种服务的运行状态，在这里，我们可以看到系统帮助服务是启动的，输入“disable helpsvc”并按 Enter 键，即可将系统帮助服务禁用。

（2）如果需要重新启用该服务并设置该服务随系统自动运行，可以输入“enable helpsvc service_boot_start”，按 Enter 键即可。

7.3 管理系统设备

在安装了 Windows Server 2003 网络操作系统之后，为了保证系统以最高效率运行，应在系统上正确地安装系统设备。与系统服务一样，系统设备也是提供功能的操作系统模块，但系统设备是把硬件与其驱动程序紧密结合的通信模块或驱动程序。系统设备驱动程序是操作系统中软件组件的最低层，它对计算机的操作起着不可替代的作用。尽管对不同的系统设备管理工具是不同的，但用户可以通过相应的工具管理系统设备。

Windows Server 2003 通常使用“控制面板”进行系统管理，它是一组进行 Windows Server 2003 性能管理和控制的工具的集合，在 Windows Server 2003 中，控制面板是整个操作系统的管理配置中心，用户可以把它看作是一个管理平台，用来设置最重要的系统和用户选项。利用控制面板，可以进行各种系统、硬件、网络、服务、桌面及辅助选项等的配置，例如，查看系统特性、添加/删除应用程序、设置声音和多媒体属性、设置键盘和鼠标属性，以及添加/删除硬件等各种操作，而且，以前版本中独立存在的打印机配置和计划任务也被添加到了控制面板中。打开控制面板的方法是执行“开始”→“设置”→“控制面板”命令，打开如图 7-12 所示的“控制面板”对话框。

图 7-12 “控制面板”对话框

7.3.1　查看系统设备

Windows Server 2003 可以使用多种系统设备，包括 DVD/CD-ROM 驱动器、IDEATA/ATAPI 控制器、磁盘控制器、调制解调器、显示卡、网络适配卡和监视器等，用户可以通过查看这些设备，了解它们的基本情况。在 Windows Server 2003 环境下，可以通过微软提供的管理工具对系统的设备进行查看，系统设备查看的操作步骤如下。

（1）执行“开始”→“程序”→“管理工具”→“计算机管理”命令，打开“计算机管理（本地）”对话框。

（2）在控制台目录树中，展开“系统工具”节点。

（3）选择“设备管理器”子节点，使右窗格中列出所有的系统设备，如图 7-13 所示。此处的右窗格中是“依连接排序设备”的方式显示的。

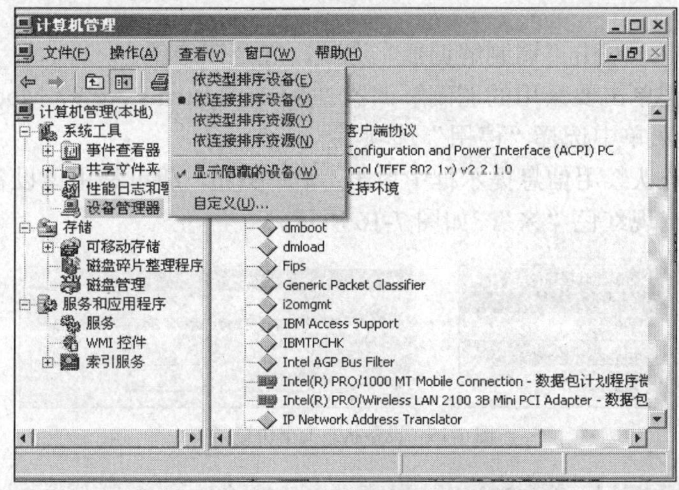

图 7-13　查看系统设备

（4）如果用户要查看隐藏设备，执行“查看”→“显示隐藏的设备”命令。

（5）在默认的情况下，系统设备依类型排序。如果要系统设备依连接排序，选择“查看”中“依连接排序设备”选项。

另外，用户通过设备管理器也可查看系统设备，打开设备管理器的操作步骤是：用鼠标右键单击“我的电脑”图标，在弹出的快捷菜单中选择“属性”选项，打开“系统特性”对话框，单击“硬件”选项卡，再单击“设备管理器”按钮，即可打开如图 7-14 所示的“设备管理器”对话框，该对话框列出了本地计算机上安装的所有硬件设备。

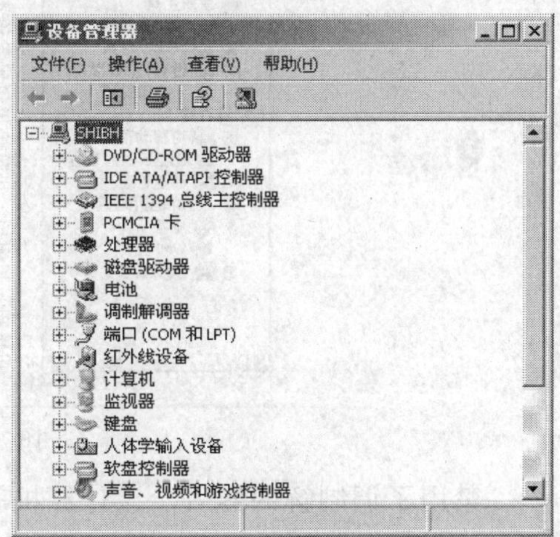

图 7-14　“设备管理器”对话框

从图 7-14 显示的结果可以看出，“设备管理器”窗口中显示的信息与“计算机管理”中“设备管理器”子节点中“依类型排序设备”方式显示的内容完全一样。

7.3.2 禁用和启用系统设备

禁用和启用系统设备，在系统设备管理中是经常进行的工作。当某一个系统设备暂时不被使用时，用户可将其禁用；当需要时，再将其启用。这样，有利于保护系统设备。下面就以网卡为例介绍如何禁用和启用设备的方法。

禁用系统设备的操作步骤如下。

（1）执行“开始”→“程序”→“管理工具”→“计算机管理”命令，打开“计算机管理（本地）”对话框。

（2）在控制台目录树中，展开“系统工具”节点。

（3）选择“设备管理器”子节点，使右窗格中采用“依类型排序设备”方式显示所有的系统设备。

（4）在右窗格中，双击“调制解调器”选项，展开该选项。

（5）用鼠标右键单击要禁用的调制解调器“Agere Systems Ac’97 Modem”，在弹出的如图 7-15 所示的快捷菜单中选择“停用”选项。

（6）在出现的确认禁用信息提示框中单击“是”按钮，即可禁用该设备，禁用后的设备，在设备图标前面会出现红色“×”，如图 7-16 所示。

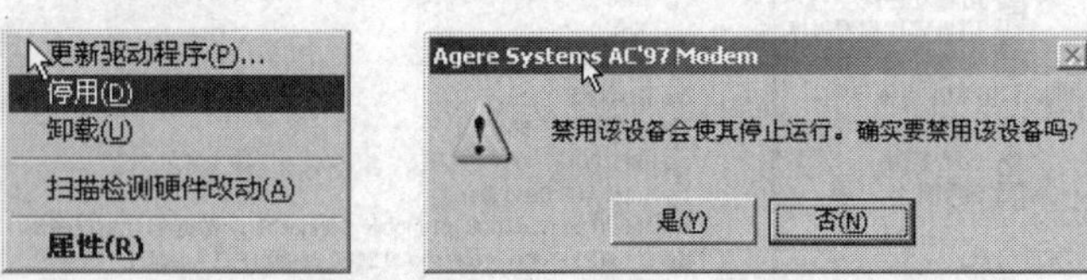

图 7-15 设备状态变更快捷菜单

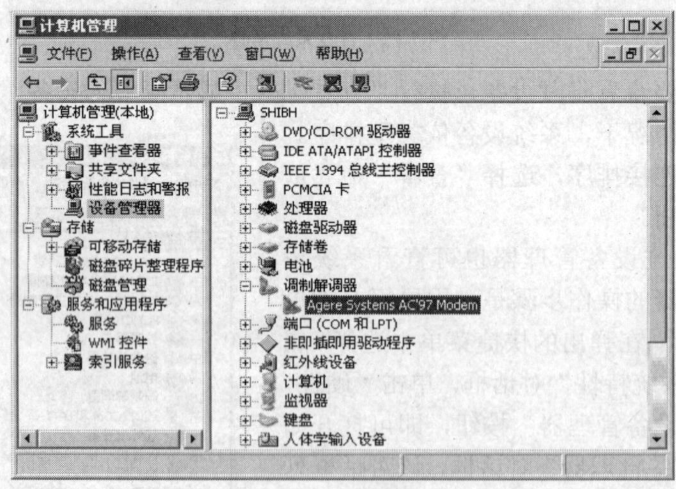

图 7-16 禁用设备后的显示

禁用了调制解调器后，该计算机就不能用调制解调器通过拨号上网的方式接入因特网了，要重新启用已被禁用的系统设备，操作步骤如下。

（1）在如图 7-16 所示的对话框中，用鼠标右键单击被禁用设备，例如，刚刚禁用的调制解调器。此时在如图 7-15 所示的快捷菜单中的“停用”就会变为“启用”。

（2）在快捷菜单中选择“启用”选项，即可重新启用该设备。

7.3.3 查看系统设备属性

通过“计算机管理（本地）”对话框，用户可以查看系统设备的属性。如果需要，用户还可以修改系统设备的属性。下面仍然以调制解调器为例介绍如何查看系统设备属性。具体操作步骤如下。

（1）在如图 7-15 所示的快捷菜单中，单击“属性”选项，打开如图 7-17 所示的“Agere Systems AC'97 Modem 属性”对话框。

（2）在对话框中，通过选择“常规”、“调制解调器”、“诊断”、“高级”或者“驱动程序”选项卡，查看调制解调器的设备类型、制造商、设备状态、设备使用方法以及驱动程序等方面的内容。

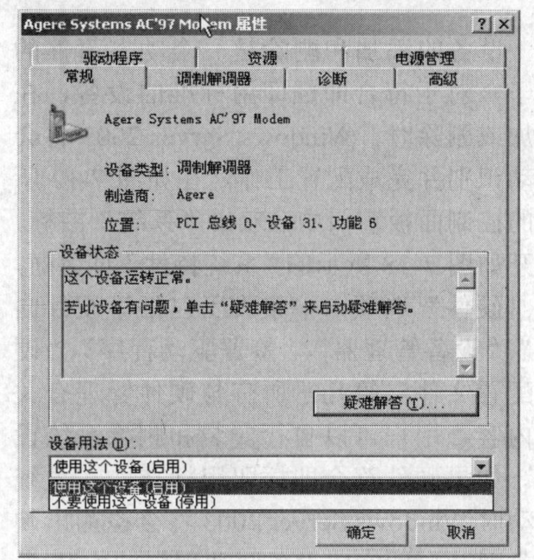

图 7-17 “Agere Systems AC’97 Modem 属性”对话框

说明：在“Agere Systems AC’97 Modem 属性”对话框中的“常规”选项卡中，从“设备用法”下拉列表中选择“使用这个设备（启用）”项，则可启用该设备；选择“不要使用这个设备（停用）”项，则可禁用该设备。在“驱动程序”选项卡中，单击“卸载”按钮可进行设备的卸载；单击“更新驱动程序”按钮，可进行驱动程序的更新操作。

7.3.4 “即插即用”设备

即插即用（Plug and Play），表示设备只需要将硬件插入计算机相应的接口，不需要其他的操作，开机后主机能自动识别该设备并加载驱动程序，之后用户就可以直接使用该设备了。

要安装“即插即用”设备，用户应了解一下 Windows Server 2003 的“即插即用”技术。“即插即用”技术的关键特性在于系统能够对事件进行动态处理，系统可对安装的硬件进行自动的动态识别，包括初始的系统安装、系统启动期间对硬件更改的识别以及对运行时的硬件事件的反应。它允许以用户模式的代码执行注册并收集某些即插即用事件。

“即插即用”设备的驱动程序并不能分配它们自己的资源。相反，设备所需要的资源是在该设备被系统列举出来时才被标志的。“即插即用”管理器将决定需要哪些驱动程序来支持某一特定的设备并加载相应的驱动程序。在分配资源期间，“即插即用”管理器为每一个设备取出资源需求。在每个设备所需资源的基础上，“即插即用”管理器再分配适当的硬件资源，例如 I/O 端口、IRQ 和 DMA 通道以及内存位置等。在需要时，“即插即用”管理器还可以重新配置资源分配。

因此，安装“即插即用”设备，只需要进行设备的硬件安装，不需要安装该设备的驱动程序，系统会自动识别并加载驱动程序。

7.3.5　安装和删除系统设备

设备的添加和删除是一个动态事件的例子，对于符合即插即用标准的设备，在添加或删除时，Windows Server 2003 将会自动识别并完成配置工作。在如图 7-12 所示的控制面板窗口中，双击“系统”图标，打开如图 7-18 所示的“系统特性”对话框，在“硬件”选项卡中集成了包括“硬件向导”、“设备管理器”、“签署驱动程序”、“硬件配置文件”等几乎所有与硬件管理有关的内容，用户可以自行安装和删除系统设备。如果硬件符合即插即用标准，在系统启动时 Windows Server 2003 将会检测出硬件类型并自动完成设备驱动程序的安装。

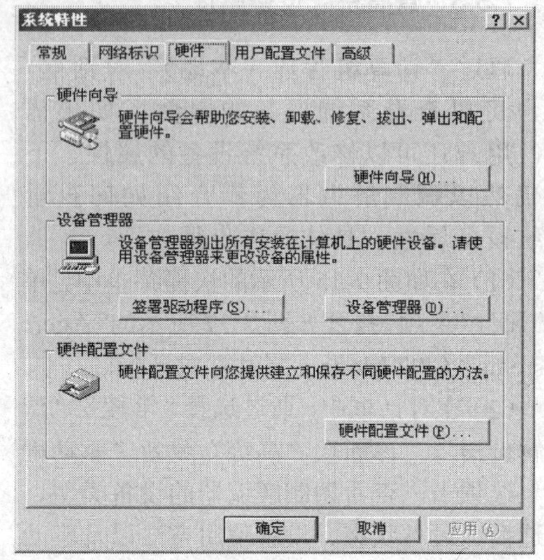

图 7-18　“系统特性”的“硬件”选项卡

用户需要手动安装系统设备的操作步骤如下。

（1）在计算机断电的情况下，正确安装好硬件。

（2）启动 Windows Server 2003，打开“控制面板”中的“系统”对话框。

（3）选择如图 7-18 所示的“硬件”选项卡。

（4）单击“硬件向导”选项区域中的“硬件向导”按钮，在打开的“添加/删除硬件向导”的欢迎对话框中单击“下一步”按钮，打开如图 7-19 所示的“添加/删除硬件向导”对话框。

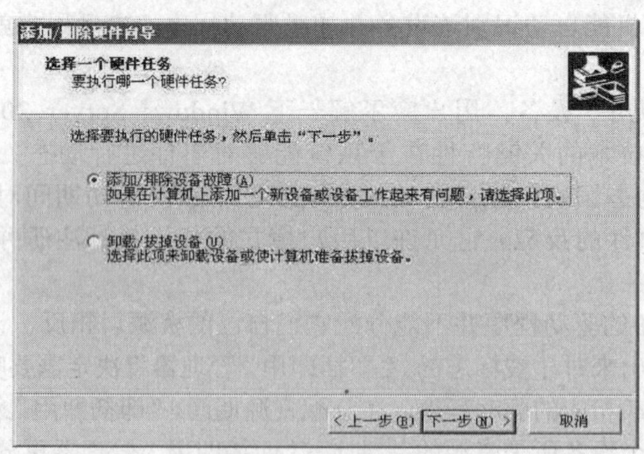

图 7-19　选择所执行任务的对话框

（5）选择“添加/排除设备故障”单选项，单击“下一步”按钮，Windows Server 2003 将会检测系统中新的即插即用硬件，之后打开如图 7-20 所示的对话框，在“已安装的硬件”列表框中列出了系统中已经安装的硬件设备，选择最后一行的“添加新的硬件设备”之后，单击“下一步”按钮，在打开的“安装其他硬件”对话框中选择“安装我手动中列表中选择的硬件”单选项，单击“下一步”按钮，打开如图 7-21 所示的选择硬件设备类型对话框，选择“声音、视频和游戏控制器”选项。

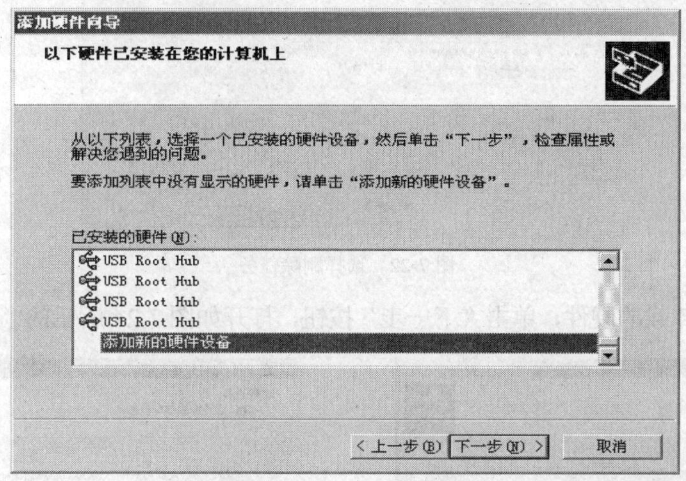

图 7-20　选择“添加新的硬件设备”选项

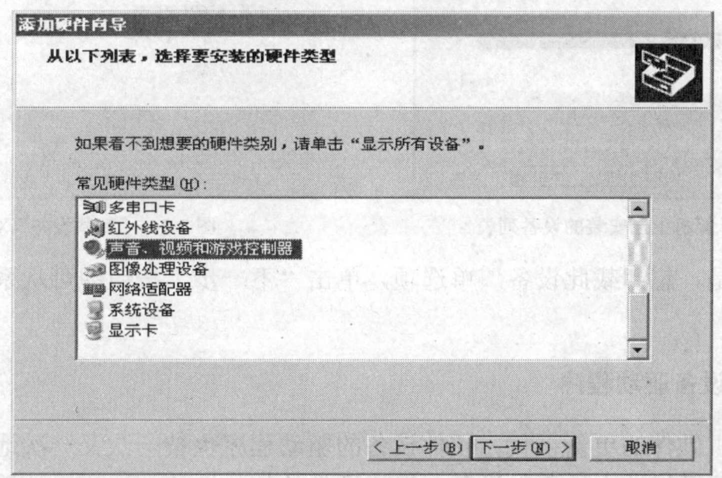

图 7-21　硬件类型列表

（6）选定硬件类型，Windows Server 2003 将会引导用户根据已知的硬件类型选定相应硬件，之后系统将自动完成剩下的安装任务。

如果用户需要删除某个系统设备，也需要通过“添加/删除硬件向导”来完成，但它比安装系统设备要容易得多。例如，要删除系统中的某项设备，操作步骤如下。

（1）在如图 7-19 所示的对话框中选择“卸载/拔掉设备”单选项，单击“下一步”按钮。

（2）此时打开如图 7-22 所示的“选择一个删除任务”对话框，其中有两个选项：

① 卸载设备：选择此项，将会永久性地卸载设备及驱动程序。

② 拔出/弹出设备：选择此项，将会临时拔出或弹出设备。

（3）选择“卸载设备”单选项，单击“下一步”按钮，打开如图 7-23 所示的“计算机上已安装的设备”对话框。

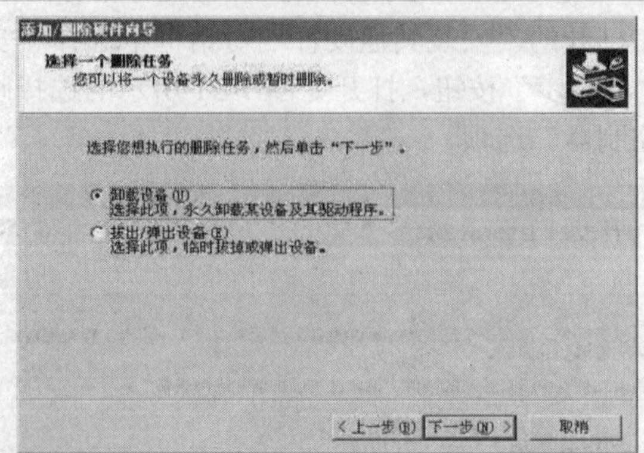

图 7-22 选择删除任务

（4）选择想要卸载的硬件，单击“下一步”按钮，打开如图 7-24 所示的“卸载设备”对话框。

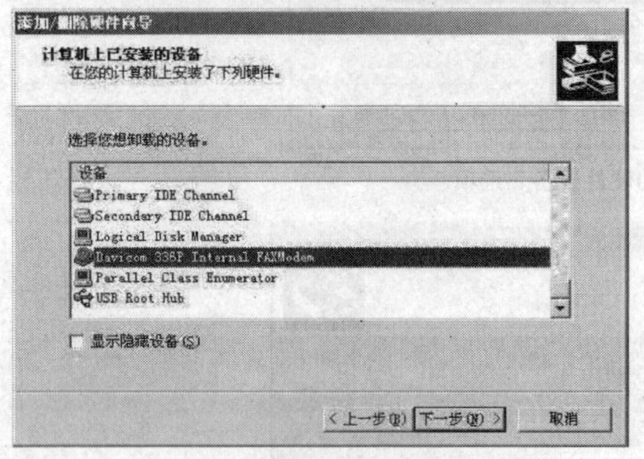

图 7-23 计算机上已安装的设备列表

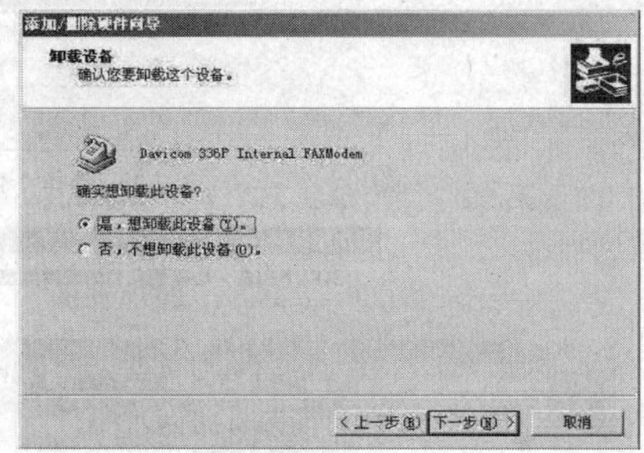

图 7-24 “卸载设备”对话框

（5）选择“是，想卸载此设备”单选项，单击“下一步”按钮即可从系统中删除设备及其驱动程序。

7.3.6 更新设备驱动程序

伴随着计算机硬件的更新换代，硬件设备的驱动程序也被一次又一次地升级。新的硬件驱动程序往往能够更好地支持硬件设备，提高硬件的整体性能。这样，计算机的使用者们难免需要经常升级硬件的驱动程序。更新设备的驱动程序具体操作步骤如下。

（1）在“控制面板”对话框中，双击“键盘”图标，打开“键盘属性”对话框。

（2）用鼠标右键单击要更新驱动程序的设备，在弹出的快捷菜单中选择“属性”选项，打开“属性”对话框。

（3）选择“驱动程序”选项卡，打开如图 7-25 所示的“驱动程序”选项卡对话框。

（4）单击“更新驱动程序”按钮，打开如图 7-26 所示的“欢迎使用硬件更新向导”对话框。

（5）单击“下一步”按钮，打开如图 7-27 所示的“安装硬件设备驱动程序”对话框。

（6）选择“显示已知设备驱动程序的列表，从中选择特定驱动程序”单选项。

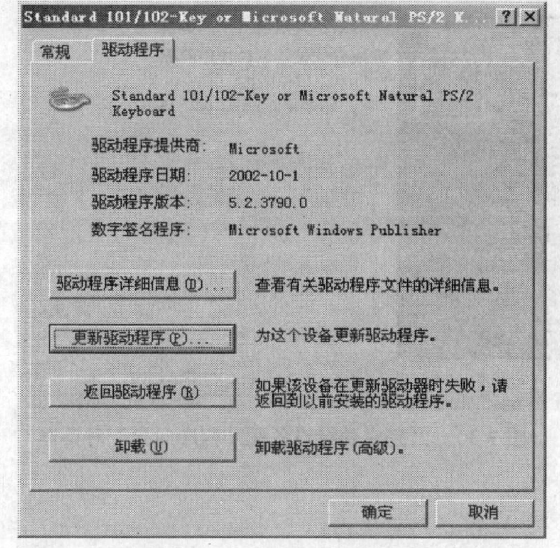

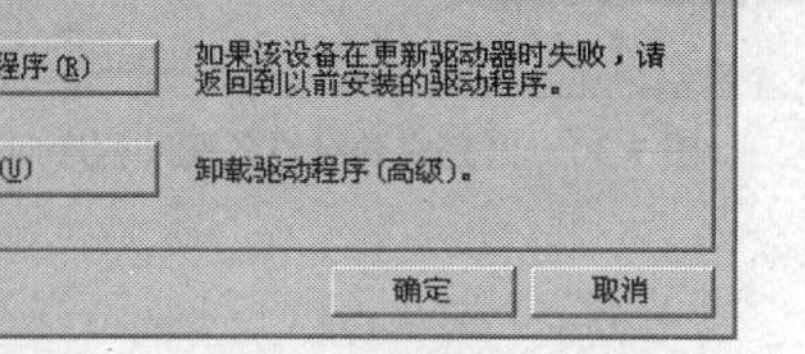

图 7-25　“驱动程序”选项卡

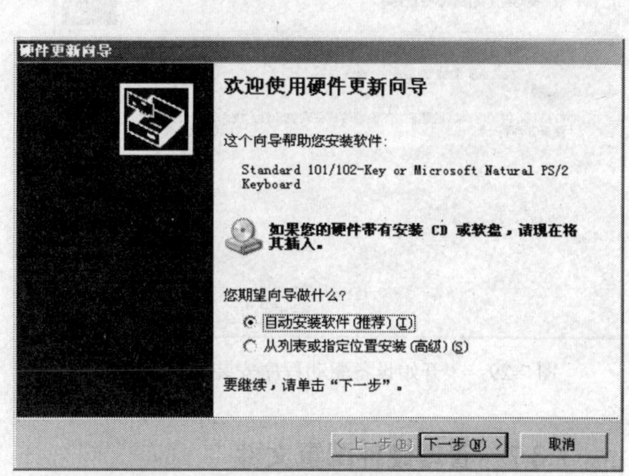

图 7-26　“欢迎使用硬件更新向导”对话框

（7）单击“下一步”按钮，打开如图 7-28 所示的“安装新调制解调器”对话框。

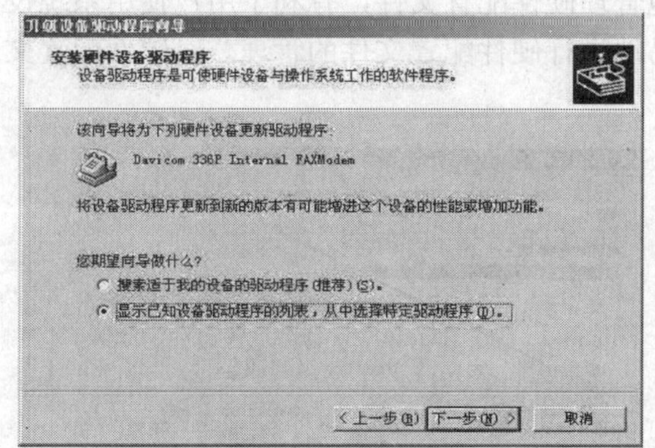

图 7-27　“安装硬件设备驱动程序”对话框

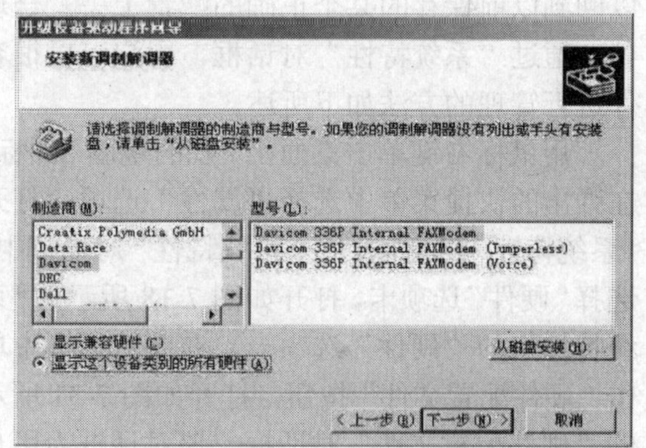

图 7-28　“安装新调制解调器”对话框

（8）如果用户要查看系统提供的其他类型 Modem 的驱动程序，选择“显示这个设备类别的所有硬件”单选项。在默认情况下系统选定“显示兼容硬件”单选项，即只显示与用户硬件兼容的驱动程序。如果用户希望从磁盘安装驱动程序，单击“从磁盘安装”按钮进行安装。

（9）在该对话框中，用户可选定支持本机 Modem 的新的驱动程序，然后单击“下一步”按钮，打开如图 7-29 所示的“开始设备驱动程序安装”对话框。在该对话框中，向导询问用户是否使用选定的设备驱动程序对 Modem 进行软件安装。

（10）用户确认后可单击“下一步”按钮，系统开始进行新驱动程序的安装。

（11）升级安装完毕，屏幕上将显示如图 7-30 所示的“完成升级设备驱动程序向导”对话框。

（12）单击“完成”按钮即可结束升级硬件驱动程序的所有操作。

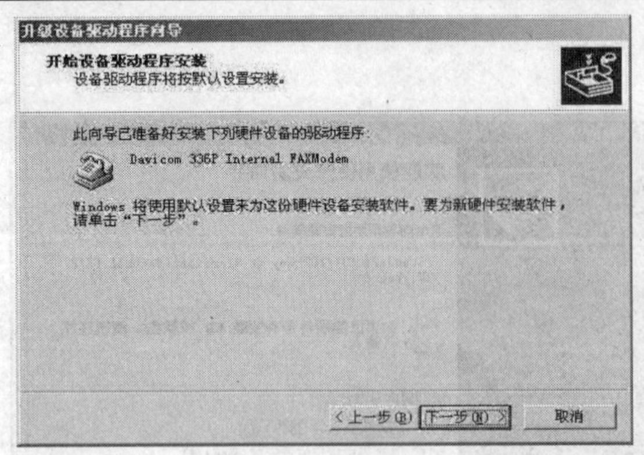

图 7-29 “开始设备驱动程序安装”对话框

图 7-30 “完成升级设备驱动程序向导”对话框

7.3.7 管理硬件配置文件

硬件配置文件为用户提供了建立和保存不同硬件配置的方法，通常用户在更改系统的硬件配置之前应该对当前的硬件配置文件进行保存，当用户在更改硬件配置出现问题时，仍可以回到以前保存的某个正确的配置上去。合理地管理硬件配置文件，有利于用户使用系统设备。通过“系统特性”对话框，用户可以很容易地进行硬件配置文件的管理。对硬件配置文件进行管理的方法如下所述。

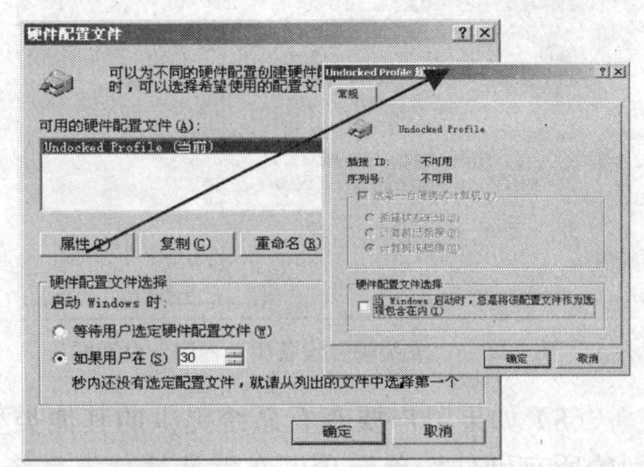

图 7-31 “硬件配置文件”对话框

用鼠标右键单击桌面上“我的电脑”图标，在弹出的快捷菜单中选择“属性”选项，打开“系统特性”对话框。在“系统特性”对话框中，选择“硬件”选项卡，打开如图 7-18 所示的“系统特性”的“硬件”选项卡，在此对话框中单击“硬件配置文件”按钮，打开如图 7-31 所示的“硬件配置文件”对话框。该对话框为用户提供了建立和保存不同硬件配置的方法。在“可用的硬件配置文件”列表框中显示了本地计算机中可用的硬件配置文件清单。硬件配置文件可在硬件改变时，指导 Windows Server 2003 加载正确的驱动程序。在“硬件配置文件选择”选项区域中，用户可以选择在启动 Windows Server 2003 时（如有多个硬件配置文件）调用哪一个硬件配置文件。选定一个硬件配置文件后单击“属性”按钮，打开“属性”对话框，其中提供了当前选定的硬件配置文件的常规属性。单击“复制”按钮以及“重命名”按钮可以复制或重命名当前选定的硬件配置文件。

如果一个系统中有多个硬件配置文件，在 Windows Server 2003 启动时，系统会等待用户选择其中一个硬件配置文件，这可以使用户总是能够用一个正确的配置来启动系统。此外，用户可指定一个等待时间，如果在规定的等待时间内用户没选择配置，系统将自动启动默认（第一个）的配置文件启动。

7.3.8 用户配置文件

单击“系统特性”对话框中的“用户配置文件”选项卡，打开如图 7-32 所示的“用户配置文件”选项卡。用户配置文件是 Windows Server 2003 中记录用户个人配置信息的文件，用于定义用户的桌面环境设置信息和其他域登录等信息，例如桌面的显示属性设置、网络和打印机连接属性等。

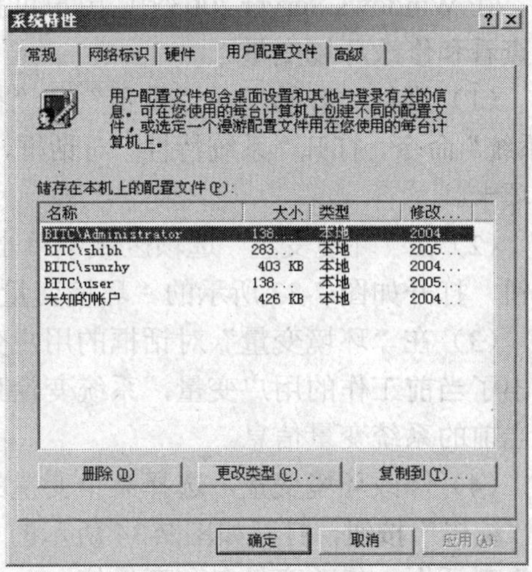

用户本身和域网络管理中都可以定制用户配置文件，在 Windows Server 2003 中提供了以下 3 种类型的用户配置文件。

1. 本地用户配置文件

本地用户配置文件在首次登录时创建，存储在计算机的本地硬盘上，用户对本地用户配置文件所做的任何修改，都只影响执行修改操作的计算机。

图 7-32 “系统特性”的“用户配置文件”选项卡

2. 漫游用户配置文件

漫游用户配置文件由系统管理员创建并存储在网络服务器上，它只在用户登录到该段网络上时才起作用。相应地，对漫游用户配置文件的任何修改都将保存在网络服务器上，使用漫游用户配置文件的优点是，不论用户使用的终端如何变化，只要用户使用同样的用户名登录网络，就可以获得同样的用户配置。

3. 强制用户配置文件

强制用户配置文件实际上也是一种漫游用户配置文件，但强制用户配置文件只是由系统管理员创建和修改，并指定给某个特定的用户或一个特定的用户组使用，使他们具有某种特定的用户配置信息。

在“用户配置文件”选项卡中，可以对配置文件进行删除、复制、更改用户配置文件类型。但用户首先必须以管理员的身份登录到本地计算机。

7.4 设置系统选项

在 Windows Server 2003 中，用户除了可以进行前面所介绍的系统设置外，还可以在系统中进行一些其他的设置，包括新建、编辑、删除用户及系统变量，设置默认启动系统及故障恢复选项，查看系统性能等。下面介绍一些比较特殊的系统设置。

7.4.1 使用环境变量

环境变量是操作系统或运行的应用程序使用的数据，它使应用程序或操作系统很容易在常用的位置查找关于它们运行的平台的重要信息。系统环境变量定义操作系统中使用的信息，不管登录到系统的用户是什么，系统环境变量的值都是相同的。而用户环境变量用于每个特定的登录用户，如果用户使用不同的用户名和口令登录时，用户环境变量将是不同的。

在 Windows Server 2003 中，用户可执行以下操作来查看和修改环境变量。

（1）执行“开始”→“设置”→“控制面板”→“系统”命令，打开“系统特性”对话框，选择“高级”选项卡。

（2）在“环境变量”选项区域中单击“环境变量”按钮，打开如图 7-33 所示的“环境变量”对话框。

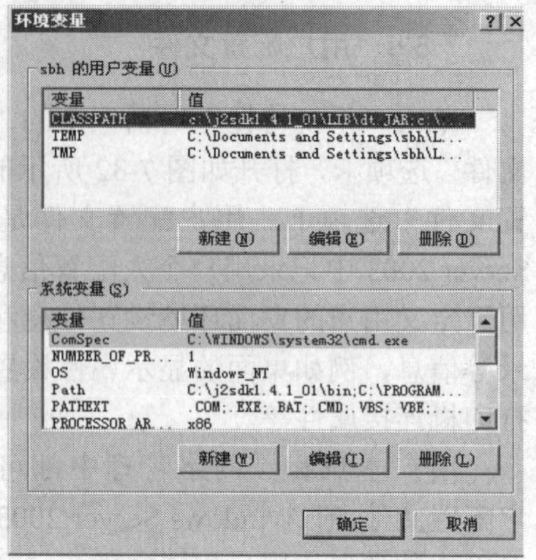

图 7-33 “环境变量”对话框

（3）在“环境变量”对话框的用户变量列表框中列出了当前工作的用户变量，系统变量列表框中列出了当前的系统变量信息。

（4）修改环境变量，选择某个变量的变量名，单击“编辑”按钮，打开如图 7-34 所示的“编辑用户变量”对话框，修改变量名和变量值，单击“确定”按钮即可完成对变更的修改。例如：将 C:\j2sdk1.4.2\lib 的路径增加到用户变更的“CLASSPATH”中，可单击“CLASSPATH”变量名，打开编辑用户变量的对话框，在“变量值”文本框中输入 C:\j2sdk1.4.2\lib；单击“确定”按钮即可完成用户环境变量的修改。

图 7-34 “编辑用户变量”对话框

说明：用户还可以通过一个简单的方法来查看 Windows Server 2003 中全部环境变量的当前值。执行“开始”→“程序”→“附件”→“命令提示符”命令，在“命令提示符”对话框中输入“Set”并按 Enter 键，显示如图 7-35 所示的信息，则当前的所有环境变量及它们的值都会出现在“命令提示符”对话框中。

（5）如果要新建一个环境变量，可根据变量的类型在如图 7-33 所示的“用户变量”或“系统变量”中单击“新建”按钮，打开如图 7-36 所示的“新建用户变量”对话框，在“变量名”和“变量值”文本框中输入想要新建的变量名及变量值即可。

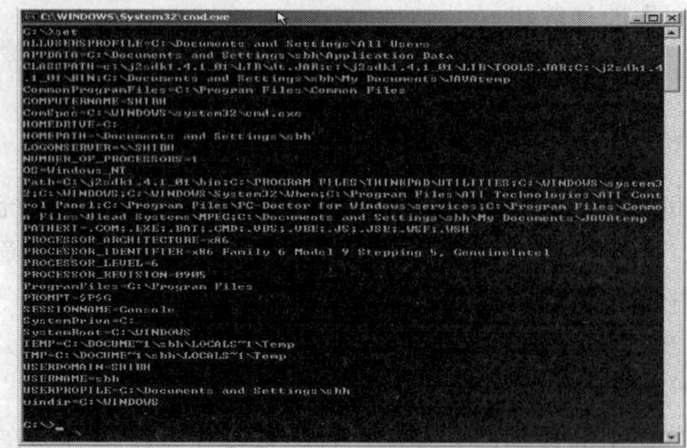

图 7-35 当前系统的环境变量及变量的值

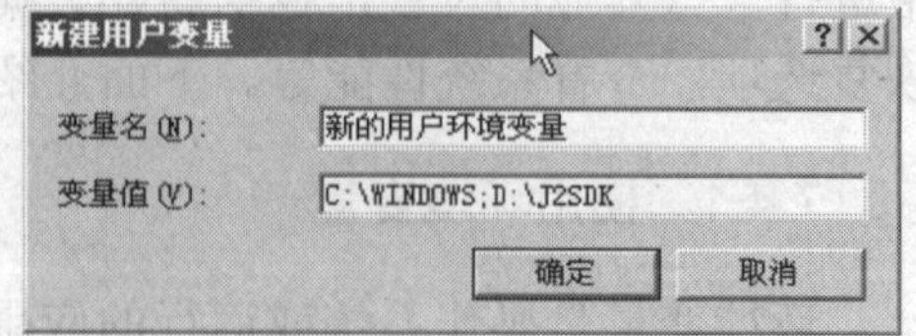

图 7-36 “新建用户变量”对话框

7.4.2 高级选项设置

“系统特性”对话框中的“高级”选项卡用于进行计算机的高级选项配置，包括“性能选项”、“环境变量”、“启动和故障”恢复时的设置。

1. “性能选项”设置

性能设置控制计算机中资源的使用，它将影响系统的性能和运行速度，单击“性能选项”按钮，打开如图 7-37 所示的“性能选项”对话框，在此对话框中可以对“应用程序响应”和“虚拟内存”进行设置。通过“应用程序响应”设置，用户可以根据需要确定把更多的处理器资源用于前台“应用程序”或是“后台服务”，这将影响到系统的整体性能。

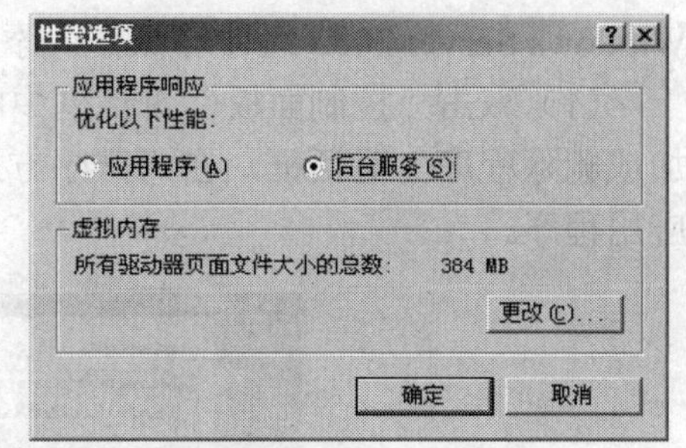

图 7-37 “性能选项”对话框

虚拟内存是现代计算机操作系统普遍采用的内存管理技术，它利用磁盘缓存的技术使应用程序可以用到比系统物理内存更多的存储空间。Windows 系统将在磁盘上建立页面文件或交换文件。页面文件和物理内存一起构成了系统的虚拟内存系统。虚拟内存（或页面文件）的大小对系统整体性能的影响很大。Windows Server 2003 安装完成后，会自动根据配置为系统在磁盘上创建一定大小的页面文件，通常不需要用户的干预。但用户也可以根据需要，利用“性能选项”中的“更改”按钮来调整磁盘上的页面文件。

2. “启动的故障恢复”设置

Windows Server 2003 可以在计算机中与其他操作系统共存。如果在本地计算机中除了安装 Windows Server 2003 之外，还有另外的操作系统，则在 Windows Server 2003 中能够选定使哪个操作系统作为默认的操作系统。默认的操作系统将在启动计算机时自动装入。

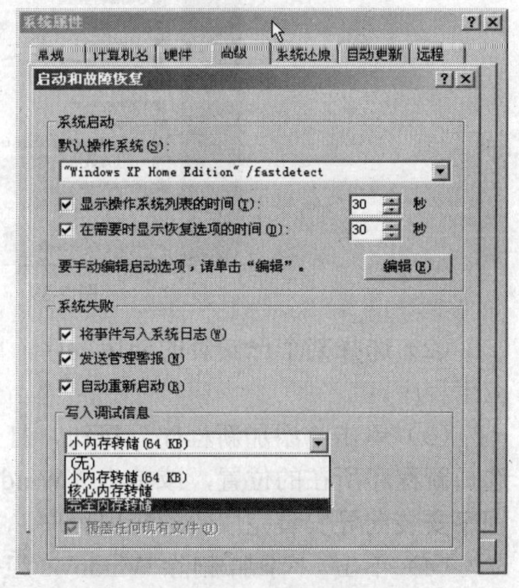

图 7-38 “启动和故障恢复”对话框

单击“高级”选项卡中的“启动和故障恢复”按钮，打开如图 7-38 所示的“启动和故障恢复”对话框。在此处可以设置操作系统启动选项，也可以设置计算机系统因故障导致停机时应该执行的恢复操作，具体设置如下。

（1）选择默认的启动系统。通过在“默认操作系统”下拉列表框中选择一种默认启动操作系统，可以设置在开机后用户没有选启动的系统时，由系统在调协的延时后自动启动默认的操作系统。

（2）系统失败时的处理方式。此处设置是当系统启动失败时，系统进行的操作，包括是否将事件写入系统日志、是否发送管理警报、是否重新启动系统等。

（3）系统出现故障时的写入信息。此处设置是当系统出现故障时，调试信息通过什么样的内存方式转储。

7.4.3 添加/删除应用程序

Windows Server 2003的应用程序安装管理功能相当完善，它使用一个清晰和简洁的图形界面，提供了更多的有关应用程序的信息，能够帮助用户完成添加/删除各种应用程序及Windows Server 2003组件等操作，添加/删除应用程序的操作步骤如下。

（1）双击“控制面板”对话框中的“添加/删除程序”图标，打开如图7-39所示的“添加或删除程序”对话框，在“排序方式”下拉列表中选择一种排序方式以显示目前已安装的应用程序。

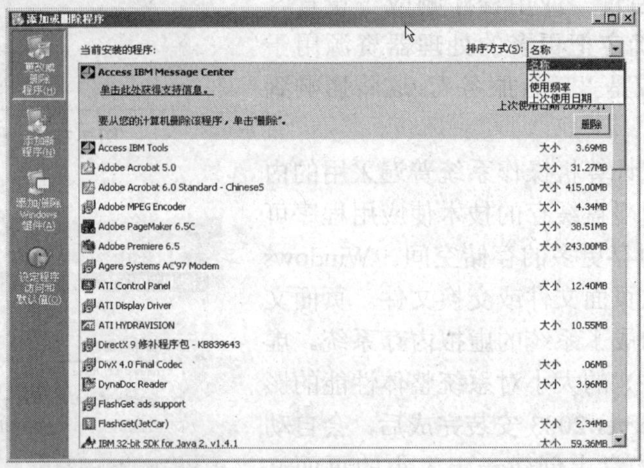

图7-39 “添加或删除程序”对话框

（2）选择某个已安装的应用程序，单击“更改/删除”按钮，根据需要选择删除或更改该应用程序。

（3）单击“添加新程序”按钮，打开新程序安装的对话框，单击“CD或软盘”按钮，选择新程序所在的位置，或单击“Windows Update”按钮直接从因特网安装新程序。之后新程序安装向导安装完成新的应用程序。

（4）单击 “添加/删除Windows组件”按钮，打开如图7-40所示“Windows组件向导”

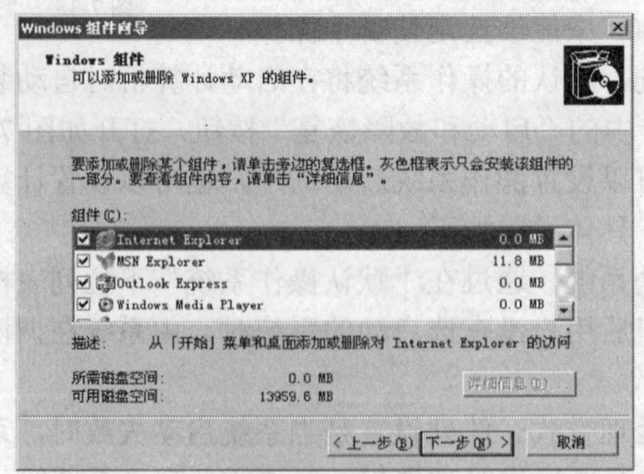

图7-40 所示“Windows 组件向导”对话框

对话框，通过用鼠标移动“组件”对话框中的滚动条，选择需要添加的组件，单击“详细信息”按钮可以查看各组件的详细信息，单击“下一步”按钮，打开“Windows 组件”安装向导对话框，利用该向导用户可以完成组件的安装。

7.4.4　声音和多媒体的设置

Windows Server 2003 提供了强大的多媒体功能，利用系统提供的声音和多媒体选项可以为系统事件指派声音，并可配置系统中的声音设备。在“控制面板”对话框中双击“声音与多媒体”图标，打开如图 7-41 所示的“声音与多媒体属性”对话框，在该对话框中可以对系统的声音、音频及相关的硬件进行设置，设置的方法如下。

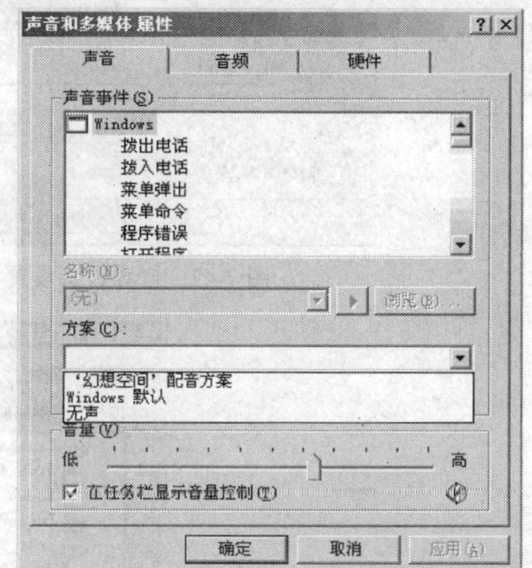

图 7-41　“声音与多媒体属性”对话框

1. 系统声音配置方案的设置

“声音与多媒体属性”对话框中的“声音”选项卡，可以为系统事件指定声音，使系统在发生相应的事件时给出提示。

（1）在“声音事件”列表框中选择要指定声音的系统事件，如“关闭程序”。

（2）在“名称”下拉列表中为该事件选择一个声音文件，该列表框中列出的声音文件全部位于“...\Winnt\Media”目录下；单击“浏览”可以查看其他声音文件。

（3）用鼠标指针移动音量滑块，可以改变系统的音量，选择“在任务栏显示音量控制”复选框后，系统将在任务栏的右侧显示一个“音量控制”图标，利用该图标按钮可以直接调整系统的音量。

（4）在“方案”下拉列表中选择一种 Windows 提供的桌面方案，也可以自定义个性化的桌面方案，每一个事件定义一个自己的声音，保存该个性化方案可以为其他人和计算机使用。

2. 音频设备设置

如图 7-42 所示的“声音和多媒体属性”对话框中的“音频”选项卡，可以对系统中的音频设备进行配置，在该选项卡中，可以配置声音播放、录音和 MIDI 播放的设备及选项，指定声音播放、录音及 MIDI 音乐播放的首选设备，并配置该设备的音量、硬件加速、声音采样率、转换质量等参数。

3. 多媒体硬件设置

如图 7-43 所示的“声音和多媒体属性”对话框中的“硬件”选项卡，可以查看和更改各种多媒体设备属性和配置，多媒体设备包括各种音频/视频的输入/输出硬件设备、控制设备、音频/视频编解码器、媒体控制设备等。

如果要对其中的某个设备进行重新设置，则选择需要更改的设备，单击“属性”按钮，在打开如图 7-44 所示的设备属性对话框，可以对相关的选项进行重新设置。

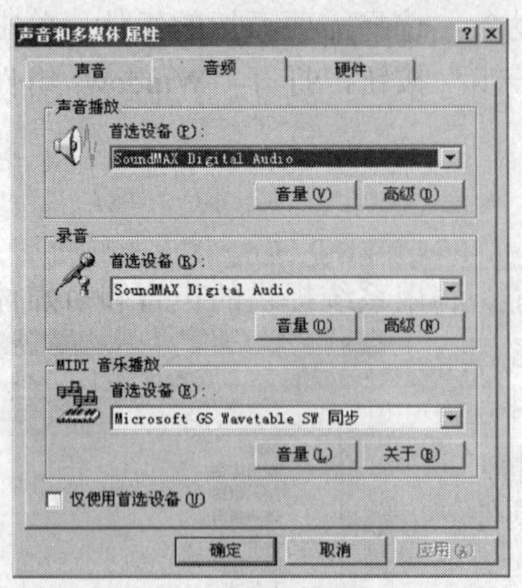

图 7-42 音频设备设置

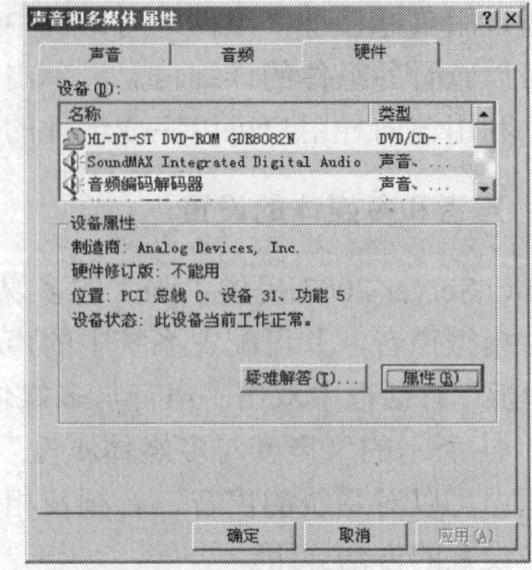

图 7-43 多媒体硬件设备设置

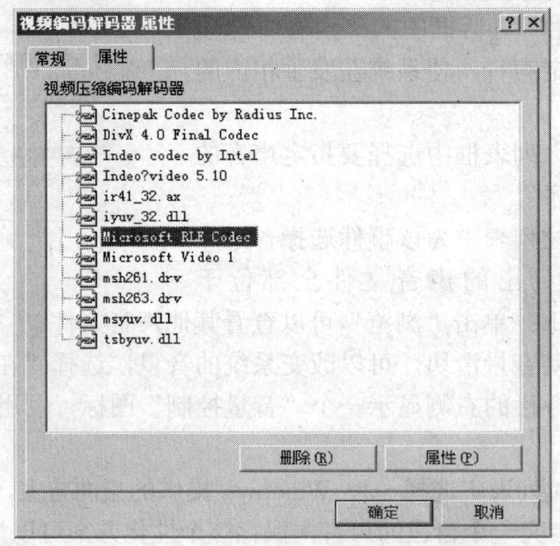

图 7-44 “视频编码解码器属性”对话框

本章小结

本章主要介绍了 Windows Server 2003 网络操作系统提供的系统管理功能，特别是所有管理都可以通过微软件提供的微软控制台（MMC）完成操作，这样用户管理起来就相对简单和方便。

通过 Windows Server 2003 提供的管理工具如“计算机管理”、“设备管理器”等可以对操作系统的硬件设备和软件系统进行全面和完善管理，特别是能及时更新系统硬件设备的驱动程序，定制系统的启动参数，添加系统的应用软件和 Windows 组件，通过对键盘和鼠标相应参数的设置达到个性化桌面的效果。

习题

1．Windows Server 2003 系统管理的主要功能是什么？

2．微软控制台（MMC）的特点是什么，用它管理计算机系统有什么优点？

3．如何更新系统中硬件的设备驱动程序？

4．用户配置文件的目标是什么，都分哪几类，各有什么特点？

5．当一台主机安装了多个操作系统时，如何改变默认的启动系统？

6．怎样设置鼠标的属性，才能使鼠标在移动时带阴影？

实训　Windows Server 2003 系统管理

一、实训目的

1．理解微软控制台的功能与作用。

2．掌握 Windwos 系统管理的内容。

3．能使用控制台将所有的管理功能集成。

4．能进行系统服务的配置与管理。

5．能进行系统硬件设备的管理（包括添加与删除）。

二、实训设备

1．计算机系统：CPU P4 2.4 以上，内存在 512MB，硬盘 5GB 以上，光驱，鼠标，网卡等。

2．安装了 Windows Server 2003 的服务器。

3．计算机是连网的系统。

三、实训内容

1．创建和管理用户控制台。

（1）创建两个用户自己的控制台，分别命名为 MMCTest1.mmc 和 MMCTest2.mmc，并将其保存在 D 盘的 Test 子目录下。

（2）在 MMCTest1 控制台中增加计算机管理、Active Directory 用户和计算机等管理单元；在 MMCTest2 控制台中增加磁盘管理、DNS、终端服务配置等管理单元，并进行相关的管理操作。

2．系统设备的配置与管理。

（1）查看系统的设置情况，看是否所有设置都安排正确，将系统的声卡禁用，并更新声卡的驱动程序。

（2）配置用户环境变量，要求将 C:\Programme Files\Winrar 路径增加到用户变量的“Classpath”中。

（3）将 Windows 组件中的“传真服务”功能添加到计算机系统中。

3．系统服务的配置与管理。

（1）设置系统自动启用系统的 Telnet 服务，允许管理员用户远程登录到服务器，并且在第一次服务失败时，1 分钟后重新启动服务。

（2）设置允许 Users 组的用户手动启动 DNS 服务，并在第二次服务失败时，重新启动计算机。

（3）设置允许 Users 组的用户手动启动 HTTP SSL 服务，并在两次以上服务失败后，运行系统中的自动批处理程序（Autoexec.bat）。

第 8 章 组策略

组策略是 Windows Server 2003 中提供的一种重要的更新和配置管理技术。系统管理员使用组策略能够很容易的控制和管理网络用户和计算机的工作环境，减轻网络管理员的负担。Windows Server 2003 包括几百种可以配置的组策略设置，这些组策略具有很多强大的功能，其主要功能如下。

（1）用户工作环境的设置：例如隐藏用户桌面上的所有图标，添加或删除开始菜单中的选项等。组策略设置允许企业管理员通过增强和控制用户桌面来减少总的开销。

（2）安全设置：包括本地策略的设置和账户策略的设置，例如设置账户的密码长度、账户的锁定策略、用户权利的指派等。

（3）软件的安装与删除：通过组策略的设置，当用户登录时或者计算机启动时，自动安装或删除指定的应用程序及自动修复所安装的应用程序。

（4）脚本的设置：指登录/注销、启动/关闭脚本的设置。

（5）文件夹重定向：改变某些文件夹的存储位置。

8.1 组策略概述

8.1.1 组策略简介

说到组策略，就不得不提注册表。注册表是 Windows 系统中保存系统、应用软件配置的数据库。随着 Windows 功能的越来越丰富，注册表里的配置项目也越来越多。很多配置都是可以自定义设置的，这些配置发布在注册表的各个角落，如果是手工设置，非常困难和烦杂。而组策略则将系统重要的配置功能汇集成各种配置模块，供管理人员直接使用，从而达到方便管理计算机的目的。

简单地说，组策略就是修改注册表中的配置。组策略使用更完善的管理组织方法，对各种对象中的设置进行管理和配置，远比手工修改注册表方便、灵活，功能也更加强大。

在 Windows Server 2003 目录中包含了几个 .adm 文件。这些文件是文本文件，称为“管理模板”，它们为组策略管理模板项目提供策略信息。在 Windows Server 2003 系统文件夹的 inf 文件夹中，包含了默认安装的 4 个模板文件，分别为

（1）System.adm：默认情况下安装在“组策略”中，用于系统设置。

（2）Inetres.adm：默认情况下安装在“组策略”中，用于 Internet Explorer 策略设置。

（3）Wmplayer.adm：用于 Windows Media Player 设置。

（4）Conf.adm：用于 NetMeeting 设置。

在 Windows Server 2003 的组策略控制台中，可以多次添加“策略模板”。

组策略可以针对站点、域和组织单位设置。这些组策略的数据存储在活动目录内（域控制器“%systemroot%\Sysvol\sysvol\域名\Policies”目录下）。

组策略分为“计算机配置”与“用户配置”两部分。

（1）计算机配置：当计算机启动时，就会根据“计算机配置”的内容来设置计算机的环境。针对站点、域或组织单位设置组策略，则此组策略会被应用到站点、域或组织单位内的所有计算机。

（2）用户配置：当用户登录时，就会根据“用户配置”的内容来设置用户的工作环境。针对站点、域或组织单位设置组策略，则此组策略会被应用到站点、域或组织单位内的所有用户。

另外还有本地组策略，它是针对每一台安装了 Windows Serve 2003 操作系统的计算机所进行的设置。本地组策略数据存储在本地计算机的“%systemroot%\system32\GroupPolicy”目录内，只针对本地计算机和本地用户。

组策略对象不是用户配置文件。用户配置文件是用来进行用户环境设置的，它允许用户进行更改，例如，桌面设置、NTUser.dat 文件中的注册表配置、用户配置文件目录、My Documents 以及 Favorites 等。而组策略是由系统管理员管理和维护的，系统管理员使用 MMC 管理工具对用户组和计算机组设置策略。

8.1.2 组策略的应用顺序与规则

如果在本地计算机、站点、域和组织单位内分别设置了组策略，则这些组策略的应用顺序为：本地组策略（即本地安全策略，存储在本地计算机内），站点的组策略，域的组策略，组织单位的组策略（后 3 项的数据存储在活动目录内）。微软把这一优先顺序取其首个字母缩写为 LSDOU（执行的顺序依次是本地、地址、域、OU 层次的 GPO），用户可以在这个链上的许多层次上定义 GPO。本地组策略对象首先被应用，然后是链接到站点的组策略对象，其次是链接到域的组策略对象以特定顺序被应用，最后是链接到组织单元的组策略对象。在每个组织单元中，任何链接到它的组策略对象以指定的管理顺序被应用。

在默认情况下后应用的策略将覆盖以前应用的策略。具体的应用规则说明如下。

（1）如果在父容器内建立了一个组策略，但是并未在子容器建立组策略，则子容器会继承在父容器内所建立的组策略。例如针对域建立了组策略，则这个组策略也会被应用到域内的组织单位和更低的组织单位。

（2）如果另外在子容器内建立了组策略，在默认情况下子容器的组策略则要取代父容器的组策略。例如针对域和下面的组织单位都设置了组策略，则组织单位的组策略会替代域的组策略。

（3）如果父容器未被设置组策略，则子容器不会继承父容器的组策略。

（4）如果父容器设置了组策略，但是子容器内的组策略并未设置，则子容器会继承父容器的组策略。

存在这样一些机制：用户可以强制继承或阻止组策略对象影响用户组和计算机组，这可以通过“禁止替代”和“阻止策略继承”的设置来实现。

特别要指出的是，组策略不影响安全组。但是可以使用安全组来过滤组策略，也就是改变它的范围。

注意：每台基于 Windows 2000 Serve 的计算机仅仅有一个本地组策略对象。

8.1.3 组策略的继承

1. 阻止策略的继承

在子容器组策略内，可以通过“阻止策略继承”复选框来设置不要继承由父容器传递的组策略设置，也就是直接以子容器的组策略为其设置。

通常，组策略由父容器传到子容器。如果为一个高级别的父容器指派特定的组策略，则这个组策略适用于该父容器下的所有子容器，包括每个子容器中的用户和计算机对象。但是，如果明确为某个子容器指定组策略设置，则子容器的组策略设置将覆盖父容器的设置。

如果父容器具有“没有配置”的策略设置，则子容器将不能继承这些策略。禁用的策略设置继承后也是禁用的。如果为父容器配置了一项策略，而在子容器中没有配置相同的策略，那么子组织单位将继承父组织单位的策略设置。

如果父容器组策略和子容器组策略是兼容的，那么子容器可以继承父容器的策略。只要策略兼容，它们就可以继承。例如，如果父容器组策略中将某个文件夹放在桌面上，而子容器组策略中设置使用另外一个文件夹，这时子容器中的用户会同时看到两个文件夹。

如果为父容器配置的组策略和子容器配置的组策略不兼容，子级将不能继承父级的策略设置，子级中的设置是可用的。

2. 强迫继承策略

在父容器的组策略内，可以通过“禁止替代”复选框来强迫子容器必须继承由父容器传送的组策略设置，而不管子容器的组策略内是否设置了“阻止策略继承”，即“强迫继承”策略的优先级要高于“阻止策略的继承”。

8.1.4 组策略和 AD

GPO 是一种与域、地址或组织单元相联系的物理策略，GPO 包括文件和 AD 对象。要充分发挥GPO的功能，需要有AD域架构的支持。利用AD可以定义一个集中的策略，所有的Windows Server 2003 服务器和工作站都可以采用它。每台运行 Windows 的计算机都有一个本地 GPO（驻留在本地计算机文件系统上的 GPO），通过本地 GPO，可以为每台工作站指定一个策略，它在 AD 域中不起作用。利用本地 GPO，可以通过修改本地策略来得到安全性和对台式机的限制使用而无需利用基于 AD 域的 GPO。但是如果想充分发挥 GPO 的功能，还是需要 AD 的支持。

访问本地 GPO 的方法有 2 种。第 1 种方法是在需要修改 GPO 的计算机中执行“开始”→“运行”命令，打开“运行”对话框，在“打开”文本框中输入“gpedit.msc”。这个操作的作用与 NT 4.0 中的“poledit.exe”相同，可以打开本地策略文件。第 2 种方法，可以通过在 MMC 控制台中选择 GPE 插件，并选择本地或远程计算机来人工地编辑本地 GPO。

8.2 组策略对象

8.2.1 设置组策略

必须通过建立组策略对象（Group Policy Object，GPO）的方式设置组策略，所有在组策略内的设置都是通过 GPO 进行的。

1. 根据不同的计算机，设置不同的组策略

（1）域控制器。

可以针对整个域设置组策略（执行“开始”→“程序”→“管理工具”→“Active Directory 用户和计算机”或“开始”→“程序”→“管理工具”→“域安全策略”命令），也可以针对所有的域控制器设置组策略（执行“开始”→“程序”→“管理工具”→“Active Directory 用户和计算机”或“开始”→“程序”→“管理工具”→“域控制器安全策略”命令）。

（2）成员服务器、独立服务器。

针对本地计算机设置组策略（执行“开始”→“程序”→“管理工具”→“本地安全策略”或“开始”→“设置”→“控制面板”→“管理工具”→“本地安全策略”命令）。

（3）Windows XP/2000 Professional。

针对本地计算机设置组策略（执行“开始”→“设置”→“控制面板”→“管理工具”→“本地安全策略”命令）。

2. 利用“Active Directory 用户和计算机”设置组策略

创建组策略操作步骤如下。

（1）执行“开始”→“程序”→“管理工具”命令，打开如图 8-1 所示的“Active Directory 用户和计算机”对话框。

（2）用鼠标右键单击 Domain Controllers，在弹出的快捷菜单中选择“属性”选项，打开如图 8-2 所示的“Domain Controllers 属性”对话框，选择“组策略”选项卡，显示“Domain Controllers 的当前组策略对象链路”。

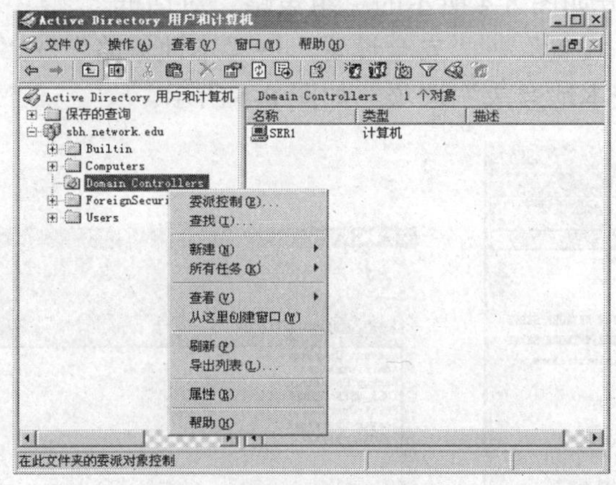

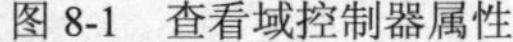
图 8-1　查看域控制器属性

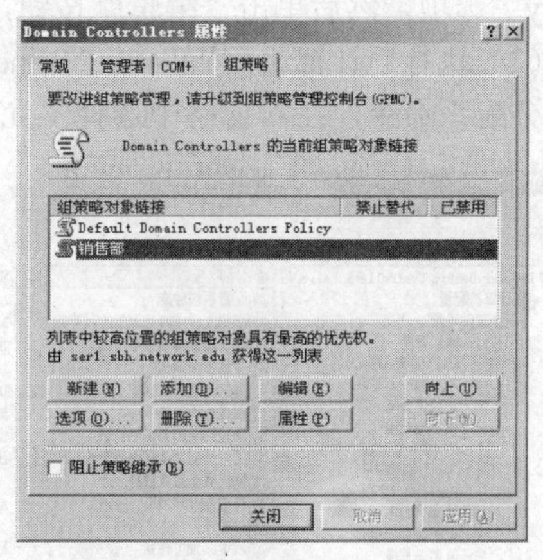

图 8-2　域控制器属性页的 GPO

（3）单击“新建”按钮，输入新的组策略和名称，如“销售部”。

（4）选择新建的组策略，单击“属性”按钮，打开如图 8-3 所示的“销售部属性”对话框，在不同的选项卡中设置该组策略的权限。

每当建立一个新的 GPO 时，Windows Server 2003 都会为此 GPO 建立一个相对应的 GPT 文件夹，用于存储 GPO 的数据。GPT 文件夹位于域控制器的“system volume”文件夹内，即“%systemroot%\Sysvol\sysvol”文件夹内。

Windows Server 2003 利用 GPO 的 GUID 来作为 GPT 的文件夹名称。

本地组策略的数据存储在“%systemroot%\system32\GroupPolicy”文件夹内。

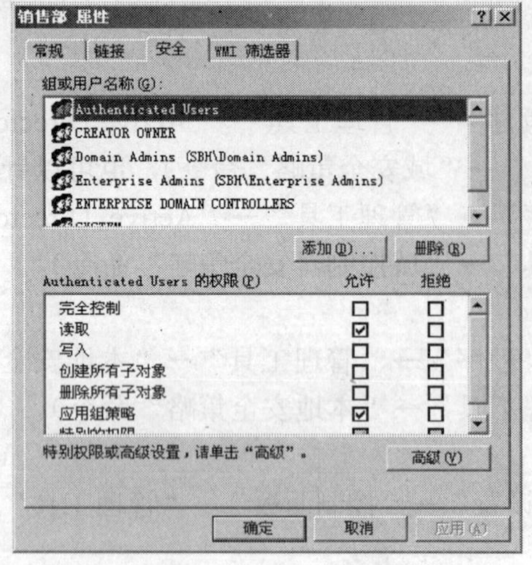

图 8-3 设置组策略的权限

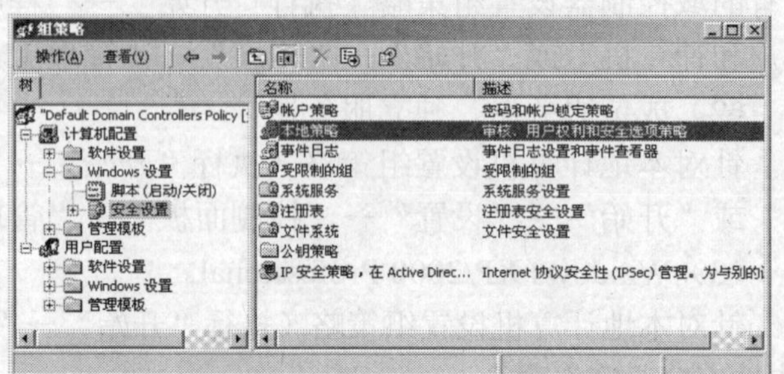

图 8-4 “组策略”窗口

8.2.2 更改组策略

在默认情况下，只有某些组内的用户账户（如 administrators 组内的账户）才可以在域控制器上登录，而一般用户无法在域控制器上登录。能让 Domain Users 组内的所有成员都具备“在本地登录”的权限的设置步骤如下。

（1）在图 8-2 所示的“Domain Controllers 属性”对话框中，选择“Default Domain Controllers Policy”选项，然后单击“编辑”按钮，打开如图 8-4 所示的“组策略”对话框。

（2）执行“计算机配置”→“Windows 设置”→“安全设置”→“本地策略”→“用户权限分配”命令，在右窗格中选择“允许在本地登录”选项，如图 8-5 所示。

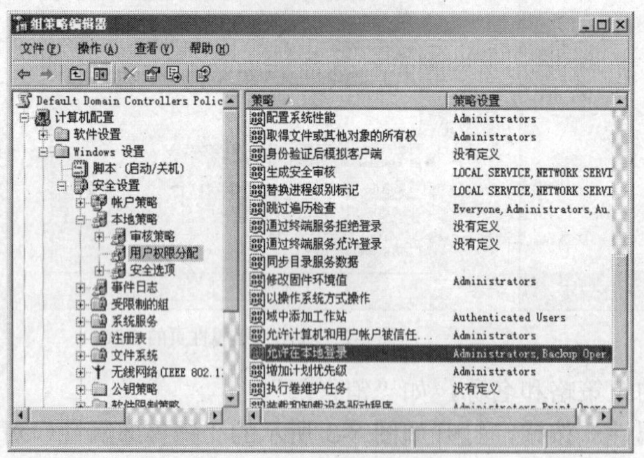

图 8-5 用户权限分配-在本地登录

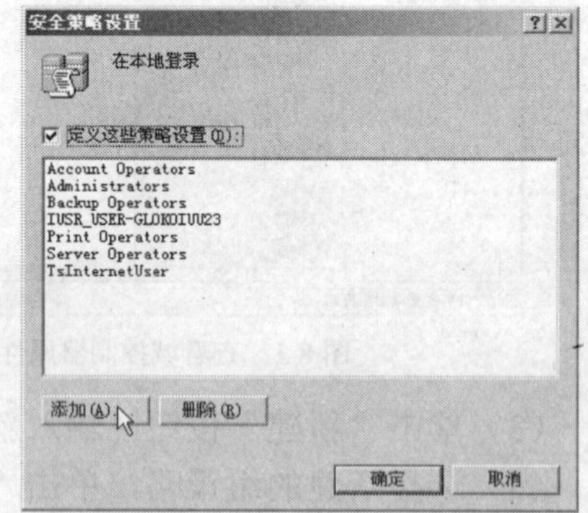

图 8-6 “安全策略设置”对话框

（3）双击“允许在本地登录”选项，打开如图 8-6 所示的“安全策略设置”对话框。

（4）单击“添加”按钮，打开如图 8-7 所示的“添加用户或组”对话框。

图 8-7 “添加用户或组”对话框

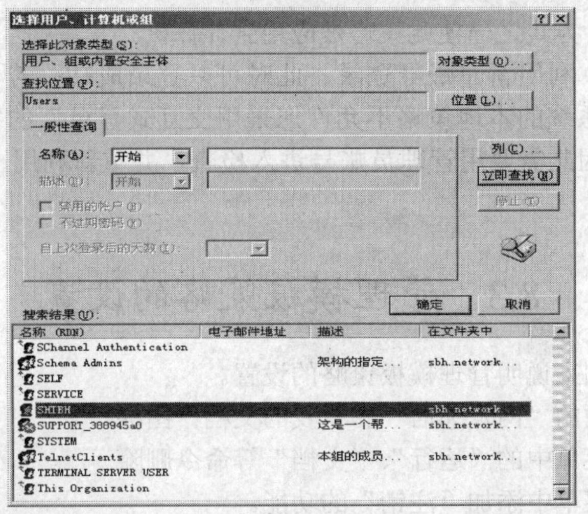

图 8-8 “选择用户、计算机或组”对话框

（5）单击“浏览”按钮，打开如图 8-8 所示的“选择用户、计算机或组”对话框，从中选择“Domain Users”选项。

（6）单击“确定”按钮，返回到图 8-7 所示的“添加用户或组”对话框，此处已将允许在本地登录的用户组添加到文本框中，单击“确定”按钮，返回“安全策略设置”对话框，对话框中增加了“Domain Users”用户组，单击“确定”按钮，返回“域控制器属性”对话框。之后普通的域用户也可以在服务器上登录了。

8.2.3 测试“在本地登录”策略是否正常

策略设置好后，并不是立即生效，因为针对域所设置的策略，此域内的计算机（包括域控制器）往往并不会立即读取到此策略。为了使设置的组策略能够在某台计算机上生效，必须利用以下使组策略生效 3 种方式之一来达到目的。

1. 使组策略生效

（1）在计算机的“命令提示符”下，运行以下命令：Secedit /Refreshpolicy machine_policy，如图 8-9 所示，可以让计算机配置生效，如果是“用户配置”，则将“machine_policy”改为“user_policy”即可。设置完成后，稍等片刻即可生效。

图 8-9 运行命令以使组策略生效

（2）将计算机重启。因为计算机重新启动时，会去读取所有适用于此台计算机的策略设置。

（3）等待此策略应用到计算机内。

2. 测试组策略的效果

可以通过如下的访问，测试“在本地登录”功能是否正常。

（1）利用 administrator 账号登录。

（2）执行“开始”→“程序”→“管理工具”→“Active Directory 用户和计算机”命令，在 Users 组织单位上单击鼠标右键，在弹出的快捷菜单中选择“新建”选项，再单击用户的途径，添加一普通用户账户。

（3）利用上述3种方式之一使此策略被应用到计算机。

（4）重新登录时，利用新建账号登录，此时可以登录成功；若“在本地登录”策略未生效，则会出现“此系统的本地策略不允许您采用交互式登录”的警告信息。新建账户还不能够在本地登录，因此需要用管理员账号进入检查，并重新利用上述3种手段之一来使策略生效。

8.3 管理模板策略的设置

通过以下3个范例来说明管理模板策略的设置。

（1）隐藏用户桌面的“网上邻居”和“我的文档”图标。

（2）将“开始”菜单中的“运行”、“文档”等命令删除。

（3）在“开始”菜单中添加“注销”的功能。

8.3.1 建立组织单位与用户账户

（1）执行“开始”→“程序”→“管理工具”→“Active Directory用户和计算机”命令，打开“Active Directory用户和计算机”对话框，在域名上单击鼠标右键，在弹出的快捷菜单中选择“新建”→“组织单位”选项，打开如图8-10所示的“新建对象-组织单位”对话框，在“名称”文本框中输入“Beijing”，建立一个组织单位“Beijing”。

（2）在“Beijing”组织单位上单击鼠标右键，在弹出的快捷菜单中选择“新建”→“用户”选项，打开如图8-11所示的“新建对象-用户”对话框，此处输入用户的相关信息。

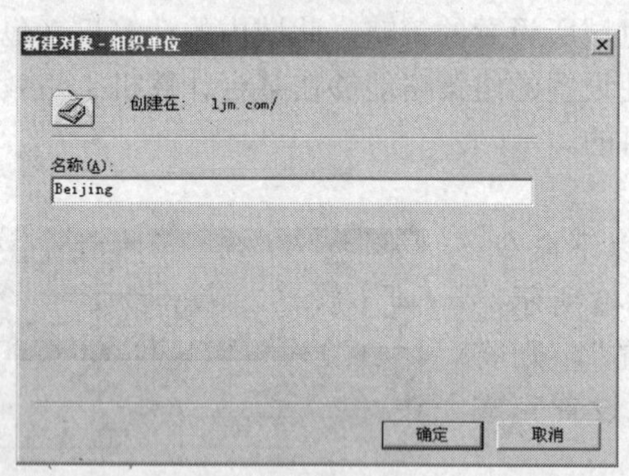

图8-10 在域上建立组织单位“Beijing”

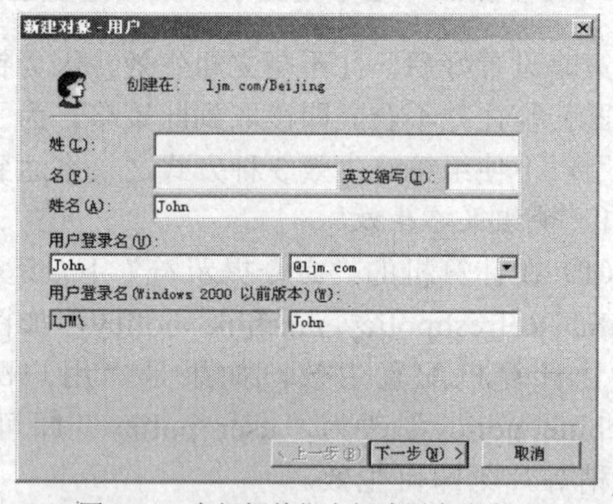

图8-11 在组织单位内新建用户账户

（3）单击“下一步”按钮，打开如图8-12所示的用户密码输入对话框，输入用户密码及密码的使用限制，单击“下一步”按钮即可完成新用户的创建。

（4）为了方便管理员管理，也可在已有的组织单位中创建新的子组织单位，方法是在“Beijing”组织单位上单击鼠标右键，在弹出的快捷菜单中选择“新建”→“组织单位”选项，打开如图8-13所示的“新建对象-组织单位”对话框，在此输入新的子组织单位的名称“School”，单击“确定”按钮，即可完成新的组织单位的创建。

（5）在“School”组织单位上创建新用户“Lili”，方法与在“Beijing”组织单位上创建新用户一样，不再讲述。

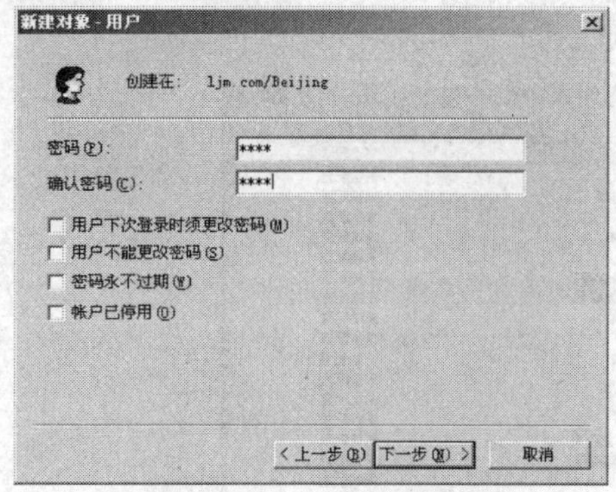

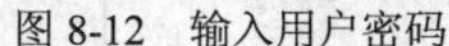

图 8-12　输入用户密码

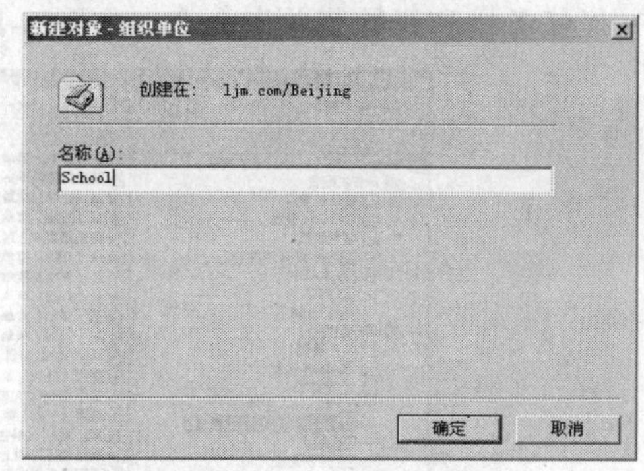

图 8-13　新建组织单位 School

（6）让“Beijing”组织单位内的用户账户“John”和“School”子组织单位内的用户账户“Lili”都具有“在本地登录”的权限。显示结果如图 8-14 所示。

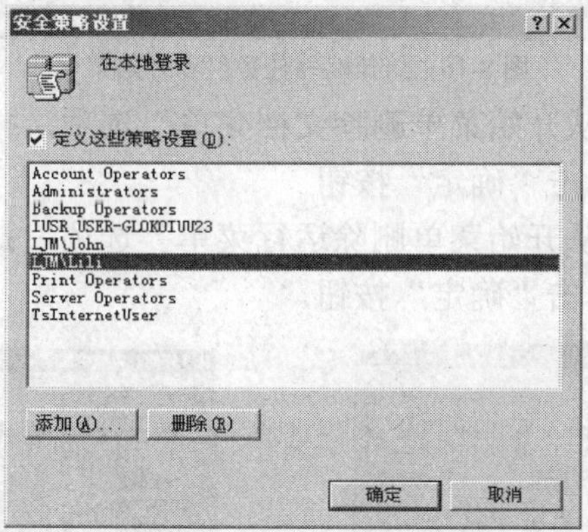

图 8-14　在本地登录中添加用户

8.3.2　设置与测试组策略的替代功能

设置与测试组策略的功能，可以先在“Beijing”组织单位内建立一个 GPO，然后利用“Beijing”组织内的用户账户“John”来验证 GPO 的设置是否有效，然后再利用“School”子组织单位中的用户账户“Lili”登录，来验证“School”子组织单位是否会继承“Beijing”组织单位的 GPO 设置。然后再在“School”子组织单位中建立一个新的 GPO，利用“Lili”登录来验证在子容器中设置的组策略是否替代了父容器中的组策略。

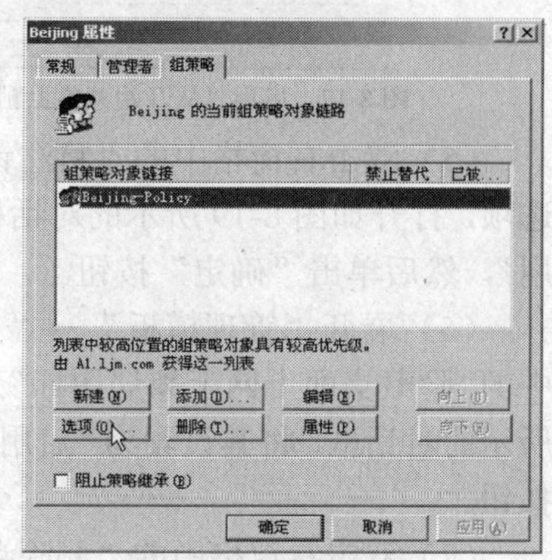

图 8-15　新建 Beijing-Policy

1. 设置“Beijing”组织单位的“GPO”

（1）利用管理员账号登录，执行“开始”→“程序”→“管理工具”→“Active Directory 用户和计算机”命令，打开“Active Directory 用户和计算机”对话框，在“Beijing”组织单位上单击鼠标右键，在弹出的快捷菜单中选择“属性”选项，在如图 8-15 所示的对话框中选择“组策略”→“新建的途径”选项，添加一个名称为“Beijing-Policy”的 GPO。

（2）单击对话框中“编辑”按钮。在“组策略”对话框中执行“用户配置”→“管理模板”→“任务栏和开始菜单”命令，如图 8-16 所示。

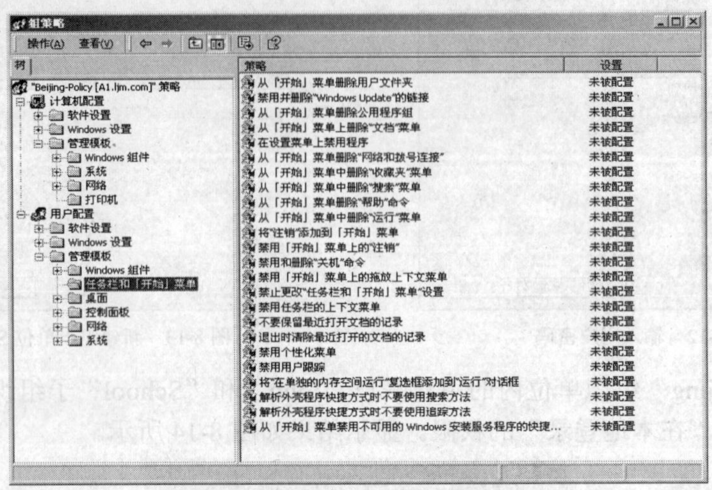

图 8-16　组策略→任务栏和开始菜单

（3）双击右窗格中的“从开始菜单删除文档菜单”选项，打开如图 8-17 所示的对话框，将其设置为“启用”，然后单击“确定”按钮。

（4）双击右窗格中的“从开始菜单删除运行菜单”选项，打开如图 8-18 所示的对话框，将其设置为“启用”，然后单击“确定”按钮。

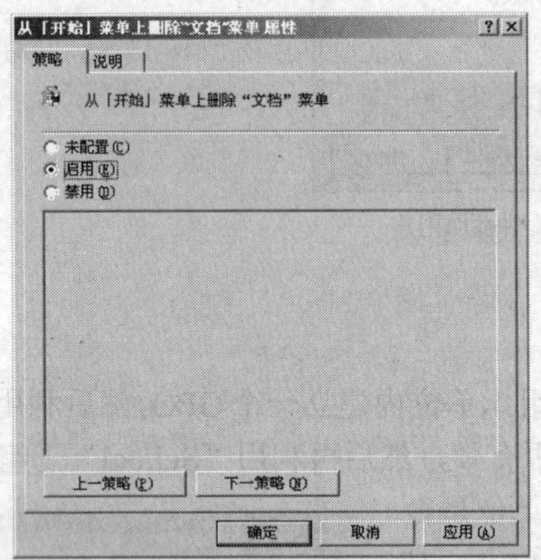

图 8-17　启用“从开始菜单上删除文档菜单”

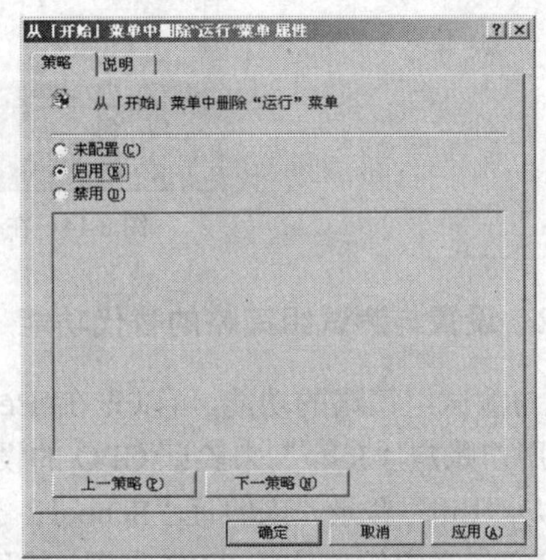

图 8-18　启用“从开始菜单中删除运行菜单”

（5）双击右窗格中的“将注销添加到开始菜单”选项，打开如图 8-19 所示的对话框，将其设置为“启用”，然后单击“确定”按钮。

（6）展开“管理模板”→“桌面”，双击右窗格中的“隐藏桌面上网上邻居图标”选项，打开如图 8-20 所示的对话框，将其设置为“启用”，然后单击“确定”按钮。

（7）双击右窗格中的“删除桌面上的我的文档图标”，打开如图 8-21 所示的对话框，将其设置为“启用”，然后单击“确定”按钮。

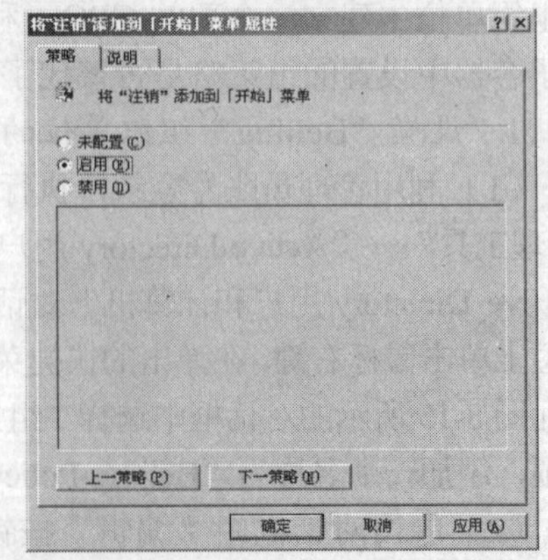

图 8-19　启用“将注销添加到开始菜单”

（8）关闭"组策略"对话框，关闭"Beijing属性"对话框。

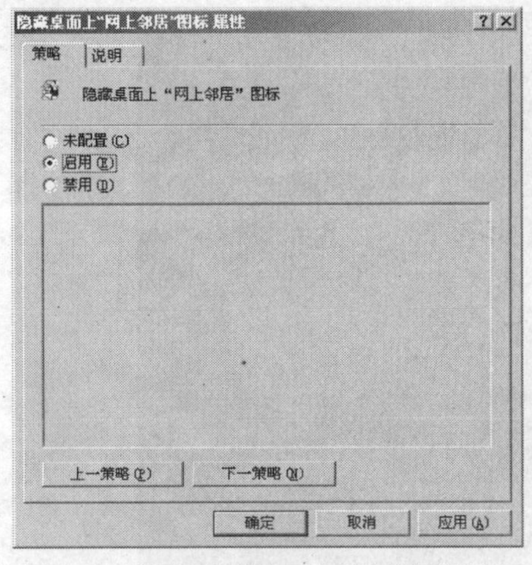

图8-20　启用"隐藏桌面上网上邻居图标"

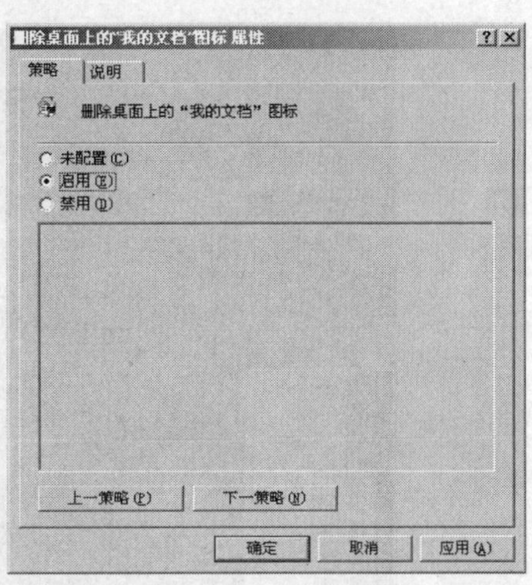

图8-21　启用"删除桌面上的我的文档图标"

2. 测试组策略在组织内的应用

（1）注销管理员账号，利用"Beijing"组织单位内的某个用户账号如John登录。

（2）登录后，可以发现用户John桌面上的"网上邻居"和"我的文档"图标不见了，开始菜单中的"文档"和"运行"命令也消失了，同时却多了一项注销John的命令，说明组策略已经得到了应用。桌面变化如图8-22所示。

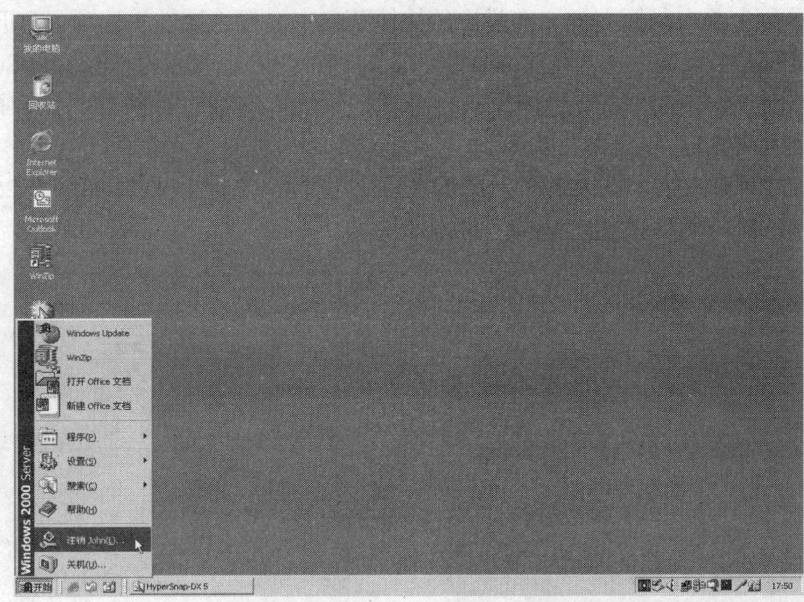

图8-22　John用户菜单项及账户桌面的变化

3. 测试组策略在子组织单位中的应用

（1）注销，利用"School"子组织单位内的某个用户账号如Lili登录。

（2）登录成功后，可以发现用户Lili桌面上的"网上邻居"和"我的文档"图标也不见了，开始菜单中的"文档"和"运行"命令也消失了，同时却多了一项注销Lili的命令，说明"School"

子组织单位继承了 Beijing 父组织单位内的组策略。Lili 账户桌面变化如图 8-23 所示。

图 8-23　Lili 账户的开始菜单项及账户桌面变化

4. 设置 School 的组策略

（1）注销 Lili，利用管理员账号登录，执行“开始”→“程序”→“管理工具”→“Active Directory 用户和计算机”命令，打开“Active Directory 用户和计算机”对话框，在 Beijing 下的 School 子组织单位上单击鼠标右键，在弹出的快捷菜单中选择“属性”选项，打开如图 8-24 所示的对话框，执行“组策略”→“新建”命令，添加一个 GPO，命名为“Beijing-School-Policy”。

（2）单击图 8-24 中的“编辑”按钮。打开“组策略”对话框，执行“用户配置”→“管理模板”→“任务栏和开始菜单”命令。

（3）双击右窗格中的“删除桌面上的我的文档图标”选项，打开如图 8-25 所示的对话框，设置为“禁用”，然后单击“确定”按钮。

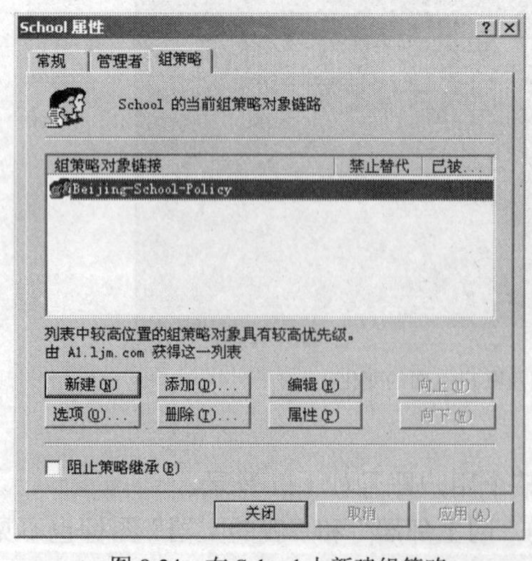

图 8-24　在 School 上新建组策略

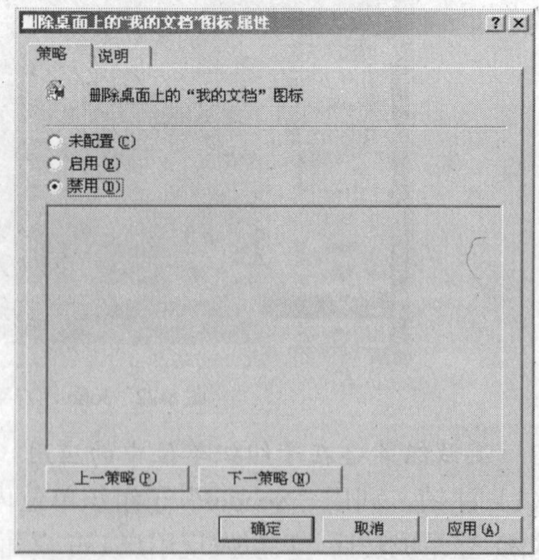

图 8-25　禁用“删除桌面上我的文档图标”

（4）双击右窗格的“从开始菜单中删除运行菜单”选项，打开如图 8-26 所示的对话框设置为“禁用”，然后单击“确定”按钮。其他策略不设置。

5. 测试 School 子组织单位组策略的应用

注销管理员账号，用 Lili 登录，可以看到桌面上的“我的文档”的图标又出现了，开始菜单中的“运行”命令也显示出来了，但“文档”命令还是没有显示出来。

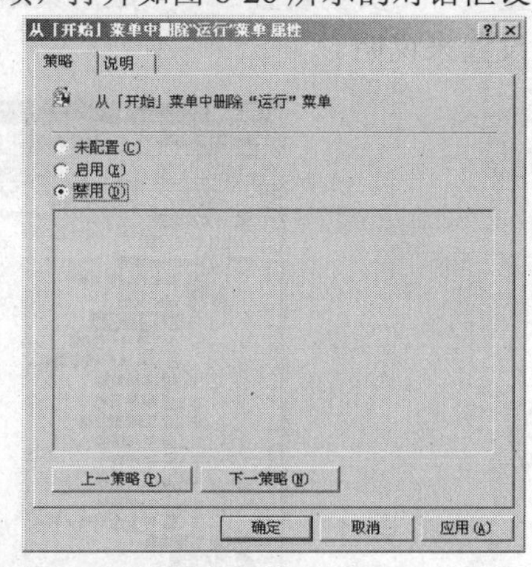

图 8-26　禁用“从开始菜单中删除运行菜单”

“School”子组织单位内的组策略设置中，“隐藏桌面上的我的文档图标”和“从开始菜单删除运行菜单”两项的设置与“Beijing”父组织单位内的设置冲突，所以子组织单位的组策略会替代“Beijing”父组织单位内的组策略；而“School”子组织单位中的组策略对“从开始菜单删除文档菜单”、“隐藏桌面上网上邻居图标”和“将注销添加到开始菜单”3 项未设置，所以保持“未被配置”的状态，和父组织单位的组策略无冲突，所以仍然继承“Beijing”父组织单位内的设置。

8.3.3　拒绝继承组策略

在子组织单位的 GPO 内，若有些策略被设置为“未被配置”，则子组织单位内的这些设置将继承父组织单位内的设置。但是却可以在子组织单位的 GPO 内，通过“阻止策略继承”复选框，将子组织单位的 GPO 设置为不要继承父组织单位的设置。在图 8-24 所示“School 属性”对话框中选择“阻止策略继承”复选框即可阻止策略继承。

8.3.4　强迫继承组策略

用户可以在父组织单位内，设置强迫其所有的子组织单位必须继承父组织单位的 GPO 设置。那就是父组织单位的“禁止替代”功能。通过 GPO 的“选项”按钮打开如图 8-27 所示的对话框，进行设置。

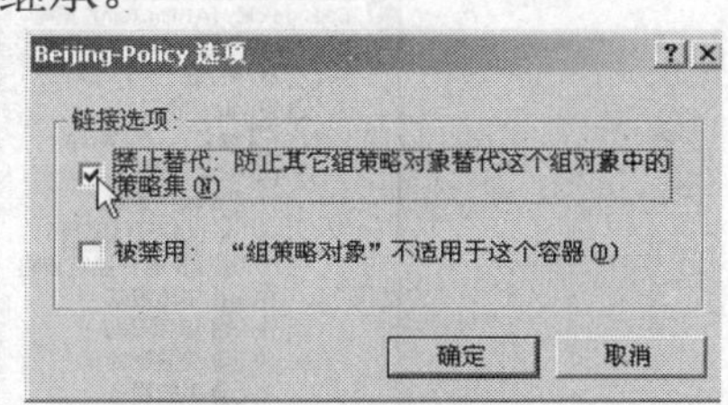

图 8-27　强迫继承策略

8.4　账户策略的设置

账户策略的设置应注意以下事项。

（1）若针对域设置的账户策略，则这个策略会应用到域内的所有计算机。

（2）若针对某个组织单位设置账户策略，则这个策略只会应用到这个组织单位内的计算机而已，不会影响到其他的计算机。

设置账户策略的操作步骤如下。

执行“开始”→“程序”→“管理工具”→“Active Directory 用户和计算机”命令，打开“Active Directory 用户和计算机”对话框，在域或组织单位上单击鼠标右键，在弹出的快捷菜单中选择“属性”选项，在打开的对话框中选择“组策略”选项卡，选定 GPO，单击“编辑”按钮，打开如图 8-28 所示的对话框，执行“计算机配置”→“Windows 设置”→“安全设置”→“账户策略”命令。以下通过“密码策略”和“账户锁定策略”的设置来说明。

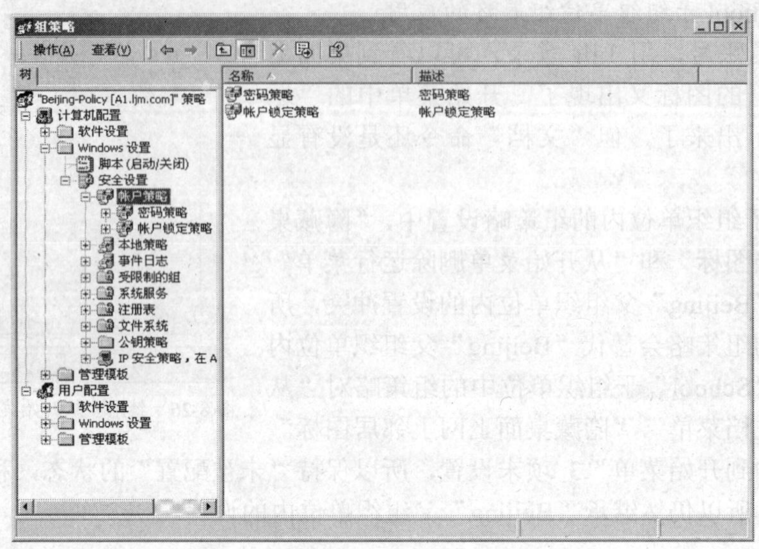

图 8-28 账户策略设置

1. 密码策略

密码策略包含多个与用户账户的密码有关的选项，如图 8-29 所示。

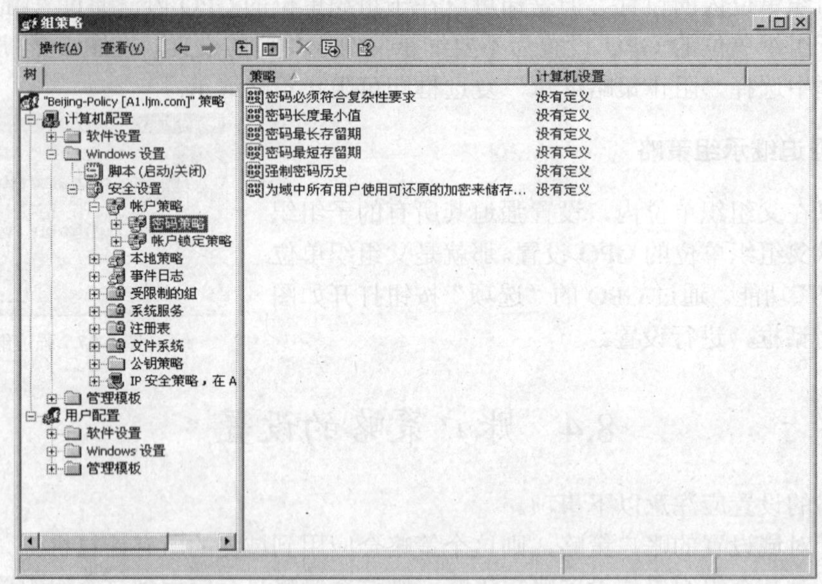

图 8-29 密码策略设置

（1）密码最长存留期：设置用户密码最长的使用期限。

（2）密码最短存留期：设置用户密码最短的使用期限。

（3）密码长度最小值：设置用户密码时，密码最少需要 6 位字符，如图 8-30 所示对话框中的设置。

（4）强制密码历史：设置是否要记录用户以前所使用过的密码，以便在设置新密码时，确定是否可以将新的密码设置为以前使用过的密码。

（5）为域中所有用户使用可还原的加密来储存：设置确定操作系统是否使用可还原的加密来存储密码。

（6）密码必须符合复杂性要求：如启用该策略，则密码必须符合以下最低要求。

① 不包含全部或部分的用户账户名。

② 长度至少为 6 位字符。

③ 包含来自以下 4 个类别中的 3 类字符：英文大写字母（从 A 到 Z）、英文小写字母（从 a 到 z）、10 个基本数字（从 0 到 9）、非字母字符（例如!、$、#、%）。

更改或创建密码时，会强制执行复杂性要求，如图 8-31 所示对话框，强制用户使用复杂性密码设置要求。

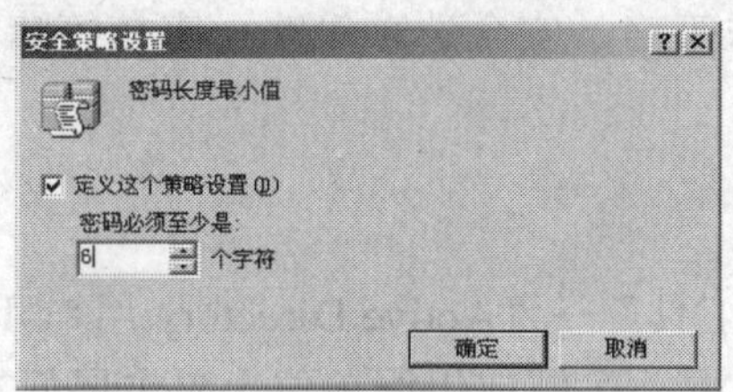

图 8-30　密码长度最小值的设置

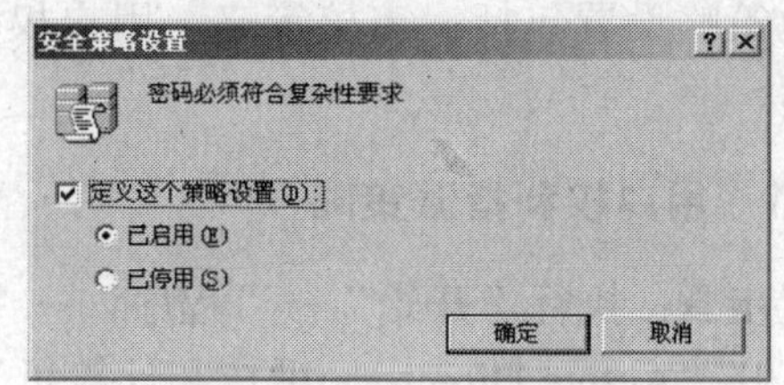

图 8-31　密码必须符合复杂性要求

2. 账户锁定策略

选择图 8-29 所示的对话框中的“账户锁定策略”选项，打开如图 8-32 所示的对话框。

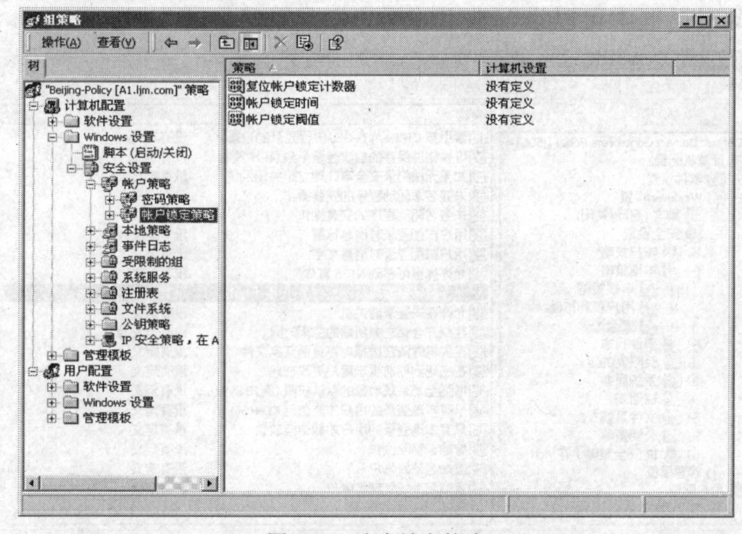

图 8-32　账户锁定策略

账户锁定策略的内容包括如下内容，双击任何一项可以进行设置。

（1）账户锁定阈值：设置用户登录几次失败后，将该用户锁定，如图 8-33 所示，设置 3 次密码输入错误后，不允许用户再次尝试登录。

（2）账户锁定时间：设置用户在锁定一定时间后，自动解锁，如图 8-34 所示，设置账户锁定 30 分钟后方可重新登录。

（3）复位账户锁定计数器：锁定计数器开始是 0，用户登录失败则是加 1，用户成功则为 0，若锁定计数器值等于账户锁定阈值，账户就会被锁定。

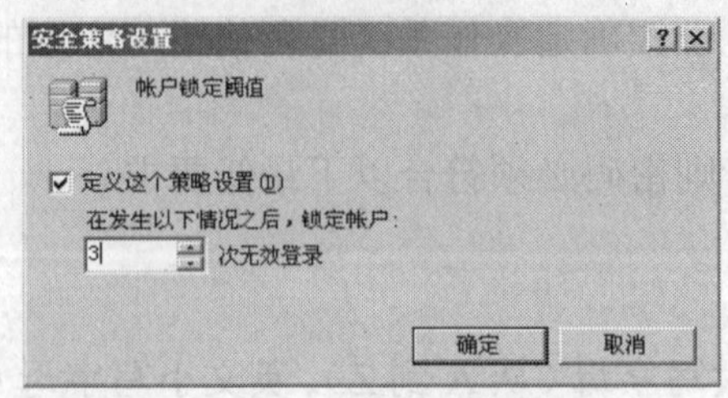

图 8-33 账户锁定阈值安全策略设置

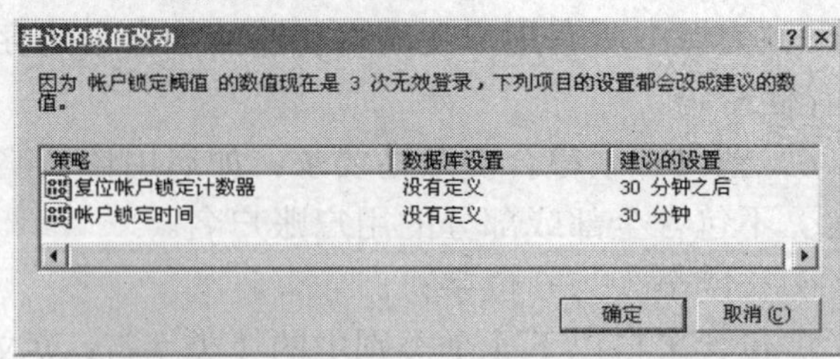

图 8-34 账户锁定阈值后相应的数值改动

8.5 本地策略的设置

本地策略设置包括：审核策略、用户权利指派策略、安全选项策略。审核策略将在 8.9 节中讲述。

8.5.1 用户权利指派策略

设置步骤：执行“开始”→“程序”→“管理工具”→“Active Directory 用户和计算机”命令，打开“Active Directory 用户和计算机”对话框，在域或组织单位上单击鼠标右键，在弹出的快捷菜单中选择“属性”选项，在打开的对话框中选择“组策略”，选定 GPO，单击“编辑”按钮，打开如图 8-35 所示的“组策略”对话框，执行“计算机配置”→“Windows 设置”→“安全设置”→“本地策略”→“用户权利指派”命令，打开“用户权利指派”组策略对话框，在此对话框中可以设置常用的用户权限策略。

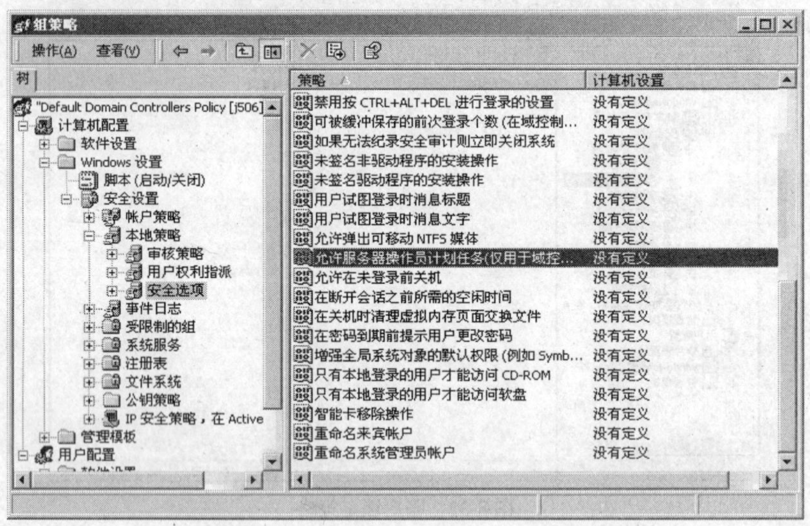

图 8-35 安全选项

常用的用户权利指派中包括以下选项。

（1）在本地登录：允许用户在本台计算机上按 Ctrl+Alt+Del 组合键登录。

（2）域中增加工作站：允许用户将 Windows NT/Windows 2000 计算机加入到域内。

（3）关闭系统：允许用户关闭此计算机。

（4）从网络访问此计算机。

（5）从远端计算机来关闭此计算机。

（6）备份文件和目录。

（7）还原文件和目录。

（8）管理审核和安全日志。

（9）更改系统的时间。

（10）装载和卸载设备驱动程序。

（11）取得文件或其他对象的所有权。

要设置其中的某一项策略，只要双击该策略，在打开的对话框中通过“添加”按钮将要赋予权利的用户加入即可。

8.5.2　安全选项策略

设置步骤：打开“Active Directory 用户和计算机”对话框，在域或组织单位上单击鼠标右键，在弹出的快捷菜单中选择“属性”选项，在打开的对话框中选择“组策略”选项卡，选定 GPO，单击“编辑”按钮，在打开的对话框中执行“计算机配置”→“Windows 设置”→“安全设置”→“本地策略”→“安全选项”命令，打开如图 8-35 所示的安全选项对话框。

常用的安全策略包括以下选项。

（1）登录屏幕上不要显示上次登录的用户名。

（2）允许在未登录前关机。

（3）在密码到期前提示用户更改用户密码。

（4）禁用按 Ctrl+Alt+Del 组合键进行登录的设置。

（5）只有在本地登录的用户才能访问 CD-ROM。

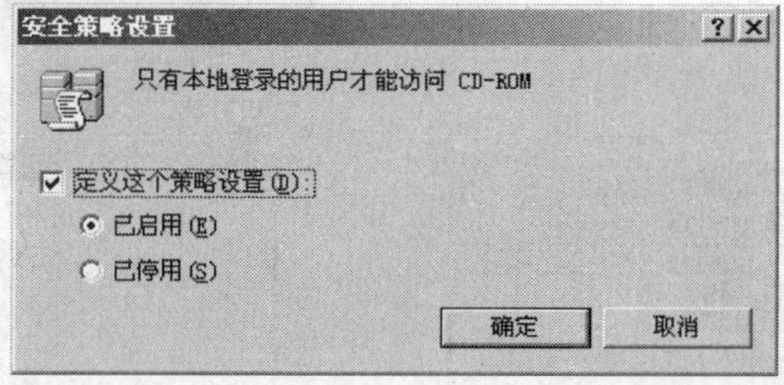

图 8-36　启用“只有在本地登录的用户才能访问 CD-ROM”

在如图 8-36 所示的对话框中设置“只有本地登录的用户才能访问 CD-ROM”的安全策略。

8.6　登录/注销、启动/关闭脚本

Windows Server 2003 提供了通过组策略驱动的用户登录/注销、计算机启动/关机脚本，可以使用组策略管理单元管理它们。这些脚本适用于某个特定组策略对象所适用的所有用户和计算机。

所有的脚本都是通过 Windows Scripting Host（WSH）激活的。它们可以是 Java Script、VB Script、.bat 和.cmd 文件。

8.6.1　登录/注销脚本的设置

登录/注销脚本用于指定用户登录或注销计算机时运行的脚本。登录/注销脚本是可选的。

当用户登录到运行 Windows Server 2003 的计算机时，登录脚本将自动运行。该脚本可以包含操作系统命令，例如建立网络连接或启动程序的命令。登录脚本还可以设置环境变量，以指定诸如计算机的搜索路径及其临时文件目录等的信息。注销脚本设置用户从计算机系统注销时所要执行的任务。

可以使用文本编辑器创建登录脚本，然后通过用户属性对话框的设置将不同的登录脚本指派给不同的用户，或者将同一登录脚本指派给多个用户、站点、域和组织单位。

用记事本编写登录和注销脚本（以 VB Script 为例）：

登录脚本名称 logon.vbs，文件内容：wscript.echo "welcome to windows 2003 ,this is a logon script test"。

注销脚本名称 logoff.vbs，文件内容：wscript.echo "Goodbye,this is a logoff script test"。

设置步骤如下。

（1）执行"开始"→"程序"→"管理工具"→"Active Directory 用户和计算机"命令，打开"A ctive Directory 用户和计算机"对话框，在域或组织单位上单击鼠标右键，在弹出的快捷菜单中选择"属性"选项，在打开的对话框中选择"组策略"选项卡，选定 GPO，单击"编辑"按钮，在打开的如图 8-37 所示的对话框中展开"用户配置"→"Windows 设置"→"脚本-登录/注销"。

（2）在右窗格的"登录"上单击鼠标右键，在弹出的快捷菜单中选择"属性"选项，或者直接双击"登录"选项，打开如图 8-38 所示的"登录属性"对话框。

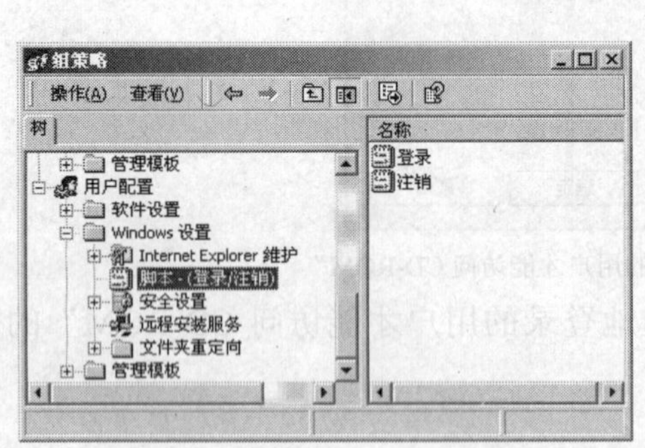

图 8-37　组策略-登录/注销脚本

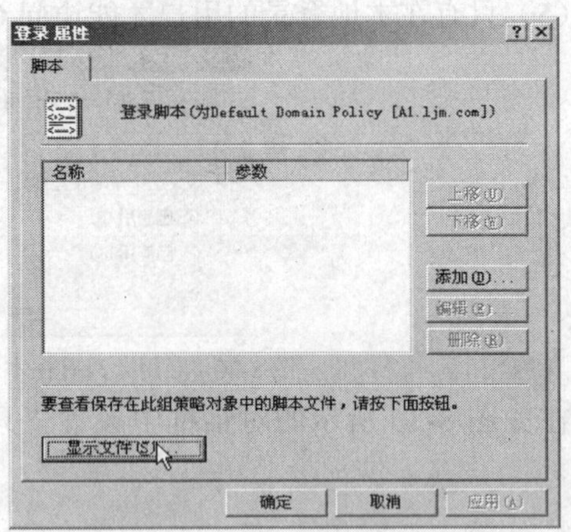

图 8-38　"登录属性"对话框

（3）单击"登录属性"对话框中的"显示文件"按钮，打开如图 8-39 所示的文件对话框。将预先编写好的 login.vbs 复制到以下目录内：%systemroot%\Sysvol\域名\policies\{GUID}\User\Scripts\logon，不同的 GPO 有不同的 GUID 号，每个 GUID 是唯一的。

（4）关闭图 8-39 所示的对话框，回到图 8-38 所示的对话框，单击"添加"按钮，打开如图 8-40 所示的"添加脚本"对话框。

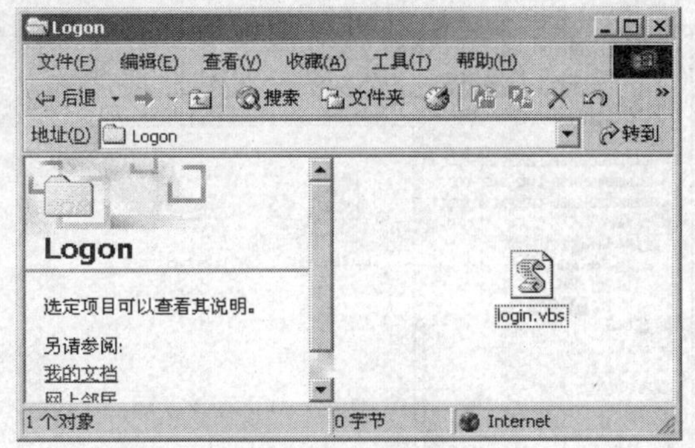

图 8-39　登录脚本目录——登录脚本加入

图 8-40　添加脚本文件

（5）单击“浏览”按钮，从图 8-39 的 Logon 文件夹内选择登录脚本。在图 8-40 中的“脚本参数”文本框中输入登录脚本中需要的参数，此项为可选项，然后单击“确定”按钮，返回“登录属性”对话框。

（6）添加登录脚本的结果如图 8-41 所示，单击“确定”按钮即可保存设置。

（7）用相似的方法来添加注销脚本 logoff.vbs。在脚本-登录/注销中选择“注销”项，重复步骤（2）～（6），来设置注销脚本。

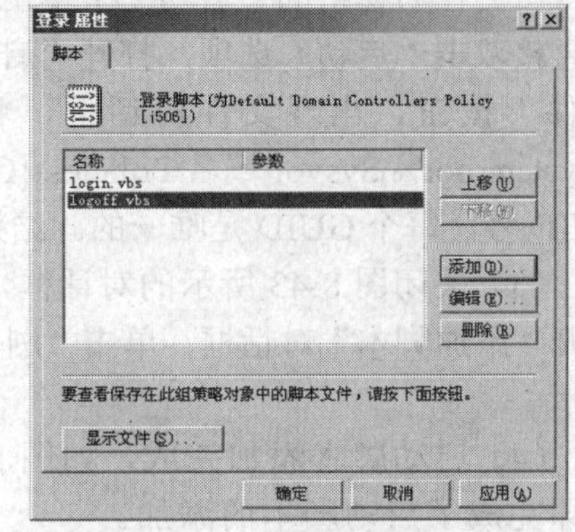

图 8-41　登录脚本设置完成

如果 GPO 是针对域设置的，则对域内的每个用户都起作用，即域用户登录/注销时会自动执行登录/注销脚本。若是仅对某个组织单位设置 GPO，则被设置的组织单位内的用户登录/注销时会出现脚本。最后创建用户，测试登录/注销脚本的有效性。

8.6.2　启动/关闭脚本的设置

启动/关闭脚本是针对计算机进行的设置，当所有使用此计算机的用户启动和关闭计算机时，预先设置好的启动或关闭脚本就可以执行。启动/关闭脚本的设置与登录/注销脚本的设置步骤十分相似。

启动脚本文件名称为 startup.vbs，文件内容为：wscript.echo“Welcome to Windows 2003”。

关闭脚本文件名称为 shutdown.vbs 文件内容为：wscript.echo“Windows 2003 will be shut down, goodbye”。

设置启动/关闭脚本的步骤如下。

（1）执行“开始”→“程序”→“管理工具”→“Active Directory 用户和计算机”命令，打开“A ctive Directory 用户和计算机”对话框，在域或组织单位上单击鼠标右键，在弹出的快捷菜单中选择“属性”选项在对话框中选择“组策略”，选定 GPO，单击“编辑”按钮，打开的如图 8-42 所示的对话框中执行“计算机配置”→“Windows 配置”→“脚本（启动/关闭）”命令。

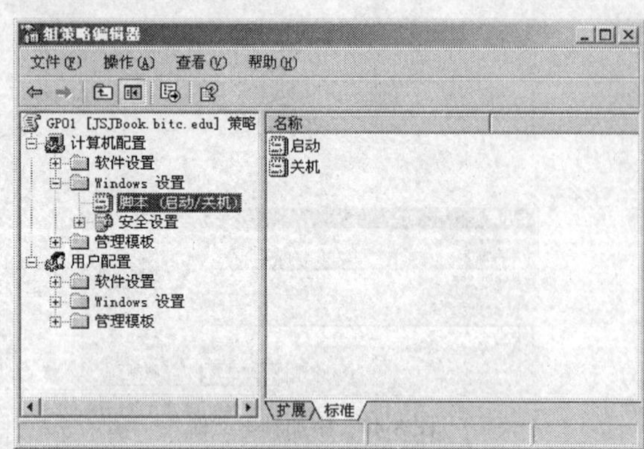

图 8-42 组策略-启动/关闭脚本

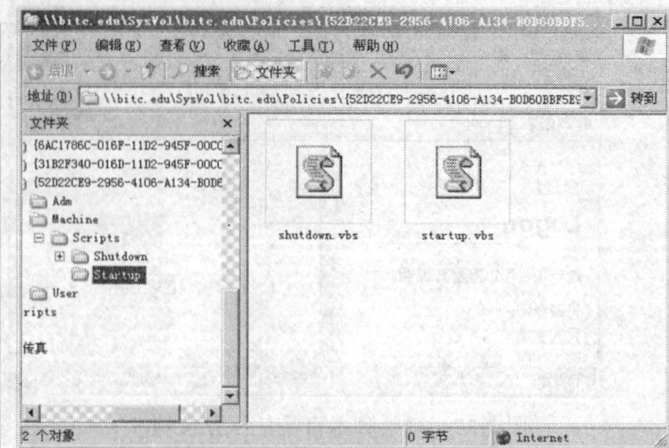

图 8-43 显示启动/关闭脚本文件

（2）在右窗格的“启动”上单击鼠标右键，在弹出的快捷菜单上选择“属性”选项，或者直接双击“启动”选项，打开“启动属性”对话框。单击“启动属性”对话框中的“显示文件”按钮，出现文件对话框，将预先编写好的启动脚本 startup.vbs 复制到文件夹%systemroot%\Sysvol\域名\Policies\{GUID}\Machine\Scripts\Startup 内，不同的 GPO 有不同的 GUID 号，每个 GUID 是唯一的。结果如图 8-43 所示。

（3）关闭图 8-43 所示的对话框，回到“启动脚本属性”对话框，单击“添加”按钮，打开“添加脚本”对话框，单击“浏览”按钮，将 startup.vbs 添加进来。添加结果如图 8-44 所示。

（4）启动脚本添加完成，如图 8-45 所示，在“启动属性”对话框中单击“确定”按钮即完成了启动脚本的添加。

（5）用相似的方法添加关机脚本 shutdown.vbs。在脚本（启动/关闭）中选择“关机”选项，重复步骤（2）～（4），来设置关机脚本。

如果 GPO 是针对域设置的，则对域内的所有计算机都起作用，即当计算机启动/关闭时会自动执行启动/关闭脚本。若是仅对某个组织单位设置 GPO，则被设置的组织单位内的所有计算机启动/关闭时会自动执行启动/关闭脚本。最后创建用户，测试启动/关闭脚本的有效性。

图 8-44 添加启动脚本

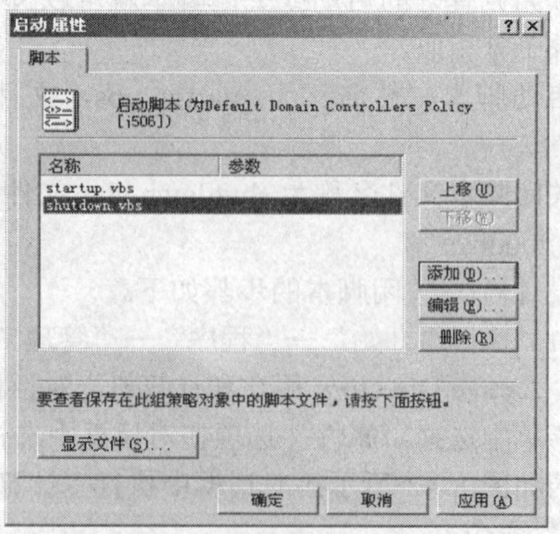

图 8-45 启动脚本添加成功

8.7　部署应用程序

可使用组策略向域中的用户或计算机部署应用程序，这对于能够基于组成员身份部署软件非常有用。部署应用程序包括如下内容。

（1）将应用程序发布（发行）给用户。当某个应用程序通过 GPO 被发布给用户后，域用户可以自行利用控制面板中的“增加/删除应用程序”，来通过网络安装特定的应用程序。

（2）将应用程序指派给用户或计算机。当某个应用程序通过组策略的 GPO 被指派给用户后，则用户在登录时，这个应用程序就会被“广告”给用户，但这个应用程序并不真正安装，只是提供了一些安装信息，等用户应用时再利用这些信息来真正安装应用程序。如果将应用程序指派给了计算机，则计算机在启动时，就会自动安装此应用程序，并且是将其安装到公用程序组内。任何利用此计算机登录的用户，都可以使用此应用程序。

（3）自动修复应用程序。当一个被发布或指派的应用程序，受到破坏，如有文件丢失或损坏等，Windows Server 2003 会自动检测到此类异常，当用户登录或计算机重启时，会自动修复、重新安装此应用程序。

（4）删除用户应用程序。一个被发布或指派的应用程序，在用户安装完成后，若不想再让用户使用此应用程序，只要将应用程序从 GPO 内被发布/发行或指派的应用程序列表中删除即可。当用户登录或计算机启动时，会自动将此应用程序删除。

能够被发布或指派的应用程序必须被包装成 Windows 的安装格式（扩展名为.msi）。通过 Windows Server 2003 安装盘内的 WinInstaller 程序，可以将现有的应用程序文件夹包装成为安装程序包。

8.7.1　发布应用程序

在控制面板里使用“添加/删除应用程序”是用户安装和更新应用程序的一种方式，用户能很容易地添加和删除发布的或指派的应用程序。当用户双击“添加/删除应用程序”，可用的软件将全部列出来。用户仅能安装管理员决定的用户工作所需要的软件。

当用户使用“添加/删除应用程序”来从发布的应用程序对象中选择所想要安装的应用程序时，计算机从活动目录中获得软件的广告信息，然后利用这些广告信息来获得应用程序的 Windows 安装包。最后基于 Windows 安装包中所包含的应用程序状态信息来安装应用程序。可以在 Windows Server 2003 安装盘或本地系统内查找到某个.msi 文件。

1. 发布应用程序

（1）首先建立包含 Windows 安装程序包的文件夹。在任何一台服务器上建立一个文件夹，例如：c:\Application，这个文件夹用来存储应用程序。

（2）将此文件夹设置为共享，并给一个共享名如 Applications。因为网络上的用户必须通过 UNC 路径来访问此文件夹，所以要设置共享。将安装程序包复制到共享文件夹内。

（3）执行“开始”→“程序”→“管理工具”→“Active Directory 用户和计算机”命令，打开“Active Directory 用户和计算机”对话框，在域名上单击鼠标右键，在弹出的快捷菜单中选择“属性”选项，在对话框中选择“组策略”选项卡，选定 GPO，单击“编辑”按钮，打开如图 8-46 所示的对话框，执行“用户配置”→“软件设置”→“软件安装”命令。

（4）在“软件安装”上单击鼠标右键，在弹出的快捷菜单中选择“属性”选项，打开如

图 8-47 所示的“软件安装属性”对话框，在“默认程序包位置”文本框中输入应用程序的存储位置，注意是 UNC 路径，也可以通过“浏览”按钮找到特定的计算机，\\计算机名\共享文件夹。然后单击“确定”按钮。

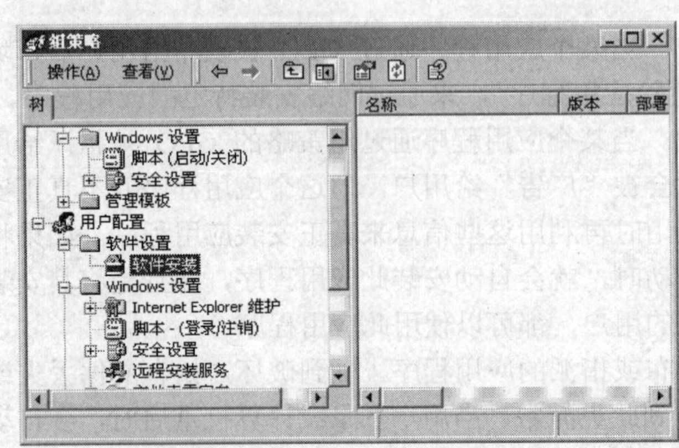

图 8-46 组策略-软件安装

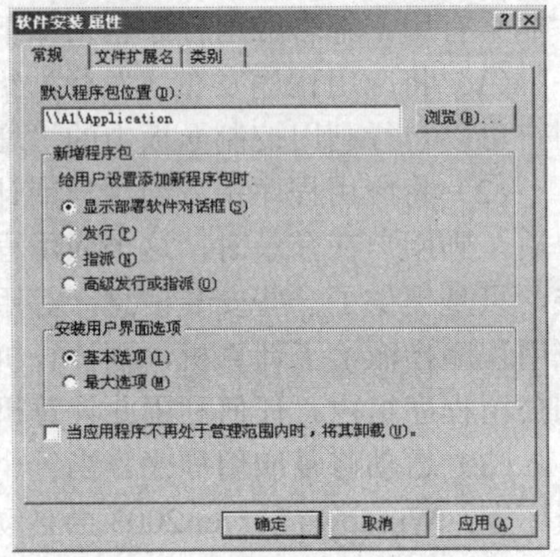

图 8-47 “软件安装属性”对话框

（5）在图 8-46 中，在“软件安装”上单击鼠标右键，在弹出的如图 8-48 所示的快捷菜单中选择“新建”→“程序包”选项。

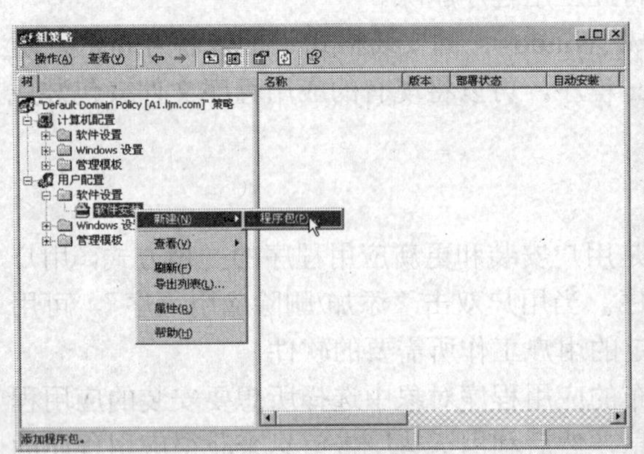

图 8-48 新建程序包

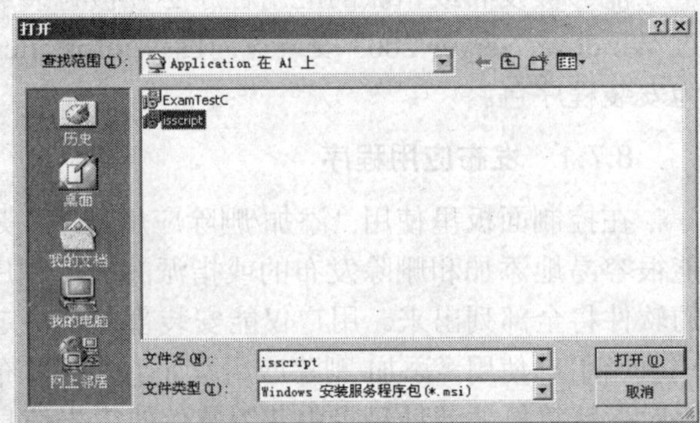

图 8-49 选择安装程序包

（6）打开如图 8-49 所示的“打开”对话框，选择需要的 Windows 安装程序包并打开。

（7）在如图 8-50 所示的“部署软件”对话框中，选择“已发行”单选项，然后单击“确定”按钮。

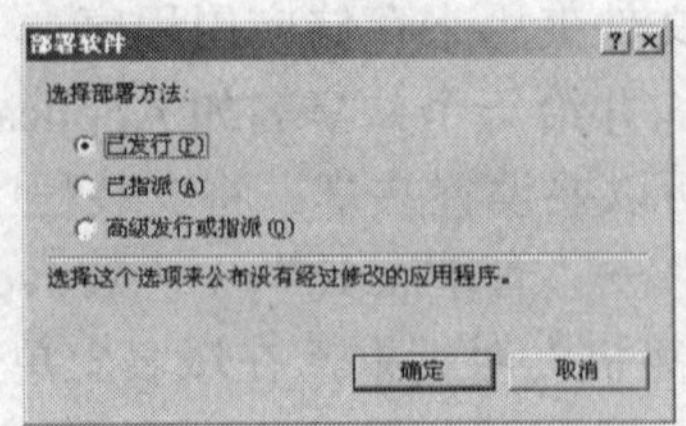

图 8-50 “部署软件”对话框

（8）在如图 8-51 所示的“组策略”对话框中，出现所发布的安装程序包已安装的信息。

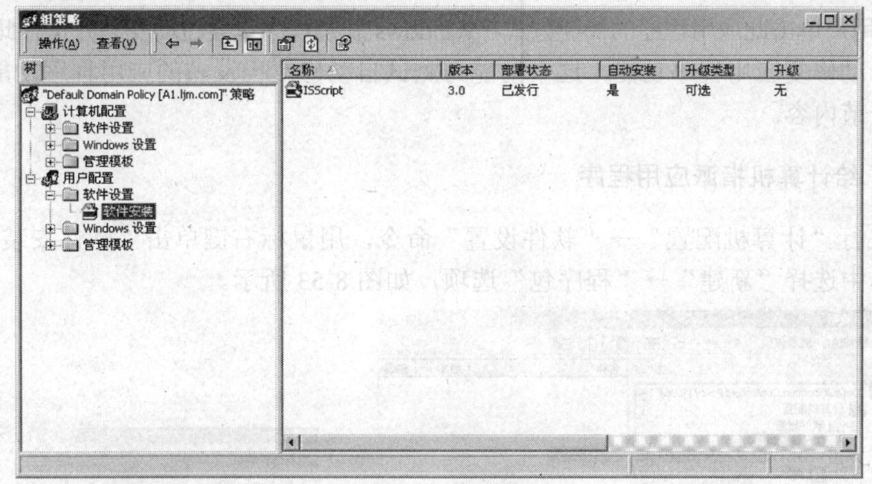

图 8-51 发布完毕

2. 安装被发布的应用程序

（1）利用域用户或组织单位用户来登录。

（2）执行“开始”→“设置”→“控制面板”→“添加／删除程序”命令，单击“添加新程序”按钮，网络添加程序中就会显示出已经发布的应用程序。

（3）选择要安装的应用程序，单击“添加”按钮就会安装此应用程序。

3. 测试自动修复应用程序功能

（1）以管理员账户登录，找到被发布应用程序的安装位置。

（2）删除此应用程序的安装文件夹。

（3）注销管理员账号，以应用程序被发布用户重新登录。

（4）运行删除的应用程序，会发现系统会自动重新再安装此应用程序。

8.7.2 给用户指派应用程序

给用户指派应用程序与给用户发布应用程序的方法基本一致，首先建立包含 Windows 安装程序包的文件夹。接下来设置默认程序包位置，最后给用户指派应用程序，只需要将给用户发布应用程序中的步骤（7）中的部署软件的类型由“已发行”改为“已指派”即可，如图 8-52 所示的“部署软件”对话框中的设置。

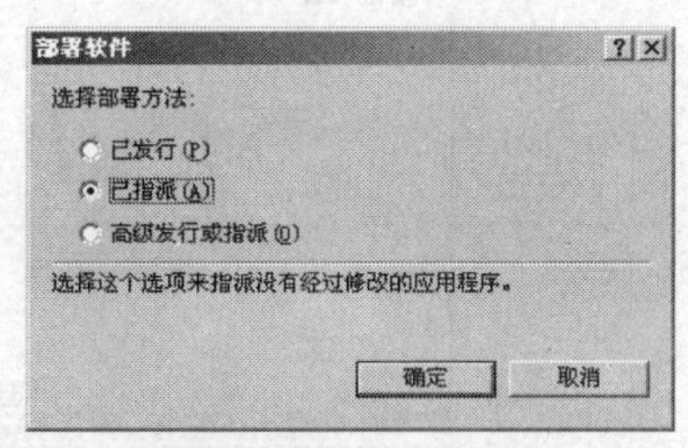

图 8-52 指派应用程序

将应用程序指派给用户或计算机，则用户在登录时，这个应用程序就会被“广告”给用户，但这个应用程序并不真正安装，只是提供了一些安装信息，等用户应用时再利用这些信息来真正安装应用程序。应用程序安装方式有以下两种。

（1）执行“开始”→“设置”→“控制面板”→“添加／删除程序”→“添加新程序”命令来真正安装此应用程序。这与被发布的应用程序的安装方式类似，不同之处在于，被指派的应用程序在真正被安装前，已被标示为“已安装”。单击添加新程序，从网络添加程序中就会显示出已经指派的应用程序。选择要安装的应用程序，单击“添加”按钮就会真正安装此应用程序。

（2）在“开始”→“程序”菜单内会出现被指派的应用程序，但此时只是被指派应用程序的快捷方式。用户单击此应用程序的快捷方式，Windows 安装程序包会自动安装并执行此应用程序。

测试自动修复应用程序功能，这个功能与测试自动修复已发布的应用程序功能相似，可以参考上一节内容。

8.7.3 给计算机指派应用程序

（1）执行“计算机配置”→“软件设置”命令，用鼠标右键单击“软件安装”，在弹出的快捷菜单中选择“新建”→“程序包”选项，如图 8-53 所示。

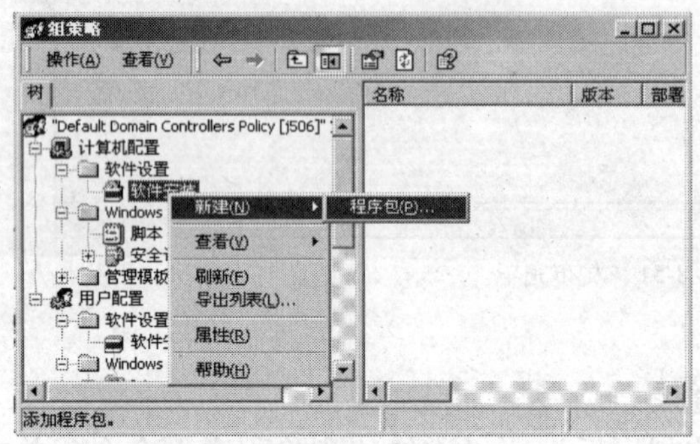

图 8-53 给计算机指派应用程序

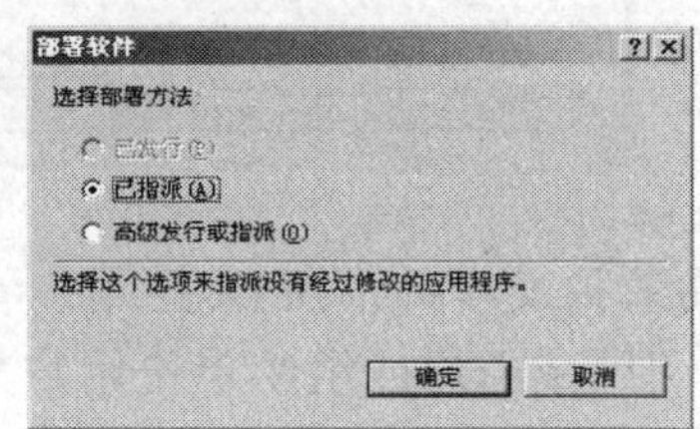

图 8-54 部署类型为指派

（2）在对话框中选择指派的程序包，单击“确定”按钮，打开如图 8-54 所示的“部署软件”对话框，选择“已指派”单选框。

（3）单击“确定”按钮，结果如图 8-55 所示。

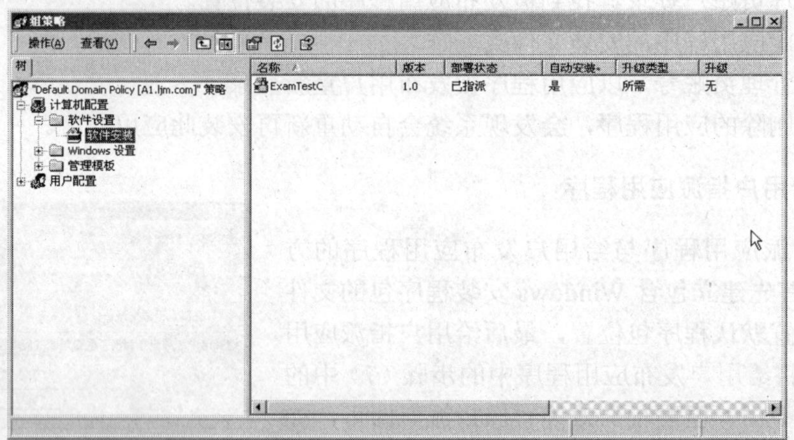

图 8-55 给计算机指派完毕

给计算机指派应用程序后，只要计算机启动，被指派的应用程序就会自动安装到计算机内，并且可以供所有在这台计算机上登录的用户使用，但是无法将其发布给其他计算机。

给计算机指派应用程序是将应用程序安装到公用程序组内，即 All Users 文件夹内。

给计算机指派应用程序的步骤与给用户指派应用程序的步骤很相似，在“组策略”对话框内，通过执行“计算机配置”→“软件设置”→“软件安全”命令来进行。

8.7.4 更改部署应用程序的设置

执行“开始”→“程序”→“管理工具”→“Active Directory 用户和计算机”命令，打开"Active Directory 用户和计算机"对话框，在域或组织单位上单击鼠标右键，在弹出的快捷菜单中选择"属性"选项，在打开的对话框中选择"组策略"选项卡，选定 GPO，执行"计算机配置"→"软件设置"→"软件安装"命令，来更改部署应用程序的设置，其他的操作步骤与给用户指派应用程序相似。

（1）改变应用程序的部署类型。即为被部署的应用程序选择"发行"还是"指派"。只要在被部署的应用程序上单击鼠标右键来选择"发行"或"指派"，就可以改变部署类型。

（2）取消被部署的应用程序。在被部署的应用程序上单击鼠标右键，在弹出的快捷菜单中选择"所有任务"→"删除"选项，在如图 8-56 的删除软件对话框中，包括如下选项。

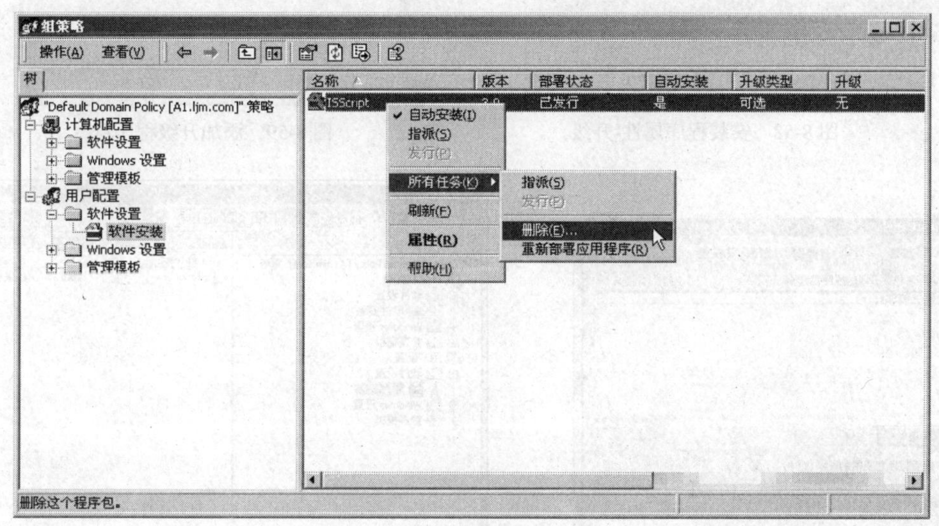

图 8-56　删除发行的软件

① 立即从用户和计算机卸载软件选项：表示当用户下次登录或计算机启动时，此应用程序会被自动删除。

② 允许用户继续使用软件，但禁止新的安装：表示用户的应用程序不会被删除，可以继续使用，但对于新的用户登录时，不会再自动安装此应用程序。

（3）设置当安装此应用程序时，是否出现完整的安装界面。在被部署的应用程序上单击鼠标右键，在弹出的快捷菜单中选择"属性"选项，在如图 8-57 所示的"属性"对话框中选择"部署"选项卡，在"安装用户界面选项"中用户可以选择"基本选项"或"最大选项"。

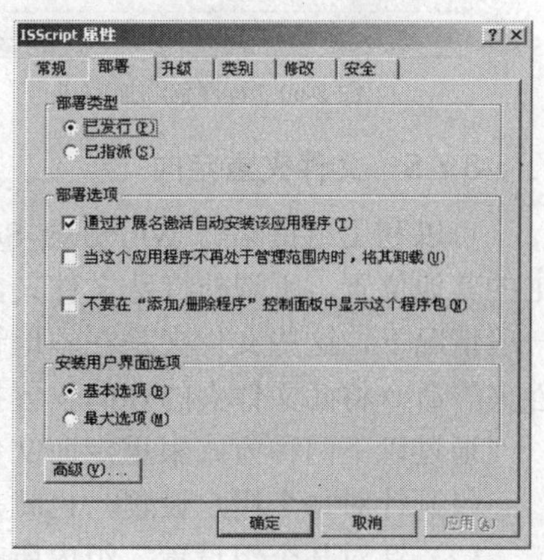

图 8-57　安装程序属性

（4）将应用程序升级。将应用程序用新的升级程序来替代，只要在被部署的应用程序上单击鼠标右键，在弹出的快捷菜单中选择"属性"选项，在"属性"对话框中选择"升级"选项卡，单击"添加"按钮，打开如图 8-58 所示的"添加升级程序包"对话框。在要升级的程序包中选择旧的应用程序，并选择"卸载现有程序包，然后安装升级程序包"选项，完成设置。设置过程如图 8-59、图 8-60、图

8-61 所示。当用户登录时，旧的应用程序就会被新的应用程序所替代。

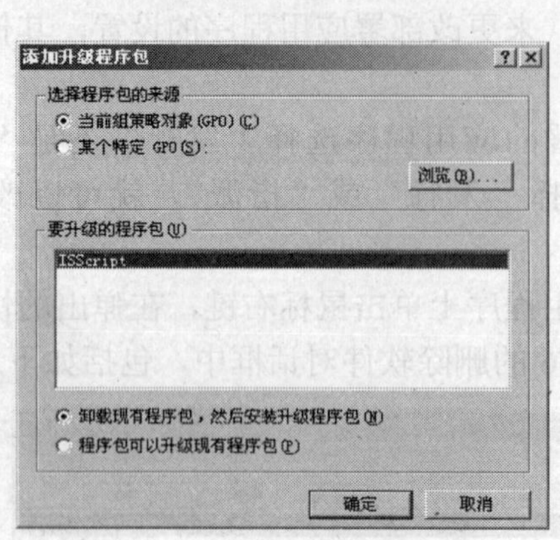

图 8-58 安装程序属性-升级

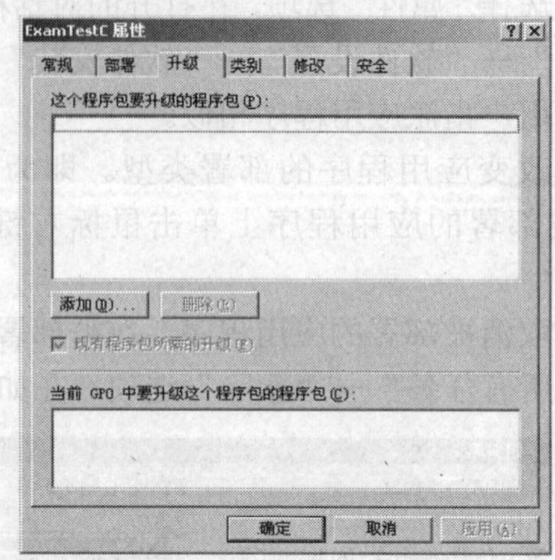

图 8-59 添加升级程序包

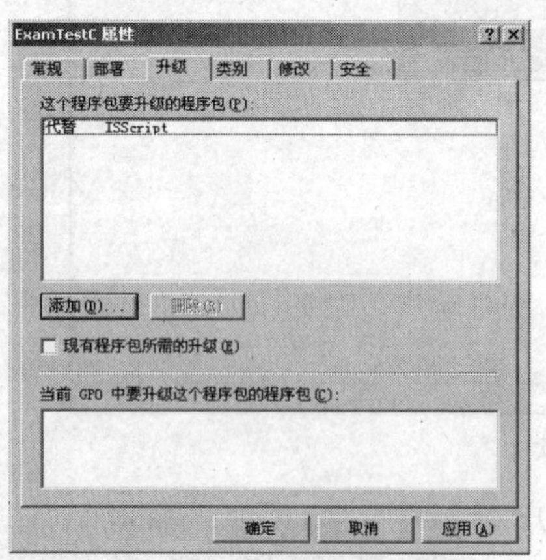

图 8-60 程序包添加完成

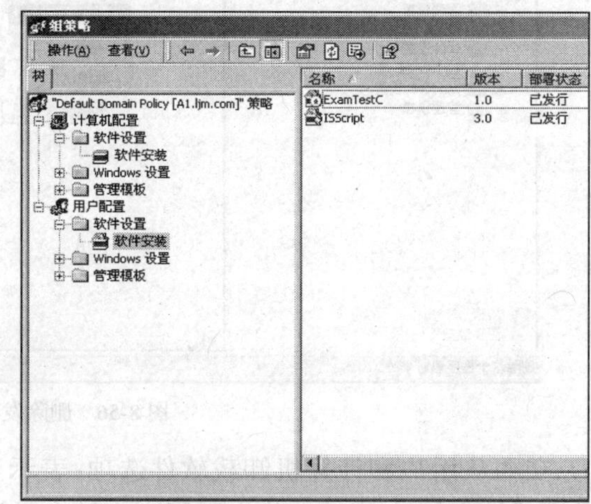

图 8-61 应用程序升级设置完毕

8.7.5 文件夹重定向

可以利用组策略将 Windows Server 2003 内的一些特殊文件夹的存储位置重定向到网络上的其他位置。所谓的特殊文件夹，是指如“我的文档”、“my pictures”等数据的存储位置。一般情况下，这些文件夹是在本地计算机内的，如可以执行“我的文档”→属性→“目标文件夹”命令将此文件夹的存储位置指定到网络上的其他计算机内。

通过以下两种方式来重定向文件夹。

（1）针对每个用户设置，也就是将每个用户的文件夹重定向。

（2）针对某个组设置，组内所有用户的文件夹都将被重定向。

下面以“我的文档”文件夹为例，说明如何将文件夹重定向，并且针对某个组进行设置。

（1）执行“开始”→“程序”→“管理工具”→“Active Directory 用户和计算机”命令，打开“Active Directory 用户和计算机”对话框，在 Users 组织单位内建立 user1、user2，然后建立一个安全组，如 group1。将 user1 和 user2 加入 group1 中。

（2）在任何一台服务器内建立一个文件夹，例如在域控制器上建立“c:\share”，这个文件用来存储用户的“我的文档”中的数据。

（3）将文件夹设置为共享。共享名与文件夹名相同即可。

（4）执行“开始”→“程序”→“管理工具”→“Active Directory 用户和计算机”命令，打开“Active Directory 用户和计算机”对话框，在域名上单击鼠标右键，在弹出的快捷菜单中选择“属性”选项，在打开的对话框中选择“组策略”选项卡，选定 GPO，单击“编辑”按钮，打开如图 8-62 所示的对话框，执行“用户配置”→“Windows 设置”→“文件夹重定向”→“My Documents”命令。

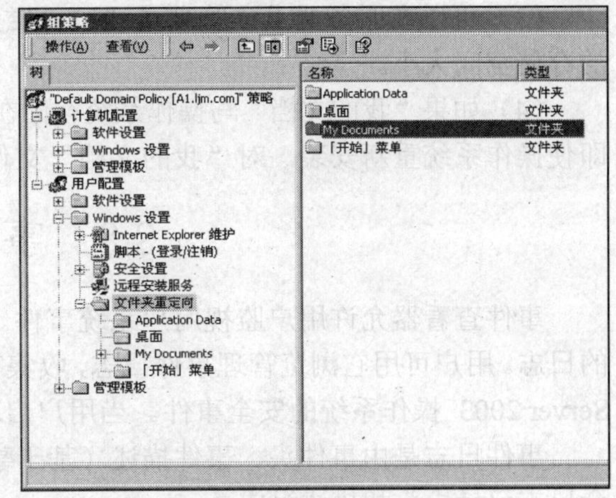

图 8-62　组策略-文件夹重定向

（5）在“My Documents”上单击鼠标右键，在弹出的快捷菜单中选择“属性”选项，打开如图 8-63 所示的对话框，在“设置”下拉列表中选择“高级-为不同的用户组指定位置”，然后单击“添加”按钮。

（6）打开如图 8-64 所示的“指定组和位置”对话框。在“安全组成员身份”文本框输入安全组名称，如前面所创建的“group1”，然后在“目标文件夹位置”文本框输入存储此组每个用户“我的文档”的文件夹路径 UNC，如“\\A1\share”，然后单击“确定”按钮完成。在目标文件夹中存储时，会为每一个用户指定一个唯一的位置，如 user1 的存储位置为\\A1\share\user1。

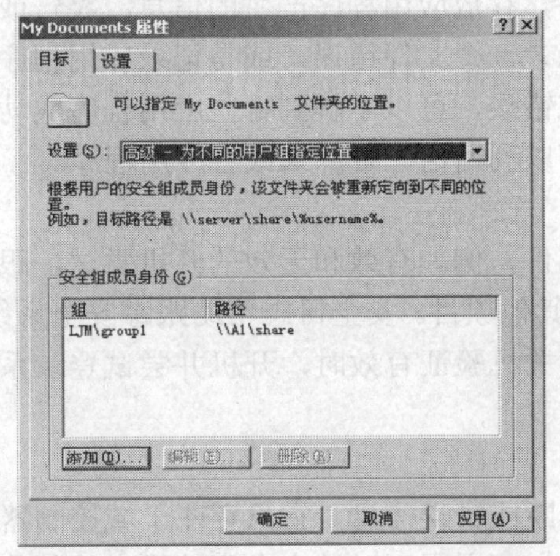

图 8-63　“My Documents 属性”对话框

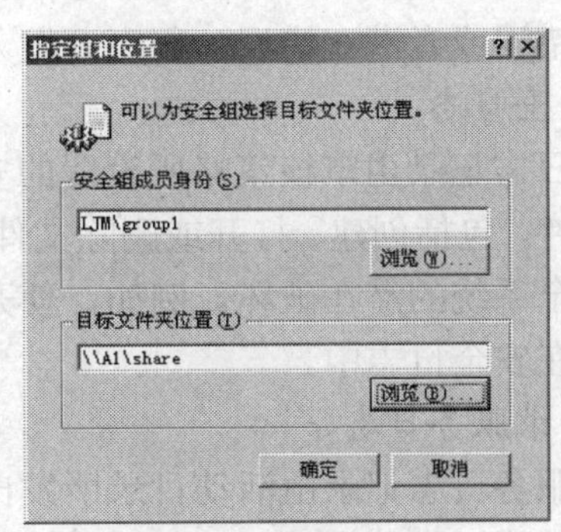

图 8-64　指定组和位置

（7）注销，利用 group1 组内的用户如 user1 登录，user1 的“我的文档”文件夹改为上面所设置的路径。可以用鼠标右键单击桌面上的“我的文档”图标，在弹出的快捷菜单中选择“属性”选项，在“目标文件夹”中查看。

将用户的“我的文档”等文件夹重定向到网络服务器内有以下的优点。

（1）用户在网络上任何一台计算机登录，都可以访问到该文件夹。

（2）这些存储在服务器内的数据，可以由信息部门定期备份，将其备份存储起来，让用户的数据多一份保障。

（3）可以在服务器上让管理员通过“磁盘限额”，限制用户的“我的文档”在服务器内的存储空间大小。

（4）如果“我的文档”与操作系统存储在同一个硬盘内，则将其重定向到其他的硬盘后，即使操作系统重新安装，对“我的文档”文件夹内的数据影响也会比较小。

8.8 事件查看器

事件查看器允许用户监视用户系统事件。它保存用户计算机上的程序、安全和系统事件的日志。用户可用它浏览管理事件日志，收集有关硬件和软件问题的信息，并且监视 Windows Server 2003 操作系统的安全事件。当用户启动操作系统，事件日志服务自动开始。

事件日志是由事件头、事件描述（基于事件类型）和可选的附加数据组成。大多数的安全日志记录由头和描述组成。

Windows Server 2003 操作系统的事件日志文件主要分为以下 4 大类。

1. 系统日志

系统日志记录 Windows Server 2003 操作系统系统部件的事件，存放了 Windows 操作系统产生的信息、警告或错误。例如，驱动器出错、网卡故障、硬盘所剩空间过小和系统服务启动等信息，都被写入系统日志。系统部件的事件类型由 Windows Server 2003 操作系统预先确定。通过查看这些信息、警告或错误，用户不但可以了解到某项功能配置或运行成功的信息，还可了解到系统的某些功能运行失败，或变得不稳定的原因。

2. 应用程序日志

应用程序日志记录应用程序所发生的事件，存放应用程序产生的信息、警告或错误。例如，一个数据库程序可能在应用程序日志中记录一个文件错误，或是记录应用程序开发者决定监视哪些事件。通过查看这些信息、警告或错误，可以了解到哪些应用程序成功运行，哪些产生了错误或者潜在错误。程序开发人员可以利用这些资源来改善应用程序。

3. 安全日志

安全日志记录由审核策略所设置的安全事件，例如有效和无效的开机尝试，跟资源使用相关的事件，包括创建、打开或删除文件以及其他项目。安全日志帮助跟踪安全系统的变动，确认对安全系统的潜在破坏。例如，使开机和关机验证有效时，开机并尝试登录系统的信息就可记录在安全日志中。

4. 目录服务日志

目录服务日志记录由活动目录所发出的诊断或错误信息，它只存在于域控制器内。

用户可用“事件查看器”查看和管理系统、应用程序以及安全事件日志。某些服务有自己的一个独立的事件日志文件，例如 Microsoft DNS Server。

8.8.1 查看事件记录

1. 打开事件查看器的方式

（1）执行“开始”→“程序”→“管理工具”命令，双击“事件查看器”图标。

（2）在“我的电脑”图标上单击鼠标右键，在弹出的快捷菜单中选择“管理”→“系统工具”→“事件查看器”选项。

（3）执行“开始”→“设置”→“控制面板”→“管理工具”→“事件查看器”命令。

（4）执行“开始”→“运行”命令，打开“运行”对话框，在“打开”文本框中输入“eventvwr”，单击“确定”按钮，就可以打开如图 8-65 所示的事件查看器对话框。

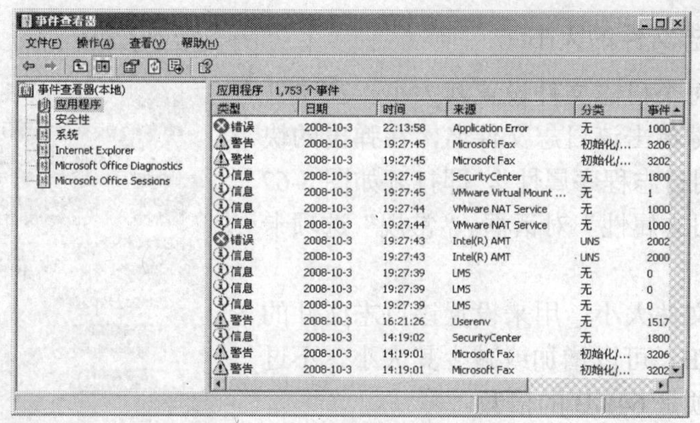

图 8-65 “事件查看器”对话框

2. 事件查看器内容

事件查看器将事件从每个日志中单独列出，每行显示单个事件信息。每个独立事件记录中的数据包括以下内容。

（1）类型：事件所属的类型，包括信息、警告或错误等。

（2）日期与时间：事件被记录的日期与时间。

（3）来源：记录此事件的程序名称。

（4）分类：产生事件的程序会将事件信息分类。

（5）事件：每个事件都被赋予一个唯一的标号，即事件 ID。

（6）用户：事件发生时，哪个用户正在使用此计算机，或事件由哪个用户制造出来的。

（7）计算机：事件发生所在的计算机名称。

3. 事件查看器显示的事件类型

（1）错误：记录 Windows Server 2003 操作系统所产生的错误，例如数据丢失或功能丧失。如果在启动过程中某个服务加载失败，这个错误将会被记录下来。

（2）警告：记录有潜在问题的，将来可能产生错误的事件。例如，当磁盘空间不足时，将会记录警告。

（3）信息：描述了应用程序、驱动程序或服务的成功操作的事件。例如，当网络驱动程序加载成功时，将会记录一个信息事件。

（4）成功审核：成功的审核安全访问尝试。例如，用户试图登录系统成功会被作为成功审核事件记录下来。

（5）失败审核：失败的审核安全登录尝试。例如，如果用户试图访问网络驱动器失败了，则该尝试将会作为失败审核事件记录下来。

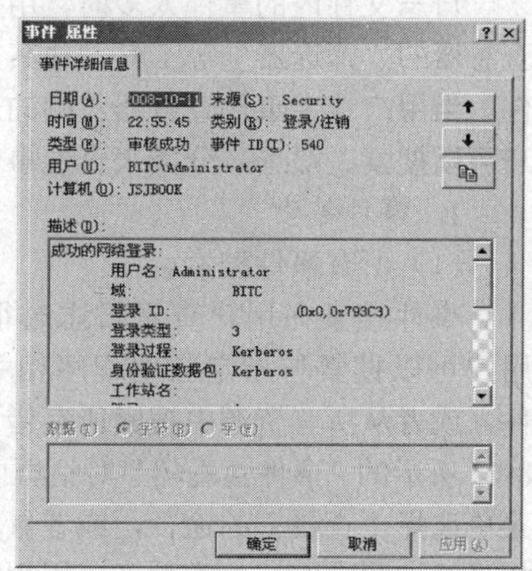

图 8-66 事件属性

启动 Windows Server 2003 操作系统时，事件日志服务会自动启动。所有用户都可以查看应用程序和系统日志。只有管理员才能访问安全日志。

用户可以获得有关特定事件的详细信息，方法是双击事件，或鼠标右键单击该事件，在弹出的快捷菜单上选择“属性”选项，即可打开如图 8-66 所示的“事件属性”对话框。

8.8.2 设置日志文件的大小

用户可以针对每个日志文件设置其大小。在事件查看器中，鼠标右键单击该日志文件名，在弹出的快捷菜单中选择“应用日志程序属性”，即打开如图 8-67 所示的“应用程序日志属性”对话框。“常规”选项卡中各项目意义如下。

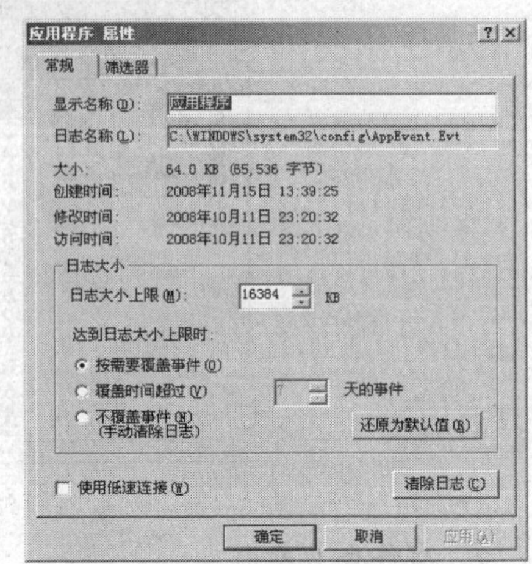

图 8-67 “应用程序日志属性”对话框

（1）最大日志文件大小：用来设置该日志文件的大小，默认为 512KB，可以增加或减少其大小，不过日志文件的大小必须是 64KB 的倍数。

（2）清除日志：将此日志文件清除，在清除之前，可以用鼠标右键单击该日志文件，在弹出的快捷菜单中选择“另存日志文件”，将数据存盘。

（3）当达到最大的日志尺寸时：当日志文件满载时，记录新的事件的方式。

① 按需要改写事件：当日志已满时继续写入新的事件。每个新事件替换日志中时间最长的事件。该选项对维护要求低的系统是一个不错的选择。

② 改写久于：保留位于指定改写事件的天数之前的日志。默认值为 7 天。如果想每周存档日志文件，该选项是最佳选择。该策略将丢失重要日志项的几率降到最小，同时保持日志的合理大小。

③ 不改写事件：手动而不是自动清除或存档日志。只有在无法承受丢失事件时才选中该选项（例如，特别强调安全性的站点的安全日志）。

（4）还原为默认值：默认的日志策略为，如果日志已满，则删除至少在 7 天以上的较早的事件，为新事件留出空间。可以对不同的日志自定义事件日志覆盖选项。

8.8.3 筛选事件日志中的事件

日志文件内的事件太多时，用户可以通过事件查看器的“筛选器”等工具，让其只显示特定的事件。当用户选定事件查看器左侧的一个日志时，用户可以搜索、筛选、分类来查看事件的详细资料。

1. 事件搜索

（1）所有事件搜索。

事件搜索在用户查看日志时很有用。例如，用户可以搜索与指定应用程序相关的所有警告事件，或者从所有资源中搜索所有错误事件。在如图 8-65 所示的“事件查看器”对话框中，单击“查看”菜单选择“查找”的途径，或者鼠标右键单击左边树形结构图中的日志类型（应用程序、安全性或系统），在弹出的快捷菜单中选择“查看”→“查找”选项，打开如图 8-68 所示的“在本地应

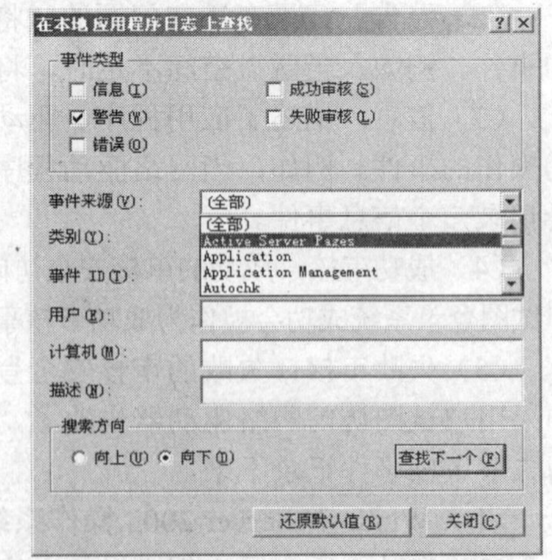

图 8-68 “在本地应用程序日志上查找”对话框

用程序日志上查找”对话框。

（2）特定事件搜索。

选择需要查找的事件类型、事件来源、类别、事件ID、用户和计算机等相匹配的事件，通过不断点击“查找下一个”按钮，可以不断定位到符合查找条件的事件。

2. 事件筛选

如果系统中的事件过多，将会很难找到真正导致系统问题的事件。这时，可以使用事件“筛选”功能找到想要的日志。

通过以下途径可以打开日志筛选器。

（1）鼠标右键单击图 8-65 中左窗格中的日志类型（应用程序、安全性或系统），在弹出的快捷菜单中选择“查看”→“筛选”选项。

（2）单击“查看”菜单，选择“筛选”选项，打开如图 8-69 所示的筛选器。

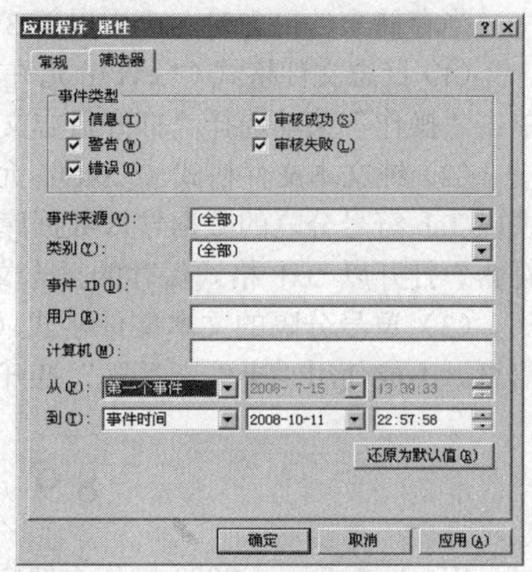

图 8-69　筛选器

选择所要查找的事件类型，例如“错误”，以及相关的事件来源和类别等，并单击“确定”按钮。事件查看器会执行查找，并只显示符合这些条件的事件。对用户网络上发生的事件进行筛选，有助于用户确定问题来源。筛选对日志的实际内容没有影响，它仅改变视图。

可以针对事件的类型、事件来源、产生事件的计算机、事件 ID、产生事件的用户、事件的起始/结束时间来设置要显示的事件。

通过单击“查看”菜单，选择“所有记录”选项，可以取消筛选。

3. 显示事件信息

（1）在图 8-65 的事件查看器左边的树形结构图中的日志类型（应用程序、安全性或系统）上单击鼠标右键，在弹出的快捷菜单中选择“查看”→“添加/删除列”选项，打开如图 8-70 所示的“添加/删除列”对话框。

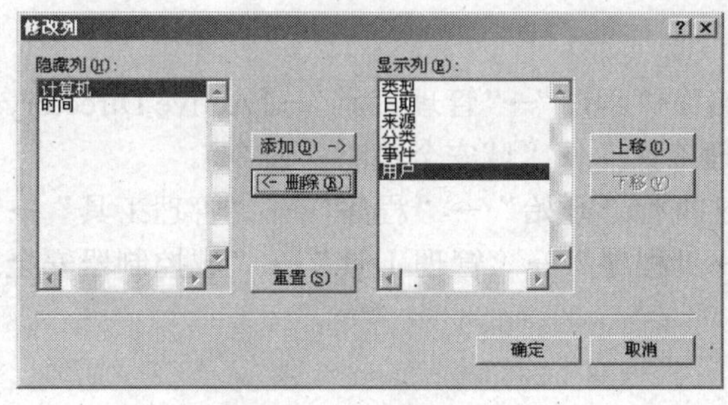

图 8-70　修改要显示的列

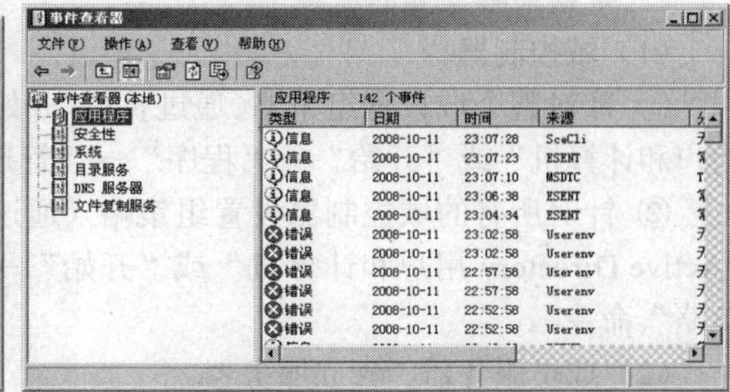

图 8-71　修改后的事件查看器对话框

（2）选择不希望在事件查看器中显示的列名，单击“删除”按钮，则该列表显示在左边隐藏列框中，完成后单击“确定”按钮，修改后的事件查看器对话框如图 8-71 所示，只显示 6 列信息。

8.8.4　存储日志文件

鼠标右键单击要保存的日志文件，在弹出的快捷菜单中选择“另存日志文件”选项，打

开 “将‘应用程序’另存为”对话框，在“文件名”文本框中输入日志文件名，在“保存类型”下拉列表中选择一种事件日志类型，单击“保存”按钮将系统日志的内容存储起来。

当存储事件日志时，可用以下 3 种文件格式之一来保存日志。

（1）日志文件格式（*.evt）：允许在事件查看器中再次查看存储的日志。在事件查看器中，单击“操作”菜单选择“打开日志文件”，在对话框中选择要打开的日志文件。

（2）纯文本文件格式（*.txt）：允许使用一般的文字处理软件查看信息，并可将文本格式中以 Tab 符号分隔的数据导入数据库或电子表格，反之也可以从中读取。不能使用“事件查看器”打开以 .txt 格式保存的日志文件。

（3）逗号分隔的文本文件格式（*.csv）：允许使用电子表格或数据库等软件读取和导入信息。不能使用“事件查看器”打开以.csv 格式保存的日志文件。

8.9 审核资源的使用

Windows Server 2003 操作系统提供的审核功能，可以跟踪用户访问资源的行为与操作系统的活动情况。要审核用户访问资源的情况，需经过以下两个步骤。

（1）设置审核策略：必须是具备 Administrator 权限的用户才有权利设置审核策略。

（2）设置要审核的资源：必须具备“管理审核及安全日志”权利的用户才可以审核资源的使用情况，默认是只有 Administrators 组内的成员才有权利。可以利用组策略内的用户权利指派策略给予其他用户这个权利。

如果要审核文件和文件夹的使用情况，则这些文件和文件夹必须位于 NTFS 磁盘分区，FAT/FAT32 文件系统并不支持审核的功能。

通过审核策略所记录的数据记录在安全日志内，可以利用事件查看器查看这些日志。

8.9.1 审核策略的设置

审核策略的设置是通过组策略或本地安全策略进行的。

1. 审核策略设置的途径

（1）域控制器。

① 针对整个域设置组策略(通过执行“开始”→“程序”→“管理工具”→“Active Directory 用户和计算机”或“开始”→“程序”→“管理工具”→“域安全策略”命令)。

② 针对所有的域控制器设置组策略（通过执行“开始”→“程序”→“管理工具”→“Active Directory 用户和计算机”或“开始”→“程序”→“管理工具”→“域控制器安全策略”命令）。

（2）成员服务器、独立服务器。

针对本地计算机设置组策略（通过执行“开始”→“程序”→“管理工具”→“本地安全策略”或“开始”→“设置”→“控制面板”→“管理工具”→“本地安全策略”命令）。

（3）Windows XP/2000 Professional。

针对本地计算机设置组策略（通过执行“开始”→“设置”→“控制面板”→“管理工具”→“本地安全策略”命令）。

如果在本地计算机、站点、域与组织单位内都分别设置了审核策略，则应用顺序为，本地的审核策略→站点的审核策略→域的审核策略→组织单位的审核策略。

应用顺序在后的审核策略会覆盖应用顺序在前的审核策略，这与 8.1.2 节中的组策略的应用顺序是一致的。

2. 在整个域上设置审核策略

可以通过执行“开始”→“程序”→“管理工具”→“域安全策略”命令，打开如图 8-72 所示的“域安全策略”对话框，可以看到在域审核策略中提供了以下的审核事件。

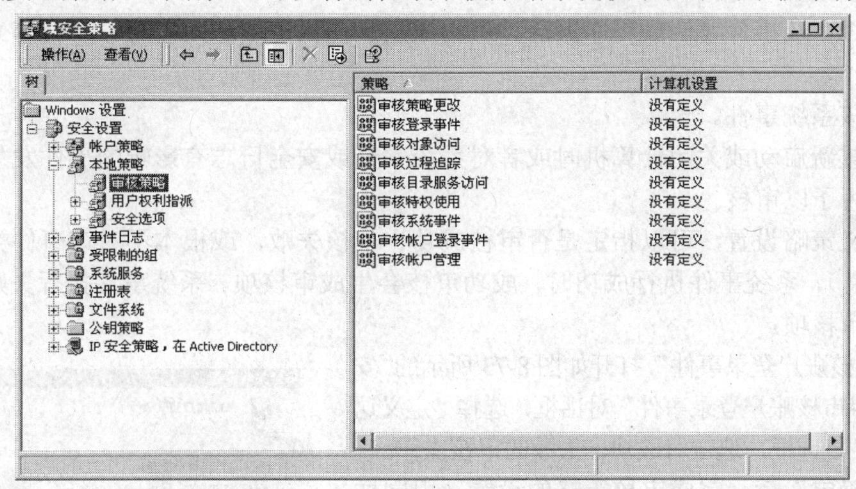

图 8-72　审核账户登录事件未定义状态

（1）审核账户登录事件。

确定是否审核这台计算机用于验证账户时，用户登录到其他计算机或者从其他计算机注销的每个事件。当在域控制器上对域用户账户进行身份验证时，将产生账户登录事件。

（2）审核账户管理。

确定是否审核计算机上的每一个账户管理事件。账户管理事件的事件包括：

① 创建、更改或删除用户账户或组；

② 重命名、禁用或启用用户账户；

③ 设置或更改密码。

（3）审核目录服务访问。

确定是否审核用户访问的活动目录对象的事件。在默认情况下，在“默认域控制器组策略对象（GPO）”中该值设置为无审核，并且在该值没有任何意义的工作站和服务器中，它保持未定义状态。

（4）审核登录事件。

确定是否审核每一个登录或注销计算机的用户事件。在域控制器上将生成域账户活动的账户登录事件，并在本地计算机上生成本地账户活动的账户登录事件。如果同时启用账户登录和账户审核策略类别，那么使用域账户的登录将生成登录或注销工作站或服务器的事件，而且将在域控制器上生成一个账户登录事件。此外，在用户登录而检索登录脚本和策略时，使用域账户的成员服务器或工作站的交互式登录将在域控制器上生成登录事件。

（5）审核对象访问。

确定是否审核用户访问某个对象的事件，例如文件、文件夹、注册表项、打印机等。

（6）审核策略更改。

确定是否审核用户权限分配策略、审核策略或信任策略更改的每一个事件。

（7）审核特权使用。

确定是否审核用户实施其用户权利的每一个事件。

（8）审核过程跟踪。

确定是否审核事件（例如程序激活、进程退出、句柄复制和间接对象访问等）的详细跟踪信息。

（9）审核系统事件。

当用户重新启动或关闭计算机时或者对系统安全或安全日志有影响的事件发生时，安全设置确定是否予以审核。

如果定义策略设置，可以指定是否审核成功、审核失败，或根本不对该事件类型进行审核（没有定义）。系统事件执行成功时，成功审核会生成审核项。系统事件执行失败时，失败审核会生成审核项。

双击"审核账户登录事件"，打开如图8-73所示的"安全策略设置—审核账户登录事件"对话框，选择"定义这些策略设置"复选框，选定对成功、失败的审核操作。

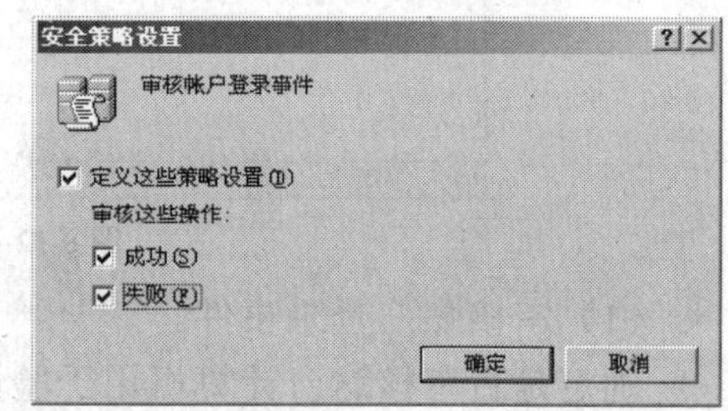

图8-73　审核账户登录事件设置

单击"确定"后，完成审核策略的设置，用同样的方式设置其余的审核策略。"域安全策略"窗口的内容更改如图8-74所示。

策略设置好后，并不是立即生效，可以利用以下方式使策略在某台计算机上生效（例如在域控制器上）。

① 通过命令提示符运行以下命令：Secedit/RefreshPolicy MACHINE_POLICY。

② 将计算机重新启动，以便去读取策略设置。

③ 等待策略被传递到此计算机。

利用事件查看器中的应用程序日志，可以查看审核策略是否已被应用到此计算机，如图8-75所示的"事件属性"对话框中"描述"列表框。

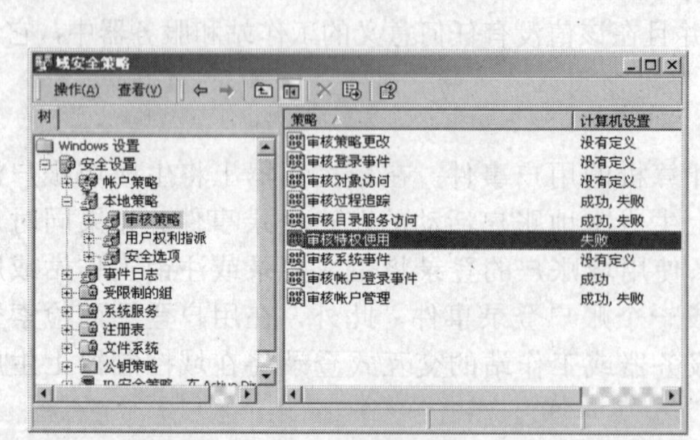

图8-74　设置审核策略后的显示效果

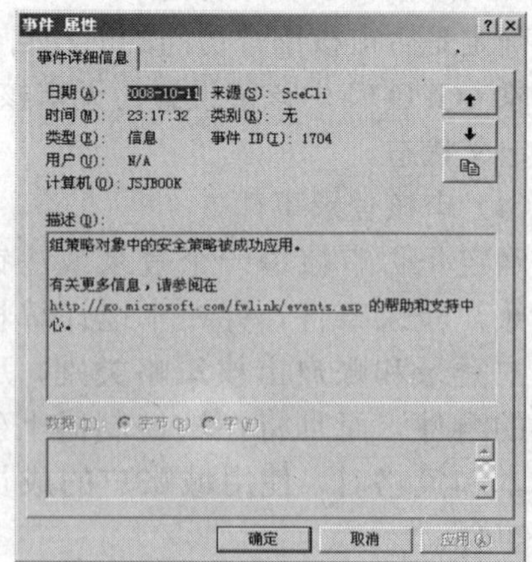

图8-75　组策略成功应用

3. 测试与查看审核策略的设置

（1）在“Active Directory 用户和计算机”中，在 Users 内新建用户账户 user1、user2 来审核账户管理策略的应用。在事件查看器的安全日志部分，可以看到新建账户的操作被成功审核，记录在如图 8-76 所示的对话框中。

（2）单击图中的向上或向下的箭头，会显示不同类别的事件类型，如“详细追踪”的成功审核事件。这是由于在前面设置了审核过程追踪策略。

（3）验证审核账户登录事件。利用域用户账户 user1 登录域内的某台计算机，或者在域控制器上登录（必须保证用户在域控制器上具有“在本地登录”的权限），这时 user1 用户无法查看安全日志，如图 8-77 所示出现警告框。

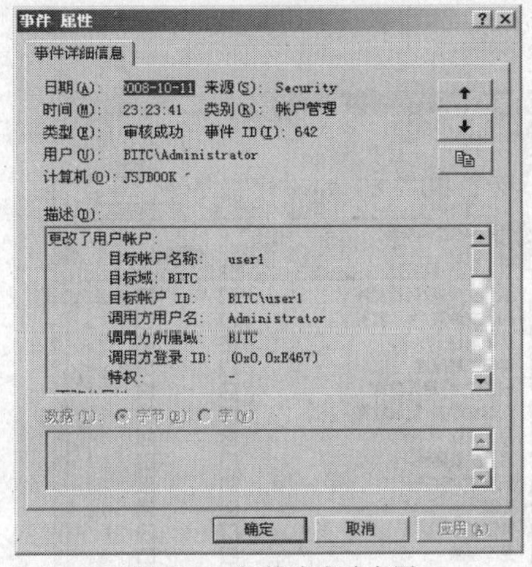

图 8-76　组策略成功应用

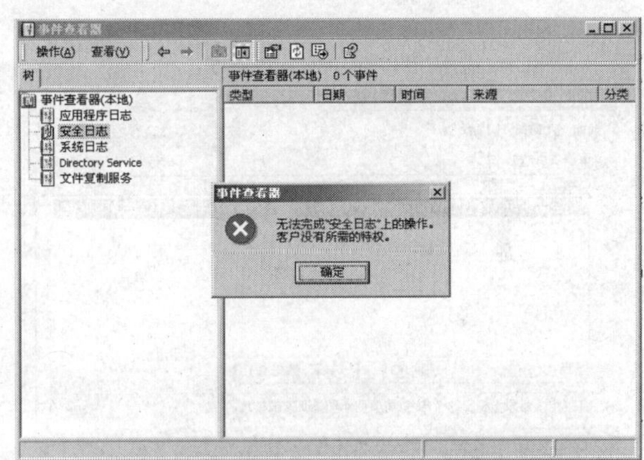

图 8-77　利用普通账户无法查看安全日志的内容

（4）然后注销 user1，再以管理员账户登录，即可查看安全日志的内容。

8.9.2　审核文件与文件夹的访问操作

审核用户是否访问了某些文件或文件夹资源，并进行了哪些操作，需要先设置审核策略内的“审核对象访问”。

1. 设置对文件或文件夹的审核策略

（1）在如图 8-74 所示的窗口中双击“审核对象访问”，设置其对成功与失败的审核，如图 8-78 所示。

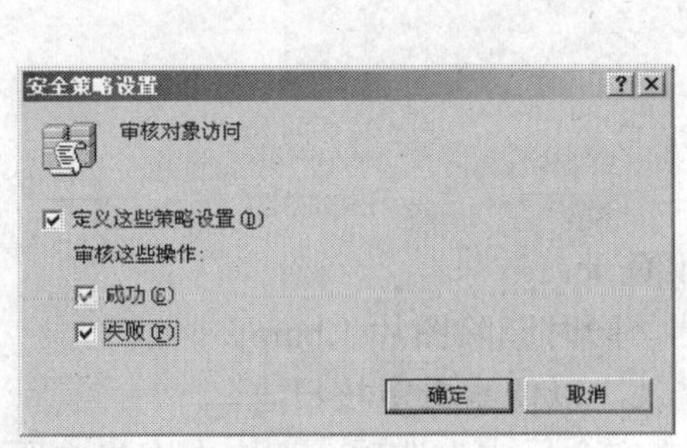

图 8-78　审核对象访问

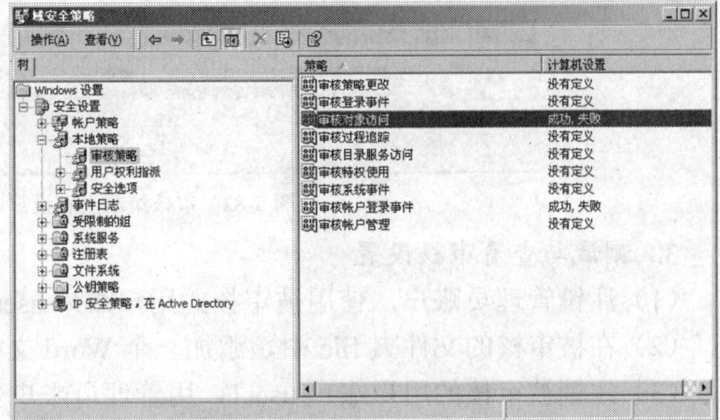

图 8-79　审核对象访问设置完成

（2）对审核对象访问的成功和失败操作都进行审核。通过定义这些策略，可以设置当用户成功访问了对象审核，还是访问对象失败了才审核，如图8-79所示为设置完毕后的显示结果。

2．设置被审核的资源与用户

审核策略设置完成后，还需要设置被审核的资源与用户。只有具备“管理审核和安全日志”权利的用户才能够对资源进行审核设置，否则用户看不到“审核”选项卡。

（1）用鼠标右键单击要审核的文件或文件夹，在弹出的快捷菜单中选择“属性”选项，在对话框中选择“安全”→“高级”→“审核”选项，打开如图8-80所示的“file访问控制设置“对话框。单击“添加”按钮，在“选择用户、计算机或组”对话框中选择要审核的用户或组账号。

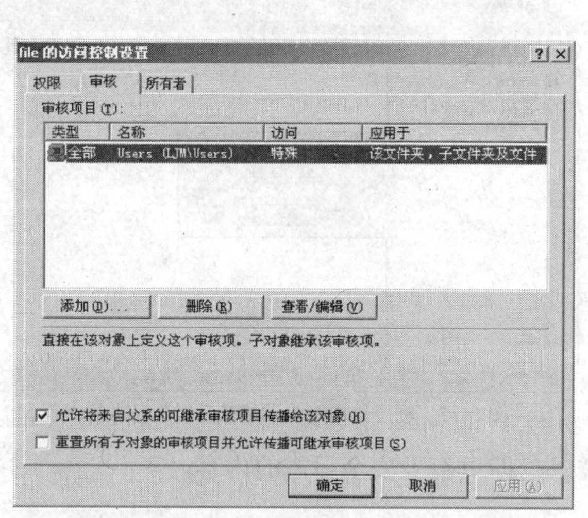

图8-80 文件夹的访问控制设置

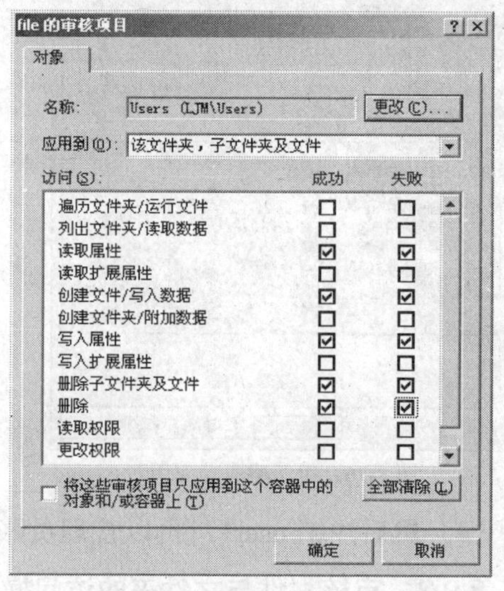

图8-81 审核用户的访问操作

（2）单击“确定”按钮，打开如图8-81所示的“file的审核项目“对话框，设置要审核用户对该文件或文件夹的访问权限。

（3）设置完成后，图8-80所示的对话框的“审核项目”列表框中即会显示相关的内容。

（4）若出现如图8-82所示的对话框，表示未被配置审核对象访问的审核策略，或策略还没有被成功应用。

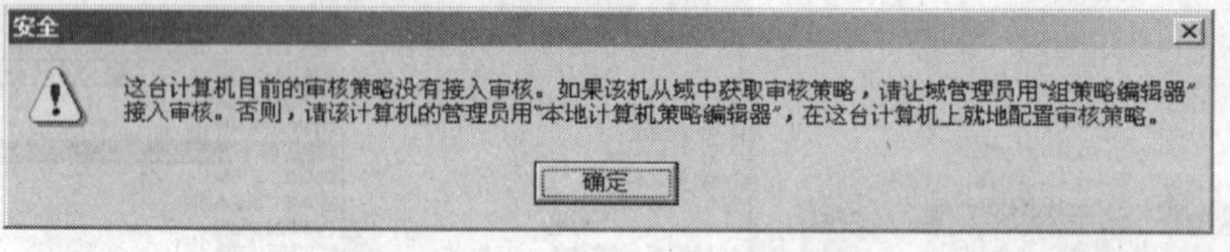

图8-82 审核策略没有设置或成功

3．测试与查看审核设置

（1）注销管理员账户，使用被审核的用户账户user1登录。

（2）在被审核的文件夹file中，添加一个Word文档，同时删除图片1.bmp。

（3）注销被审核的用户账户user1，用管理员账户登录，以便察看审核日志。

（4）选择图8-65“事件查看器”对话框左窗格中的“安全日志”选项，双击右窗格中所审核的事件日志，可以查看被审核用户删除文件的操作记录，结果如图 8-83 所示。

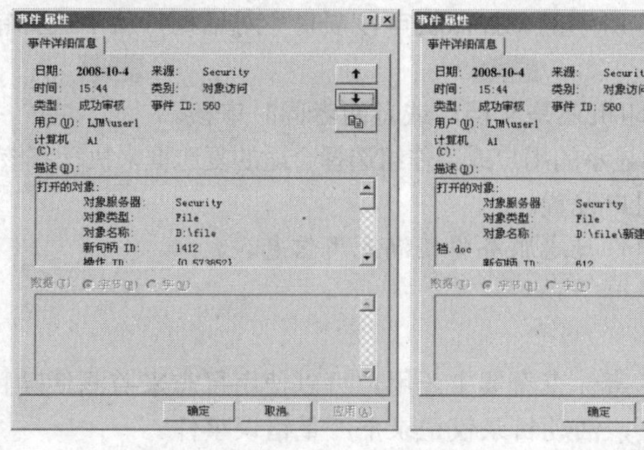

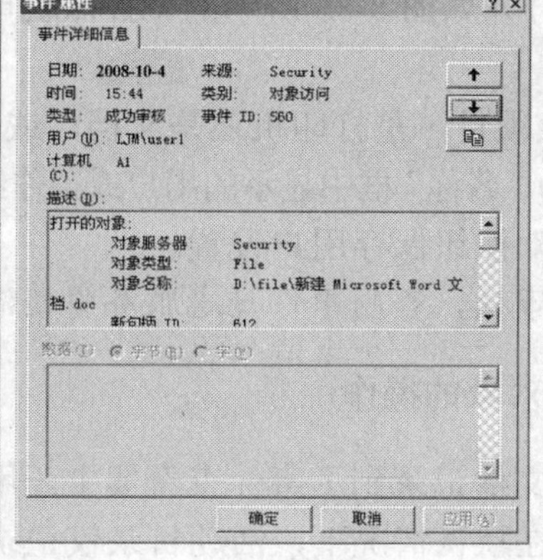

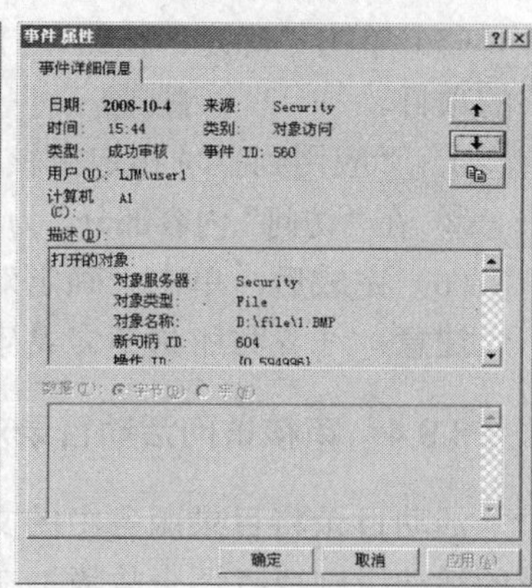

图 8-83　User1 访问资源的审核结果

8.9.3　审核打印机的访问操作

审核打印机意味着跟踪打印机的使用。可能是为某个特别的打印机指定审核哪个工作组或用户的哪些操作，包括审核成功和失败的操作。操作系统存储审核文件时产生的数据，可用事件浏览器查看和用不同的格式打印。

审核打印机的访问操作与审核文件夹的访问操作很相似。首先设置审核策略内的“审核对象访问”策略，然后对要审核的打印机，设置要审核的用户或组账户。

为打印机添加、删除、查看或编辑审核的操作步骤如下。

（1）执行“开始”→“设置”→“打印机”命令，打开“打印机”对话框。

（2）在要审核的打印机上单击鼠标右键，在弹出的快捷菜单中选择“属性”选项，打开如图 8-84 所示的“打印机属性”对话框，选择“安全”选项卡。

（3）单击“高级”按钮，打开如图 8-80 所示的“文件夹的访问控制设置”对话框，选择“审核”选项卡，若“审核”选项卡不可见，意味着用户没有服务器管理员许可管理打印机、文档。

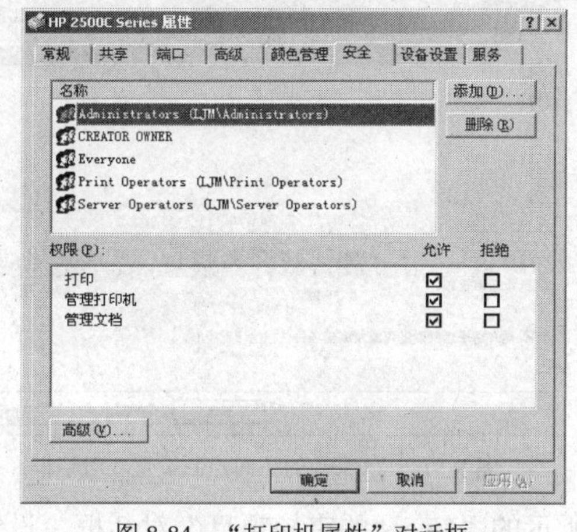

图 8-84　“打印机属性”对话框

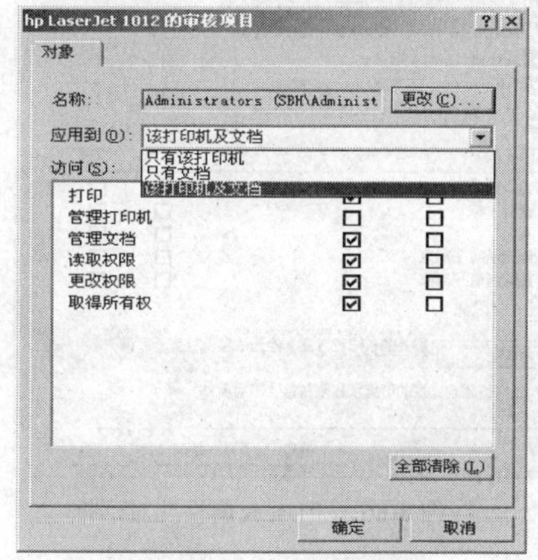

图 8-85　打印机的审核项目

（4）单击“添加”按钮，打开“选择用户、计算机或组”对话框，指定要审核的用户名和工作组。

（5）单击“确定”按钮，打开如图8-85所示的“打印机审核项目”对话框，从中选择审核的项目。

① “应用到”项指定审核项目，是打印机还是文档，或者两者同时审核。

② 在“访问”内容部分，为“名称”框中显示的用户或工作组选择合适的复选框来执行审核。

（6）完成后，单击“确定”按钮保存用户设置。

注意：许多打印机不需要审核，否则事件日志服务将填满无用信息。

8.9.4 审核访问活动目录对象的操作

活动目录将目录服务中的文件记录到了事件查看器中。用户可以使用日志来监测活动目录的活动级别或者调查故障。在默认情况下，活动目录仅记录下严重错误事件。

1. 设置“审核目录服务访问”策略

审核用户是否访问了活动目录对象，首先要设置“审核目录服务访问”策略，并设置要审核成功或失败的事件。审核活动目录对象的访问操作，无论针对域控制器还是针对域进行设置都是相同的。

设置要审核的活动目录对象，可以针对用户、组、计算机、组织单位等对象设置审核操作。

（1）执行“开始”→“程序”→“管理工具”→“Active Directory用户和计算机”命令，打开“Active Directory用户和计算机”对话框，用鼠标右键单击User组织单位，在弹出的快捷菜单中选择“属性”选项，在打开的对话框中选择“安全”→“高级”→“审核”→“添加”选项。如果属性对话框中只有“常规”选项卡而无其他，可以通过“查看”菜单下的“高级功能”选项来找到。打开如图8-86所示的“Users属性”对话框。

（2）选择要审核的用户或组账户，单击“高级”按钮，打开如图8-87所示的“Users的访问控制设置”对话框。

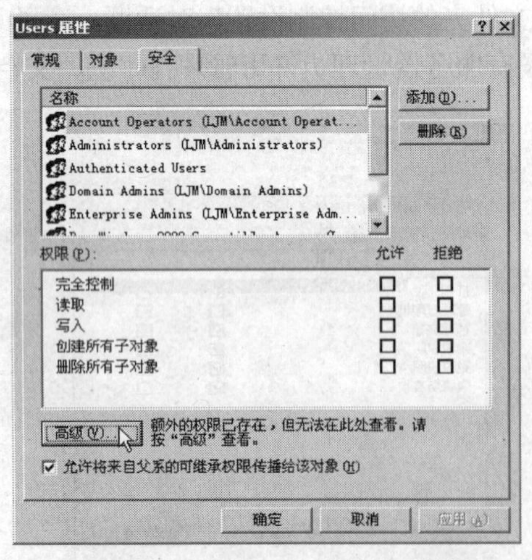

图8-86 “Users属性”对话框

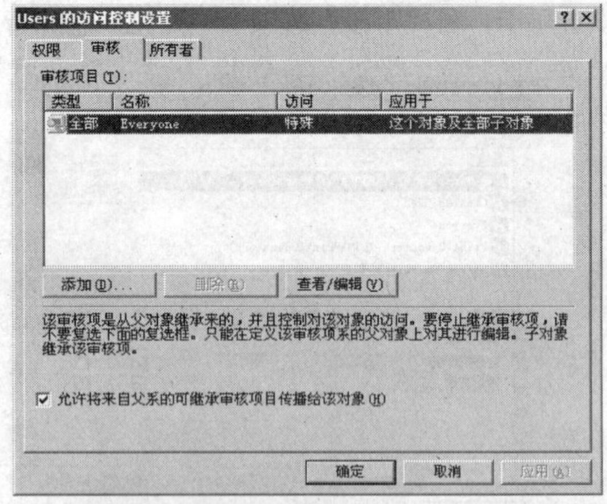

图8-87 “Users的访问控制设置”对话框

（3）单击“添加”按钮，打开如图8-88所示的“Users的审核项目”对话框，设置要审核用户对此Users组织单位进行了哪些操作。

（4）单击“确定”按钮，完成审核项目的设置。设置完成后的显示结果如图8-89

所示。

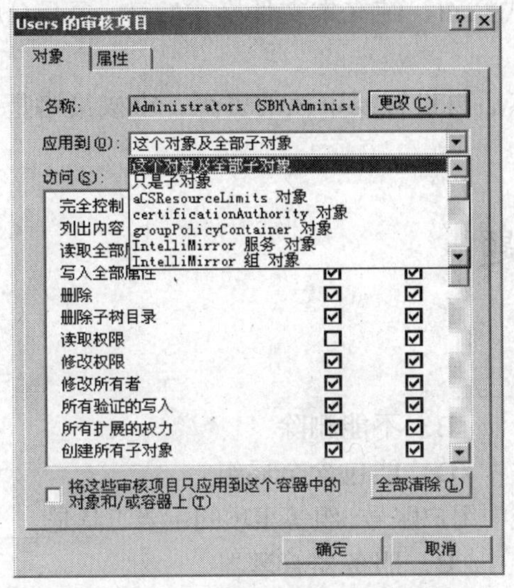

图 8-88　“Users 的审核项目”对话框

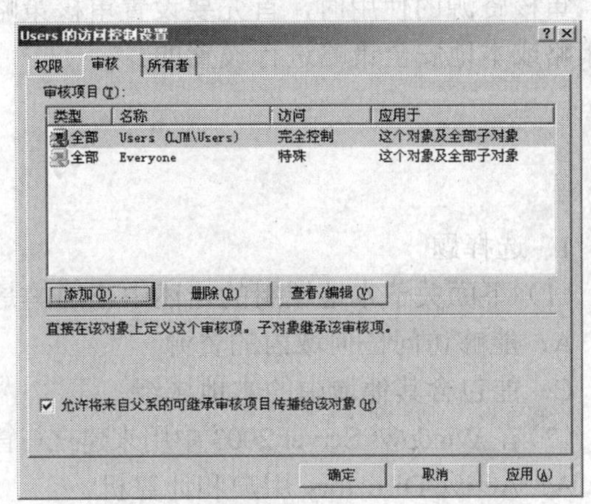

图 8-89　设置完成后的访问控制设置

2. 测试与查看审核设置

（1）在 Users 组织单位内将用户账号 user1 加入组 Domain Admins。

（2）执行“开始”→“程序”→“管理工具”→“事件查看器”命令，展开“事件查看器”对话框中的“安全”目录树，可以从右窗格中查找所要审核的事件日志，双击此日志，可以看到添加用户账号的操作被记录在“事件属性”对话框中。

本 章 小 结

组策略是 Windows Server 2003 操作系统中提供的一种重要的更新和配置管理技术，包括安全设置、软件安装、脚本的设置、计算机启动与关闭、用户登录和注销、文件夹重定向等。

组策略可以针对站点、域和组织单位设置。组策略分为计算机配置与用户配置两部分。

组策略的应用顺序与规则如下：首先是本地组策略，然后是站点的组策略，其次是域的组策略，最后是组织单位的组策略。

可以在子组织单位组策略内，通过“阻止策略继承”复选框来设置不要继承由父组织单位传递的组策略设置，也就是直接以子组织单位的组策略为其设置。

当用户登录到运行 Windows Server 2003 的计算机时，登录脚本将自动运行，注销用户时，将运行预先设置好的注销脚本。

通过组策略可以为用户和计算机来部署应用程序，包括将应用程序分布给用户、将应用程序指派给用户或计算机、自动修复应用程序、删除用户应用程序等。

可以利用组策略将 Windows Server 2003 内的一些特殊文件夹的存储位置，重定向到网络上的其他位置。

事件查看器允许用户监视用户系统事件。它保存用户计算机上的程序、安全和系统事件的日志。Windows　Server 2003 操作系统的事件日志文件主要分为以下 4 大类别：系统日志、应用程序日志、安全日志、目录服务日志。事件查看器显示的事件类型包括：错误、警告、信息、成功审核、失败审核等。可以针对每个日志文件设置其大小。当存储事件日志时，可用以下 3 种文件格式之一保存日志：日志文件格式*.evt、纯文本文件格式*.txt、逗号分隔的文本文件格式*.csv。

审核资源的使用时，首先要设置审核策略，然后再设置要审核的资源。审核策略是通过组策略或本地安全策略进行设置的。

习　题

1．选择题

（1）下面关于本地域组的论述中正确的是______。

A．能够访问任何域内的资源　　B．不能删除

C．能包含其他域中的本地域组　　D．能包含全局组

（2）在 Windows Server 2003 中用来建立与管理域中用户账号、组等事项的主要工具是______。

A．Active Directory 用户和计算机　　B．服务器管理器

C．控制面板　　D．磁盘管理器

（3）组策略中，阻止策略的继承与强迫继承策略的优先关系为______。

A．阻止策略继承的优先级要大于强迫继承策略的优先级

B．阻止策略继承的优先级要小于强迫继承策略的优先级

C．阻止策略继承的优先级等于强迫继承策略的优先级

D．先设置的优先级要大于后设置的

（4）日志文件的存储格式不可以为______。

A．.evt　　B．.txt

C．.csv　　D．.xls

2．请说明组策略的应用顺序和规则。

3．设置策略并审核用户访问资源的操作。

4．通过修改组策略中的“拒绝从网络访问这台计算机”策略，来限制未授权用户无法通过网络来访问安装有共享光驱的计算机。

5．通过组策略来设置当用户上网时，限制插件安装窗口自动弹出来。

6．通过组策略的设置，拒绝网络打印被非法共享。

7．请说明审核策略的设置可以通过哪几种途径。

实训　组策略应用

一、实训目的

1．了解组策略含义，掌握组策略的创建、删除。

2．掌握组策略的组成部分、各部分作用及设置方法。

3．理解并能设置组策略的替代、继承、不继承、禁止替代等选项。

4．理解组织单位的作用及管理方法。

二、实训设备

1．计算机系统：CPU P4 2.4 以上，内存 512MB，硬盘 5GB 以上，光驱，鼠标，网卡等。

2．Windows Server 2003 以上的计算机系统。

3．计算机是连网的系统。

三、实训内容

1．设置组织单位的策略。

使用“Active Directory 用户与计算机”建立一个组织单位“软件开发部”及下属的组织单位“软件销售组”。

在新建的组织单位“软件开发部”和“软件销售组”中分别添加新用户 manager 和 salse1。

2．设置与测试组策略的功能。

在“软件开发部”组织单位内建立一个 GPO，命名“soft policy”，要求用户界面中不能使用‘帮助’命令。然后利用“软件开发部”组织单位的用户 manager 登录，测试 GPO 是否有效然。再利用下一层的“软件销售组”组织单位内的用户 salse1 测试，是否继承“软件开发部”的 GPO 设置。使用新用户启动计算机，测试组织策略的止确性。

3．不继承来自父容器的组策略。

新建一个组策略命名为“soft1 policy”，设置“软件开发部”组织单位的用户无法从“开始”菜单中找到“搜索菜单”命令，这一策略不允许应用于其子单位“软件销售组”中的用户。

使用新用户启动计算机，测试组织策略的正确性。

第 9 章 安装和配置 IIS 信息服务

随着局域网的普及和应用技术的发展，传统的局域网资源共享方式已不能满足人们对信息的需求，创建 Internet 信息服务器无疑是人们的最佳选择，特别是网络中的 WWW 服务器和 FTP 服务器，不但能实现公司内部网络的 Intranet 信息服务，而且还可以将公司的服务器连接到因特网上，为网络用户提供信息服务。本章主要介绍 Windows 内置的各种应用服务器的安装与配置。

9.1 Internet 信息服务

随着经济和社会的不断进步与发展，大量的信息需要人们去收集和管理，而因特网的出现恰恰满足了人们对信息交换、浏览、查询等方面的需求，所以人们开始建立自己的 Web 服务器。下面就如何利用 Internet 信息服务建立 WWW 和 FTP 服务器做一介绍。

9.1.1 IIS 的功能和特点

微软的 Internet 信息服务（Internet Information Server，IIS）是与 Windows 服务器版操作系统一起发放的，这个策略使它成为 Windows 平台服务器的首选 Web 服务器。它与整个 Windows 系统紧密的整合在一起，可以利用 Windows 系统内置的安全机制来保护自己。

IIS 是微软集成在 Windows Server 上的一个网络应用服务，是集 WWW 服务器、FTP 服务器、SMTP 服务器和 NNTP 服务器为一体的服务器软件。它使得在局域网或因特网上发布信息成了一件很容易的事。Windows Server 2003 集成了 IIS6.0，可以利用 IIS6.0 在计算机上建立最常用的 WWW 和 FTP 服务器，实现最基本的浏览和文件传输功能，以满足人们的一般要求。

Microsoft Windows Server 2003 操作系统的 Internet 信息服务（IIS 6.0）在 Intranet、Internet 或 Extranet 上提供了集成、可靠、可伸缩、安全和可管理的 Web 服务器功能。IIS 是用于为动态网络应用程序创建强大的通信平台的工具。各种规模的组织都使用 IIS 来主控和管理 Internet 或其 Intranet 上的网页、主控和管理 FTP 站点、使用网络新闻传输协议（NNTP）和简单邮件传输协议（SMTP）路由新闻或邮件。IIS 6.0 支持用于开发、实现和管理 Web 应用程序的最新 Web 标准（ASP.NET、XML 和简单对象访问协议（SOAP））。IIS 6.0 包括一些面向组织、IT 专家和服务器管理员的新功能，旨在为单台 IIS 服务器或多台服务器上可能拥有的数千个网站实现性能、可靠性和安全性目标。

1. 可靠性

IIS 6.0 使用新的处理请求结构和应用程序隔离环境来使得单个 Web 应用程序在独立的工

作进程中工作。该环境防止一个应用程序或网站停止另一个应用程序或网站，并减少了管理员在重新启动服务以纠正与应用程序有关的问题时所花的时间。新环境还包括主动型应用程序池运行状况。

2. 可伸缩性

IIS 6.0 引入了一个用于进行 HTTP 分析和缓存的新内核模式驱动程序，并对其特别进行了调整以增加多处理器计算机的 Web 服务器吞吐量和可伸缩性，从而大大增加了：单个 IIS 6.0 服务器可以主控的站点数和同时活动的工作进程的数量。

同样，通过配置启动和关闭时间限制，IIS 为活动站点分配资源，而不会在空闲请求上浪费时间。

3. 安全性

IIS6.0 在安全与管理方面做出了重大的改进。安全性能的增强包括技术与需求处理变化两方面。另外，IIS5.0 增强了在安全方面的认证和授权。为了提高安全性，IIS6.0 改进了安全验证方法，加强了安全通信功能，并与 Kerberos V5 验证协议完全集成。

在安全验证方面，IIS 6.0 采用分级验证，能够安全可靠地通过代理服务器和防火墙验证用户，此外使用 Anonymous 和 Windows 验证。

在安全通信方面，IIS 6.0 的安全套接层（SSL3.0）和传输层安全（TLS）为客户和服务器之间的信息交换提供了安全的方式。此外，SSL3.0 和 TLS 还为服务器提供了验证用户登录到服务器之前的客户方式。在 IIS 6.0 中，ISAPI 和 ASP 都得到客户证书，从而程序员可以通过它们的站点跟踪用户。同时，IIS 6.0 也可以将客户证书映射到 Windows 用户账号，从而管理员可以根据客户证书控制对系统资源的访问。服务器加密（SGC）是 SSL 的扩展，它允许长达 128 位的数据加密。不过，要使用 SGC 还需要特殊的 SGC 证书才行。

IIS 与 Kerberos V5 验证协议完全集成，使已经连接并运行 Windows 的不同计算机之间能够传送证书。另外，Windows 证书管理器提供允许存储、备份和配置服务器证书的单入口点。

与早期版本的 IIS 相比，IIS 6.0 大大提高了安全性。为了降低系统受到攻击的可能性，在 Windows Server 2003 家族中的操作系统上没有默认安装 IIS。管理员必须显式选择和安装 IIS。在默认情况下，IIS 在锁定状态下安装，并且只能为静态内容提供服务。使用 Web 服务扩展节点，网站管理员可基于其组织的独特需求将 IIS 配置为动态内容 IIS 功能。IIS 6.0 包括了多种 IIS 6.0 的安全性功能和技术，以确保网站和 FTP 站点内容以及通过站点传输的数据的完整性。IIS 安全性功能包括下列与安全性有关的任务：IIS 6.0 中的身份验证、IIS6.0 访问控制、IIS 6.0 加密、证书、IIS6.0 的审核。

4. 管理功能

为了满足各种组织的需要，IIS 提供了多种管理功能和管理工具。管理员可使用 IIS 管理器、使用命令行管理脚本或直接在 IIS 6.0 中启用运行时编辑功能来配置 IIS 6.0 服务器。管理员还可以在 IIS 6.0 中远程管理服务器和站点。

5. 增强的开发功能

与早期操作系统相比，Windows Scrver 2003 家族通过将 ASP.NET 和 IIS 集成来提供增强的开发环境。ASP.NET 识别大多数 ASP 代码，同时提供更多的功能来创建企业级 Web 应用程序，该应用程序可作为 Microsoft .NET Framework 的一部分来工作。使用 ASP.NET 允许您充分利用公共语言运行库的功能，如类型安全、继承、语言互操作性和版本控制。IIS

6.0 还为最新的 Web 标准（包括 XML、SOAP 和 IPV6）提供支持。

6. 应用程序兼容性

根据数千客户和独立软件供应商（ISV）的反馈，IIS 6.0 与大多数现有的应用程序兼容。为了确保最大的兼容性，可配置 IIS 6.0 在隔离模式中运行。

7. 日志功能

在 IIS 6.0 中，记录日志的功能已经改为由 http.sys 实现，http.sys 在内核模式下运行。这一改进加快了日志写入速度，同时避免了多个工作进程争用同一日志文件。某些特殊的情况下，http.sys 会遇到错误，这时它应该但却不能将日志信息写入 Web 网站的日志，如果出现这类情况，http.sys 将把事件写入一个新的日志文件 httperr.log。

8. 异步 CGI 处理

IIS 以前的版本以同步方式运行 CGI（Common Gateway Interface，通用网关接口）进程，每次只有一个线程能够访问一个 CGI 进程，IIS 6.0 能够异步运行 CGI 进程。如果一个线程调用了一个 CGI 应用程序，它不必再等待 CGI 进程处理完毕和返回信息。异步 CGI 改善了 IIS 服务器运行 CGI Web 应用程序的性能，使得 IIS 能够运行更多执行关键任务的基于 CGI 的应用程序。

9. 带宽限制

由于 IIS 以前的版本无法直接操作网卡，因此，即使启用了带宽的限制也不一定起作用。但 IIS 6.0 在第一次启用带宽限制功能时，Windows Server 2003 自动安装 QoS 数据包计划程序供 IIS 服务器调用。QoS 数据包计划程序使得服务器能够控制服务质量（QoS），因此安装期间 Windows Server 2003 将临时地停止所有网络服务。配置好 QoS 数据包计划程序后，IIS 才真正有了限制网站带宽所需的驱动程序。允许设置的最小带宽限制值是 1024 B/s。使用前需要检查一下网卡是否在 Windows Server 2003 硬件兼容清单（HCL）中，因为只有最新的网卡才支持 QoS 功能。

10. 默认设置的变化

在 IIS 6.0 中，许多配置项目的默认值都发生了很大的变化。如默认的连接时间 IIS 以前的版本为 900s，而 IIS 6.0 减少到 120s；Enable Parent Paths 设置默认关闭等。还有一些新的设置项目也会影响服务器的性能和行为，包括以下几点。

（1）如果某种文件类型没有在 MimeMap 配置属性中映射，所有对该类文件的请求将被拒绝。

（2）默认情况下，所有工作进程会在 1740min 后自动回收，回收期间会话信息可能丢失。

（3）运行 CGI 应用程序的用户上下文必须是一个 IIS_WPG 组的成员。

（4）Windows Server 2003 不安装 Collaboration Data Objects for Windows NT Server（CDONTS）。微软建议开发者改用 CDO for Windows 2000（CDOSYS）对象。

（5）ASP 请求默认限制在 204 800B 之下，每一个域限制在 100 KB 之下。IIS 5.0 和 IIS 4.0 没有这方面的限制。

（6）默认情况下，http.sys 仅接受标题小于 16 KB 的请求。

另外，IIS 6.0 支持断点传输，即在数据传输过程中发生中断后，可以在不重复下载整个文件的情况下恢复 FTP 文件下载，大大方便了访问者下载文件。

9.1.2 IIS6.0 的服务

IIS 提供的基本服务，包括 Web 信息发布、传输文件、支持用户通过、邮件服务和更新这些服务所依赖的数据存储，是通过相关的协议安装数据传输的。具体的内容如下。

1. WWW 服务

WWW（World Wide Web）即万维网发布服务，WWW 使用的客户/服务器协议是 HTTP，这意味着客户和服务器需要交互作用，以执行特定的任务。Web 服务管理器是 IIS 的核心组件，这些组件处理 HTTP 请示并配置和管理 Web 应用程序。例如，用户在 Web 的 HTML 页面上单击一个超级连接，结果屏幕上现有的页面会被新的页面所代替。IIS 通过 Windows Sockets 来支持 HTTP。WWW 服务作为 iisw3adm.dll 来运行，并宿主于 ssvchost.exe 命令中。

2. FTP 服务

FTP（File Transfer Protocol）即文件传输协议，IIS 通过此服务提供对管理和处理文件夹的完全支持。FTP 是在 TCP/IP 网络上两个计算机之间传输文件时使用的协议，IIS 通过 Windows Sockets 来支持 FTP，FTP 使用 TCP 作为它的客户和服务器之间进行所有通信和交换的传输协议，而 IIS 则是以 Windows Sockets 与 TCP 打交道的。FTP 服务作为 ftpsvc.dll 来运行，并宿主于 inetinfo.exe 命令中。

3. NNTP 服务

NNTP（Network New Transfer Protocol）即网络新闻传输协议服务，该服务可以主控单个计算机上的 NNTP 本地讨论组。因为该功能完全符合 NNTP，所以用户可以使用任何新闻阅读客户端程序，加入新闻组进行讨论。通过 inetsrv 文件夹中的 Rfeed 脚本，IIS NNTP 服务现在支持新闻流，但 NNTP 服务不支持复制。要利用新闻流或在多个计算机间复制新闻组，请使用 Exchange Server。NNTP 服务作为 nntpsvc.dll 运行，并宿主于 inetinfo.exe 命令中。

4. SMTP 服务

SMTP（Simple Mail Transfer Protocol）即简单邮件传输协议服务，IIS 可以通过 SMTP 进行电子邮件的发送和接收，也可以使用 SMTP 服务接收来自网站客户反馈的消息。IIS 6.0 的 SMTP 只提供电子邮件的收发功能，不支持完整的电子邮件服务，如果企业需要完整的电子邮件服务，请使用 Microsoft Exchange Server 或其他第三方电子邮件服务器软件。SMTP 服务作为 smtpsvc.dll 来运行，并宿主于 inetinfo.exe 命令中。

5. IIS 管理服务

IIS 管理服负责 IIS 配置数据库的管理，并为 WWW、FTP、SMTP 和 NNTP 服务更新操作系统注册表。配置数据库保存 IIS 配置数据的数据存储。IIS 管理服务对其他应用程序公开配置数据库，这些应用程序包括 IIS 核心组件、在 IIS 上建立的应用程序以及独立于 IIS 的第三方应用程序（如管理或监视工具）。IIS 管理服务作为 iisadmin.dll 运行，并宿主于 inetinfo.exe 命令中。

9.1.3 安装 IIS 6.0 信息组件

IIS 6.0 包含在 Windows Server 2003 服务器的四种版本之中，数据中心版，企业版，标准版，Web 版。IIS 6.0 不能在 Windows XP、2000 或 NT 上运行。

安装好 Windows Server 2003 之后，除了 Windows Server 2003 Web 版之外，Windows Server 2003 的其余版本默认不再安装 IIS，管理员必须手动安装 IIS，以提高操作系统的安全性。在 Windows Server 2003 中，安装 IIS 有三种途径：利用“管理您的服务器”向导，利用控制面板“添加或删除程序”的“添加/删除 Windows 组件”功能，或者执行无人值守安装。

IIS 6.0 提供了 WWW 和 FTP 等服务功能，安装了 IIS 之后，系统会自动创建一个 Web 站点和一个FTP站点供使用。IIS预设的Web站点和FTP站点发布目录被称之为主目录，Web 站点主目录的路经是\Inetpub\wwwroot，FTP 站点主目录的路径是 Inetpub\ftproot。安装完成后，用户只要在 IE 浏览器中通过 http://服务器的 IP 地址或 ftp://服务器的 IP 地址即可访问安装后的 Web 站点或 FTP 站点。

1. 安装前的准备

在安装 IIS 6.0 之前，必须保证计算机做好如下的准备工作。

（1）正确配置服务器的 IP 地址。

IP 地址是计算机网络中的唯一标识，计算机的 IP 地址可以通过自动获得、静态配置两种方式设置。普通的客户因为不对网络中的其他主机提供服务，所以，可以采用自动获得 IP 地址的方法来减少管理员的工作量。服务器由于需要为网络用户提供各种服务，因此，必须设置固定的 IP 地址，配置主机 IP 地址的方法请参考 2.5.3 节。

（2）确定磁盘的分区为 NTFS 分区。

NTFS 分区的磁盘可以进行安全权限的设置，为了加强网站的安全性，要求 IIS 的安装分区是 NTFS 分区。如果磁盘的分区不是 NTFS 分区，使用 Covert.exe 命令进行转换。

2. 安装 IIS 6.0

启动安装 Windows Server 2003 的服务器后，可以使用“控制面板”中的“添加/删除程序”向导来安装此组件，操作步骤如下。

（1）执行“开始”→“设置”→“控制面板”命令，打开“控制面板”对话框，双击“添加/删除程序”图标，打开“添加/删除程序”对话框。

（2）在左边列表栏中,单击“添加/删除 Windows 组件”按钮，会打开“Windows 组件向导”对话框。

（3）在对话框中选择“应用程序服务器”，单击“详细信息”按钮，打开如图 9-1 所示的“应用程序服务器”对话框。

（4）选择“Internet 信息服务（IIS）”选项，单击“详细信息”按钮，打开如图 9-2 所示“Internet 信息服务（IIS）”对话框，选择“Internet 服务管理器”选项。

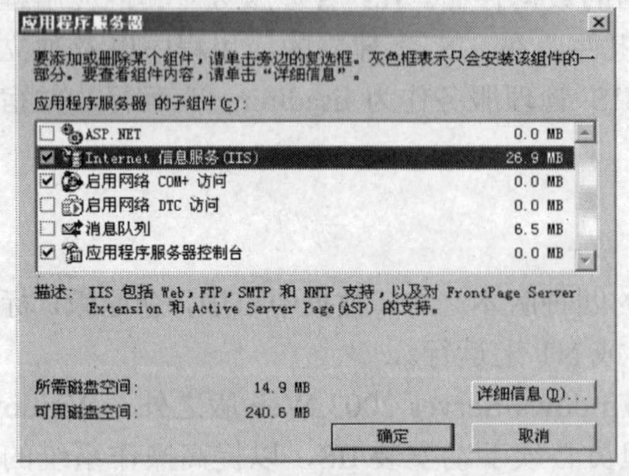

图 9-1 “应用程序服务器”对话框

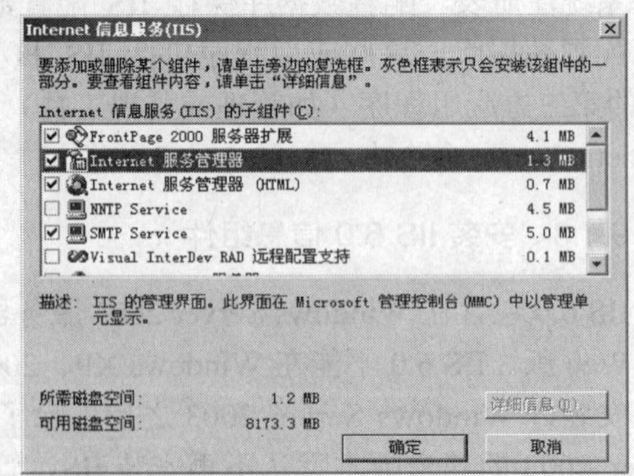

图 9-2 “Internet 信息服务（IIS）”对话框

（5）选择需要安装的组件，“Internet 服务管理器”即 WWW 服务器、“NNTP Service”即网络新闻协议服务、“SMTP Service”即简单邮件传输协议服务、文件传输协议（FTP）服务。

（6）选择“万维网服务”复选框，单击“详细信息”按钮，打开“万维网服务”对话框，选择“万维网服务”复选框，如图 9-3 所示。

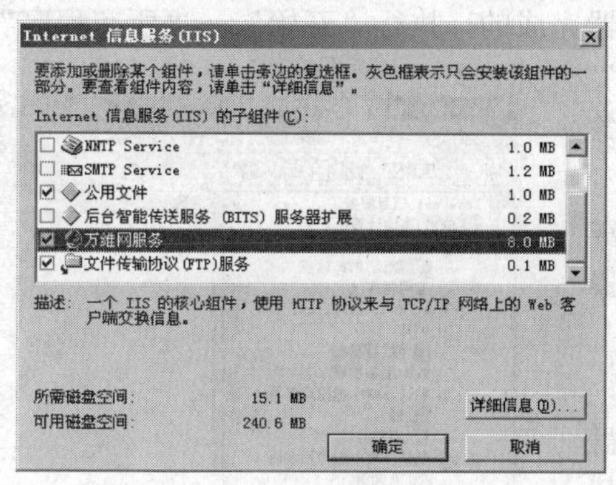

（a）

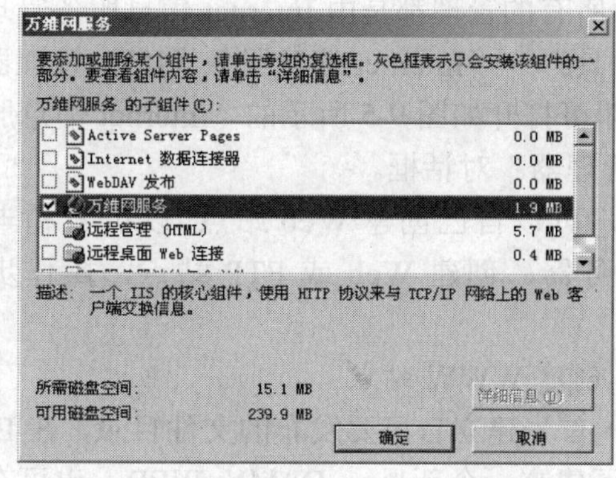

（b）

图 9-3　安装万维网服务

（7）单击“确定”按钮，按向导提示，系统即可进行 IIS 6.0 的安装。

（8）IIS 6.0 的安装完成之后，向导进入最后一步，单击“确定”按钮即可。

3. 测试 IIS

安装完成后，系统会自动在 C:\Intepub 目录下创建五个目录，分别为“Internet 服务管理器”默认目录 AdminScripts、Web 站点默认目录 wwwroot、FTP 站点默认目录 ftproot、电子邮件服务默认目录 mailroot、网络新闻服务默认目录 nntproot。

打开浏览器，在地址栏中输入 http://服务器的 IP 地址，即可测试默认 Web 网站的主页信息，结果如图 9-4 所示，浏览器中所显示的内容为 Web 站点中主页的内容。在地址栏中输入 ftp://服务器的 IP 地址，即可测试 FTP 站点。

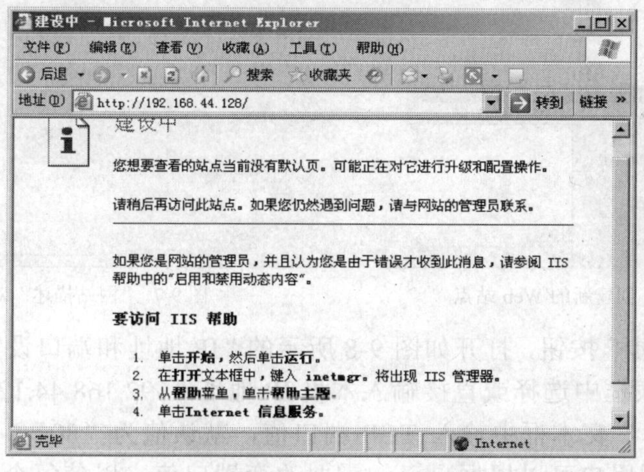

图 9-4　默认的 Web 站点主页内容

9.2 创建与管理 WWW 服务器

IIS 安装完成后，以设置的默认的服务器文件保存目录，网络管理员为了加强网站的管理，提高网络的管理效率，通常将所要发布的文件放在一个事先确定的目录中，之后通过对网站属性的设置，进行网站内容的发布。

IIS 所有的管理都是由 Internet 信息服务管理器完成的，执行"开始"→"所有程序"→"管理工具"→"Internet 信息服务（IIS）管理器"命令，即可打开如图 9-5 所示的"Internet 信息服务（IIS）管理器"对话框。

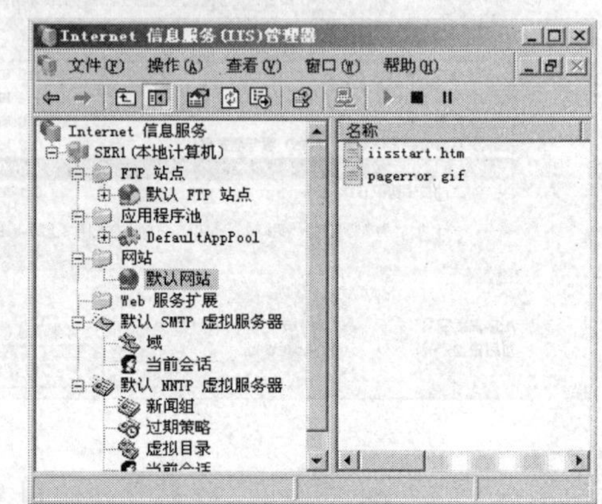

图 9-5 "Internet 信息服务（IIS）管理器"对话框

用户可以自己创建 Web 站点，以扩大和丰富 Web 服务器。创建 Web 或 FTP 站点，操作步骤如下。

1. 创建 WWW 站点

（1）首先建立自己要发布的文件目录，在 D 盘根目录下建立一个新目录 D:\MY_WEB，也可在其他地方建立。

（2）将事先创建（可以用 Frontpage、Word、记事本或网页制作专用软件）的网页的主页文件（Index.htm）放在该文件夹中。

（3）如图 9-6 所示，右击"网站"图标，在弹出的快捷菜单中选择"新建→网站"选项，系统会打开"欢迎使用网站创建向导"对话框。

（4）单击"下一步"按钮，打开如图 9-7 所示的"网站描述"对话框，在"描述"文本框中输入对新建网站的说明文字"这是我的第一个发布的网站"。

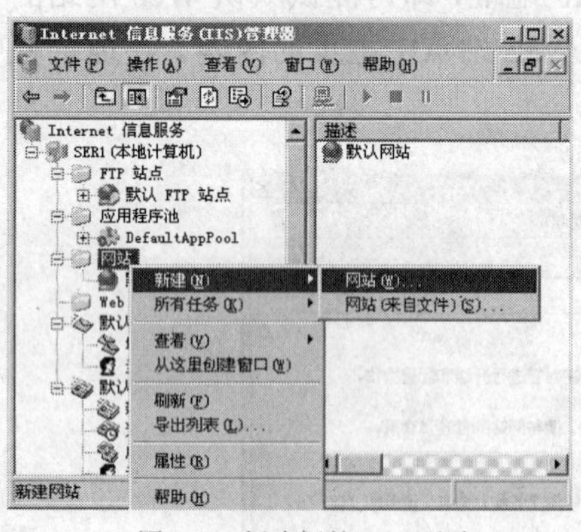

图 9-6 创建新的 Web 站点

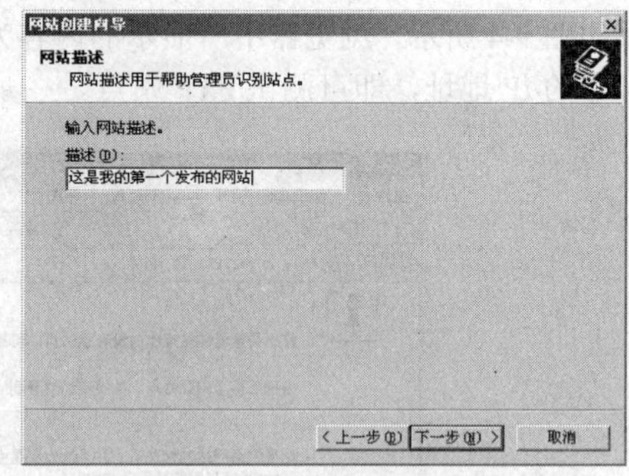

图 9-7 "网站描述"对话框

（5）单击"下一步"按钮，打开如图 9-8 所示的"IP 地址和端口设置"对话框，在"网站 IP 地址"下拉列表框中选择或直接输入本机 IP 地址"192.168.44.128"；在"网站 TCP 端口（默认值：80）"文本框中输入 TCP 端口值，默认值为"80"。如果一台服务器需要发布多个网站，则用户可以根据自己的需要改变端口值，以使每个网站有不同的 TCP 端口号。

（6）单击“下一步”按钮，打开如图 9-9 所示的“网站主目录”对话框，在“路径”文本框中输入主目录的路径或单击“浏览”按钮选择路径“D:\MY_WEB”，选择允许匿名访问此 Web 站点复选框，使该 Web 站点允许所有的用户匿名访问。

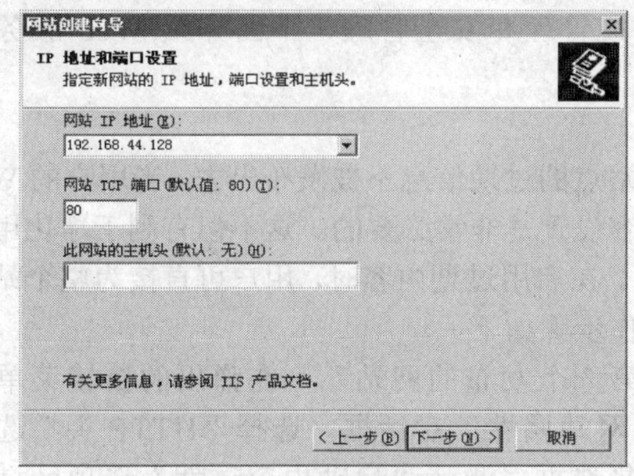

图 9-8　“IP 地址和端口设置”对话框

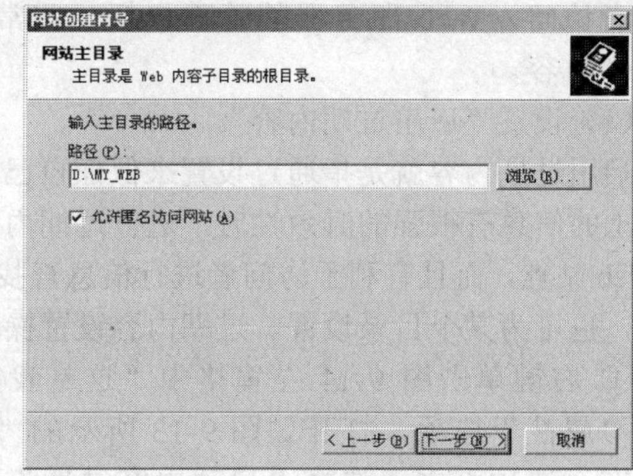

图 9-9　设置主目录

（7）单击“下一步”按钮，打开如图 9-10 所示的“网站访问权限”对话框，在此处可以设置用户访问网站的权限。在“允许下列权限”选项区域中设置主目录的访问权限。选择“读取”复选框，则只给访问者读取权限；选择“写入”复选框，则给访问者修改权限；一般情况下，禁用“写入”复选框，不给访问者修改权限。

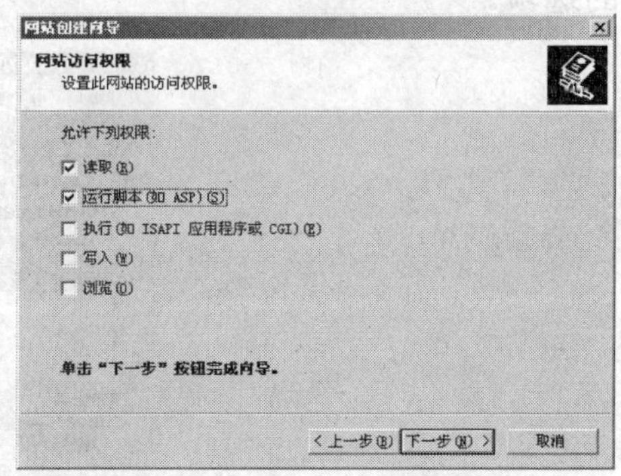

图 9-10　“网站访问权限”对话框

（8）单击“下一步”按钮，打开“您已成功完成网站创建”对话框。单击“完成”按钮，完成站点创建。

2. 测试新创建的网站

创建完成了网站之后，再次进入“Internet 信息管理器”，可以在图 9-11 所示的对话框中看到在“网站”项目下已创建了“这是我第一个发布的网站”的站点。

右键单击新网站名称选择“属性”选项，打开网站属性对话框，可以在其中修改发布网站的目录的文件名。默认的发布主页文件名为“default.htm、default.asp、index.htm”，在此不需要对网站的主目录和发布主页进行修改。

在客户端的 IE 浏览器（也可以是服务器主机）的地址列表框中输入“http://192.168.44.128”，便可以浏览网页，如图 9-12 所示。

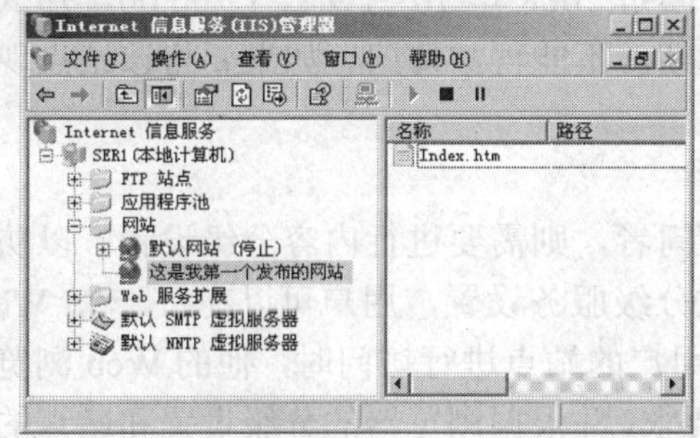

图 9-11　创建新的站点

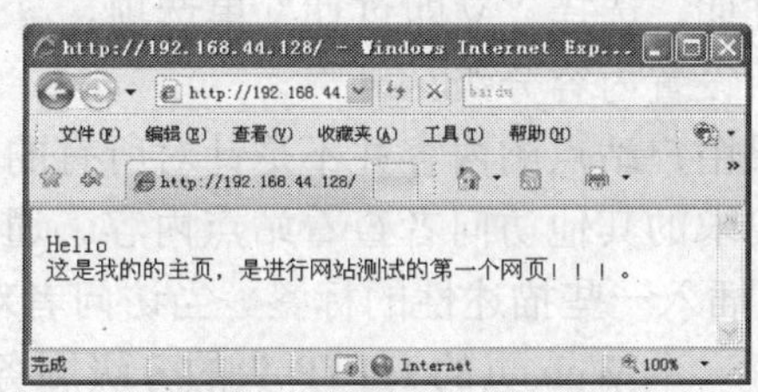

图 9-12　测试新创建的点

3. 管理Web服务器

Web和FTP服务器创建好之后，只能发布默认目录默认的静态主页文件，为了提高网站的性能，增加安全性，还需要进行适当的管理才能使用户的信息安全有效地被其他访问者访问。Web服务器的管理包括一些常规管理和安全管理，下面介绍Web服务器的管理内容。

（1）设置“启用过期内容”。

启用过期内容就是指通过设置来保证自己站点的过期信息不被发布出去。当用户的Web站点上的信息有很强的时效性时，进行过期内容设置是非常必要的。这不但有利于净化用户的Web站点，而且有利于访问者进行信息查找。在启用过期内容时，用户可直接为整个站点设置，也可为某个目录设置。过期内容设置操作步骤如下。

① 右键单击图9-11左窗格中“这是我第一个发布的网站”，在弹出的快捷菜单中选择“属性”选项，打开如图9-13所示的“网站属性”对话框，选择“HTTP头”选项卡。在该选项卡中，选择“启动内容过期”复选框，激活“启动内容过期”选项区域中的选项。

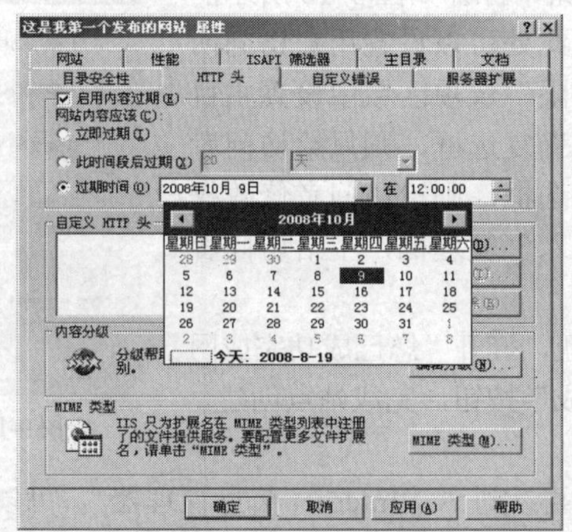

图9-13 “HTTP头”选项卡

② 在“启动内容过期”选项区域中，用户可以设置内容的过期时间。选择“在此时间段后过期”单选项，在其后的文本框中输入一个值，并在其后的下拉列表框中选择一个时间单位，例如20天，则在20天以后，访问者就不能再访问该站点现在的信息了。选择“过期时间”单选项，从其后的下拉列表框中选择日期，并调节其后的时间微调器的值，用户可直接为过期内容设置过期时间。例如，所选择时间是2008年10月9日12:00:00，那么该站点现在的信息将在2008年10月9日12:00:00过期，不能再被访问。如果要将该站点现在的信息马上过期，选择“立即过期”单选项。

（2）设置内容分级。

如果用户站点的内容并不是针对所有的访问者，则需要进行内容分级设置，以防止不具备分级要求的其他访问者查看站点内容。通过分级服务设置，用户可以在每一个Web页的HTTP头插入一些描述性的标签。当访问者对用户的站点进行访问时，他的Web浏览器能够先检查每一个Web页的HTTP头的分级服务要求，并根据浏览器的分级设置和站点的分级要求来决定哪些内容可以浏览哪些内容不可以浏览。

在预设的情况下，Windows 启用的是 RSAC（Recreational Software Advisory Council）分级服务系统。它主要针对暴力、性、裸体和语言 4 个方面进行分级设置。分级内容设置操作步骤如下。

① 在图 9-13 的对话框中单击“编辑分级”按钮，打开如图 9-14 所示的“内容分级”对话框。

② 在“对此内容启用分级”选项区域中，可以设置分级服务的内容，以过滤 Web 页的内容。选择“暴力、性、裸体和语言”4 个类别中的一种，分级滑块就会显示出来，调节该滑块，可改变所选类别的分级级别。

③ 如果希望对自己的电子邮件进行分级服务，用户可以在“内容分级人员的电子邮件地址”文本框中输入自己的电子邮件地址。

④ 如果希望单独为分级服务设置失效时间，可在“失效于”下拉列表中选择一个日期。

⑤ 设置好之后，单击“确定”按钮返回到属性对话框，再单击“确定”按钮，保存设置。

（3）设置“添加网页页脚”。

在 Web 站点管理中，用户经常在每一个 Web 页的前面插入一个由 HTML 语言编写的脚本文件作为网页页脚，以增加 Web 站点的内容。例如，一个用 HTML 语言编写的脚本文件可以为 Web 页增加一些简单的文本和标志图形，甚至包括用户 Web 站点管理和服务方向等内容。这些内容不但会大大增加用户 Web 站点的可读性，而且还可引导访问者对 Web 站点以后内容的阅读。另外，网页页脚还可以减少 Web 服务器的执行时间。如果用户的 Web 站点被其他访问者频繁地访问，那么使用网页页脚是非常有用的。添加网页页脚的操作步骤如下。

① 创建一个 HTML 网页页脚文件，并把它保存在 Web 服务器所在的硬盘上。

② 选择图 9-13 中的“文档”选项卡，打开如图 9-15 所示的“文档”选项卡，选择“启用文档页脚”复选框，输入页脚文件的完整路径。如果用户不知道页脚文件的完整路径，可单击“浏览”按钮，在“打开”对话框中进行选择。

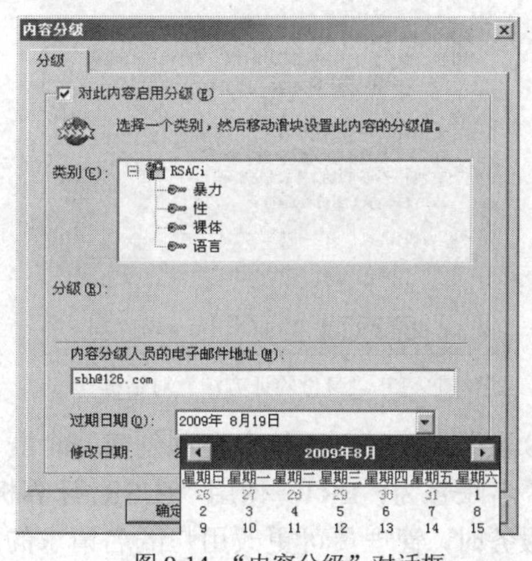

图 9-14　“内容分级”对话框

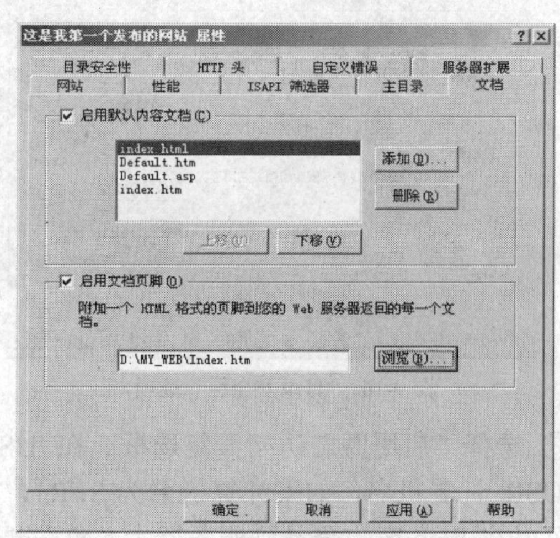

图 9-15　“文档”选项卡

③ 单击“确定”按钮，返回到属性对话框，再单击“确定”按钮保存设置。

说明：文档页脚文件并不是一个完整的 HTML 文档，它仅包含 HTML 标签信息，说明如何安排页脚的内容的显示。例如，通过一个页脚文件，在每一个 Web 页的前面增加用户所在组织的名称，则该页脚文件应该包含文本内容和如何格式文本的字体及颜色。

（4）设置“安全认证”。

在 Windows Server 2003 中，对于通过 HTTP 访问，IIS 提供了 3 种登录认证方式，它们分别是匿名方式、明文方式和询问/应答方式。用户采用哪种方式取决于用户建立 IIS 的目的。

如果用户建立站点的目的是为了做广告，那么可以选择匿名方式。因为访问者中的大多数是第一次访问用户的站点，用户不可能也没有必要为他们建立账户。如果希望通过自己的 IIS 为访问者提供电子邮件寄存或信息交付等网络服务，则需要选用明文方式。因为在这种方式下，访问者必须使用用户名和密码进行访问，可有效地保护私人邮件或信息的安全性。如果用户的 IIS 的访问者主要是企业内部的员工，并且希望服务器中的信息受到最安全的保护，可选择询问/应答方式。这种方式要求访问者在访问之前先进行访问请求，在得到许可后才可进行访问，这样，访问者对用户服务器的访问在用户直接控制下进行。不过这种方式要求访问者必须使用 IE 浏览器，因为其他浏览器不支持这种认证方式。

由于在许多 IIS 上，对 Web 服务器的访问都是匿名的，本节就以匿名访问为例介绍如何进行安全认证设置。

① 在如图 9-13 所示的“这是我第一个发布的网站 属性”对话框中选择“目录安全性”选项卡，如图 9-16 所示。

② 在“身份验证和访问控制”选项区域中，单击“编辑”按钮，打开如图 9-17 所示的“身份验证方法”对话框，可以选择用户访问需要经过的身份验证方式，可以是集成 Windows 身份验证、Windows 域服务器的摘要身份验证、基本身份验证或.NET Passport 身份验证。

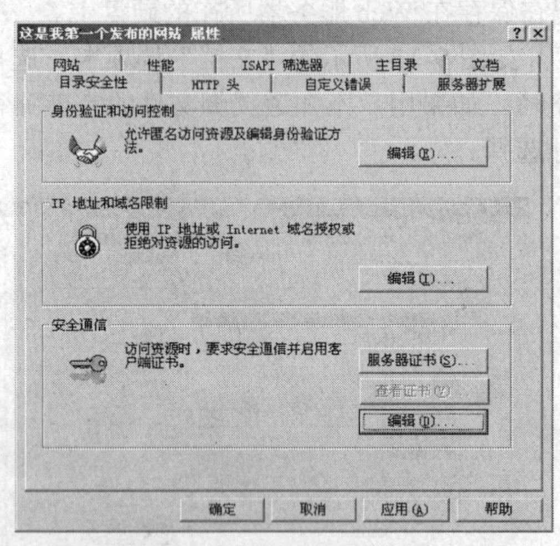

图 9-16 “目录安全性”选项卡

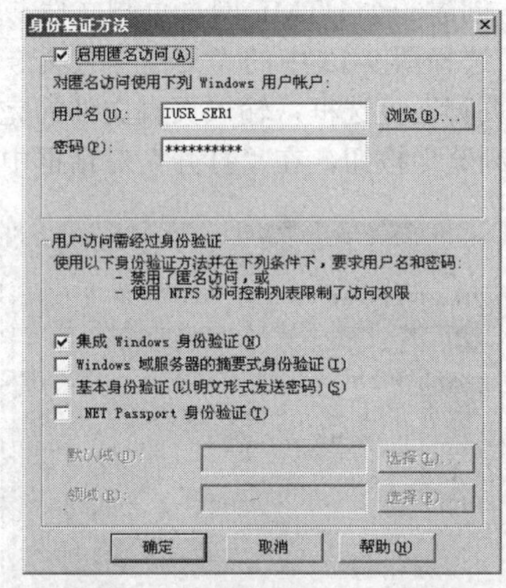

图 9-17 “身份验证方法”对话框

③ 选择“启用匿名访问”复选框。在 IUSR_S 安装 IIS 时，系统会自动创建一个匿名账号：IUSR_计算机名，如果计算机名为 SER1，则匿名账号为：ER1。使用“IUSR_计算机名”账号可以将 Web 客户登录到服务器上。允许匿名服务时，管理员可更改用户匿名请求的用户账号，并可更改此账号的密码。在“用户名”文本框中直接输入用户账号，或者单击“浏览”按钮，打开如图 9-18 所示的“选择用户”对话框选择一个要添加的用户账号。

④ 单击“确定”按钮完成匿名访问设置，同时返回到“身份验证方法”对话框，再单击“确定”按钮返回到网站属性对话框，然后单击“确定”按钮关闭对话框，完成身份验证和访问控制。

（5）设置“IP 地址及域名限制”。

通过设置 IP 地址及域名限制，用户可禁止某些特定的计算机或者某些区域中的主机对 Web 站点服务器的访问。当有大量的攻击和破坏来自于某些地址或者某个子网时，使用这种限制机制是非常有用的。下面就以 Web 站点为例介绍 IP 地址及域名限制的设置过程。

① 在图 9-16 对话框中的“IP 地址及域名限制”选项区域中单击“编辑”按钮，打开如图 9-19 所示的“IP 地址及域名限制”对话框。

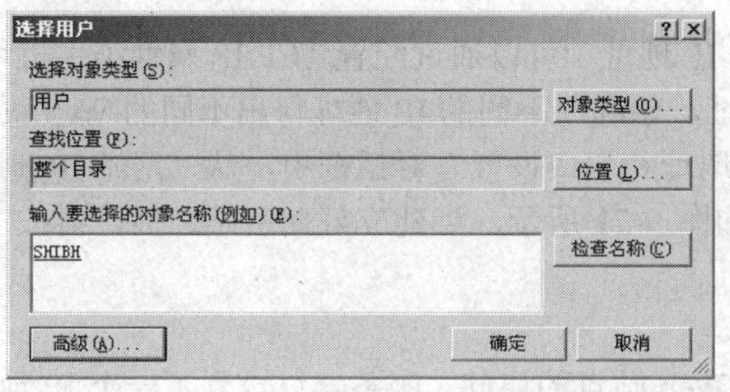

图 9-18　选择 Windows 用户账号

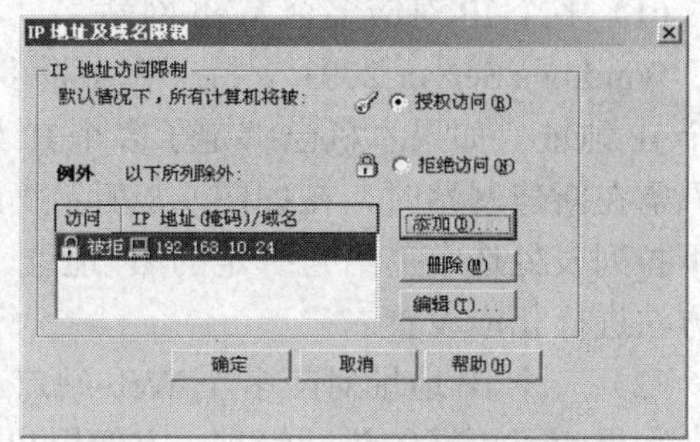

图 9-19 “IP 地址及域名限制”对话框

② 如果选择“授权访问”单选项，除了“例外”列表框中的计算机外，其他所有的计算机都可访问该 Web 站点上的内容。如果选择“拒绝访问”单选项，除了“例外”列表框中的计算机外，其他所有的计算机都不能访问该 Web 站点上的内容。这里选择“授权访问”单选项并添加没有访问权限的计算机。

③ 单击“添加”按钮，打开如图 9-20 所示的“拒绝以下访问”对话框。

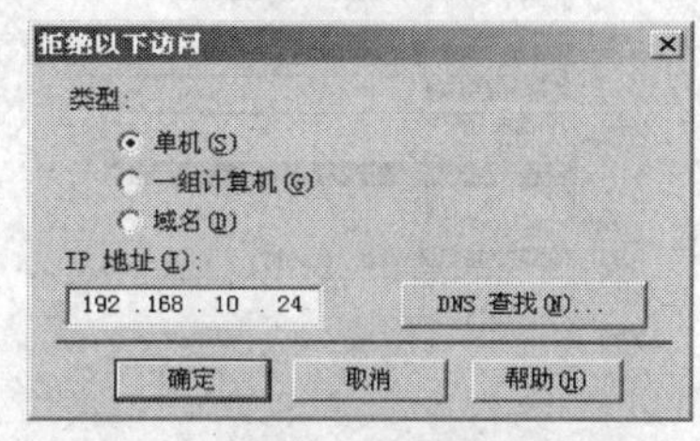

图 9-20　访问授权

④ 如果要对单个计算机进行限制，选择“单机”单选项，并在“IP 地址”文本框中输入要授权的计算机的 IP 地址“192.168.10.24”；或者单击“DNS 查找”按钮，打开“DNS 查找”对话框，选择某个 DNS 域中要授权的计算机。如果要对一组计算机进行限制，选择“一组计算机”单选项，在“网络标识”文本框中输入要授权的一组计算机中的任何一个计算机的 IP 地址，并在“子网掩码”文本框中输入子网掩码。如果要对某个域中的计算机进行限制，选择“域名”单选项，并在“域名”文本框中输入授权的域的域名。

⑤ 单击“确定”按钮，返回到“IP 地址及域名限制”对话框。如果还要进行访问授权，可继续单击“添加”按钮进行添加。这样，被添加到“例外”框中的单个计算机、一组计算机或者一个域的客户将被拒绝访问服务器，而其他的客户则有访问权。

⑥ 单击“确定”按钮，返回到网站属性对话框，再单击“确定”按钮保存设置。

注意：若在“IP 地址访问权限”中选择了“拒绝访问”单选框，则在“例外”框中列出的 IP 地址就是允许访问该服务器所有主机 IP 地址。

（6）设置“停止、启动和暂停站点服务”。

在站点维护中，停止、启动和暂停站点服务是经常要进行的工作。例如，当某个站点的内容和设置需要进行比较大的修改时，用户可将该站点的服务停止或者暂停，以便操作。当已经停止或暂停的站点需要启动服务时，就启动它。

要停止、启动和暂停某个站点的信息服务，在控制台目录树中，展开“Internet 信息服务”节点和服务器节点。如果要暂停某个 Web 站点服务，用鼠标右键单击该站点，在弹出的快捷菜单中选择“暂停”选项即可；如果要停止某个 Web 站点服务，用鼠标右键单击该站点，在弹出的快捷菜单中选择“停止”选项即可；如果要启动某个已经暂停或者停止的 Web 站点服务，用鼠标右键单击该站点，在弹出的快捷菜单中选择“启动”选项即可。

4. 添加更多的 Web 站点

（1）多个 IP 对应多个 Web 网站。

Windows Server 2003 支持一台主机多个 IP 地址，可以通过配置 TCP/IP 属性给主机增加多个 IP 地址。如果本机已绑定了多个 IP 地址，想利用不同的 IP 地址得出不同的 Web 页面，则只需在新建网站时，在如图 9-8 所示“IP 地址和端口设置”对话框中，从“网站 IP 地址”的下拉列表处选中需给它绑定的 IP 地址，如图 9-21 所示。当建立好此网站之后，再按上步的方法进行相应设置。

（2）一个 IP 地址对应多个 Web 站点。

如果为了更好的进行管理，方便用户对 Web 站点的访问，服务器只设置了一个 IP 地址，但用户还需要发布多个网站，此时可以选择不同的端口进行发布，只需要在图 9-22 所示的“IP 地址和端口设置”的“网站 TCP 端口”文本框中输入新网站的端口号即可。当用户访问创建完成时，需要在 IP 地址后面增加相应端口号，如“http://192.168.10.1:8080”。

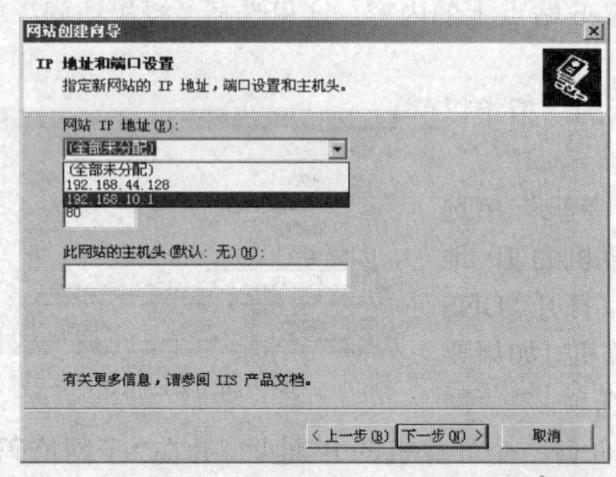

图 9-21 一台主机多个 IP 地址对应多个网站

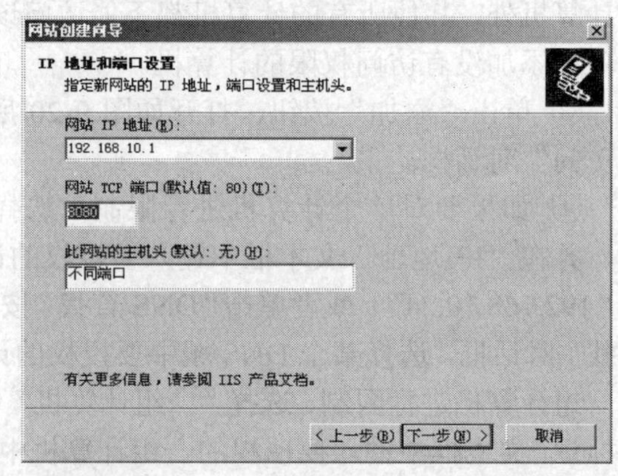

图 9-22 一个 IP 多个端口对应多个网站

5. 对 IIS 服务的远程管理

网络管理员为了方便对服务器的管理，有时需要通过远程主机对服务器进行管理，只有在图 9-3“安装万维网服务”窗口中选择“远程管理”组件，才能对 IIS 服务器进行远程管理。安装了远程管理组件后，在 Internet 信息管理器窗口中会多出一个 Administration 的网站，如图 9-23 所示。Administration 网站默认的网页是 Active Server Page 编写的 default.asp，默认的端口号为 8098，用户也可以自己修改端口号。

在网络中任意计算机的浏览器中输入如“http://192.168.44.128:8098”（8098 为其端口号）的格式后，将会出现一个密码询问窗口，输入管理员账号名（Administrator）和相应密码之后就可登录，如图 9-24 所示，这样就可以在浏览器中对 IIS 进行远程管理了。管理的范围主要包括对 Web 站点和 FTP 站点进行新建、修改、启动、停止和删除等。

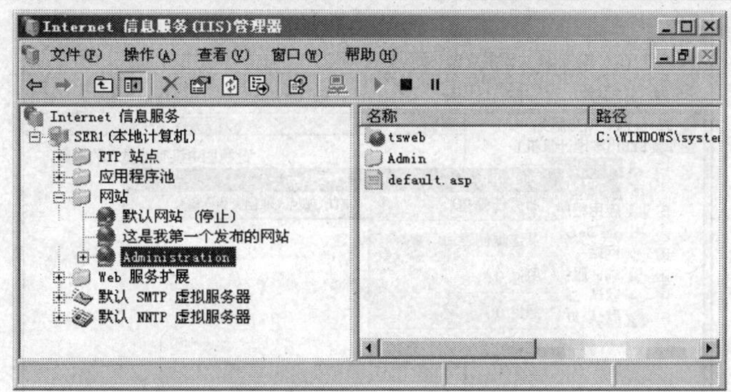

图 9-23　Administation 网站远程管理

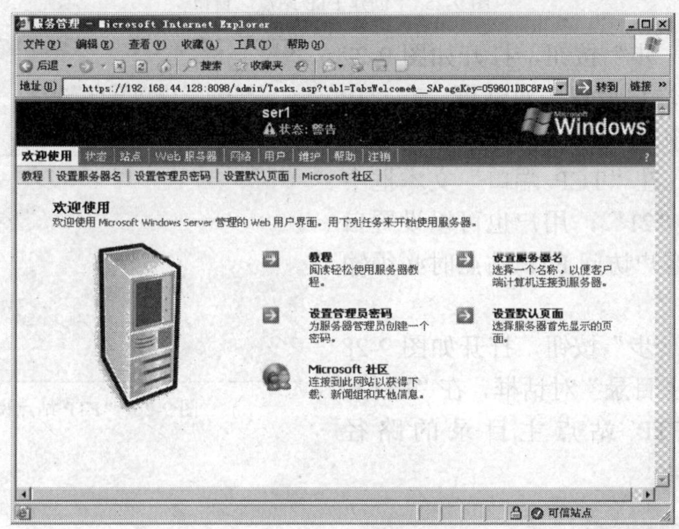

图 9-24　IIS 的远程管理窗口

9.3　创建和管理 FTP 站点

IIS 安装完成后，系统即创建了“默认 FTP 站点”，默认的 FTP 目录为 C:\Intepub\ftproot。当用户访问默认的 FTP 站点时，在浏览器中输入 ftp://192.168.44.128 即可访问该 FTP 站点默认目录下的文件，但在默认情况下，目录中没有文件。用户也可以将早已创建的目录作为 FTP 的目录，创建自己的 FTP 站点。

1. FTP 站点的创建

（1）在 D 盘根目录下建立一个新目录“D:\MY_FTP”，也可在其他地方建立 FTP 的发布目录，并复制一部分文件或文件夹到该目录中。

（2）在图 9-5“Internet 信息服务（IIS）管理器”对话框中，鼠标右键单击“FTP 站点”在弹出的快捷菜单中选择“新建→FTP 站点”选项，如图 9-25 所示，打开 FTP 站点创建向导。

（3）单击“下一步”按钮，打开如图 9-26 所示的“FTP 站点说明”对话框，在“说明”文本框中输入站点说明“FTPServer”。

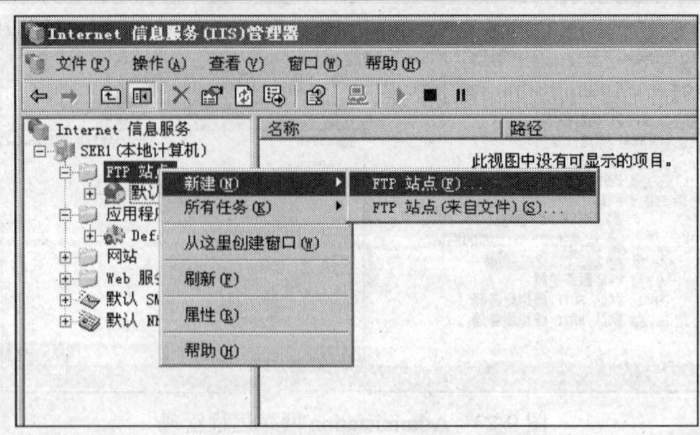

图 9-25 “创建 FTP 站点”窗口

（4）单击“下一步”按钮，打开如图 9-27 所示的“IP 地址和端口设置”对话框，在“IP 地址”文本框中输入本机的 IP 地址“192.168.44.128”；在“TCP 端口”文本框中使用系统的默认值“21”，用户也可以设置自己的 FTP 端口，但客户访问 FTP 站点时必须输入相应的端口值。

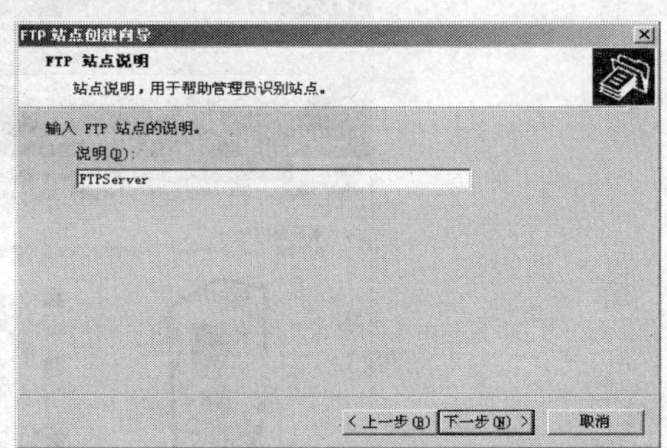

图 9-26 “FTP 站点说明”对话框

（5）单击“下一步”按钮，打开如图 9-28 所示的“FTP 站点主目录”对话框，在“路径”文本框中输入 FTP 站点主目录的路径“D:\FTPServer”。

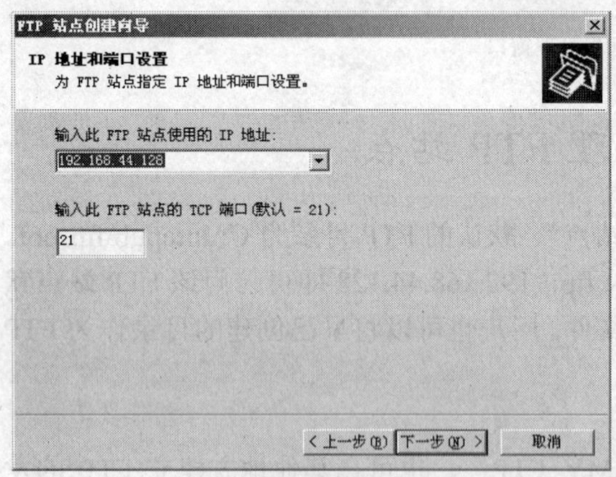

图 9-27 IP 地址和端口设置

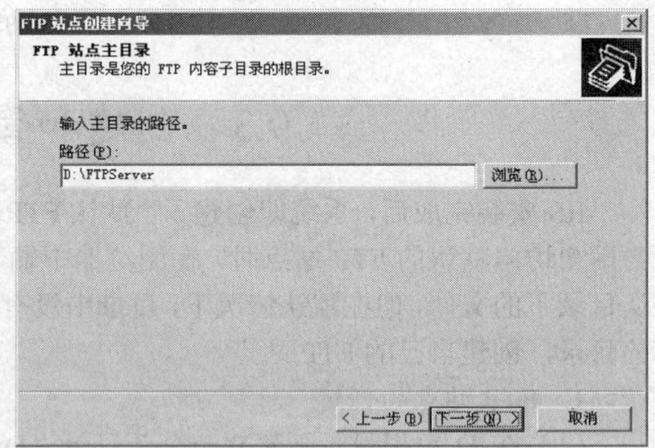

图 9-28 “FTP 站点主目录”对话框

（6）单击“下一步”按钮，打开图 9-29 所示的“用户隔离”对话框，从中可以选择让每个用户只能访问自己的 FTP 主目录，或用户可以访问其他用户的 FTP 主目录。

（7）单击“下一步”按钮，打开如图 9-30 所示的“FTP 站点访问权限”对话框，根据需要选择“读取”或“写入”。

（8）单击“下一步”按钮，完成 FTP 站点的创建。当返回到“Internet 信息服务”对话框时，就会看到新建的 FTP 站点名称为 FTPServer，如图 9-31 所示。

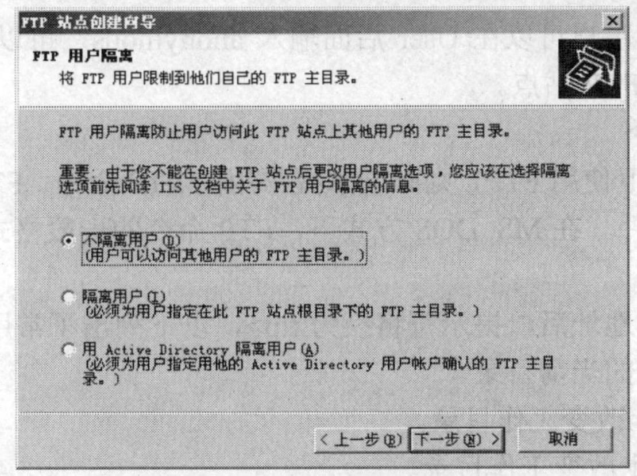

图 9-29 FTP 用户限制到自己主目录

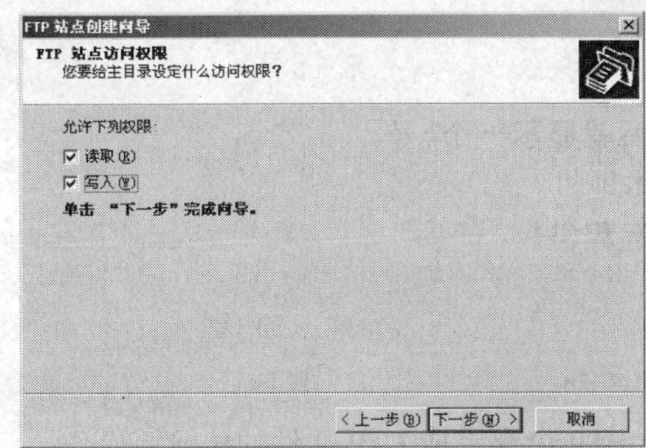

图 9-30 “FTP 站点访问权限”对话框

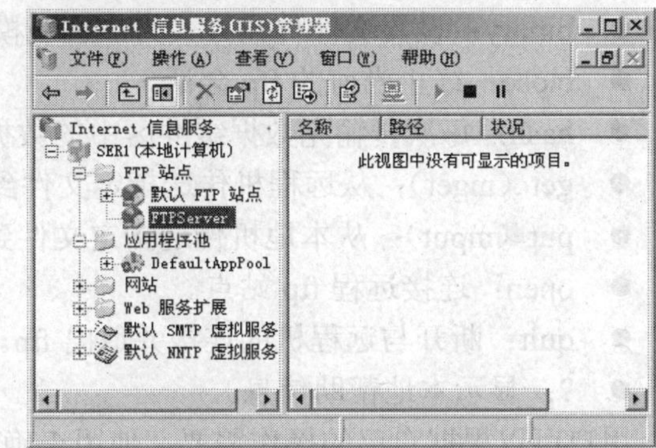

图 9-31 FTP Server 服务器对话框

2. 访问 FTP 站点

完成了 FTP 站点，用户可以用网络中的任何一台主机访问该站点，并根据用户权限的不同进行文件的上传或下载。

（1）通过 IE 浏览器访问 FTP 站点，在客户端的 IE 浏览器地址列表框中输入“ftp://192.168.44.128”，可以使用 FTP 服务器来上传和下载文件，如图 9-32 所示。在浏览器的状态栏下方显示了“用户：匿名”信息，表示此处为匿名访问，说明新建的 FTP 站点能提供正常的服务。

（2）在客户端也可以通过命令行的方式访问 FTP 站点，对熟悉 Unix 或 DOS 的用户，选择这种方式可能更方便进行使用的管理。执行“开始”→“运行”命令，打开“运行”对话框，在“打开”文本框中输入“FTP 192.168.44.128”，如果出现如图 9-33 所示的内容，则说

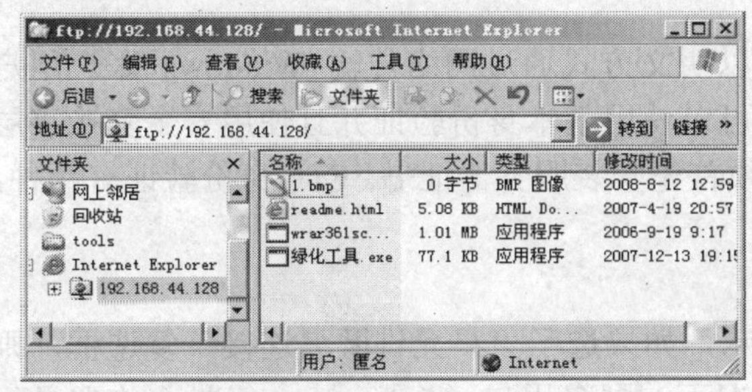

图 9-32 客户端通过 IE 访问 FTP 站点

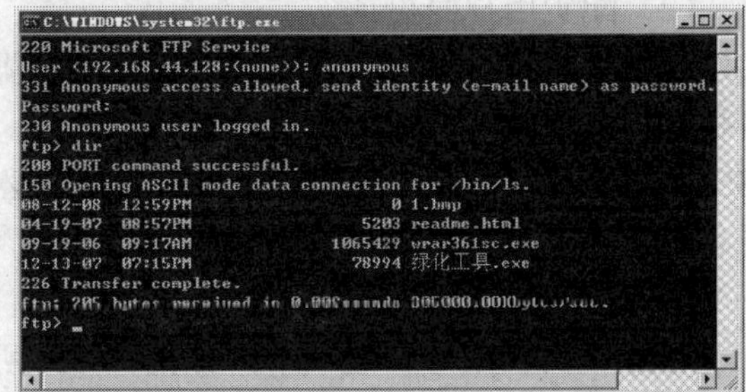

图 9-33 客户端通过命令行访问 FTP 站点

明 FTP 站点设置正常。用户可以在 User 后面输入 anonymous，可以不输入密码登录到 FTP 站点，使用命令行访问 FTP 站点。

3. 常用的 FTP 命令

如果在命令行方式下使用 FTP，则必须掌握常用的 FTP 命令。FTP 命令的功能是在本地机和远程机之间传送文件。在 MS. DOS 方式下，FTP 命令的一般格式如下：

c:> ftp 主机名/IP

输入了主机名或 IP 地址后，提示符将换为 ftp>，以下列出了常用的 FTP 命令。

- ls：列出远程机的当前目录。
- cd：在远程机上改变工作目录。
- lcd：在本地机上改变工作目录。
- ascii：设置文件传输方式为 ASCII 模式。
- binary：设置文件传输方式为二进制模式。
- close：终止当前的 ftp 会话。
- hash：每次传输完数据缓冲区中的数据后就显示一个#号。
- get（mget）：从远程机传送指定文件到本地机。
- put（mput）：从本地机传送指定文件到远程机。
- open：连接远程 ftp 站点。
- quit：断开与远程机的连接并退出 ftp。
- ?：显示本地帮助信息。

用户可以根据自己的操作需要，使用正确的 FTP 命令完成 FTP 文件的传输等操作。

4. 管理 FTP 服务器

FTP 是用于在 TCP/IP 网络中的计算机之间传输文件的协议，FTP 服务器允许客户从其服务器上下载和传输文件。另外，FTP 的最大优点是它可以在不同的操作系统之间使用。下面介绍如何管理 FTP 站点。

（1）FTP 基本配置。

① 选择图 9-31 中的“FTPServer”站点，单击鼠标右键，在弹出的快捷菜单中选择“属性”选项，打开如图 9-34 所示的“FTPServer 属性”对话框。

② 选择“FTP 站点”选项卡，在该选项卡中可以查看该 FTP 站点的标识；设置端口，FTP 默认的端口为 21，用户可以根据自己的 FTP 网站的情况修改端口；设置限制连接数量，及启用日志记录，来记录客户端访问 FTP 服务器的信息。

（2）配置用户身份证。

使用基本身份验证，用户的 Web 浏览器以明文方式通过网络传输 Windows 账户用户名和密码。因此，恶意用户可以截取该信息。可以使用基本身份验证并且使用安全套接字层（SSL）加密来保护账户信息。要启用 SSL，必须首先安装服务器证书。FTP 身份验证有两种，匿名 FTP 身份验证和基本 FTP 身份验证。

① 匿名身份验证。

选择“安全账号”选项卡，如图 9-35 所示，如果选了“只允许匿名连接”复选框，则 FTP 网站只允许匿名用户只读访问，默认的情况下，匿名用户（Anonymous）被允许登录。如果选择匿名 FTP 身份验证，则 IIS 始终先使用该验证方法。

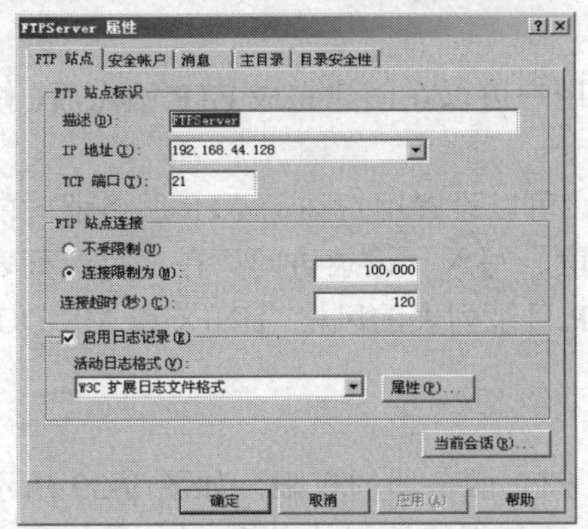

图 9-34 “FTPServer 属性”对话框

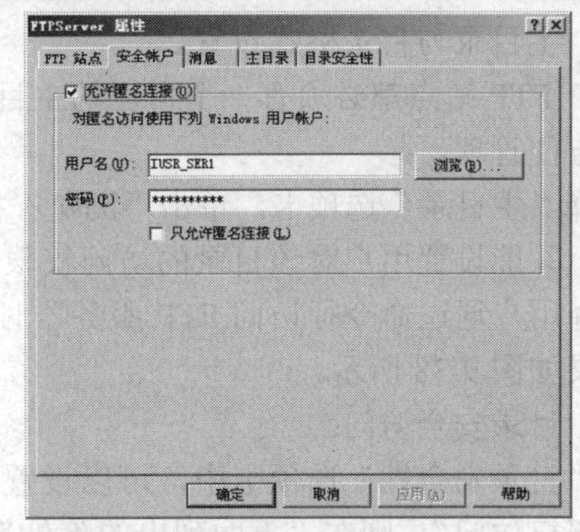

图 9-35 设置访问 FTP 服务器的安全账号

② 基本身份验证。

如果 FTP 服务器为企业特定的员工所使用，不希望所有的用户都能访问，则需要启用基本 FTP 身份验证，此时，用户必须使用与有效 Windows 用户账户对应的用户名和密码进行登录。可以在图 9-35 中的用户名和密码文本框中输入 Windows 已创建的用户名和密码，拒绝匿名用户登录以增加安全性。

（3）FTP 站点消息。

在用户登录 FTP 站点时，可以显示管理员设置的 FTP 欢迎信息，向用户表示对登录该 FTP 站点的问候、用户注销时的消息等。

选择“消息”选项卡，如图 9-36 所示，可以在对应的文本框中设置 FTP 站点的标题、用户首次连接到 FTP 服务器时显示的文本内容、用户退出 FTP 服务器时的信息及最大连接数。

标题：当用户连接 FTP 站点时，在用户登录前显示站点标题。

欢迎：在用户输入了正确的用户名和密码，登录 FTP 服务器之后，显示欢迎信息。

退出：在用户完成了 FTP 的所有操作，退出 FTP 连接时，显示退出信息。

最大连接数：一台 FTP 服务器可以同时允许多个用户访问，但有时网络中的带宽是受限制的。为了提高在线用户的访问效率，可以设置最大连接数。当目前网络中连接到 FTP 服务器的主机超过设置的最大连接数时，再有用户连接，则会出现这一消息。

设置完毕后，通过命令行方式，再次登录 FTP，结果如图 9-37 所示。

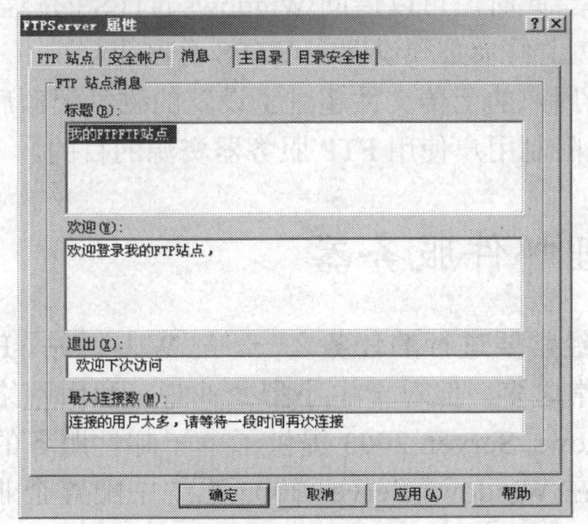

图 9-36 设置 FTP 站点消息

图 9-37 设置 FTP 服务器的主目录

（4）主目录与目录格式设置。

每个 FTP 站点都必须有一个自己的主目录，用户可以在创建完成 FTP 站点后，修改主目录，以方便管理。

选择“主目录”选项卡，单击“浏览”按钮，可以设置用户访问 FTP 服务器时能访问的主目录，并能设置用户对该目录的访问权限，读取、写入、记录访问；在“目录列表样式”框中选择用户通过命令行访问 FTP 服务器时，FTP 目录列表的风格，UNIX 或 MS-DOS 方式。设置结果如图 9-38 所示。

（5）目录安全访问。

在“目录安全性”选项卡中，可以设置访问 FTP 服务器的权限，如图 9-39 所示。如果选择“授权访问”，则在“下面列出的除外”框中添加拒绝访问的主机 IP，其他所有用户授予访问权限；选择“拒绝访问”，则在“下面列出的除外”框中添加授权访问的主机 IP，将禁止其他所有用户的访问。

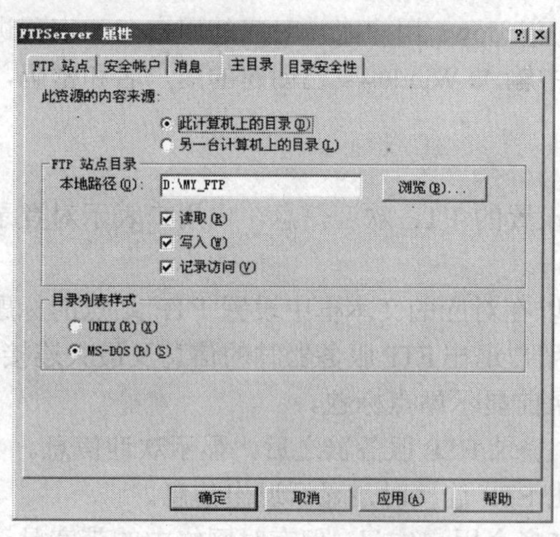

图 9-38　FTP 站点主目录设置

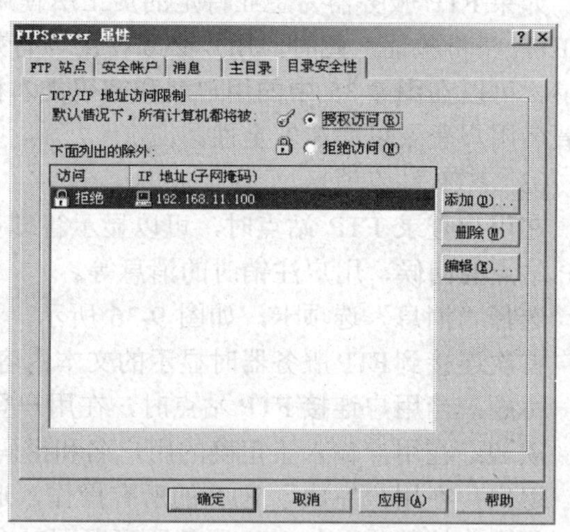

图 9-39　目录安全访问设置

（6）磁盘限额。

授权可以对 FTP 服务器进行写操作的用户，有时会将大量没用的信息上传到 FTP 服务器上，既会浪费服务器资源，又会降低系统的效率。此时，可以借助 Windows NTFS 的磁盘限额功能，实现 FTP 用户的磁盘限额，这要求 FTP 主目录必须设置在 NTFS 分区上。

对不同的用户组分别设置了磁盘配额后，当用户的上传文件超过了设置的磁盘配额后，系统会提示用户不能完成上传的操作，从而实现限制用户使用 FTP 服务器资源的目的。

9.4　创建和管理邮件服务器

邮件服务器的配置同样是企业网络管理中经常要进行的任务之一。与 Web 网站、FTP 站点服务器一样，邮件服务器的配置方案也非常之多，但对于中小型企业说，利用网络操作系统自带的方式进行配置是最经济的。Windows Server 2003 提供了电子邮件服务的组件，包括 POP3 及 SMTP 服务，下面介绍如何在 Windows Server 2003 系统中配置企业内部邮件服务器。

在 Windows Server 2003 系统中，配置邮件服务器有两种主要途经，一是利用“配置您的服务器向导”进行，二是通过“添加或删除程序”安装相关组件进行。

邮件服务器的具体配置步骤如下。

1. 安装邮件服务器

邮件服务器的安装其实就是 POP3、SMTP 服务相关组件的安装，下面利用“配置您的服务器向导”安装邮件服务器。

（1）执行“开始”→“所有程序”→“管理工具”→“配置您的服务器向导”命令，打开“欢迎使用配置您的服务器向导”对话框，单击“下一步”按钮，打开如图 9-40 所示“服务器角色”对话框，从中选择“邮件服务器（POP3，SMTP）”。

（2）单击“下一步”按钮，打开如图 9-41 所示的“配置 POP3 服务器”对话框。选择邮件服务器中所使用的用户身份验证方法。如果是在域网络中，一般选择“Active Directory 集成的”这种方式，这样邮件服务器就会以用户的域账户进行身份认证。然后在“电子邮件域名”中指定一个邮件服务器名，本示例为 sbh.edu。

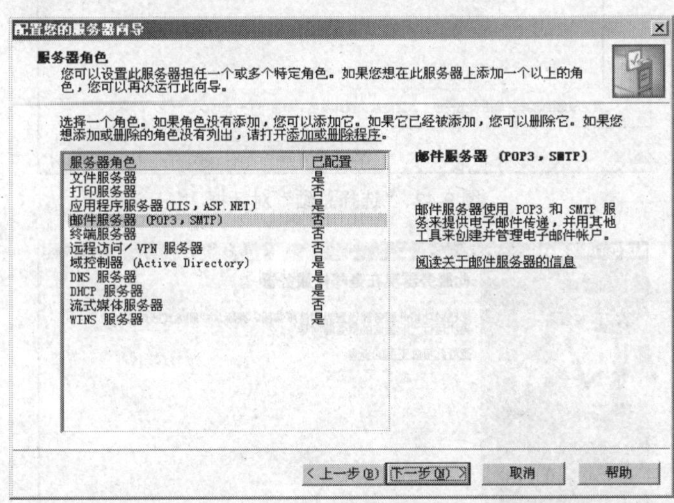

图 9-40　配置服务器角色

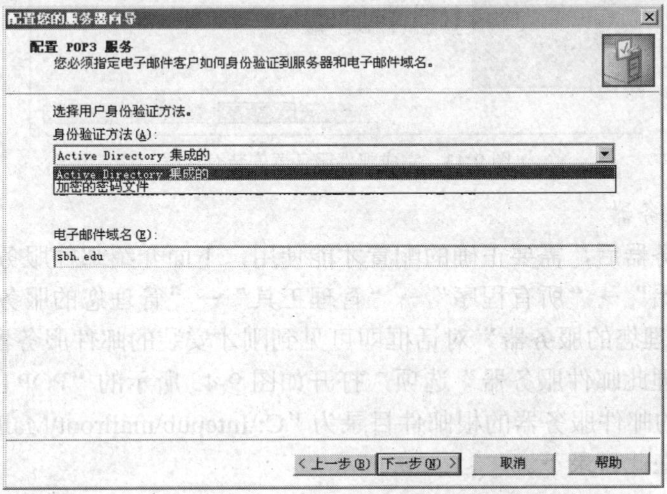

配置您的服务器向导
配置 POP3 服务
您必须指定电子邮件客户如何身份验证到服务器和电子邮件域名。
选择用户身份验证方法。
身份验证方法(A):
Active Directory 集成的
Active Directory 集成的
加密的密码文件
电子邮件域名(E):
sbh.edu
< 上一步(B)　下一步(N) >　取消　帮助

图 9-41　配置 POP3 服务器

（3）单击“下一步”按钮，打开如图9-42所示对话框。这是一个选择总结对话框，在列表中总结了以上配置选择。

（4）单击“下一步”按钮后系统开始安装邮件服务器所需的组件。在安装过程中，系统会提示用户指定Windows Server 2003操作系统源文件所在位置，以便复制所需文件。完成文件复制后系统会自动打开如图9-43所示的“此服务器现在是邮件服务器”对话框。单击“完成”按钮，即可完成邮件服务器的安装。

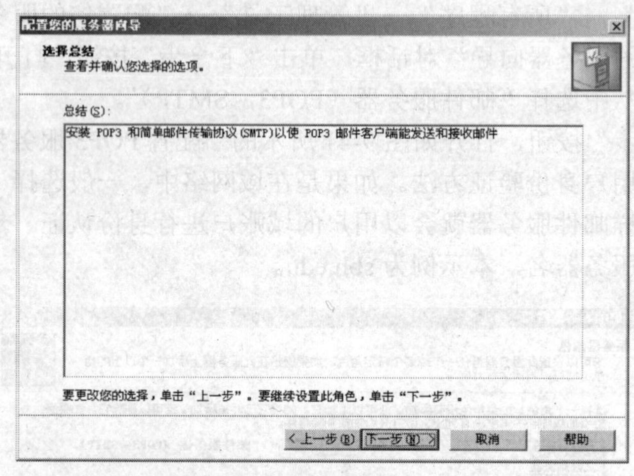

图9-42 “选择总结”对话框

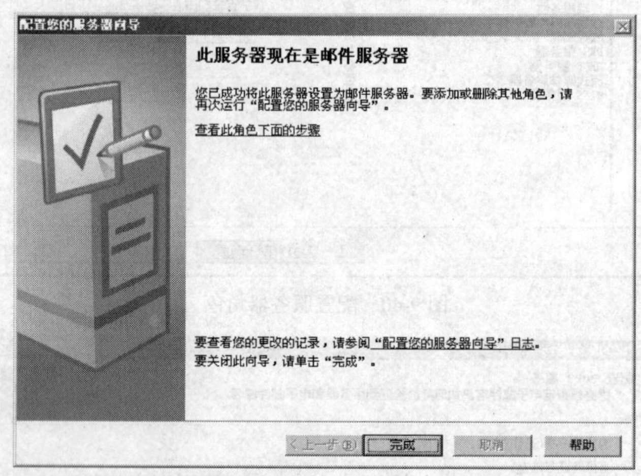

图9-43 完成邮件服务器安装对话框

2. 配置邮件服务器

安装了邮件服务器后，需要正确的配置才能使用，下面介绍邮件服务器的配置过程。

（1）单击“开始”→“所有程序”→“管理工具”→“管理您的服务器”命令，打开如图9-44所示的“管理您的服务器”对话框即可见到刚才安装的邮件服务器。

（2）单击“管理此邮件服务器”选项，打开如图9-45所示的“POP3服务”对话框。我们可以看到，安装的邮件服务器的根邮件目录为“C:\Intepub\mailroot\MailBox”，这说明用户的邮件信息都将放在此目录下。

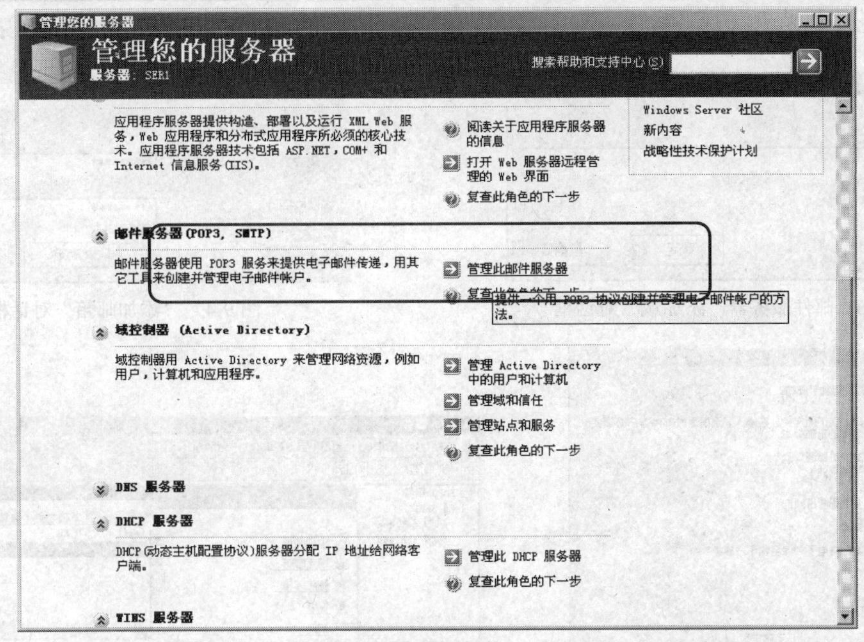

图 9-44　“管理您的服务器”对话框

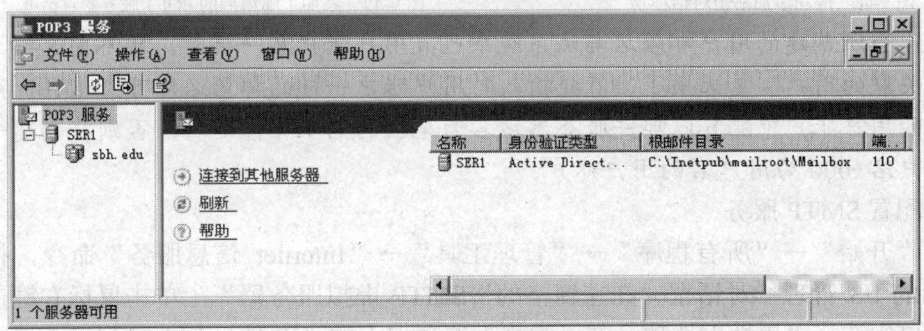

图 9-45　POP3 服务器管理对话框

（3）从图 9-45 中我们可以看到，邮件服务器在安装的同时，已经创建了一个域（sbh.edu），一台电子邮件服务器可以支持多个隶属于不同域系统的邮箱系统域，因此，管理员可以建立新的邮件服务器域。在窗口左面鼠标右键单击 POP3 服务下的主机名（SER1），在弹出的快捷菜单中选择“新建”→“域”选项，打开如图 9-46 所示的“添加域”对话框，在“域名”文本框内输入欲建立的邮件服务器主机名，也就是@后面的部分，“确定”即可。这样一个邮件服务器就可以为多个不同域系统担当邮件服务器的角色了。

（4）创建了邮件服务器后，用户就可以使用此服务器进行邮件的收发，但每个用户必须拥有自己的邮箱。创建邮箱的方法是鼠标右键单击刚建好的域名，在弹出的快捷菜单中选择“新建邮箱”选项，打开如图 9-47 所示的“添加邮箱”对话框，输入邮箱名（即@前面部分），并设定邮箱使用密码，单击“确定”按钮，打开如图 9-48 所示的“成功添加了邮箱”对话框，告诉用户已完成了新邮箱的添加。单击“确定”按钮回到“POP3 服务”对话框，如图 9-49 所示，在右窗格显示了新建邮箱的名称，创建的邮箱全称为 test@net.com。

图 9-46 邮件服务器“添加域”对话框

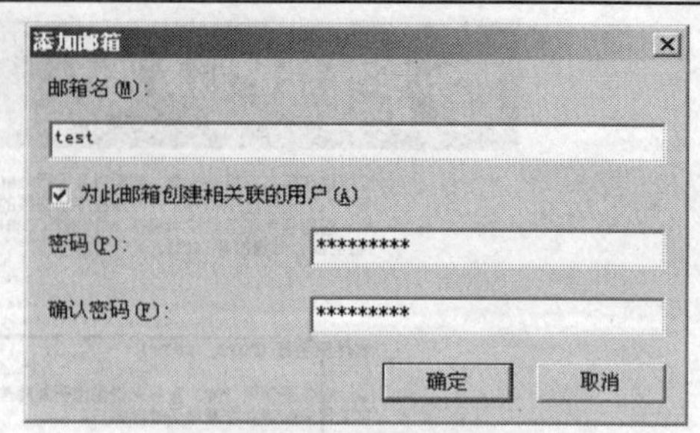

图 9-47 “添加邮箱”对话框

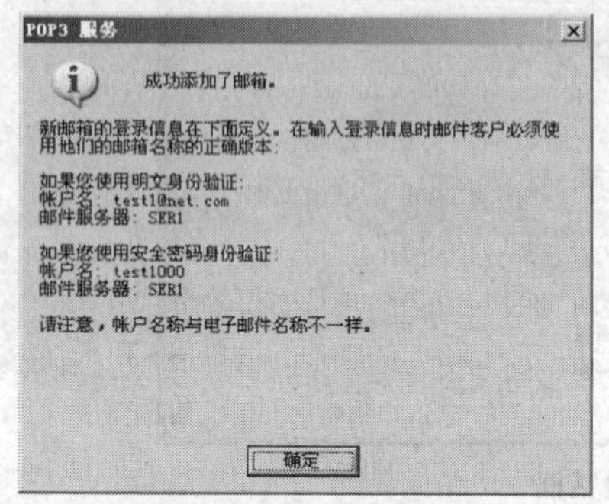

图 9-48 成功添加邮箱对话框

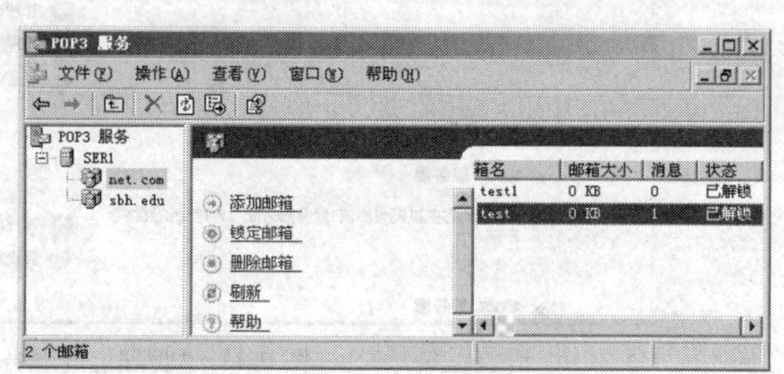

图 9-49 添加了邮箱后的 POP3 服务器对话框

提示：当所创建的用户邮箱名与域系统中已有用户账户名一样时，就不要选择“为此邮箱创建相关联的用户”复选项了，直接输入与用户账户一样的邮箱名即可。这样，系统会自动在他们的用户账户中配置以邮件服务器域名为尾缀的电子邮件地址。否则将创建一个以所输入的用户名+000 为用户名的用户账户。

（5）配置 SMTP 服务

执行“开始”→“所有程序”→“管理工具”→“Internet 信息服务”命令，打开如图 9-50 所示的 IIS 管理器对话框，在左窗格的”SMTP 虚拟服务器”上单击鼠标右键，在弹出的快捷菜单中选择“属性”选项，在“常规”选项卡下的“IP 地址”下拉列表中选择此邮件服务器的 IP 地址，并可以设定允许的最大连接数，如图 9-51 所示，最后单击“确定”按钮即可。

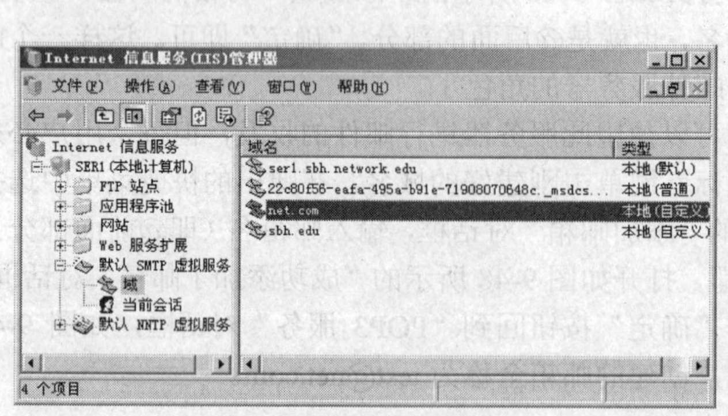

图 9-50 “IIS 管理器”窗口

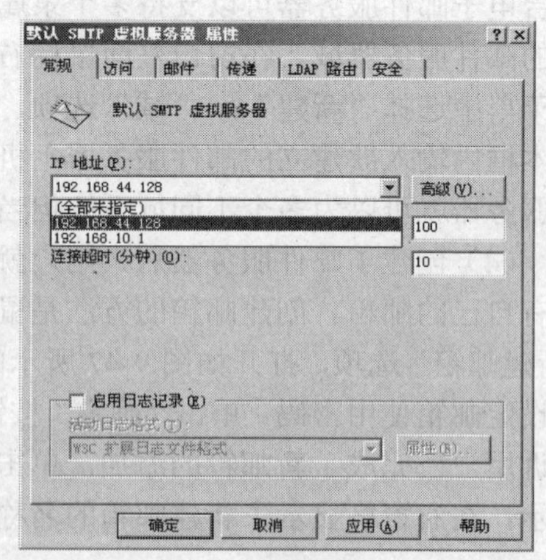

图 9-51 设置“默认的 SMTP 虚拟服务器属性”

到此，一个功能简单的邮件服务器就创建好了，即可用邮件客户端软件连接到此服务器进行邮件收发应用了。

3. 测试邮件服务器

（1）执行“开始”→“所有程序”→“Outlook Express”命令，打开“Outlook Express”对话框，在对话框中选择“工具”→“账户”选项，打开如图 9-52 所示的“Internet 账户”对话框。

（2）单击“添加”按钮，会打开显示姓名对话框，在“显示名”文本框中输入发送邮件时显示的姓名，单击“下一步”按钮，打开如图 9-53 所示的“Internet 电子邮件地址”对话框，在“电子邮件地址”文本框中输入创建的邮箱地址。

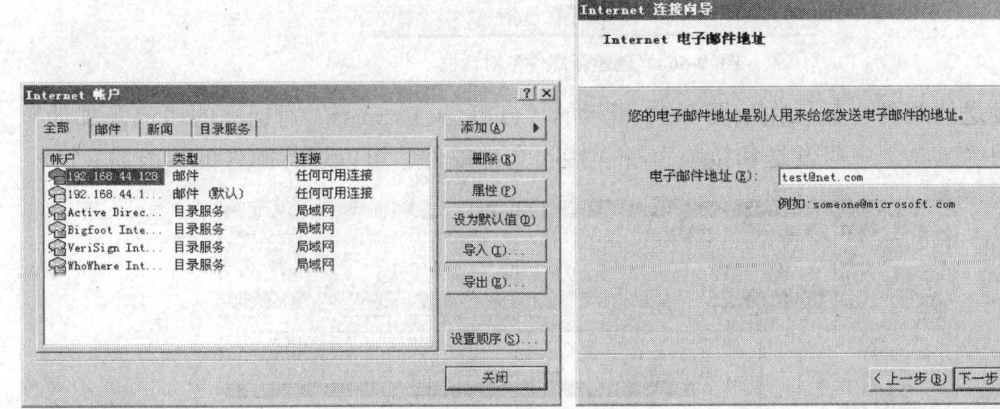

图 9-52　新建“Internet 账户”对话框　　　图 9-53　“Internet 电子邮件地址”对话框

（3）单击“下一步”按钮，打开如图 9-54 所示的“电子邮件服务器名”对话框，在文本框中输入接收和发送电子邮件的服务器的 IP 地址。

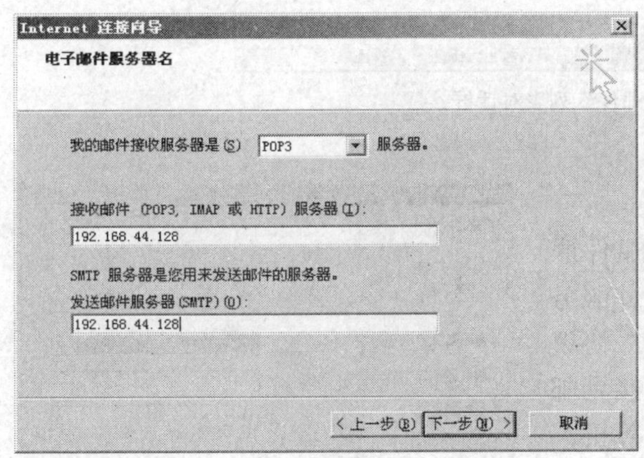

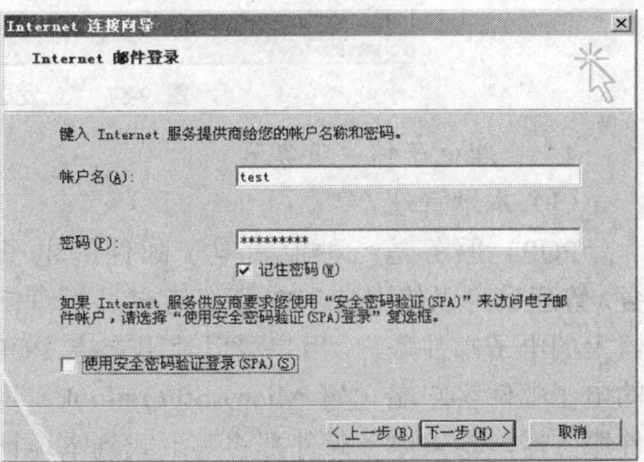

图 9-54　“电子邮件服务器名”对话框　　　图 9-55　“Internet 邮件登录”对话框

（4）单击“下一步”按钮，打开如图 9-55 所示的“Internet 邮件登录“对话框，在其中输入用户账号和密码。如果这台主机是用户独立使用的，可以选择“记住密码”复选框，这样在进行邮件收发时，就不需要输入用户的密码了。单击“下一步”按钮即完成了账号的设置。

（5）收发邮件，在 Outlook Express 对话框中，单击“创建邮件”按钮，在打开的如图 9-56

所示“新邮件”对话框，书写新的邮件后，单击“发送”按钮。

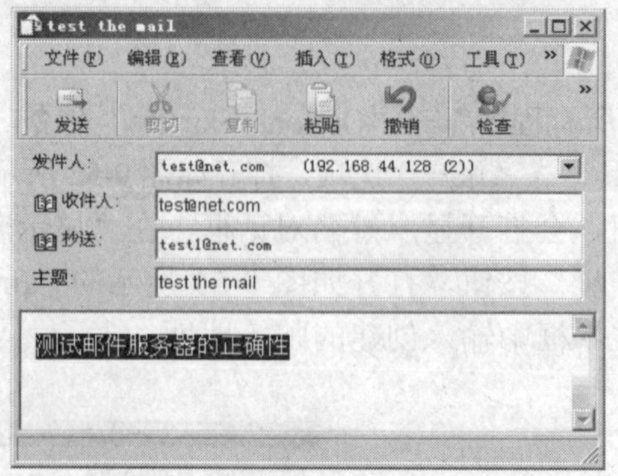

图 9-56 “创建新邮件”对话框

（6）已发送的邮件会显示在如图 9-57 所示的“Outlook Express”对话框的“已发邮件”列表中。使用“工具”→“发送和接收”→“接收全部邮件”可以进行邮件的接收。

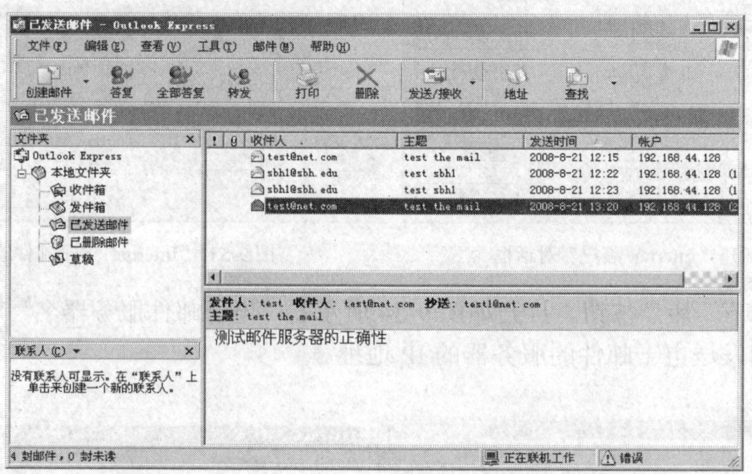

图 9-57 “已发送邮件”列表对话框

4．管理电子邮件服务器

（1）本地管理。

POP3 服务是一种检索电子邮件的电子邮件服务。管理员可以使用 POP3 服务存储并管理邮件服务器上的电子邮件账户。用户可以使用支持 POP3 协议的电子邮件客户端（如 Microsoft Outlook）连接到邮件服务器，检索电子邮件并将其下载到本地计算机。POP3 服务与简单邮件传输协议（SMTP）服务一起使用，后者用于发送电子邮件。

① 更改服务常规设置。

将邮件服务器配置为要求安全密码身份验证。在“POP3 服务”控制台树中，右键单击“计算机名”的“属性”，打开如图 9-58 所示的属性对话框，从中可以

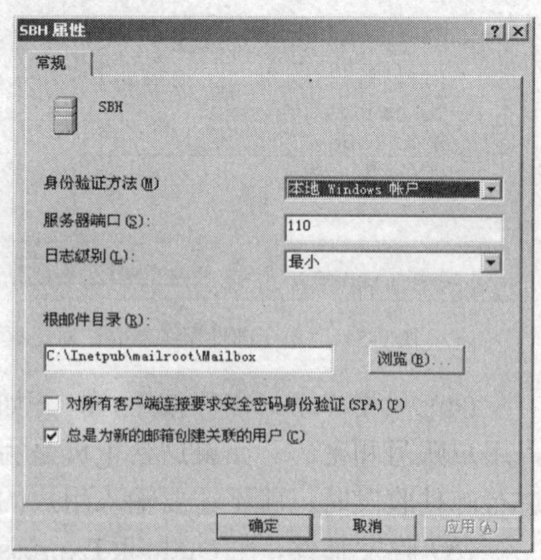

图 9-58 “POP3 属性”窗口

设置所有客户端连接需要的安全密码身份验证（SPA）、服务端口、日志级别、邮件根目录（默认的目录为 C:\Inetpub\mailroot\Mailbox\net.com）、为新邮件创建关联等属性。

② 管理域。

在图 9-49 所示的“POP3 服务器”对话框中，可以根据用户的需求完成新域添加、删除、锁定、解除等管理操作。

③ 管理邮箱。

在图 9-49 所示的“POP3 服务器”对话框中，选择“已创建的域”，可以进行邮箱的管理，包括创建邮箱、删除邮箱、列出邮箱、锁定邮箱、解除邮箱锁定、更改密码、查看邮箱统计信息、创建配额文件、将加密文件用户账户迁移到 Active Directory 用户账户等操作。

（2）远程 Web 管理。

Windows Server 2003 还支持对邮件服务器的远程 Web 管理。在远端客户机中，运行 IE 浏览器，在地址栏中输入“https：//服务器 IP 地址：8098”，将会弹出连接对话框，输入管理员用户名和密码，单击“确定”按钮，即可登录 Web 管理界面。

本 章 小 结

本章主要介绍了使用 Windows Server 2003 作为计算机的操作系统该如何来安装和配置 IIS 信息服务，并说明了创建和管理 Web 服务器、FTP 服务器、电子邮件服务器的方法。

Windows Server 2003 在 IIS 中提供了一组优秀的工具，以构造一个全方位的支持 HTTP、FTP、SMTP 的服务器，可以在该服务器上放置多个 Web 站点，并且通过 SSL 和其他机制提供安全访问和验证。WWW、FTP、Mail 服务是 Internet 上提供的最重要的三个服务，任何一个企业都会拥有自己的应用服务器，以供企业用户进行相关资源的使用。

习　　题

1．在 Windows Server 2003 中，安装的 Internet 信息服务组件是什么？

2．创建每个 Web 站点必须有一个主目录，IIS 的默认主目录是什么？

3．主目录以外的其他站点发布目录称为什么？

4．通过哪个服务器，用户可以有效直观地将企业信息发布给企业内部用户和因特网远程用户？

5．电子邮件服务器中的 POP3 协议和 SMTP 各自的作用是什么？

实训　安装 IIS，创建与管理 Web/FTP 站点

一、实训目的

1．掌握 Windows Server 2003 IIS 的安装方法。

2．学会 IIS 下配置 Web、FTP 服务器。

3．能正确发布 Web、FTP 站点。

4．会进行 POP3 服务器的安装与配置，并能进行电子邮件的收发。

5．正确配置客户机，测试 Web、FTP、Mail 站点的正确性。

二、实训设备与器材

1. 当作服务器的计算机一台，最低配置为 CPUP4 2.4，内存 512MB，硬盘 20GB，100/10M 自适应网卡，24 倍速光驱。

2．客户机一台，最低配置为 CPU P4 2.4、硬盘 10 GB、36 倍速光驱、100/10M 自适应网卡。

3．所有的主机都要求局域网环境。

4．Windows Server 2003 操作系统光盘一张。

三、实训内容

1．安装 IIS 6.0。

2. 创建新的 Web 站点，并将已完成的保存在 D:\MYWWW 目录下的主页文件“index.htm”发布到局域网中，通过客户机测试发布网站的正确性。

3．在该 Web 服务器上创建一个新的 Web 站点，要求将 D:\Mypub 目录下的主页文件“default.asp”作为主页文件进行发布，并将发布端口设置为 8088。

4．创建 FTP 站点，并将 D:\MYFTP 目录设置为主目录，使 test1 用户可以完成访问，且最多能上传 50MB 的文件，而匿名用户只读访问该目录，自行设置用户访问该 FTP 站点时的欢迎与退出信息。

5．安装并创建电子邮件服务器的域名为 Test.edu，并添加新的用户 Test1、Test2，正确配置客户端程序，完成电子邮件的收发。

第 10 章 安装和配置网络服务

Windows Server 2003 的网络服务包括 DNS 服务、WINS 服务、DHCP 服务、E-mail 服务、BQQ 服务、数字证书服务、SSL 站点、加密的电子邮件、路由和远程访问服务。本章主要介绍常用的 DNS、DHCP、WIN 服务器的配置与管理。

10.1 配置 DNS 服务器

Internet 域名系统（Domain Name System，DNS）用于管理计算机域名及其 IP 地址。在 TCP/IP 网络环境中，DNS 是一个十分重要而且常用的系统，其主要功能是将人们易于记忆的域名转换成为难以记忆的 IP 地址，为客户机提供存储、查询和搜索其他主机域名和 IP 地址的服务。下面便来对域名服务以及如何配置和管理 DNS 服务器进行介绍。

10.1.1 域名服务的定义

域名是计算机网络中标志某一台计算机的最简单也最容易识别的方式。

在计算机网络中，主机标志符分为 3 类：名字、地址及路径。而计算机在网络中的地址又分为 IP 地址和物理地址，但地址终究不易记忆和理解。为了向用户提供一种直观的主机标志符，TCP/IP 提供了域名服务（DNS）。

DNS 的引入是与 TCP/IP 中层次型命名机制的引入密切相关的。所谓层次型命名机制是指在名字中加入结构信息，而这种结构本身又是层次型的。例如，DNS 是以根和树结构组成的，如图 10-1 所示为域各系统结构简图。

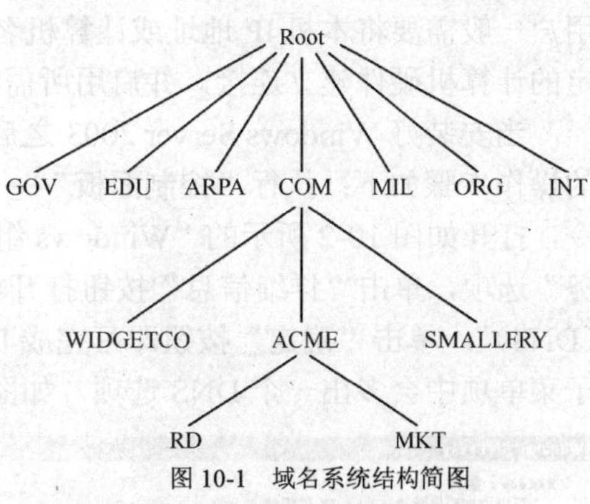

图 10-1 域名系统结构简图

层次型命名的过程是从树根（Root）开始沿箭头向下进行,在每一处选择相应于各标号的名字,然后将这些名字串连起来,形成一个唯一代表主机的特定的名字。因特网各网点的标号与组织的对应关系如表 10-1 所示。

表 10-1 网点的标号与组织的对应关系

标 号	组 织
GOV	政府部门
EDU	教育机构
ARPA	ARPANET
COM	商业组织
MIL	军事部门
ORG	其他组织
INT	国际组织

具体地说，一个网点是整个广域网的一部分，由若干网络组成，这些网络在地理位置或组

织关系上联系非常紧密，广域网将它们抽象成一个点来处理，各网点内又分成若干管理组，在组下面才是主机，因此，DNS 的一般格式为：本地主机名.组名.网点名。

DNS 服务器负责将主机名连同域名转换为 IP 地址。当网络上的一台客户机需要访问某台服务器上的资源时，客户机的用户只需在“Internet Explorer”主窗口中的“地址”文本框中输入该服务器的域名，例如 www.sina.com.cn 类型的地址，即可与该服务器进行连接。然而，网络上的计算机之间实现连接却是通过每台计算机在网络中拥有的唯一的 IP 地址（该地址为数值地址，分为网络地址和主机地址两部分）来完成的，因为计算机硬件只能识别 IP 地址而不能够识别其他类型的地址。这样在用户容易记忆的地址和计算机能够识别的地址之间就必须有一个转换，DNS 服务器便充当了这个转换角色。

虽然所有连接到因特网上的网络系统都采用 DNS 地址解析方法，但是域名服务有一个缺点，就是所有存储在 DNS 数据库中的数据都是静态的，不能自动更新。这意味着，当有新主机添加到网络上时，管理员必须把该主机 DNS 名称（例如 www.sina.com.cn）和对应的 IP 地址（例如 210.23.234.6）添加到数据库中。对于较大的网络系统来说这样做是很难的，Windows Server 2003 将通过 DNS 与 WINS 集成来解决这个问题。当 DNS 服务器不能解析客户计算机的地址请求时，它将该请求传递给 WINS。如果 WINS 具有相关信息就将地址解析并把消息传递回 DNS 服务器。DNS 服务器再将该信息传递回执行连接请求的客户。

10.1.2 DNS 服务器的安装

在创建与配置一台 DNS 服务器的过程中，用户首先需要做的工作是为该服务器指定一台计算机来解析网络地址。在 Windows Server 2003 下，通常将本机作为 DNS 服务器，因此，用户一般需要将本机 IP 地址或计算机名称指定给 DNS 服务器，这样 DNS 服务器会自动与指定的计算机硬件建立连接，并启用所需的设备完成数据运算和解析网络地址的工作。

当安装好 Windows Server 2003 之后，DNS 服务器并没有被添加进去，添加 DNS 服务器的操作步骤如下：执行“控制面板”→“添加/删除程序”→“添加/删除 Windows 组件”命令，打开如图 10-2 所示的“Windows 组件向导”对话框，单击右边的滑动块，选中“网络服务”选项，单击“详细信息”按钮打开如图 10-3 所示“网络服务”对话框，选中“域名系统（DNS）”，单击“确定”按钮即可完成 DNS 服务器的安装，安装完成后，在“管理工具”的子菜单项中会多出一个 DNS 选项，如图 10-4 所示。

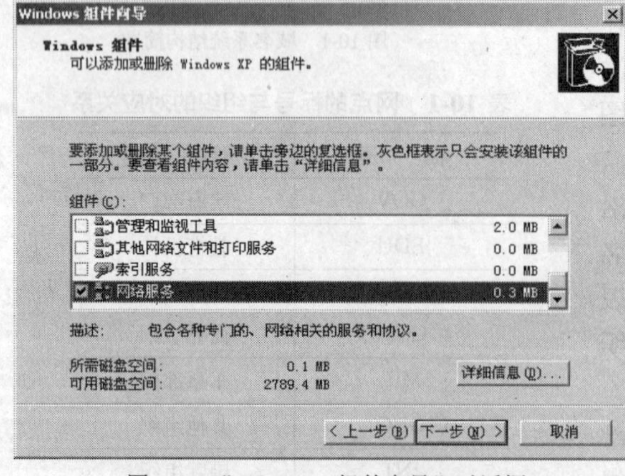

图 10-2 “Windows 组件向导”对话框

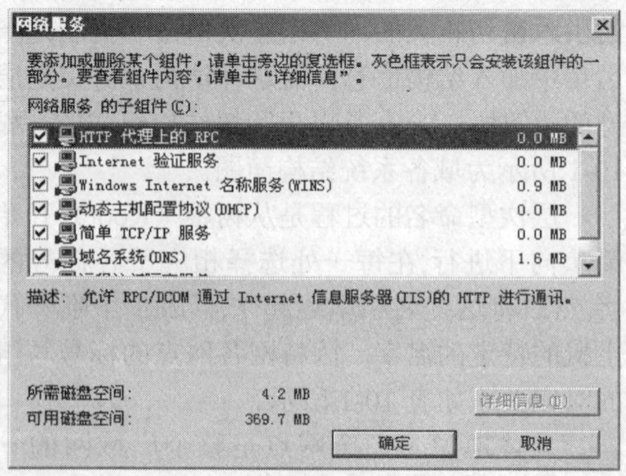

图 10-3 添加“DNS 服务”

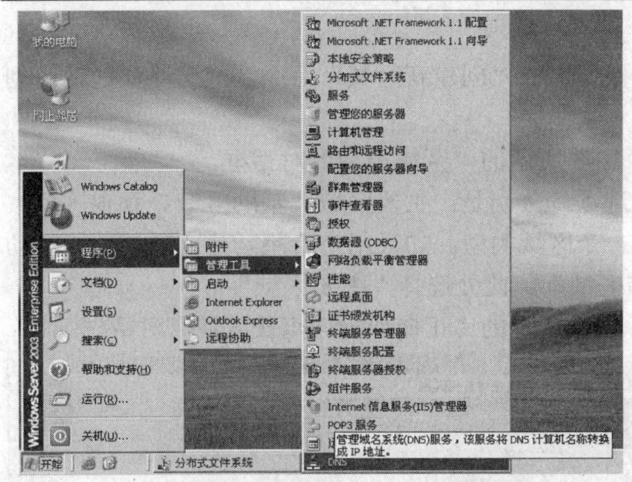

图 10-4　安装 DNS 后，管理工具中的选项

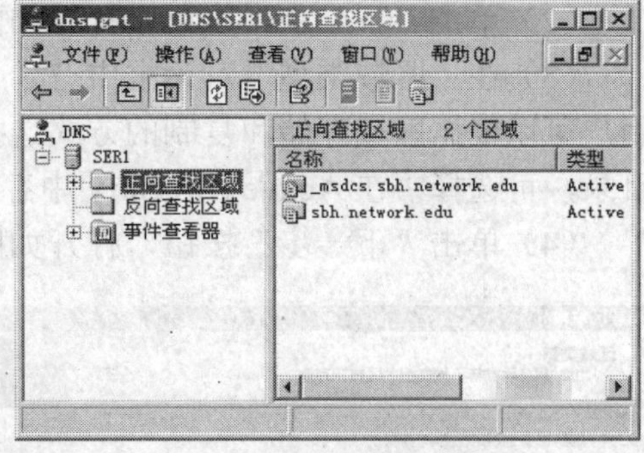

图 10-5　DNS 控制台窗口

创建一台 DNS 服务器的操作步骤如下。

（1）打开 DNS 控制台：执行"开始"→"所有程序"→"管理工具"→"DNS"命令，打开如图 10-5 所示的 DNS 控制台对话框。

（2）执行"操作"→"连接计算机"命令，打开如图 10-6 所示的"选择目标计算机"对话框。

（3）如果用户要在本机上运行 DNS 服务器，请选定"这台计算机"单选项。如果用户不希望本机运行 DNS 服务器，请选定"下列计算机"单选项，在后面的文本框中输入要运行 DNS 服务器的计算机的名称。

（4）如果用户希望立即与这台计算机进行连接，请选定"立即连接到指定计算机"复选框。

（5）单击"确定"按钮，返回到 DNS 控制台对话框，这时在控制台目录树中将显示代表 DNS 服务器的图标和计算机的名称，如图 10-7 所示。

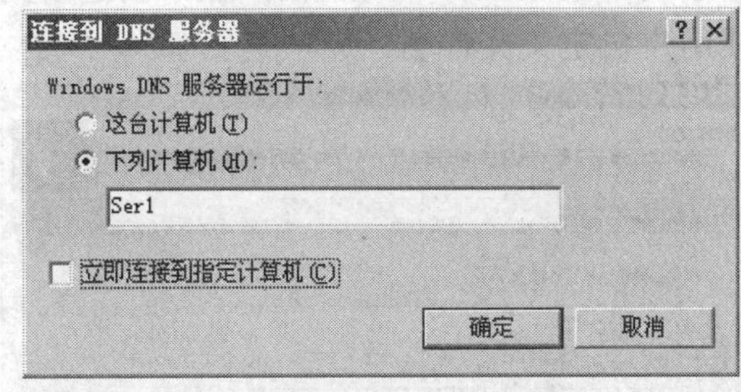

图 10-6　"选择目标计算机"对话框

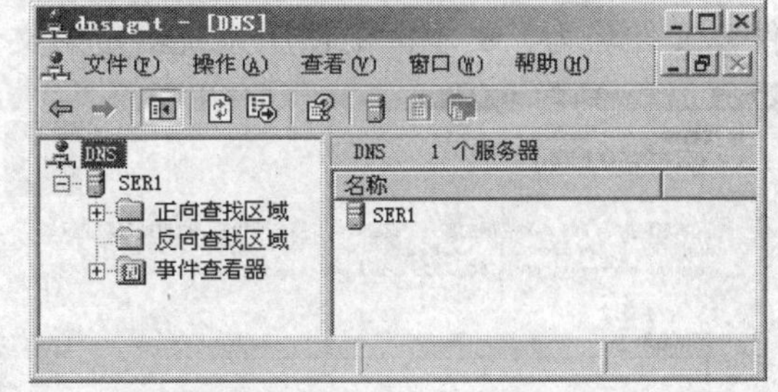

图 10-7　DNS 服务器管理控制台窗口

10.1.3　创建正向与反向查找区域

创建一个 DNS 服务器，除了需要计算机硬件外，还需要建立一个新的区域即一个数据库才能正常运作。该数据库的功能是提供 DNS 名称和相关数据（例如 IP 地址或网络服务）间的映射。该数据库中存储了所有的域名与对应 IP 地址的信息，网络客户机正是通过该数据库的信息来完成从计算机名到 IP 地址的转换。创建区域操作步骤如下。

1. 创建正向查找区域

（1）在 DNS 控制台窗口中，执行“操作”→“创建新区域”命令，打开“欢迎使用创建新区域向导”对话框。

（2）单击“下一步”按钮，打开如图 10-8 所示的“区域类型”对话框。

（3）在“区域类型”对话框中有 3 个选项，分别是：主要区域、辅助区域、存根区域。用户可以根据区域存储和复制的方式选择一个区域类型。如果用户希望新建的区域使用活动目录，可选择“在 Active Directory 中存储区域”。此处选择“主要区域”。

（4）单击“下一步”按钮，打开如图 10-9 所示的“正向或反向查找区域”对话框。

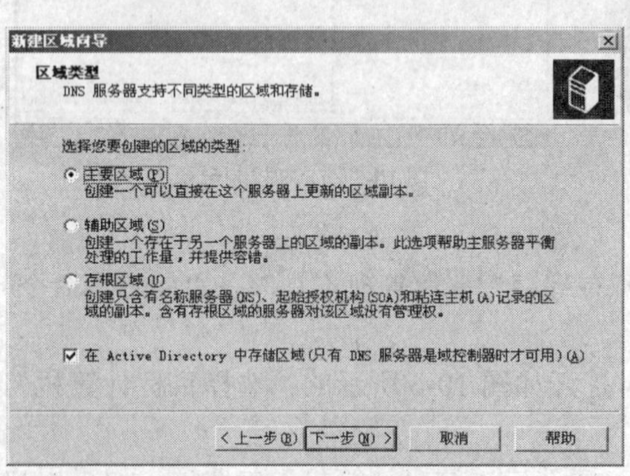

图 10-8 “区域类型”对话框

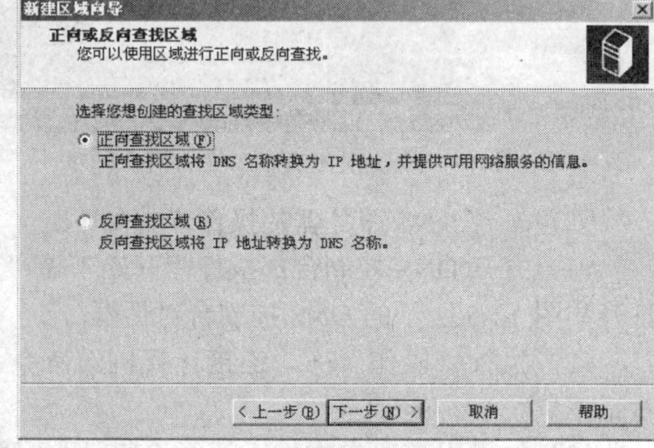

图 10-9 “正向或反向查找区域”对话框

（5）在“正向或反向查找区域”对话框中，用户可以选择“反向查找区域”或“正向查找区域”单选项。如果用户希望把名称映射到 IP 地址并给出提供的服务信息，应选定“正向查找区域”单选项。如果用户希望把计算机的 IP 地址映射到用户容易记忆的域名，应选定“反向查找区域”单选项。选择“正向查找区域”单选项，单击“下一步”按钮，打开如图 10-10 所示的“区域名称”对话框。

（6）单击“下一步”按钮，打开如图 10-11 所示的“区域文件”对话框，在“创建新文件，文件名为”文本框中使用系统给定的文件名或用户自定义文件名。

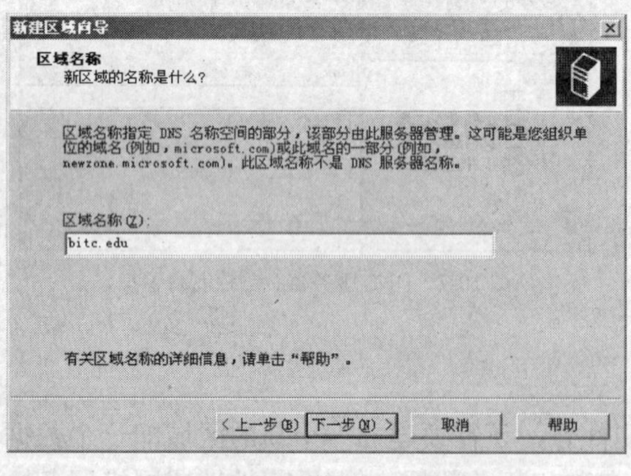

图 10-10 “区域名称”对话框

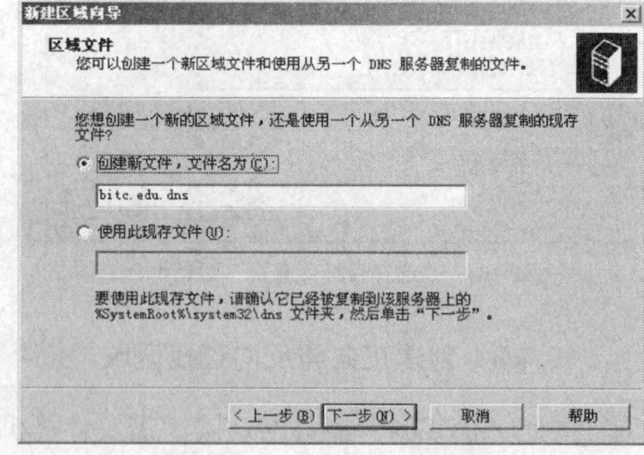

图 10-11 “区域文件”对话框

（7）单击“下一步”按钮，打开如图 10-12 所示的“动态更新”对话框，其中有两个选项，“允许非安全和安全动态更新”和“不允许动态更新”，用户可以根据站点的安装要求选择其中一项。

（8）单击“下一步”按钮即可完成正向查找区域的创建，结果如图 10-13 所示窗口。

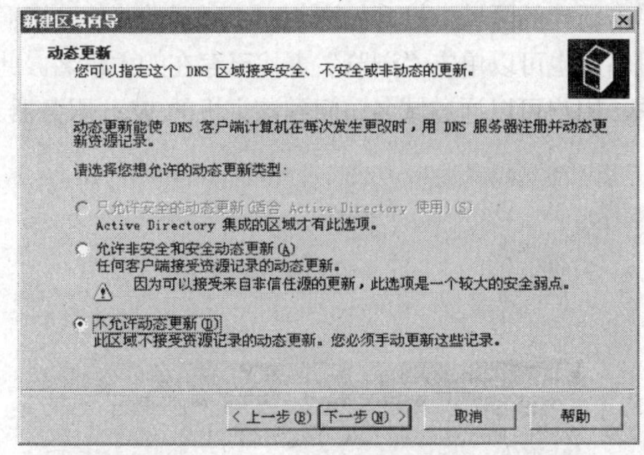

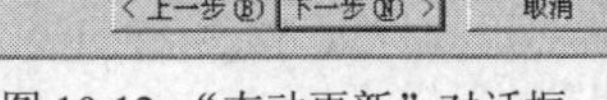

图 10-12　“态动更新”对话框

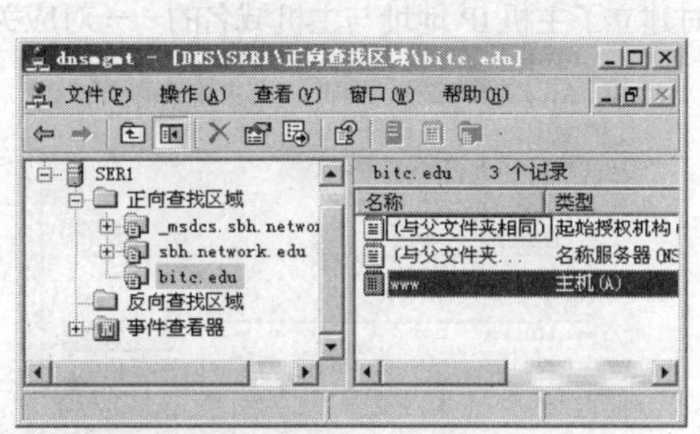

图 10-13　创建完成的正向区域

（9）完成了区域的创建之后，DNS 服务器还不能向因特网用户提供域名解析的功能，还必须创建该区域对应的主机。创建方法为，用鼠标右键单击新建的区域，打开如图 10-14 所示的“新建主机”对话框，输入主机的名称和 IP 地址，单击“添加主机”按钮，系统将提示“创建了主机记录 www.bitc.edu”。

2. 创建反向查找区域

（1）在如图 10-9 所示的“正向或反向查找区域”对话框中选择“反向查找区域”，单击“下一步”按钮，打开如图 10-15 所示的“反向查找区域”对话框。

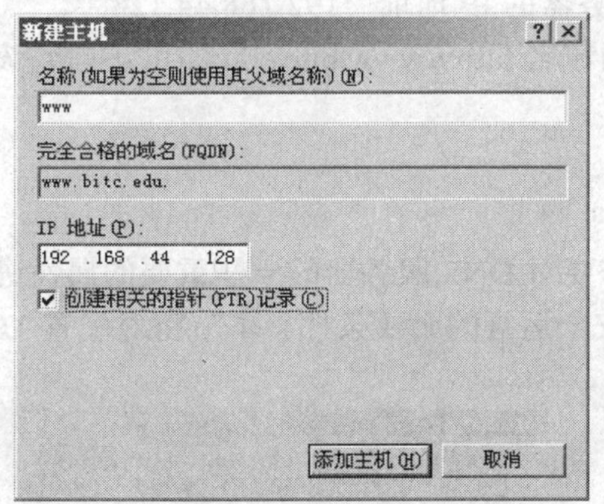

图 10-14　“新建主机”对话框

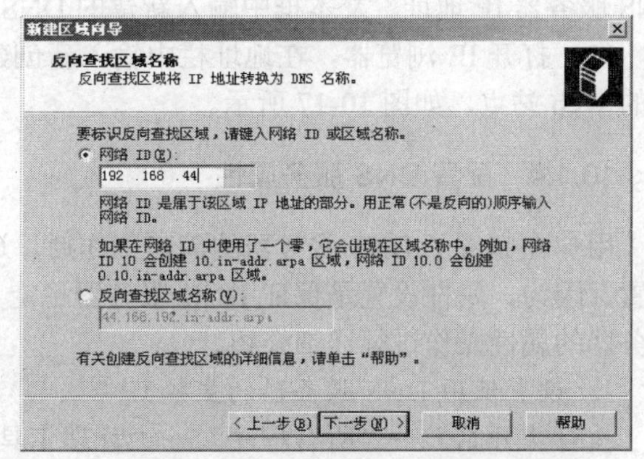

图 10-15　“反向查找区域”对话框

（2）在默认情况下，用户只需要在“网络 ID”文本框中输入正确的 IP 地址 192.168.44.。如果不希望使用系统默认的反向查找区域的名称，可以单击“反向查找区域名称”单选项，然后在文本框中输入名称。

（3）单击“下一步”按钮，打开　“正在完成新建区域向导”对话框。

（4）在对话框中显示了用户对新建区域进行配置的信息，如果用户认为某项配置需要调整，可单击“上一步”按钮返回到前面的对话框中重新配置。如果确认了配置正确的话，可单击“完成”按钮。

（5）新建区域向导提示用户新区域已经创建成功。用户可单击“确定”按钮完成所有创建工作。再次打开 DNS 控制台对话框，单击“服务器”根节点展开该节点，然后单击“反向查找区域”节点展开该节点，用户可以看到新建的区域显示在反向查找区域节点的下面。

（6）在新建的反向查找区域中用鼠标右键单击新建的区域，打开如图10-16所示的“新建资源记录”对话框，输入主机IP地址的主机号和主机名，也可以单击“浏览”查找已存在的主机名。此时建立了主机IP地址与主机域名的一一对应关系，用户可以通过域名访问到该主机的Web服务器。

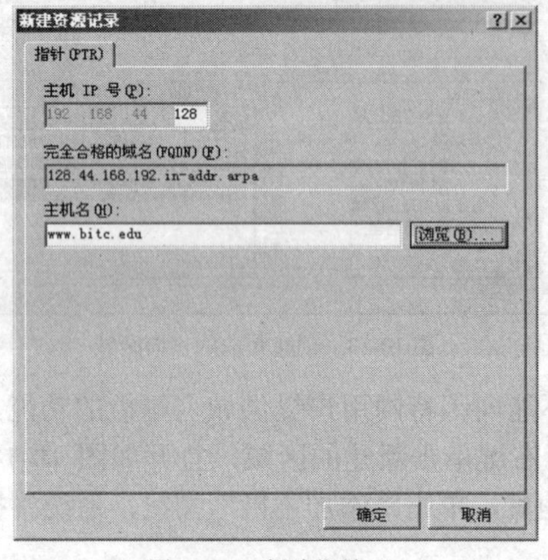

图10-16　新建指针

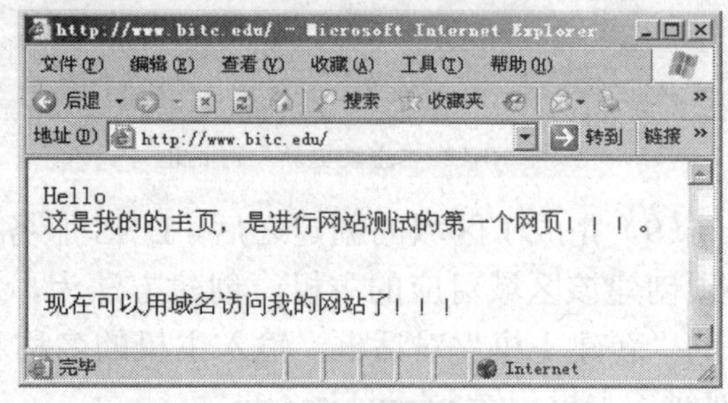

图10-17　通过域名访问到的Web站点

3．测试DNS服务器

（1）客户机配置。在客户机“Internet 协议（TCP/IP）属性”对话框中，在“使用下面DNS服务器IP地址”文本框中输入新建的DNS服务器的IP地址“192.168.44.128”。

（2）打开IE浏览器，在地址栏中输入新创建的域名http://www.bitc.edu即可访问到该主机的Web站点，如图10-17所示。

10.1.4　配置DNS服务属性

用户在完成了DNS服务器的创建工作后，还需要对DNS服务器的一些重要的属性进行设置。因为，属性设置是保证DNS服务器稳定、安全运行的必要条件。本节将对配置DNS服务器的属性操作进行详细介绍。

1．设置使用DNS服务器的主机IP

执行“开始”→“所有程序”→“管理工具”→“DNS”命令，打开DNS控制台对话框后，在“DNS”对话框中的左窗格中选定服务器“SER1”，执行“操作”→“属性”命令，打开如图10-18所示的DNS服务器“SER1属性”对话框，默认显示“接口”选项卡。

在“接口”选项卡中用户可以选择对DNS请求进行服务的IP地址。有两种服务器侦听方式供用户选择，所有IP地址和只在下列IP地址。如果用户选定“所有IP地址”单选框，则服务器可以侦听所有为计算机定义的IP地址。如果用户选定“只在

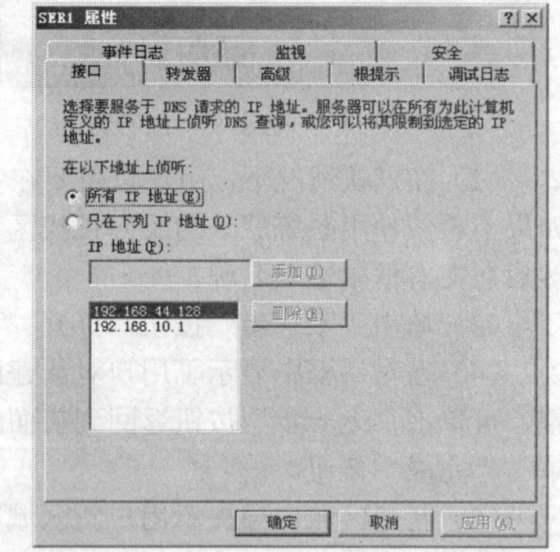

图10-18　DNS服务器“属性”对话框

下列 IP 地址”单选框，则可以在下面的地址文本框中输入指定的 IP 地址，然后单击“添加”按钮即可将该地址添加到下面的指定地址列表框中。

2. 设置 DNS 服务器的高级选项

在“SER1 属性”对话框中单击“高级”选项卡，如图 10-19 所示。在“高级”选项卡中包含有许多有关 DNS 服务器的高级选项。用户可以在“服务器选项”列表框中选定某高级选项旁边的复选框，以此来启用该功能。而在“名称检查”下拉列表框中用户可以选择名称检查的方式。其中用户可选择的名称检查方式包括严格的 RFC（ANSI）、非 RFC（ANSI）和多字节（UTF8）。

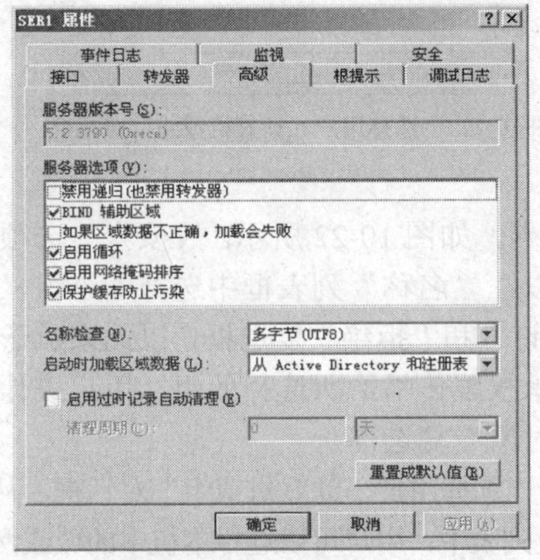

图 10-19 “高级”选项卡

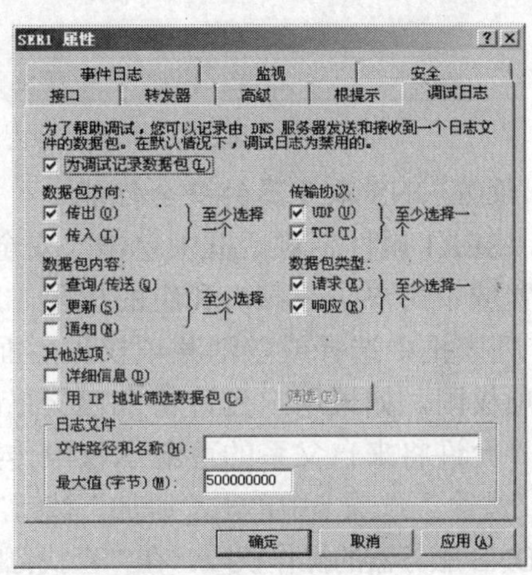

图 10-20 “调试日志”选项卡

如果用户希望自己指定系统的启动方式，可通过“启动时加载区域数据”下拉列表框进行选择。用户可选择的启动方式有：从注册表启动、从文件启动和从 DNS 启动。如果用户希望恢复系统默认的高级选项设置，可单击“重置成默认值”按钮。

3. 设置 DNS 服务器日志文件

在“SER1 属性”对话框中选择“调试日志”选项卡，如图 10-20 所示。

“调试日志”选项卡的作用是帮助用户启用某项调试日志记录的功能。用户可以选择“为调试记录数据包”复选框，并从下面的选项中选择数据包的方向、数据包的内容、及其他选项，并设置日志文件的保存路径和最大字节数。单击“确定”，系统会将调试的日志信息保存在日志文件中。

4. 设置监视 DNS 服务器运行状况

在“SER1 属性”对话框中单击“监视”选项卡，如图 10-21 所示。“监视”选项卡主要用来帮助用户选择监视 DNS 服务器运行状况的方式。用户可以选择“对此 DNS 服务器的简单查询”和“对此 DNS 服务器的递归查询”复选框，以便使用这两种方式来监视 DNS 服务器的运行状况，如果用户选定这两种监视方式后单击“立即测试”按钮，则“测试结果”列表框中将显示这两种监视方式的测试结果。如果列表框中显示结果为“PASS”则表示 DNS 服务器运行正常，如果结果为“FALL”，则表示 DNS 服务器运行失败。

用户还可以选定“以下列间隔进行自动测试”复选框，并在“测试间隔”文本框中输入系统自动测试的时间间隔数值，最后在下拉列表框中选择一种时间单位，则系统将按用户设定的时间间隔对 DNS 服务器进行测试。

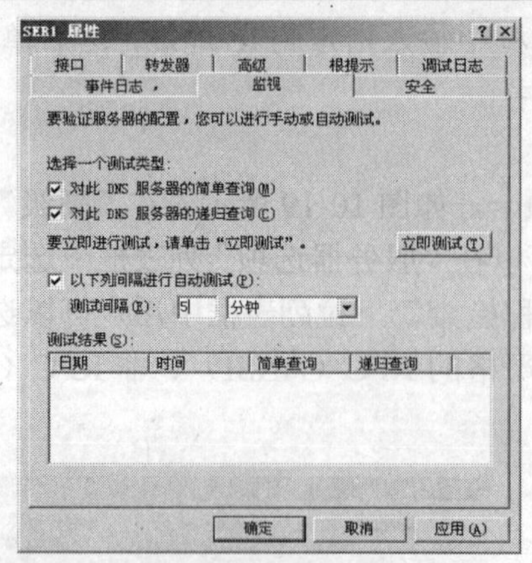

图 10-21 “监视”选项卡

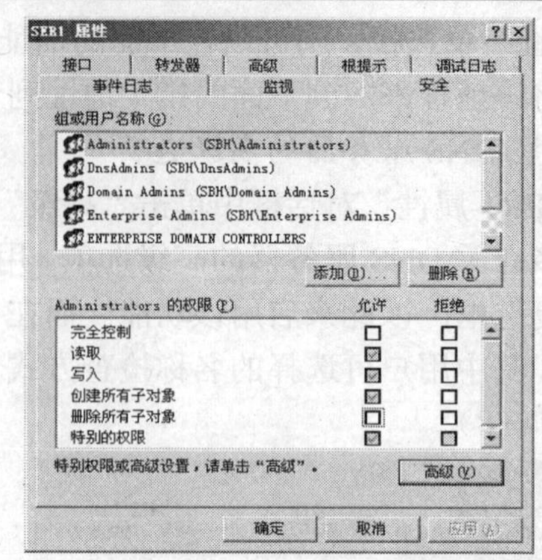

图 10-22 “选择用户、计算机或组”对话框

5. 设置DNS服务器的安全性能

在“SER1属性”对话框中单击“安全”选项卡，如图10-22所示。“安全”选项卡主要用来设置域中用户、计算机和组的权限。用户可以在“名称”列表框中选择一个组，然后在“权限”列表框中选择或取消某项权限后面的“允许”和“拒绝”复选框，以此来赋予或取消该组某项权限。如果用户允许将来自父系的可继承权限传播给所选择的组、用户或计算机，可选择“允许将来自父系的可继承权限传播给该对象”复选框。

在“安全”选项卡中单击“添加”按钮，将打开“选择用户、计算机或组”对话框，从中选择用户对DNS服务器的操作权限。在“查找范围”下拉列表中，用户可以选择本机中的域或网络中某个域作为设置对象。域中的所有组、用户和计算机的名称和所在的文件夹信息将显示在列表框中。

用户还可以在列表框中选择一个组，然后在“组或用户名称”文本框中输入希望添加到该组的用户、计算机或组的名称，单击“添加”按钮后，所添加的用户、计算机或组将成为选择组的成员。同时添加的用户、计算机或组会继承选择组的所有权限。另外，作为成员的用户、计算机或组的名称和所在文件夹的信息会显示在列表框中。

当用户希望将某个组从计算机中删除时，可在“组或用户名称”列表框中选定该组，然后单击“删除”按钮即可。

单击“高级”按钮，会打开如图10-23所示的“Microsoft DNS的高级安全设置”对话框，用户可以设置用户的权限、查看审核情况、变更所有者、设置用户和组的有效权限。

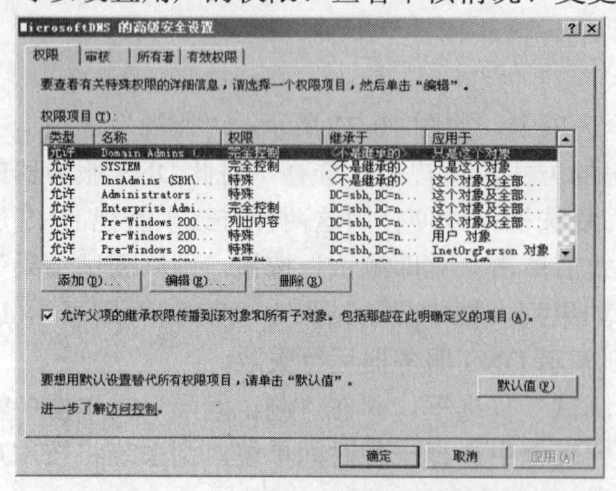

图 10-23 “Microsoft DNS的高级安全设置”对话框

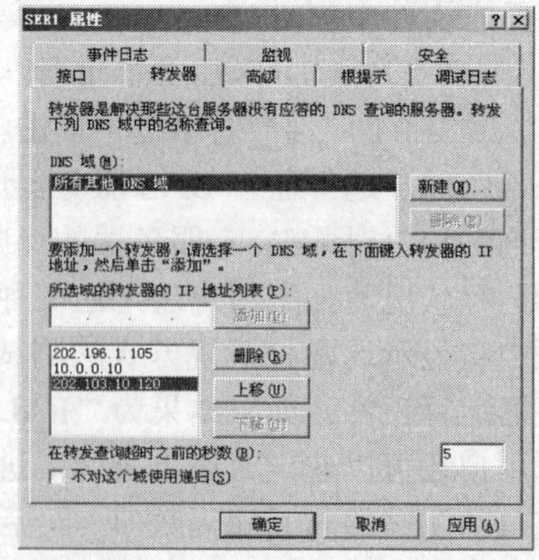

图 10-24 设置DNS转发器

6. 设置转发器

网络上每一台 DNS 服务器都保存着一个 IP 地址和域名对应的数据库，用于对网络中域名的解释，但 Internet 上域名不计其数，每一台 DNS 服务器都不可能完成所有域名的解释，当 DNS 服务器无法提供客户机需要的查询数据时，可以通过一台有转发器功能的 DNS 服务器，转发用户的查询到其他 DNS 服务器上进行递归查询，此时必须设置该服务器可以使用该转发。

选择“SER1 属性”的“转发器”选项卡，如图 10-24 所示。

在“DNS 域”列表框中，选择“所有其他 DNS 域”，在“所选域的转发器的 IP 地址列表”列表框中，输入能进行 DNS 查询转发的 DNS 服务器的 IP 地址，单击“确定”按钮即可完成 DNS 转发器的设置。

10.1.5 删除 DNS 服务器

配置好服务器的各项功能后，用户可能遇到这样的情况，即创建的 DNS 服务器不能正常运行，需要将它删除以便创建新的 DNS 服务器。在如图 10-13 所示的“DNS”对话框的左窗格中选择服务器“SER1”选项，执行“操作”→“删除”命令，便会出现“DNS”对话框，系统询问用户是否确实要删除服务器 SER1，单击“确定”按钮后该服务器将被系统从服务器列表中删除。

10.2 配置 DHCP 服务器

DHCP（Dynamic Host Configuration Protocol）服务器的主要作用是为网络客户机分配动态的 IP 地址，用于减少网络客户机 IP 地址配置的复杂度和管理开销。这些被分配的 IP 地址都是 DHCP 服务器预先保留的一个由多个地址组成的地址集，它们一般是一段连续的地址（除了管理员在配置 DHCP 服务器时排除的某些地址）。当网络客户机请求临时的 IP 地址时，DHCP 服务器便会查看地址数据库，以便为客户机分配一个仍没有被使用的 IP 地址。本节介绍一些有关 DHCP 服务方面的内容以及如何配置一台 Windows Server 2003 下的 DHCP 服务器。

10.2.1 DHCP 服务器的定义与作用

在网络管理中，为网络客户机分配 IP 地址是网络管理员的一项复杂的工作。由于每个客户计算机都必须拥有一个独立的 IP 地址，以免出现重复的 IP 地址而引起网络冲突，因此，分配 IP 地址对于一个较大的网络来说是一项非常繁杂的工作。

在网络中部署 DHCP 服务器的整个过程可以自动完成。DHCP 是 TCP/IP 通信协议中的一个标准，用来暂时指定某一台计算机 IP 地址的通信协议。使用 DHCP 时必须在网络上有一台 DHCP 服务器，而其他计算机执行 DHCP 客户端。DHCP 服务器拥有一个 IP 地址池，当任何启用 DHCP 的客户机登录到网络时，可从它那里租借一个 IP 地址。因为 IP 地址是动态的而不是静态的，不使用的 IP 地址就自动返回地址池供再分配。

通常为网络主机分配 IP 地址有以下 3 种方式。

（1）固定的 IP 地址，每一台计算机都有各自固定的 IP 地址，这个地址是固定不变的，适合区域网络当中每一台工作站的地址，除非网络架构改变，否则这些地址通常可以一直使用下去。

（2）动态分配，每当计算机需要存取网络资源时，DHCP 服务器才给予一个 IP 地址，但是当计算机离开网络时，这个 IP 地址便被释放，可供其他工作站使用。

（3）由网络管理者以手动的方式来指定。若 DHCP 配合 WINS 服务器使用，则计算机名称与 IP 地址的映射关系可以由 WINS 服务器来自动处理。

10.2.2 DHCP 服务器的新特性

在 Windows Server 2003 中的 DHCP 服务器除了继承了已有的功能与特性外，又增加了许多新的功能与特性，从而进一步完善了 DHCP 服务器为网络客户机动态分配 IP 地址的强大功能。Windows Server 2003 中的 DHCP 服务器具有如下新特性。

1. 自动分配 IP 地址

如果 DHCP 服务器不能提供出租，则网络上已启用 DHCP 用户现在可以使用临时 IP 配置。客户可以每 5min 持续联系一次 DHCP 服务器，要求有效的出租。自动分配对用户总是可见的，如果客户不能从 DCHP 服务器获得出租，则不提醒客户。地址从网络地址范围中分配，它是为专用 TCP/IP 使用保留的，并不在因特网上使用。

2. 增强性能监视和服务器报告能力

Windows Server 2003 服务器增加了新的系统监视器计数器，以便监视用户网络中 DHCP 服务器的性能。没有运行 DHCP 服务器，IP 客户会丧失部分或全部的访问网络的能力。因此，监视 DHCP 服务器是相当重要的。

DHCP 管理器提供增强的服务器报告，通过图形显示服务器、作用域和客户的状态。例如，用各种新的可视图标显示服务器或作用域是否连接或断开。当作用域已经出租了可用地址的 90%时，出现警诫信号。

3. 组播作用域和超级域的增强支持

DHCP 服务器现在支持附加域，可使用它来优化对 IP 配置的管理。为了参加多址广播组，新的多址广播域允许启动 DHCP 的客户租赁 D 类的 IP 地址（224.0.0.0～239.255.255.255）。超级作用域（Windows NT 4.0 以后版本）对于创建管理成员域的组是有用的。当想要重新编号或扩展 IP 地址空间，但不干扰当前活动的作用域时，就可使用超级域。

4. 支持用户指定和供应商指定的 DHCP 选项

允许有相似或特定配置需求的客户机隔开和分配其选项。例如，可以给具有相同权限和功能的所有启动 DHCP 服务的客户分配相同的选项类。可以使用此类（配置有相同 DHCP 类 ID 值）在租赁过程中分配其他选项数据，替代所有作用域或全局默认选项。在此情况下，适合相同网络位置（诸如指定默认网关和父域名）的一系列类成员客户的选项被申请为指定类选项。

5. DHCP 服务器和 DNS 服务器一体化

DHCP 服务器可以为支持更新的任何客户，启动 DNS 服务器名字空间的动态更新。域客户可以使用动态 DNS 服务器来更新主名称地址映射信息（存储在 DNS 服务器带），而不管 DHCP 服务器分配地址发生了什么改变。

6. 检测恶意 DHCP 服务器

该功能可以防止未授权的 DHCP 服务器加入现有的网络中，因为 DHCP 客户在系统启动时，使用受限的网络广播来发现 DHCP 服务器。此特征防止恶意（未授权）DHCP 服务器加入现有的 DHCP 网络。此网络使用 Windows Server 2003 和活动目录。

使用在目录服务中创建的 DHCP 服务器对象执行服务器检测。此对象列出了授权向网络提供 DHCP 服务的服务器 IP 地址。

当 DHCP 服务器试图在网络上启动时，查询目录服务，将服务器计算机的 IP 地址与授权的 DHCP 服务器列表相比较，如果找到匹配的，服务器计算机被授权为 DHCP 服务器；如果没找到匹配的，服务器不被授权并认为是恶意的。在此情况下，恶意服务器上的 DHCP 服务在导致网络问题之前被自动关闭。

7. 对 BOOTP 客户的动态支持

BOOTP 是对 BOOTP 协议的扩展，它允许 DHCP 服务器不必使用明确固定的地址配置来配置 BOOTP 客户。通过添加动态 BOOTP，DHCP 服务器对大型企业网中的 BOOTP 客户提供进一步支持。此特征使大型 BOOTP 的管理更容易，它允许按与 DHCP 服务器相同的方式来动态分配 IP 地址，而不必改变用户方的行为。

8. 对 DHCP 管理器的只读控制台访问

该功能提供了一个特殊目的本地用户组，即 DHCP 用户组，当 DHCP 服务器安装时它会自动添加。通过添加成员到组中，利用 DHCP 管理器控制台，可以提供对在非管理员计算机上的与 DHCP 服务有关的信息的只读访问，即允许具有本地组成员身份的用户查看，但不能修改存储在指定 DHCP 服务器上的信息和属性。

10.2.3 创建 DHCP 服务器

创建一台 DHCP 服务器首先要做的工作便是为 DHCP 服务器指定一台计算机作为服务器的硬件设备。在 Windows Server 2003 下，通常会选择将本机指定给 DHCP 服务器。因此，用户可以将本机的 IP 地址或计算机名称指定给 DHCP 服务器，当 DHCP 服务器需要数据运算或为网络客户机动态分配 IP 地址时便会与该计算机硬件建立连接并启用所需设备完成各项服务功能。具体添加 DHCP 服务器的操作步骤与添加 DNS 服务器的操作步骤相同，在图 10-3 所示的“网络服务”对话框中选择“动态主机配置协议（DHCP）”复选框，单击“确定”按钮即可根据向导完成 DHCP 服务器的安装。

安装了 DHCP 服务器之后，在管理工具菜单中即会看到增加了 DHCP 子菜单项。具体创建 DHCP 服务器操作步骤如下。

（1）执行“开始”→“所有程序”→“管理工具”→“DHCP”命令，打开如图 10-25 所示的 DHCP 控制台对话框。

（2）鼠标右键单击 DHCP 控制台对话框左窗格中的“DHCP”图标，在弹出的快捷菜单中选择“添加服务器”选项。打开如图 10-26 所示的“添加服务器”对话框。

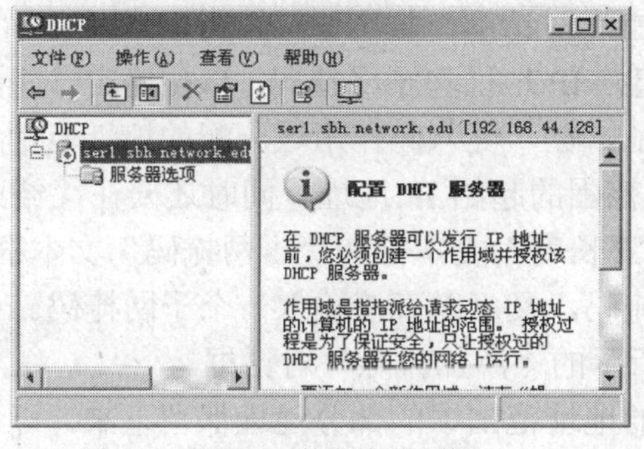

图 10-25　DHCP 控制台对话框

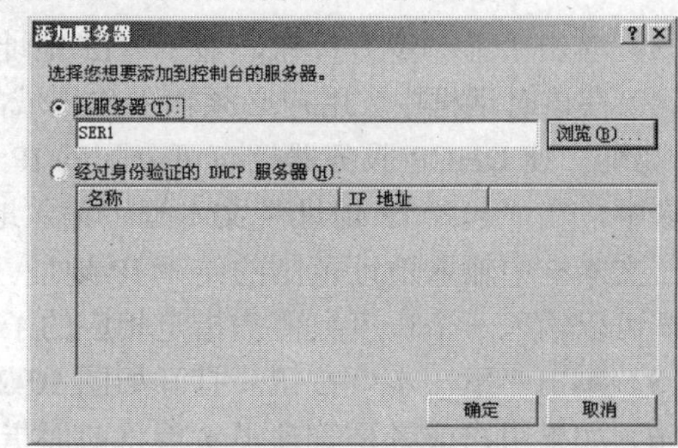

图 10-26　“添加服务器”对话框

（3）在“此服务器”文本框中输入“SER1”作为 DHCP 服务器的名称，或单击“浏览”

按钮，选择网络中的已安装了DHCP服务的主机，单击“确定”按钮，回到DHCP控制台对话框，此时会显示被添加的DHCP服务器的主机名。

（4）如果网络中还有其他的DHCP服务器，用鼠标右键单击“DHCP”图标，在弹出的快捷菜单中选择“管理授权服务器”选项，打开“管理授权的服务器”对话框，添加被授权的DHCP服务器。即可添加DHCP服务器。

（5）鼠标右键单击Ser1服务器，在弹出的菜单中选择“授权”选项，则图10-25中服务器的红色向下箭头标志立即更改为绿色向上的箭头标志。

10.2.4 创建作用域

完成一台DHCP服务器的创建工作，除了要为DHCP服务器指定一台计算机，还需要为该服务器创建一个作用域。创建作用域的主要目的是为服务器指定一段连续的IP地址集，DHCP服务器正是将这些地址分配给网络客户机作为它们的动态IP地址。因此，没有预先保留的地址，DHCP服务器也就无法进行地址分配了。创建DHCP作用域的操作步骤如下。

（1）在DHCP控制台窗口中的左窗格中用鼠标右键单击新建的DHCP服务器“SER1.ser1.sbh.network.edu[192.168.44.128]”，从弹出的快捷菜单中选择“新建作用域”选项，打开“欢迎使用新建作用域向导”对话框。

（2）单击“下一步”按钮，打开如图10-27所示的“作用域名”对话框，在“名称”文本框中输入该作用域名称，然后在“描述”文本框中输入该作用域的描述性文字。这里分别输入“MYDHCP”和“这是我创建的第一个DHCP作用域”。

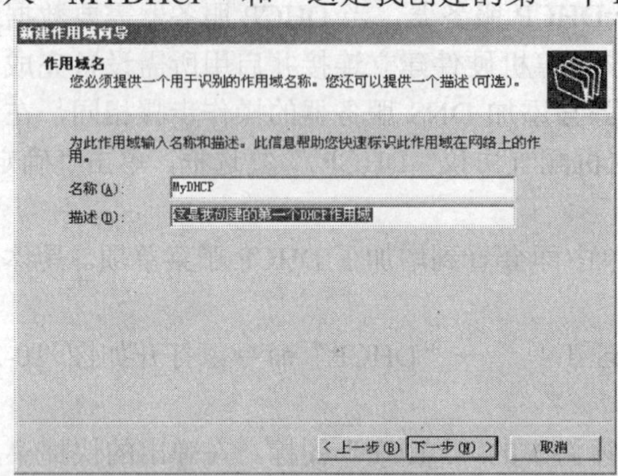

图10-27 “作用域名”对话框

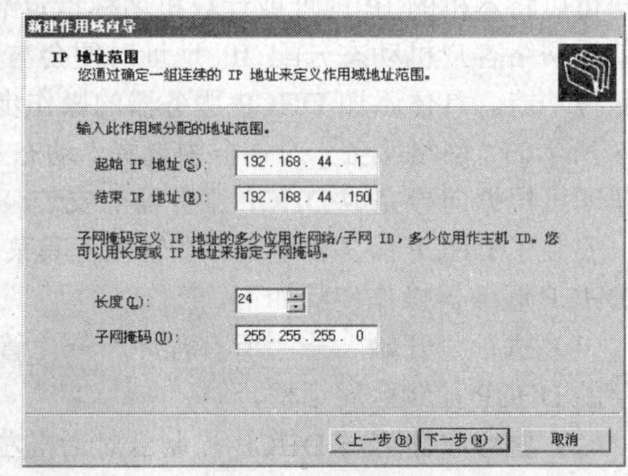

图10-28 “地址范围”对话框

（3）单击“下一步”按钮，显示“IP地址范围”对话框，如图10-28所示。

（4）在该对话框中，用户必须输入作用域的起始IP地址和子网掩码，以便确定一组连续的IP地址，使DHCP服务器拥有可分配的IP地址。在“键入此作用域分配的地址范围”选项区域中，在“起始IP地址”文本框中输入地址范围的起始IP地址，同时还要在“结束IP地址”文本框中输入地址范围的结束IP地址。在“长度”文本框和“子网掩码”文本框中，用户既可以输入一个长度数值来指定相应的子网掩码，又可以直接输入一个子网掩码。

（5）单击“下一步”按钮，打开如图10-29所示的“添加排除”对话框。

（6）如果用户或者是管理员希望将前面指定的地址范围中的部分地址保留下来，即服务器不将这部分地址分配给客户端计算机时，用户或管理员可以在“排除范围”选项区域中的“起始IP地址”文本框中输入想要排除范围的起始的IP地址，在“结束IP地址”文本框中输入结束的 IP 地址。在输入了起始和结束地址后，用户单击“添加”按钮，排除范围的起始地址的数值将显示在“排除的地址范围”列表框中。如果用户还要排除另外的地址范围，可以重复添加操作。如果输入的地址范围有误，需要重新指定排除范围的话，可以在“排除的地址范围”列表框中选定错误的地址，单击“删除”按钮将该地址删除。

（7）用户确认了输入的排除范围数值正确后，单击“下一步”按钮，打开如图 10-30 所示的“租约期限”对话框。

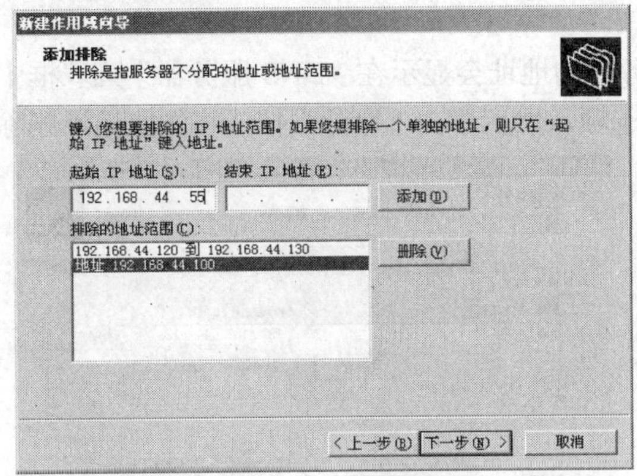

图 10-29 “添加排除”对话框

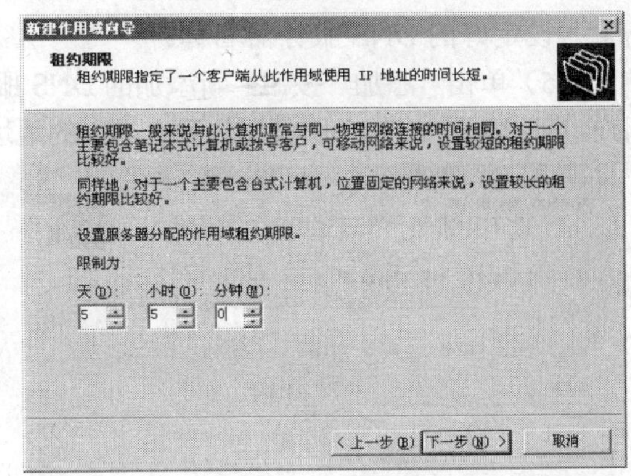

图 10-30 “租约期限”对话框

（8）在该对话框中用户需指定一个客户机从 DHCP 服务器租用一个地址后能够使用多长时间。用户可以在“限制为”选项区域中，“天”、“小时”和“分钟”微调器中具体指定客户机使用地址时间的长短。

（9）用户指定了租约期限后，单击“下一步”按钮，打开如图 10-31 所示的“配置 DHCP 选项”对话框。

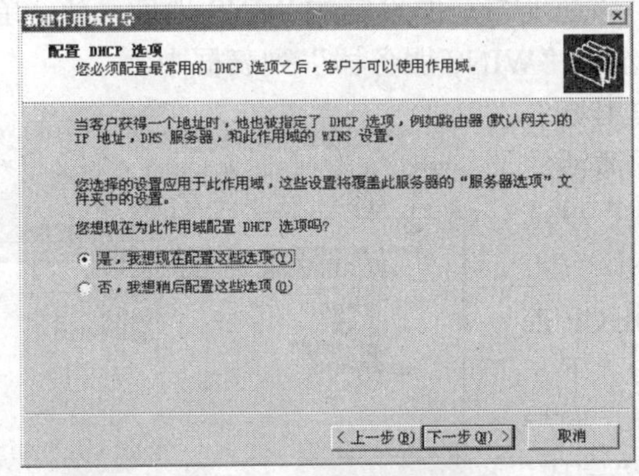

图 10-31 “配置 DHCP 选项”对话框

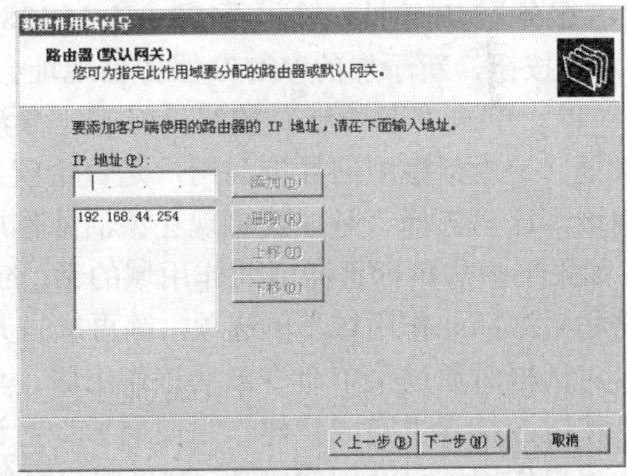

图 10-32 “路由器（默认网关）”对话框

（10）对话框中向导提示用户，DHCP 服务器给客户机分配 IP 地址的同时还会将相关的例如网关、DNS 服务器和 Windows Internet 命名服务器设置提供给客户机。如果用户想立即配置最常用的 DHCP 选项，可选定“是，我想现在配置这些选项”单选项。如果用户准备以后再进行配置的话，可选定“否，我想稍后配置这些选项”单选项。

（11）推荐用户选择立即进行配置，然后单击“下一步”按钮，打开如图 10-32 所示的“路由器（默认网关）”对话框。

（12）用户可在“IP 地址”文本框输入与前面配置 TCP/IP 和安装活动目录时一致的网关地址，

然后单击“添加”按钮，IP地址将添加到“网关”列表框中。对于输入有误的网关或不想再使用的网关，用户可以在“IP地址”列表框中选择需要删除的网关，单击“删除”按钮将其删除。

（13）单击“下一步”按钮，打开如图10-33所示的“域名称和DNS服务器”对话框。

（14）在该对话框中，用户应在“父域”文本框中输入与前面配置活动目录时一致的域名称，输入“sbh.network.edu”。在“服务器名”文本框中，用户输入所在网络的DNS服务器的名称“Ser1”，如果正在配置的Windows Server 2003已经是一台DNS服务器的话，则需输入设定好的DNS服务器名称。

（15）单击“添加”按钮，新添加的DNS服务器的地址会显示在“DNS服务器”列表框中。用户也可以选定“DNS服务器”列表框中的地址选项，然后单击“删除”按钮将选定地址删除。

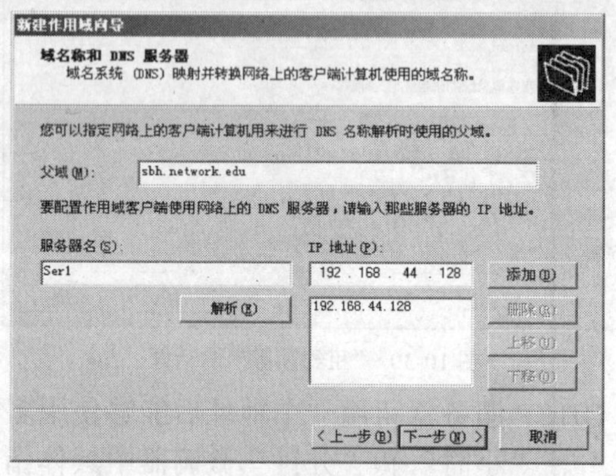

图10-33 “域名称和DNS服务器”对话框

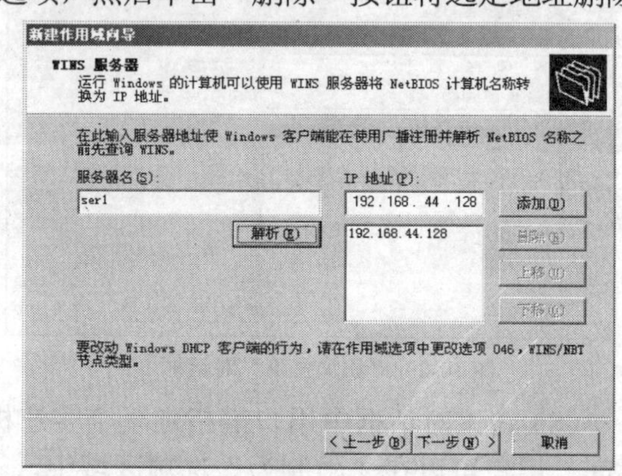

图10-34 “WINS服务器”对话框

（16）完成域名和DNS服务器地址的设置后，单击“下一步”按钮，打开如图10-34所示的“WINS服务器”对话框。在该对话框中，用户应在“IP地址”文本框中输入正确的WINS服务器IP地址，输入“192.168.44.128”，该地址与前面设定的WINS地址一致。单击“添加”按钮，新添加的WINS服务器地址会显示在“WINS服务器”列表框中。

（17）单击“下一步”按钮，打开“激活作用域”对话框。该对话框中向导询问用户是否希望立即激活此作用域，这里选择“是，我想现在激活此作用域”单选项。如果用户想稍后再激活此作用域的话，应单击“否，我将稍后激活此作用域”单选项，等再次打开DHCP控制台对话框时通过菜单命令激活该作用域。单击“下一步”按钮，打开“完成新建作用域向导”对话框。向导提示用户作用域已经创建成功，这里用户可单击“完成”按钮结束所有操作，返回DHCP控制台对话框后，如图10-35所示，会显示新创建的作用域。

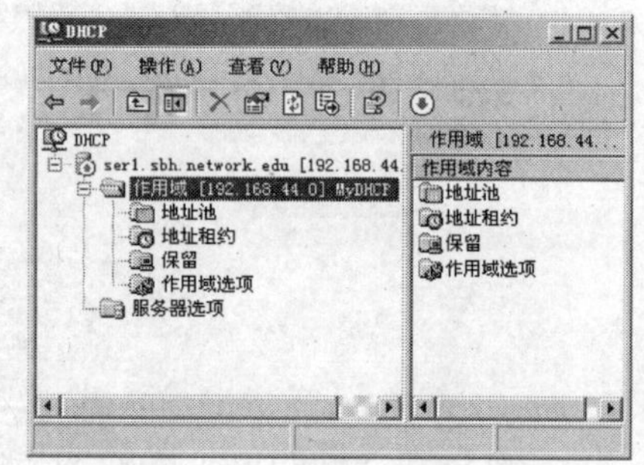

图10-35 创建完成的DHCP作用域

10.2.5 设置DHCP服务器属性

配置一台DHCP服务器的属性在创建该服务器的整个过程中是关键的工作。合适的属性配置能够保证该服务器正常、顺利地运行，也只有这样，DHCP服务器才能对客户机的地址请求作出应答，为客户机分配一个可用的动态IP地址。对DHCP服务器的属性中一些关键的项目合理地设置是用户最后完成创建一台DHCP服务器的必要工作。下面便来介绍如何对

DHCP 服务器的属性进行设置。

1. 设置服务器属性的常规选项

在 DHCP 控制台对话框中，选定服务器“ser1.sbh.network.edu[192.168.44.128]”，执行“操作”→“属性”命令，打开如图 10-36 所示的该服务器的属性对话框。

在“常规”选项卡中，用户可以选择“自动更新统计信息间隔”复选框，然后在“小时”、“分钟”微调器中任意调整统计信息的刷新时间间隔的数值。这样 DHCP 服务器将按用户设定的时间间隔数值自动统计信息。

如果用户希望每天都将服务器的活动记录到一个文件中，供解答用户有关服务的疑难问题，则可以选定“启用 DHCP 审核记录”复选框。另外，选定“显示 BOOTP 表文件夹”复选框，可以使用户在 DHCP 控制台窗口中查看到 BOOTP 文件夹。

2. 设置动态 DNS 选项

在选定的 DHCP 服务器的属性对话框中单击“DNS”选项卡，如图 10-37 所示。在“DNS”选项卡中，如果用户希望 DNS 服务器的正向和反向查找能够在客户从 DHCP 服务器那里获得租约时自动更新，可以选定“启用 DNS 客户信息的动态更新”复选框。

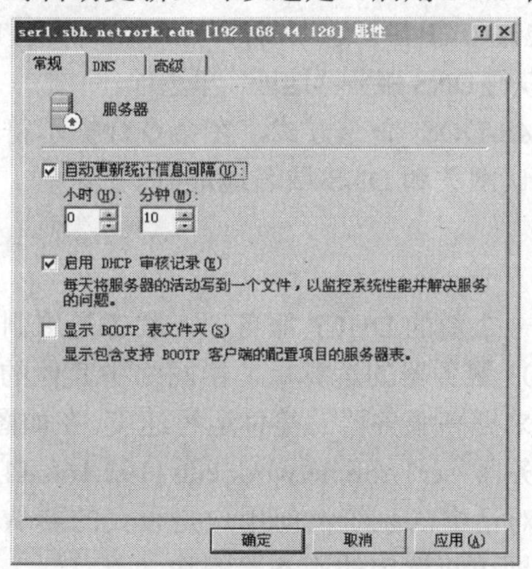

图 10-36 服务器的属性对话框

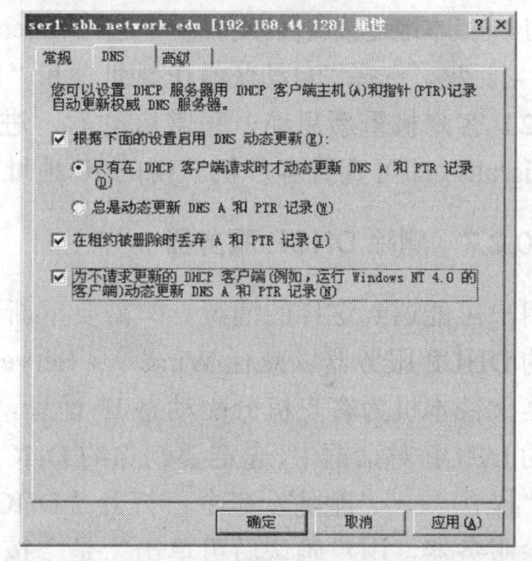

图 10-37 “动态 DNS”选项卡

启用该功能还包括两种可选的方式，根据客户请求更新方式和总是更新正向和反向查找方式。用户可以根据需要选定“只有在 DHCP 客户端请求时才动态更新 DNSA 和 PTR 记录”单选按钮或“总是动态更新 DNSA 和 PTR 记录”单选按钮中的一个，以便使用该方式启用 DNS 的客户信息更新功能。

如果用户希望 DNS 服务器在客户租约过期时取消对客户的正向查找，可选定“在租约被删除时丢弃 A 和 PTR 记录”复选框。若选定“为不请求更新的 DHCP 客户端动态更新 DNSA 和 PTR 记录”复选框，可以使 DNS 服务器对非动态的客户信息也能够进行自动更新。

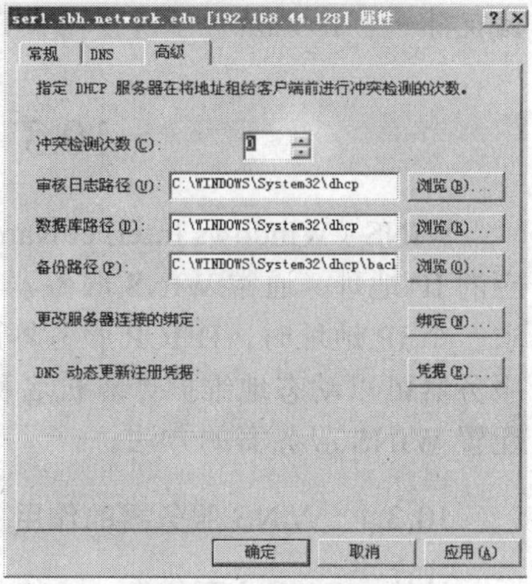

图 10-38 “高级”选项卡

3. 设置“高级”选项

在选定的DHCP服务器的属性对话框中单击“高级”选项卡，如图10-38所示。在“高级”选项卡中，如果用户希望在把IP地址租给客户之前，DHCP服务器能够对将要分配的IP地址进行一定次数的冲突检测，可以通过“冲突检测次数”微调器来调整冲突检测的次数，以使DHCP服务器按照指定的次数对IP地址进行检测。

如果用户希望更改DHCP中的数据库和审核文件在硬盘中的存储位置，可以分别在“审核日志路径”和“数据库路径”文本框中输入指定的完整路径。还可以单击“浏览”按钮，从打开的窗口中为审核文件或数据库选择一个存储路径。

如果用户需要更改DHCP服务器连接的绑定，可单击“绑定”按钮，系统会自动完成服务器连接的绑定。

10.2.6 测试DHCP服务器

完成了DHCP服务器作用域的配置之后，这台服务器就会在网络中起作用，网络中的客户机就可以从DHCP服务器上获取IP地址、域名、默认网关等IP地址配置信息。

（1）在“本地连接属性”对话框中选择“Internet协议（TCP/IP）”选项，打开“Internet协议（TCP/IP）属性”对话框，选择“自动获得IP地址”和“自动获得DNS服务器地址”单选项。

（2）客户机重新启动，正常启动后，进入MS-DOS命令方式，在命令行提示符下输入Ipconfig/all，即可查看客户机获得的IP地址、默认网关和DNS域名地址等。

10.2.7 删除DHCP服务器

用户可能遇到这样的情况，即需要重新创建一个新的DHCP服务器，或者是想删除已经建立的DHCP服务器以减轻Windows Server 2003服务器的运算量，由网络中其他的DHCP服务器代替本机为客户机分配动态IP地址，以此来提高服务器的整体运行速度。在如图10-34所示的DHCP对话框中，选定要删除的DHCP服务器“ser1.sbh.network.edu [192.168.44.128]”，执行“操作”→“删除”命令，打开“DHCP”对话框。系统询问用户是否真的要从控制台中删除服务器，用户确认后可单击“是”按钮，即可将选定的服务器删除。

说明：DHCP客户机通过配置网络属性中的自动获取IP地址即可在开机时从DHCP服务器获得一个IP地址、子网掩码和DNS服务器地址。

10.3 配置WINS服务器

WINS（Windows Internet Name Service）服务器用来将NetBIOS计算机名称转换为对应的IP地址。通常WINS服务器与DHCP服务器一起工作，当使用者向DHCP服务器要求一个IP地址时，DHCP服务器所提供的IP地址被WINS服务器记录下来，使得WINS服务器可以动态地维护计算机名称地址与IP地址的资料库。本节详细介绍WINS服务和配置WINS服务器的方法。

10.3.1 WINS服务器的作用

虽然TCP/IP主要依靠4个特定数字组成的IP地址来代表不同的计算机，但是它无法辨别计算机，不能使某台计算机的名称直接代表该 IP 地址，尤其是在使用 DHCP 服务器的网络中，TCP/IP 很难建立动态地址与计算机名称之间的对应关系。

WINS 服务器解决了上述问题。WINS 是客户机建立并使用的数据库。当客户机连接到网络之后，它将在 WINS 服务器中注册。WINS 服务器存储了客户系统的 NetBIOS 名称（例如东方）以及客户的 IP 地址。当网络上另一个为 WINS 服务器所配置的客户试图连接到 NetBIOS 名为“东方”的计算机时，因为“东方”已在 WINS 数据库中注册，WINS 服务器就能在其数据库中成功地找到其名称并找出“东方”计算机的 IP 地址，然后将该信息传递给最初发出请求的网络客户，网络客户利用 IP 地址连接到“东方”计算机。

目前 WINS 服务器所转换的最长名称为 15 个字长的 NetBOIS 名称。而且 WINS 服务器只有在 Windows Server 2003 和 Windows NT Server 版本才提供，而 Windows 98、Windows NT Workstation 则大多数是 WINS 的客户端。

为了让标志网络上计算机的友好名称在浏览器列表中列出，在使用 TCP/IP 时，有必要将 NetBIOS 命令调用封装到 TCP/IP 中。这种类型的封装称为 TCP/IP 之上的 NetBIOS(NBT)。根据网络的配置方式不同，NBT 使用不同的模式，可使用的模式主要包括以下 4 种。

1. b 节点

b 节点是利用广播来解析名称。判断地址的 b 节点方法利用广播获得或者解析客户地址。在网络中，假设客户计算机 A 利用 b 节点与客户计算机 B 连接，A 将开始发送广播，子网上的所有计算机都能够接收到。B 收到广播后，立即对广播作出反应，将 A 所要寻找的 IP 地址传送给 A，然后 A 将利用 IP 地址与 B 相连接。b 节点模式所使用的广播不能经过路由器来传送。为了能利用 TCP/IP 在广域网上浏览网络资源，有必要在网络上建立 WINS 服务器以解析地址。

2. p 节点

p 节点是利用名称服务器的点对点通信解析名称。在 p 节点环境中，所有的客户计算机都被配置成用 WINS 服务器注册，由 WINS 服务器负责将所有网络名称解析成 IP 地址。对于网络上能看到的机器，有必要为 WINS 配置每个系统。

3. m 节点

首先利用 b 节点，如果失败，则利用 p 节点来解析名称。m 节点是把 b 节点和 p 节点结合起来使用。在 m 节点环境中，系统首先要尝试使用 b 节点，利用广播来解析名称，如果 b 节点失败，将自动切换到 p 节点，利用名称服务器的点对点通信解析名称。很明显，使用 m 节点将增加信息流量。但是这种方法允许用户在广域网中通过路由器进行通信，其创建不必要的网络信息流量的选择，使得它不能成为一种优秀的方法。

4. h 节点

首先利用 p 节点进行名称查询，如果不能获得名称服务或者在 WINS 数据库中没有该名称，则使用 b 节点。h 节点是仍然使用 b 节点和 p 节点解析名称的一个标准，但它先使用 p 节点。这将减少整个网络的信息流量，因而更具有意义。

在 IP 解析时，如果 p 节点失败，h 节点将在利用 b 节点的同时继续问询 WINS 服务器，直到联机返回。此时 h 节点将切换回 p 节点以重新解析地址。

10.3.2 WINS 服务器的新特性

在 Windows Server 2003 中，WINS 服务器除了具备将 NetBIOS 计算机名称转换为对应的

IP 地址的功能，又增加了一些新的功能与特性，其中主要的新增特性有以下几项。

1. 永久连接

现在可以配置每个 WINS 服务器来维护与一个或更多的复制伙伴的持续连接。这加快了复制速度并消除了打开和中断连接的额外开支。

2. 手工设置删除记录

用户可手工标志一个记录以便最终删除该记录。记录的描述通过所有 WINS 服务器复制，这可以防止不同服务器数据库中的未删除副本再次被传播。

3. 改进管理实用程序

WINS 管理器控制台完全集成，是一个更友好和更强大的环境，可以自定义以便提高效益。所有在 Windows Server 2003 中使用的服务器管理实用程序都是控制台的一部分，它们遵循常用设计且更有预见性，非常易于学习和使用。

4. 增强筛选和记录搜索功能

增强的筛选和搜索功能有助于定位记录，它们只显示符合指定标准的记录。这些功能对于分析大型的 WINS 数据库非常有用。

5. 动态记录删除和多项选择

此特性有助于更轻松地管理 WINS 数据库。利用 WINS 的插件，可以轻松地指向、添加和删除一个或多个动态或静态类型的 WINS 项。当使用以前的基于命令的实用程序实现（例如 WINSCL）WINS 管理时，不能使用此功能。

6. 记录验证和版本号验证

此特性可快速检查在 WINS 服务器中存储和复制的名字的一致性。记录验证对由不同的 WINS 服务器进行的 NetBIOS 名称查询返回的 IP 地址进行比较。版本号验证检查用户地址与版本号映射表的对应关系。

7. 输出功能

用户可将 WINS 数据放在一个以逗号作为分界符的文本文件。可以将文件导出到 Microsoft Excel、报告工具、脚本程序，或者相似的程序中分析和报告。

8. 增强客户机容错能力

运行 Windows 2000 或 Windows 98 的客户对于每个接口可以指定远超过两个的 WINS 服务器（最大到 12 个地址）。只有主和次 WINS 服务器不能响应时，附加的 WINS 服务器才能使用。

9. 客户机的动态更新

WINS 客户使用 WINS 服务器重新注册 NetBIOS 名称后，不必重新启动计算机。NBTSTAT 命令包括一个新的选项 RR，它可提供此功能。如果升级到 Service Pack 4 或以后版本，运行 Windows NT 4.0 的 WINS 客户计算机也可以使用 RR 选项。

10. 控制台对 WINS 管理器的只读访问

此特性提供特殊目的的本地用户组，即 WINS 用户组，当安装 WINS 服务器时，它自动添加。添加成员到组中，对于非管理员可以通过 WINS 管理器控制台访问此服务器计算机中的与 WINS 相关的信息。这允许在组中具有成员身份的用户查看存储在指定 WINS 服务器中的信息和属性，但不能修改它。

10.3.3　添加 WINS 服务器

同 DNS、DHCP 服务器的创建过程相似，要创建一台 WINS 服务器首先也需要为该服务器指定一台计算机，这台计算机将作为完成数据运算和计算机名与 IP 地址的转换工作的硬件设备。在 Windows Server 2003 系统下，当用户将本机指定给 WINS 服务器时，系统会自动将 WINS 服务组件与用户的计算机硬件设备建立连接，由此便完成了为 WINS 服务器添加计算机的工作。添加 WINS 服务器方法与添加 DNS、DHCP 服务器的方法相同，在图 10-2 所示的“网络服务”对话框中选“Windows Internet 名称服务（WINS）”复选框，单击“确定”按钮即可按向导提示完成 WINS 服务器的安装。安装完成后在管理工具菜单项中会多出一个“WINS”子菜单项。具体创建 WINS 服务器操作步骤如下。

（1）执行“开始”→“所有程序”→“管理工具”→“WINS”命令，打开如图 10-39 所示的“WINS”管理控制台对话框。

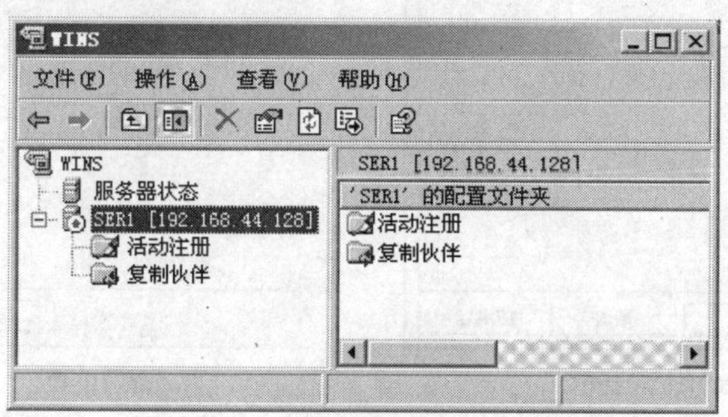

图 10-39“WINS”管理控制台对话框

（2）如果 WIN 服务器不显示在控制台目录树中，则用鼠标右键单击 WINS 根节点，从弹出的快捷菜单中选择“添加服务器”选项，打开如图 10-40 所示的“添加服务器”对话框。

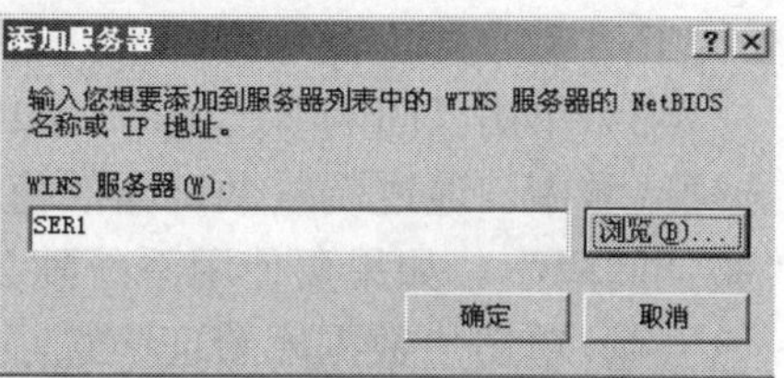

图 10-40　“添加服务器”对话框

（3）在“WINS 服务器”文本框中输入要添加到服务器列表中 WINS 服务器的 NetBIOS 名称 SER1 或 IP 地址，这里输入的是与上面配置 DNS 服务器和 DHCP 服务器过程中一致的 IP 地址，即 192.168.44.128。单击“确定”按钮，即可完成该服务器的添加。添加的服务器将出现在服务器列表中。

10.3.4　设置 WINS 服务器属性

创建 WINS 服务器，除了需要指定一台计算机作为该服务器的硬件设备，用户还需要对 WINS 服务器的属性进行一些相关的设置，例如指定 WINS 数据库的备份路径，指定 WINS 服务器统计数据自动更新的时间间隔，是否启用记录 WINS 数据库变化功能等。没有正确的属性设置，WINS 服务器的诸多功能便无法使用，这样的一台 WINS 服务器也就无法满足网络客户机的所有需要。设置 WINS 服务器属性操作的步骤如下。

（1）在图 10-39 所示的“WINS”管理控制台对话框中，在控制台目录树中，用鼠标右键单击要设置属性的 WINS 服务器，在弹出的快捷菜单中选择“属性”选项，打开如图 10-41 所示的该服务器的属性对话框。

（2）在“常规”选项卡中，选择“自动更新统计信息间隔”复选框，并在“小时”、“分钟”、“秒”微调器中设置时间间隔（一般要求时间间隔比较短）。这样，WINS 服务器就会自动按照管理员的设置定时对网络上的统计信息进行刷新。为了解决 WINS 数据库被损坏而导致网络注册信息丢失问题，管理员通过设置来备份 WINS 数据库。在“数据库备份”选项区域中，单击“浏览”按钮选择备份路径或者在“默认备份路径”文本框中直接输入备份路径“D:\网络操作系统”。

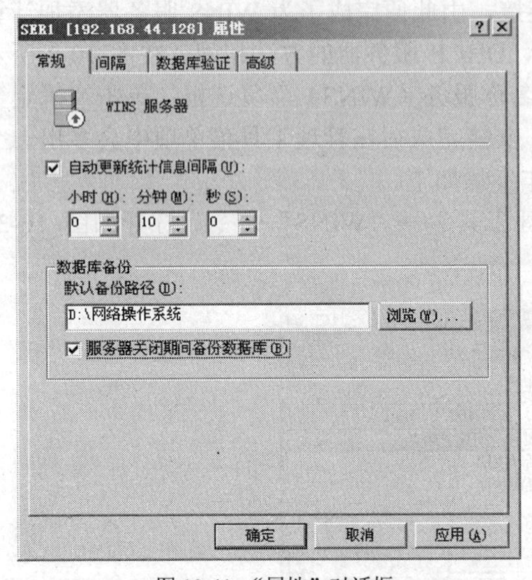

图 10-41 “属性”对话框

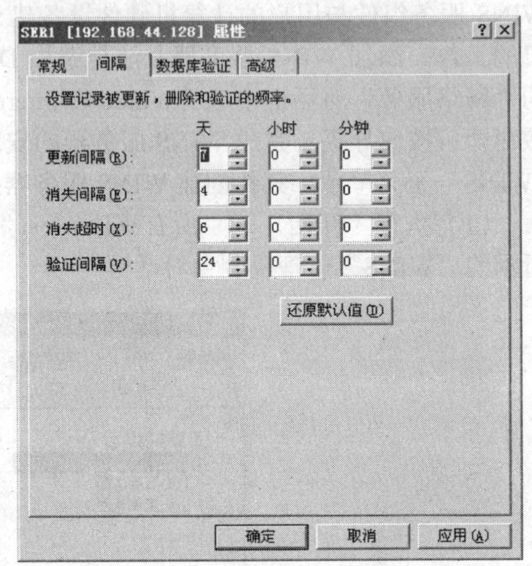

图 10-42 “间隔”选项卡

如果用户希望在服务器关闭时系统自动备份 WINS 数据库，可选定“服务器关闭期间备份 WINS 数据库”复选框。

（3）单击“间隔”选项卡，如图 10-42 所示。在“设置记录被更新，删除和验证的频率”选项区域中，通过调整微调器的值来设置记录“更新间隔”、“消失间隔”、“消失超时”、“验证间隔”。如果要使用系统默认值，可单击“还原默认值”按钮。

（4）单击“数据库验证”选项卡，如图 10-43 所示。对于 WINS 服务器，需要定期检查 WINS 数据库的数据与网络实际情况是否一致，以免因不一致而导致网络连接错误。在“每一周期验证的最大记录数（X）”文本框中输入阶段检查次数；选择“所有者服务器”单选项，对所有的 WINS 服务器进行数据库检查；在“数据库验证间隔”文本框中输入检查时间间隔，在“开始时间”选项中，微调时、分、秒的值，设置检查起始时间。

注：如果要手动检查 WINS 服务器数据库的一致性，可在控制台目录树中用鼠标右键单击 WINS 服务器，从弹出的快捷菜单中选择“所有任务”中“检查 WINS 数据库一致性”命令，出现信息提示框后，单击“是”按钮即可。

（5）单击“高级”选项卡，如图 10-44 所示。选择“将详细事件记录到 Windows 事件日志中”复选框，可以将系统的事件变化详细信息记录下来，但这会降低系统的性能。如果用户需要启用 WINS 服务器的突发事件处理功能，可选定“启用爆发处理”复选框，并选择处理级别，例如选择“中”单选框。在“数据库路径”文本框中输入数据库路径。为了和 LAN Manager 计算机名称兼容，启用“使用和 LAN Manager 兼容的计算机名称”复选框。单击“确定”按钮，保存设置。

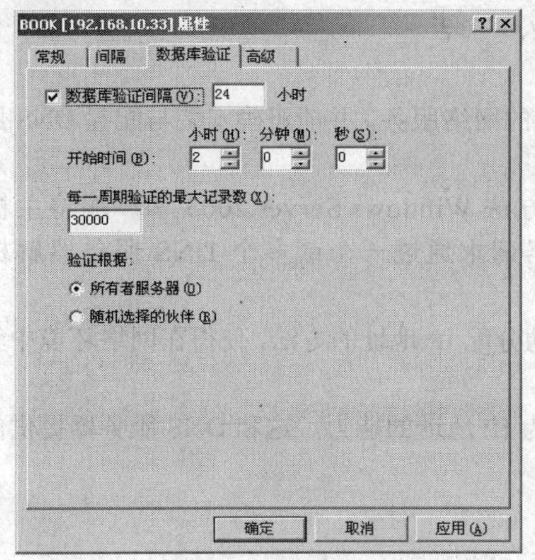

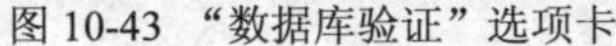
图 10-43 “数据库验证”选项卡

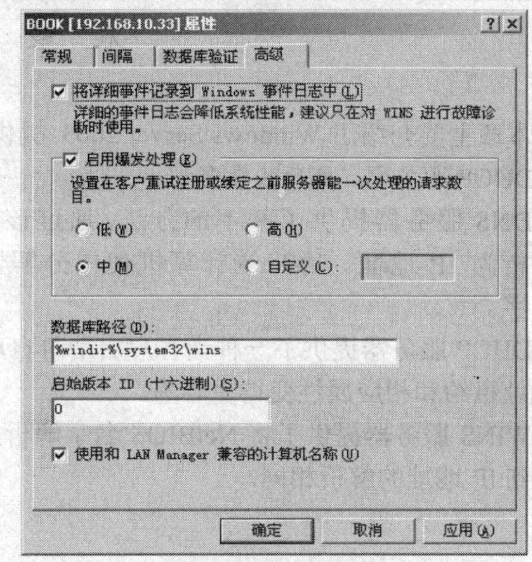

图 10-44 “高级”选项卡

10.3.5　创建 WINS 数据库复制对象

在有多个 WINS 服务器的网络中，管理员可将本地 WINS 服务器上数据库的数据复制给其他 WINS 服务器，这样既为本地的 WINS 数据库做了一个备份，其他的 WINS 服务器又可使用该数据库内的信息来完成其中包含的计算机名和 IP 地址的相互转换。下面介绍如何创建 WINS 数据库复制对象。

如果管理员需要创建 WINS 数据库复制对象的话，应该在打开的“WINS”管理控制台对话框中，在控制台目录树中，双击要查看数据库的 WINS 服务器，展开该节点。接着用鼠标右键单击“复制伙伴”子节点，在弹出的快捷菜单中选择“新建”→“复制伙伴”选项，打开如图 10-45 所示的“新的复制伙伴”对话框。最后，管理员只需在“WINS 服务器”文本框中输入作为复制伙伴添加的 WINS 服务器名称或 IP 地址，这里输入了本地网中的另外一台 WINS 服务器的 IP 地址，输入完毕后，用户单击“确定”按钮即可完成新伙伴的复制操作。

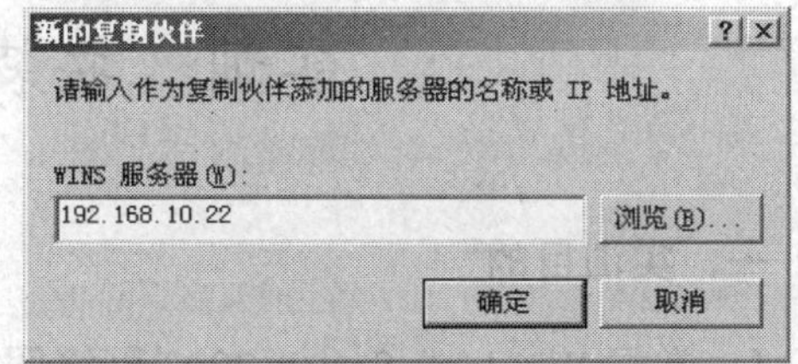

图 10-45 “新的复制伙伴”对话框

10.3.6　删除 WINS 服务器

如果网络中不再需要某个 WINS 服务器，可将其从 WINS 服务器列表中删除。该操作必须由具有相应权限的系统管理员进行。在如图 10-39 所示的“WINS”管理控制台对话框中，在控制台目录树中用鼠标右键单击要删除的 WINS 服务器，在弹出的快捷菜单中选择“删除”选项即可。

本章小结

本章主要介绍了 Windows Server 2003 提供的网络服务，并能正确安装与配置 DNS 服务器、DHCP 服务器、WINS 服务器。

DNS 服务器提供了基本的方法，通过该方法 Windows Server 2003 客户端将主机名字解析为 IP 地址。客户端计算机使用分解器请求通过一个或多个 DNS 服务器解析一个名字。

DHCP 服务器提供了一种当客户启动时自动分配 IP 地址的方法，使得在网络环境中管理 IP 地址租约和相应属性变得更容易。

WINS 服务器提供了将 NetBIOS 名字解析为 IP 地址的能力，这和 DNS 服务器提供的主机名到 IP 地址的解析相同。

习题

1．通过哪个服务器，用户可以有效直观地将企业信息发布给企业内部用户和因特网远程用户？

2．DNS 是一种层次化基于什么的体系结构，以及实现这一体系的一个分布式数据库系统的综合？

3．DNS 服务器的主要功能和作用是什么？DNS 区域有哪三种类型，每种类型的特点是什么？

4．DHCP 服务器的主要功能和作用是什么？

5．在局域网中 WINS 服务器的主要作用是什么？

实训　安装和配置网络服务

一、实训目的

1．掌握 Windows Server 2003 网络服务组件的安装方法。

2．学会在 Windows Server 2003 下配置 DNS、DHCP、WIN 服务器。

3．正确配置客户机，测试 Web/FTP 站点的正确性。

二、实训设备与器材

1.当作服务器的计算机一台，最低配置为 CPUP4 2.4，内存 512MB，硬盘 20GB，100/10M 自适应网卡，24 倍速光驱。

2．客户机一台：最低配置为 CPU P4 2.4、10 GB 硬盘、36 倍速光驱、100/10M 自适应网卡。

3．所有的主机都要求局域网环境。

4．Windows Server 2003 操作系统光盘一张。

三、实训内容

1. 在控制面版的“添加/删除 Windows 组件”中，安装网络服务的组件 DNS、DHCP、WIN。

2. 配置 DNS 服务器的查找区域，将域名设置创建正向查找区域，名称为 Test.edu，要求新建 WWW 和 FTP 主机，分别指向 Web 服务器和 FTP 服务器，要求配置完成后，客户机能通过域名访问 Web 服务器和 FTP 服务器。

3. 配置 DHCP 作用域，要求作用域范围为 192.168.100.1~200/24，租期为 24 天，网络上 WWW、FTP、DNS 服务器的 IP 地址分别为 192.168.100.1、192.168.100.10、192.168.100.2，企业中 10 名管理层员工必须分配固定的 IP 地址 192.168.100.51~60/24，默认的网关地址为 192.168.100.254，要求客户机能从 DHCP 服务器上获得 IP 地址、默认网关、DNS 服务器 IP 地址，配置完成后测试服务器的工作情况。

第 11 章

Windows Server 2003 的网络管理与维护

11.1 网络管理简介

网络管理是对计算机网络的配置、运行状态和计费功能等进行管理，它提供了监控、协调和测试各种网络资源以及网络运行状况的手段，还可提供安全和故障管理。在实际网络管理过程中，网络管理具有的功能非常广泛，包括了很多方面。在 OSI 网络管理标准中定义了网络管理的 5 大功能。

1. 配置管理

配置管理就是定义、收集、监测和管理系统的配置参数，从网络中获取信息、并根据这些信息对设备进行配置。它可以实现对网络设备配置的集中管理，使得网络性能达到最优。

2. 性能管理

性能管理估价系统资源的运行状况及通信效率等系统性能。保证有效运营网络和提供约定的服务质量，在保证各种业务服务质量的同时，尽量提高网络资源利用率。其能力包括监视和分析被管网络及其所提供服务的性能机制。性能分析的结果可能会触发某个诊断测试过程或重新配置网络以维持网络的性能。性能管理收集分析有关被管网络当前状况的数据信息，并维持和分析性能日志。

3. 故障管理

故障管理是网络管理最基本的功能，指系统出现异常情况下的管理操作，简单地说，就是找出故障的位置并进行恢复。其目标是自动监测、记录网络故障并通知用户，使网络有效地运行。

4. 安全管理

安全管理是指按照本地的指导来控制对网络资源的访问，以保证网络不被侵害（有意识的或无意识的），并保证重要信息不被未授权的用户访问。例如管理子系统可以监视用户对网络资源的登录，从而对具有不正确访问代码的用户加以拒绝。

5. 记账管理

记账管理的作用是正确地计算和接受用户使用网络服务的费用，进行网络资源的统计和网络成本效益的计算。

网络管理是件比较复杂的工作，它采用简单网络管理协议（SNMP）对网络进行管理，因此，大多数情况下，网络管理是由专门的网络管理软件负责完成的，但在对网络性能的要求不太高的小型企业中，可以直接使用 Windows Server 2003 提供的简单网络管理功能对网络进行管理。

11.2 添加网络组件

（1）打开“控制面板”中的“添加/删除程序”对话框。

（2）在“添加/删除程序”对话框中单击“添加/删除 Windows 组件”按钮，打开如图 11-1 所示的“Windows 组件向导”对话框。

（3）在“Windows 组件向导”对话框中，选择“管理和监视工具”复选框，然后单击“详细信息”按钮，打开如图 11-2 所示的“管理和监视工具”对话框。

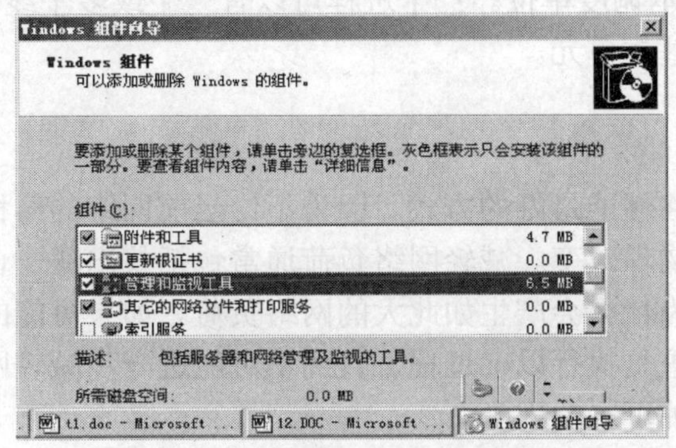

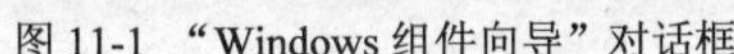

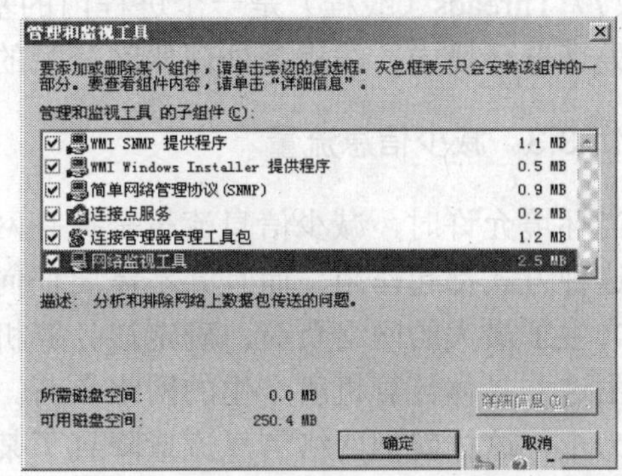

图 11-1 “Windows 组件向导”对话框　　图 11-2 “管理和监视工具”对话框

（4）在“管理和监视工具”对话框中，选择“网络监视工具”复选框，然后单击“确定”按钮。

如果系统提示需要其他文件，请插入 Windows Server 2003 光盘或者输入网络上文件位置的路径。

11.3 提高网络性能

随着计算机网络技术和通信技术的飞速发展，计算机网络规划也在不断扩大，整个网络的性能跟网络的规模成反比，如果管理不好的话，可能会造成整个网络瘫痪。Windows Server 2003 操作系统提供了丰富的网络管理与监测功能，可以对整个网络进行优化管理，达到最佳的网络运营效果。

11.3.1 衡量网络性能优劣的标准

衡量网络性能的优劣可以通过多种方式，但主要有如下 3 个标准。

（1）数据链路带宽必须超出网络客户机处理数据的能力。

（2）竞争访问网络共享介质的访问不能超过介质的负载限度。

（3）服务器必须足够的快，以快速响应所有网络客户机的请求。

11.3.2 网络性能瓶颈

（1）Resources（资源）是硬件部件。软件进程在硬件资源下装载进行。

（2）Bottlenecks（瓶颈）是影响计算机响应能力的资源。当具体使用时，瓶颈是指影响系统性能的部件。

（3）Load（负荷）是不得不执行的工作总量。

（4）Optimization（优化）是减少瓶颈对性能的影响。优化包含清除不必要的负荷、均衡多个设备之间的负载或者查找增加可用资源等。

（5）Throughput（吞吐率）是一定的时间周期内通过的资源信息流。

（6）Processes（进程）是计算机中可并发执行的程序在一个数据集合上的运行过程，是程序的一次执行和资源分配的基本单位。

（7）Threads（线程）是一个进程内的基本调度单位。一个进程可以有一个或多个线程；在多处理器环境中，线程是处理器间分配的基本单元。

11.3.3 减少信息流量

当环境允许时，减少信息流量是提高网络性能最好的方式。因为不论当前网络的结构如何，这种方式都起作用，而且并不需要任何物理改变。减轻网络负荷通常包括找出哪一台计算机产生了最大的网络负荷，确定该计算机为什么会产生如此大的网络负荷。如果可能的话减轻由这一具体计算机所产生的网络负荷。重复执行以上过程，直到不可能进一步减轻网络负荷为止，这样就把网络信息流量降到了某种可行的程度。

11.3.4 增加子网数目

增加子网数目是提高网络性能另一种方式，这种方式实际上是构建更多的通路，从而减轻信息流量拥塞。将共享介质型网络拆分成多个由交换机、路由器或者执行路由功能的服务器所连接的子网，这样可以划分冲突域（子网内计算机通信数据不出本子网段），进而提高网络性能。

11.3.5 提高网络速度

提高网络速度是提高网络性能最直接的方式，当然费用可能会高一些，因为这种方式需要替换网络上数据链路设备，甚至涉及网络体系结构的改变。

通常数据链路升级是指从以太网（Ethernet）升级到快速以太网（FastEthernet）或者 1000M bit/s / 10G bit/s 以太网。有时只需要升级主干网、服务器之间的链路或者某个子网就可以了。使用网络监视器识别网络上信息量大的用户，并把那些用户迁移到更快的网络上。

11.4 网络性能监视器

网络有很多性能问题，如果问题涉及到网络硬件、线缆或网络流量，该问题就很难发现。性能监视器提供了计数器来衡量通过服务器的网络流量，可以从多种角度监视系统资源的使用情况，并且可以监视几乎系统中所有的资源，同时可以将结果用多种方式显示出来，以满足在不同的情况下对系统资源监视的要求。

启用性能监视器的操作步骤如下。

（1）执行“开始”→“所有程序”→“管理工具”→“性能”命令后，系统将打开如图 11-3 所示的“性能”对话框。

（2）在“性能”对话框的右侧工具栏菜单中，单击“+”按钮，打开如图 11-4 所示的“添加计数器”对话框。

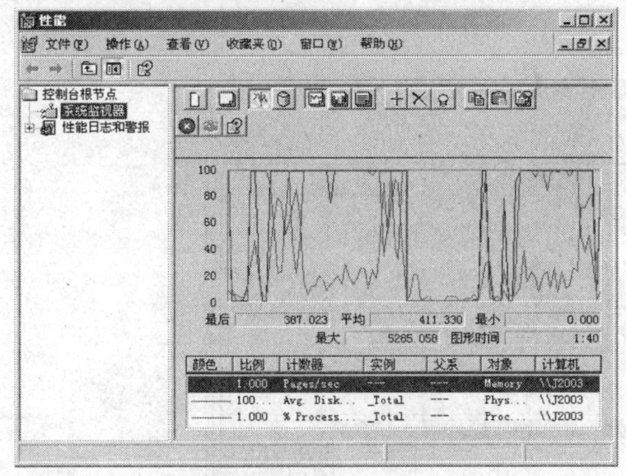
图 11-3 “性能”对话框

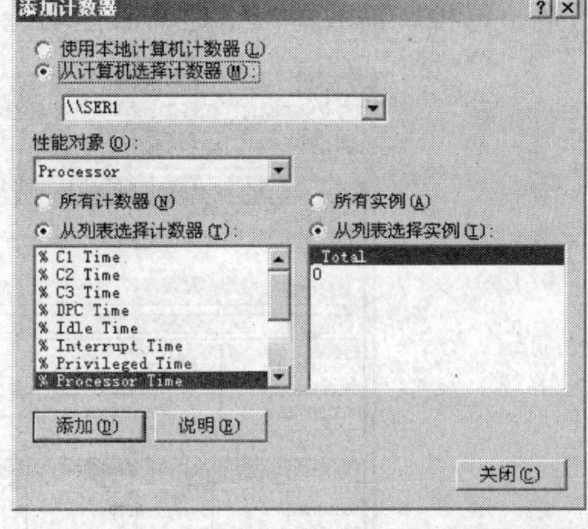
图 11-4 “添加计数器”对话框

（3）在“添加计数器”对话框中，用户首先需要选择希望监控的计算机，以及属于该对象的计数器，单击“添加”按钮即可。

（4）单击“关闭”按钮后，系统将返回到“性能”对话框，这时用户便可看到系统开始用选定的计数器对相应的对象进行监控，绘出计数器统计数值的图形。

重复步骤 2～步骤 4，可以添加多个计数器，从不同子系统的不同角度监视系统的运行状况。

11.5 网络监视器

“Microsoft 网络监视器”是 Windows Server 2003 服务器所包括的一个网络诊断工具，它实现了第三方网络分析器的许多相同功能，它易于操作、可被快速配置和设置以捕获数据，可运行在一台或者多台客户机和服务器上。“Microsoft 网络监视器”必须能够通过网络并从网络计算机上获得数据，这就需要在和“Microsoft 网络监视器”连接的任何一台计算机上装入“Microsoft 网络监视器”代理，它会通过网络直接与装在网络计算机上的监控代理打交道。“Microsoft 网络监视器”和网络代理交互作用，在本地计算机或者网络上的任何一台计算机上进行监控，达到捕获网络信息流量的目的。

“Microsoft 网络监视器”捕获信息流量的方式如下。

（1）捕获所有网络数据并用显示筛选器显示出有意义的数据包。

（2）限制捕获，只捕获筛选器定义的数据。

（3）通过创建定制的捕获触发器在指定事件出现后停止数据捕获。

11.5.1 网络监视器对话框

（1）执行“开始”→“所有程序”→“管理工具”→“网络监视器”命令，打开如图 11-5 所示的“网络监视器”对话框。

（2）在网络监视器的主界面中包含文件、捕获、工具、选项、窗口和帮助等多个菜单，可以分别执行不同的配置和操作。

（3）打开服务器中已建立好的服务，利用网络中的其他计算机向这台计算机提出访问服务请求。执行“捕获”→“开始”命令，也可以按 F10 键或单击工具栏中的“开始”图标，这时主界面中的统计数据和指示标记会发生明显变化。网络监视器提供了网络利用率、每秒字节数、每秒广播数等网络通信监控功能。

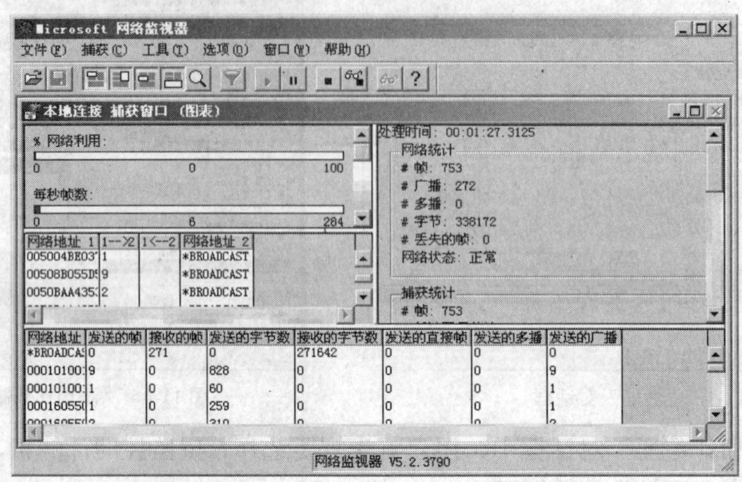

图 11-5 “Microsoft 网络监视器”对话框

11.5.2 创建捕获筛选程序

由于许多协议都是同多个信源、信宿地址以及消息类型混合在一起的，因此网络数据的出现和消失都是随机的。使用“Microsoft 网络监视器”有利于用户区分通过网络传递的看似随机的数据。在“Microsoft 网络监视器”中可以判断数据通过网络时的方向，这意味着所创建的筛选程序可以指定是否捕获流入或流出特定设备的数据，也可把数据方向设置为捕获传入或者传出指定地址的数据包。数据方向使得用户不用捕获网络上传送的所有数据即可观察发往用户计算机的数据。

1. 捕获筛选程序对网络流量进行筛选使用的参数

（1）网络地址：如果在捕获筛选器中配置了地址，“Microsoft 网络监视器”会用适当的 MAC 地址测试每个网络数据包。如果信息流量中包含有正确地址，数据包就会被收集在捕获缓冲区中。

（2）捕获协议：可把捕获筛选器配置为只捕获与指定协议匹配的数据包。

（3）捕获模式：创建的筛选器可按照数据包中指定的模式来匹配数据包数据。

（4）方向：“Microsoft 网络监视器”可观察数据的方向。

2. 创建方法

（1）在“Microsoft 网络监视器”对话框中，执行“捕获”→“筛选程序”命令，打开如图 11-6 所示的“捕获筛选程序”对话框，注意在创建筛选程序之前执行“捕获”→“停止”命令，停止“Microsoft 网络监视器”的捕获工作。

（2）在列表框的目录树中，选择“SAP / ETYPE=Any SAP 或 Any ETYPE”节点。然后单击“编辑”按钮，打开“捕获筛选程序 SAP 和 ETYPE”对话框。

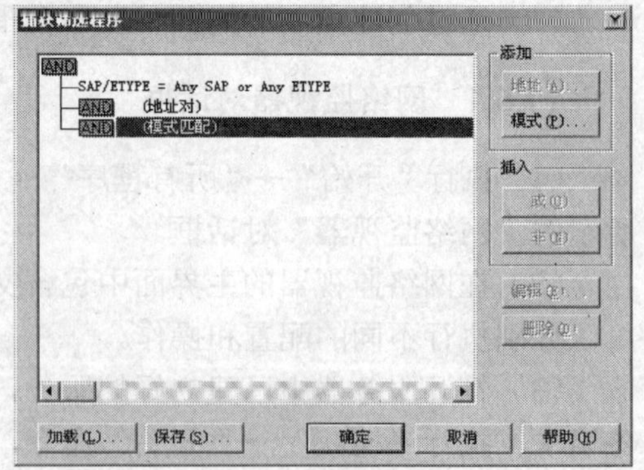

图 11-6 “捕获筛选程序”对话框

（3）在“被禁用的协议”列表框中选择要添加的协议，单击“启用”按钮可允许该协议有效，并添加到“启用的协议”列表框中；如果要添加全部的禁用协议，可单击“全部启用”按钮来完成。

（4）如果要禁用已启用的协议，则在“启用的协议”列表框中选择要禁用的协议，然后单击“禁用”即可。如果禁用全部已启用协议，则可单击“全部禁用”按钮。

（5）单击“确定”按钮返回到“捕获筛选程序”对话框。

（6）要添加捕获筛选程序地址及设置数据方向，在目录树中选择“AND（地址对）”节点，然后单击“地址”按钮，打开“地址表达式”对话框进行添加和设置。

（7）在“地址表达式”对话框中，选择“包含”或者“排除”单选项。如果单击“包含”单选项，则意味着如果一个数据包符合捕获筛选程序的地址表达式要求，该数据包会被捕获；如果单击“排除”单选项，则意味着如果一个数据包符合捕获筛选程序的地址表达式要求，该数据包不会被“Microsoft 网络监视器”所捕获，即使该数据包符合一个或者多个地址表达式的要求。

（8）要编辑地址，单击“编辑地址”按钮，打开“地址数据库”对话框进行编辑。

（9）从“机器（1）”列表框中选择一个机器，再从“机器（2）”列表框中选择一个相对应的机器，然后从“方向”文本框中选择 3 个方向选项之一。

（10）单击“确定”按钮完成地址的添加并返回到“捕获筛选程序”对话框。

（11）要添加捕获模式在目录树中，选择“AND（模式匹配）”节点，单击“模式”按钮，打开“模式匹配”对话框进行添加。

（12）在“模式”文本框中输入模式名称。选择“十六进制”单选项，输入的模式为十六进制捕获模式，选择“ASCII”单选项，输入的模式为 ASCII 码捕获模式。

（13）在“偏移值（十六进制）”文本框中输入一个十六进制数以指定出现在帧中的多少字节处；要从帧的开始处开始搜索模式，则选择“从拓扑头信息末尾”单选项。

（14）单击“确定”按钮，保存设置并返回“捕获筛选程序”对话框。单击“保存”按钮，可将捕获筛选程序保存起来。

（15）单击“确定”按钮，关闭“捕获筛选程序”对话框，捕获筛选程序配置完成。

11.5.3　创建触发器

触发器是当符合一系列指定条件时被执行的动作。使用“Microsoft 网络监视器”从网络捕获数据之前，可以设置触发器实现停止捕获或者执行命令文件。

创建触发器操作步骤如下。

（1）在“Microsoft 网络监视器”对话框中执行“捕获”中“触发器”命令，打开如图 11-7 所示的“捕获触发器”对话框，注意在创建捕获触发器之前，也必须先停止“Microsoft 网络监视器”捕获网络信息，执行“捕获”→“停止”命令。

（2）在“触发器在工作”选项区域中，选择一个单选项，例如选择“先缓冲区空间后模式匹配”单选项，使触发器先检查缓冲区，然后再进行模式匹配。

（3）在“缓冲区空间”选项区域中选择启动触发器之前捕获缓冲区必须添满的最大百分比，例如选择 50%按钮，则当捕获缓冲区被填满 50%时启动触发器。

（4）在“模式”选项区域中，在“偏移值（十六进制）”文本框中输入一个十六进制数以指定模式出现在帧中的多少字节处。要从帧的开始处开始搜索模式，则选择“从帧的开头” 单选项；要从拓扑头之后开始搜索模式，则选择“从拓扑头信息末尾”单选项。

（5）在“模式”选项区域中，对应“模式”文本框中输入想要的匹配模式，输入十六进制模式前先选择“十六进制”单选项，输入ASCII码模式前选择“ASCII”单选项。

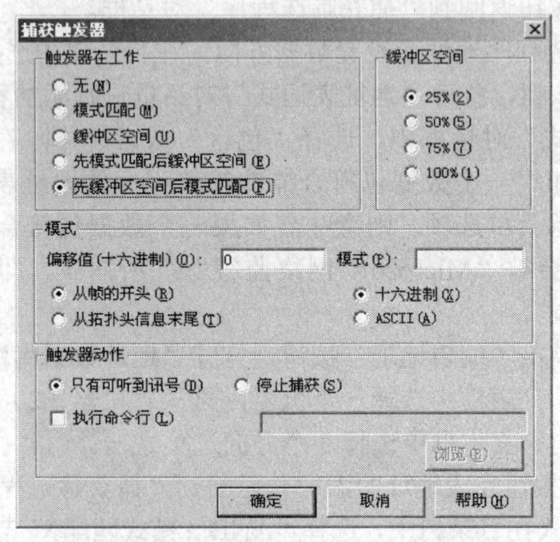

图11-7 “捕获触发器”对话框

（6）在“触发器动作”选项区域中，可指定触发器匹配之后“Microsoft 网络监视器”要采取的动作，如果只需要信号提示，可选择“只有可听到讯号”单选项；如果停止捕获，可选择“停止捕获”单选项；另外可启用“执行命令行”复选框，并在其后的文本框中输入可执行文件的路径。

（7）单击“确定”按钮保存设置，“Microsoft 网络监视器”可捕获的数据总量依赖于捕获缓冲区大小，首次启动“Microsoft 网络监视器”的，其默认的缓冲区大小为1MB，用户应设置增大缓冲区的值，建议工作缓冲区的大小为10MB或者更多。

11.5.4 缓冲区设置

配置捕获缓冲区操作步骤如下。

（1）在“Microsoft 网络监视器”对话框中，执行“捕获”→“缓冲区设置”命令，打开“捕获缓冲区设置”对话框。

（2）从“缓冲区大小（MB）”下拉列表中选择一个新值或者输入一个新值来更改捕获缓冲区大小。注意：如果所设置的缓冲区的大小超过了物理内存总量，将会丢失数据字节。

（3）单击“确定”按钮完成设置。

11.5.5 捕获数据

在完成捕获筛选程序和触发器的创建以及缓冲区的设置基础上执行“捕获”→“开始”命令，开始捕获进程。捕获完毕，执行“捕获”→“停止且查看”命令以停止捕获进程并查看捕获缓冲区中的数据。

11.6 Windows Server 2003 自动优化功能

11.6.1 多处理器

对称多处理器是一种在多个处理器间均衡分配总处理负荷量的技术。非对称处理器技术根据一些非负荷量尺度来分配处理负载，如操作系统把所有系统任务放在一个处理器上，而把所有的用户任务放在剩余的处理器上。Windows Server 2003 支持对称多处理器技术。带有两个处理器的 Windows Server 2003 计算机通常是一台普通计算机速度的 1.5 倍，这还依赖于所运行程序的类型。仅存在一个线程的应用技术不可能运行于多个处理器系统中。

11.6.2 内存优化

在 Windows Server 2003 中，把内存分配为页的 4KB 数据块。每一页仅仅由一个线程使用。一个线程可以存储在任意数目的页面中。系统必须有足够的内存来存储所有正在执行的线程，若内存总量不足，那么 Windows Server 2003 操作系统使用硬盘的一部分来仿真系统内存，将当前未使用的内存页面交换到称为虚拟内存交换文件（Pagefile.sys）的系统文件中。页面交换的越快，对系统响应性能的影响就越低。

11.6.3 优先线程与进程

在多任务操作系统中，如果每个进程的每个线程都获得相同的处理时间而不分先后，那么计算机响应用户的请求将很慢。Windows Server 2003 操作系统根据线程对系统响应能力的重要性来优先处理每个线程，把调整优先权的权力留给了用户。进程的优先权范围内，优先级别从 0～31。进程的起始优先权为 7，进程的每个线程继承了该进程的基优先权 7。实时应用程序的优先权最高为 23。

11.6.4 磁盘请求缓冲

Windows Server 2003 操作系统的 I/O 系统包括了一个磁盘缓冲管理器组件，通过在 RAM 中维持经常访问的文件而减少磁盘访问。

磁盘缓冲的特点如下所述。

（1）缓冲机制是动态的。

（2）随可用 RAM 的数量不同而不断改变文件缓冲大小。

（3）操作系统不需要的内存都可用作缓存。

（4）自适应的缓冲机制为应用程序提供文件 I/O 性能的优化。

（5）磁盘缓冲管理器可以使用任何系统中的可用内存，Windows Server 2003 系统中的这种缓冲区的大小是不允许调整的，因为它受到系统中使用的资源及动态应用程序的影响。

11.7 命令行管理

11.7.1 使用命令行的意义

许多用户都喜欢使用命令提示符，在命令行中输入各种命令参数会有一种成就感。尽管现在已经是GUI的时代，进行操作只需要单击窗口、工具栏、滚动条和很小的图表就可以了，但也有足够的理由在Windows操作系统中使用命令提示符。当然，用户可以使用GUI的工具来完成各种功能，例如创建目录、移动文件等，但是有很多可以使用的命令要比Windows操作系统的普通GUI具有更强大的功能和灵活性。另外，还有一些管理、网络或操作功能只能通过命令提示符界面来执行。

11.7.2 访问命令提示符

（1）执行“开始”→“运行”命令，打开“运行”对话框，在“打开”文本框中输入“cmd”，系统打开如图11-8所示的命令提示符对话框。

图11-8 访问命令提示符窗口

（2）运行MS-DOS程序或工具时，也可打开MS-DOS会话对话框。另一种方法是双击MS-DOS程序或执行“开始”→“运行”命令，在“运行”对话框中输入该MS-DOS程序的可执行命令即可打开MS-DOS会话对话框。

（3）命令提示符交互并不区分可执行命令的大小写。

（4）对于任何命令，可以附带参数获得相关命令的帮助信息。

11.7.3 Windows Server 2003常用命令

Windows Server 2003提供了丰富的命令行管理命令，以供用户进行操作系统的配置与管理使用，特别是针对UNIX管理员而言，命令行管理可以使他们的管理更加得心应手。下面列出了Windows Server 2003提供的常用命令。

winver－－－－－－－－－－－检查Windows版本
wmimgmt.msc－－－－打开Windows管理体系结构（wmi）
wupdmgr－－－－－－－－－Windows更新程序
w脚本名－－－－－－－－－Windows脚本宿主设置
write－－－－－－－－－－－写字板
winmsd－－－－－－－－－－系统信息
wiaacmgr－－－－－－－－扫描仪和照相机向导
winchat－－－－－－－－－XP自带局域网聊天
mem.exe－－－－－－－－－显示内存使用情况
msconfig－－－－－－－－启动
msconfig.exe－－－系统配置实用程序
mspaint－－－－－－－－－画图板

mstsc————————————远程桌面连接
mplayer2—————————媒体播放机
magnify——————————放大镜实用程序
mmc———————————————打开控制台
mobsync——————————同步命令
dxdiag————————————检查 direct X 信息
drwtsn32——————— 系统医生
devmgmt.msc——— 设备管理器
dfrg.msc—————————磁盘碎片整理程序
diskmgmt.msc———磁盘管理实用程序
dcomcnfg————————打开系统组件服务
ddeshare—————————打开 dde 共享设置
dvdplay——————————dvd 播放器
nslookup—————————IP 地址侦测器
net stop messenger—————停止信使服务
nct start messenger————开始信使服务
notepad——————————打开记事本
ntbackup—————————系统备份和还原
narrator————————屏幕“讲述人”
ntmsmgr.msc—————移动存储管理器
ntmsoprq.msc———移动存储管理员操作请求
netstat-an————（tc）命令检查接口
syncapp——————————创建一个公文包
sysedit——————————系统配置编辑器
sigverif—————————文件签名验证程序
sndrec32—————————录音机
shrpubw———————————创建共享文件夹
secpol.msc——————本地安全策略
syskey————————————系统加密，一旦加密就不能解开，保护 Windows Xp 系统的双重密码
services.msc———本地服务设置
sndvol32—————————音量控制程序
sfc.exe——————————系统文件检查器
sfc /scannow———Windows 文件保护（扫描错误并复原）
tsshutdn————————60 秒倒计时关机命令
tourstart——————XP 简介（安装完成后出现的漫游 XP 程序）
taskmgr———————————任务管理器 （2000 / XP / 2003）
eventvwr—————————事件查看器
eudcedit————————造字程序

explorer————————打开资源管理器
packager————————对象包装程序
perfmon.msc————计算机性能监测程序
progman—————————程序管理器
regedit.exe————注册表
rsop.msc————————组策略结果集
regedt32————————注册表编辑器
rononce-p —————15 秒关机
regsvr32 /u *.dll—————停止 dll 文件运行
regsvr32 /u zipfldr.dll——————取消 zip 支持
cmd.exe—————————cmd 命令提示符
chkdsk.exe——————chkdsk 磁盘检查
certmgr.msc————证书管理实用程序
calc————————————启动计算器
charmap—————————启动字符映射表
cliconfg————————SQL Server 客户端网络实用程序
clipbrd—————————剪贴板查看器
conf————————————启动 netmeeting
compmgmt.msc———计算机管理
cleanmgr————————垃圾整理
ciadv.msc———————索引服务程序
osk—————————————打开屏幕键盘
odbcad32————————ODBC 数据源管理器
oobe/msoobe /a————检查 XP 是否激活（在“开始→运行”文本框中运行）
lusrmgr.msc—————本机用户和组
logoff——————————注销命令
iexpress————————木马捆绑工具，系统自带
fsmgmt.msc——————共享文件夹管理器
utilman—————————辅助工具管理器
gpedit.msc——————组策略

11.7.4 常用命令

大多数 Windows 管理员习惯于图形界面的管理，但部分的网络管理功能必须通过命令行方式实现，最常用的管理命令如下。

1．Net 命令

用户可以使用 Net 命令获取特定信息。如果用户将查阅映射到一台计算机上的所有当前驱动器的列表，可以简单输入“Net view Computername”。

常用 Net 命令举例：

（1）Net accounts：查阅当前账号设置。

（2）Net config server：查阅本网络设置信息统计。

（3）Net share：查阅本地计算机上共享文件。

（4）Net user：查阅本地用户账户。

（5）Net view：查阅网络上可用计算机。

2．Ping 命令

Ping 命令用于确定网络的连通性。

命令格式：Ping　主机名　　　　　Ping 域名　　　　　　Ping IP 地址

一般情况下，用户可以通过使用一系列 Ping 命令来查找问题出在什么地方，或检验网络运行的情况。典型的检验次序及对应的可能故障如下所述。

（1）Ping 127.0.0.1：如果测试成功，表明网卡、TCP/IP 的安装、IP 地址、子网掩码的设置正常。如果测试不成功，就表示 TCP/IP 的安装或运行存在某些最基本的问题。

（2）Ping 本机 IP 地址：如果测试不成功，则表示本地配置或安装存在问题，应当对网络设备和通信介质进行测试、检查并排除。

（3）Ping 局域网内其他 IP：如果测试成功，表明本地网络中的网卡和载体运行正确。如果收到 0 个回送应答,那么表示子网掩码不正确或网卡配置错误或电缆系统有问题。

（4）Ping 网关 IP：如果应答正确，表示局域网中的网关路由器正在运行并能够做出应答。

（5）Ping 远程 IP：如果收到正确应答，表示成功地使用了默认网关。对于拨号上网用户则表示能够成功的访问因特网。

（6）Ping local host：local host 是系统的网络保留名，它是 127.0.0.1 的别名，每台计算机都应该能够将该名字转换成该地址，如果没有成功，则表示主机文件中存在问题。

（7）Ping www.yahoo.com：对此域名执行 Ping 命令，计算机必须先将域名转换成 IP 地址，通常是通过 DNS 服务器。如果这里出现故障，则表示主机 DNS 服务器的 IP 地址配置不正确，或 DNS 服务器有故障。

如果上面所列的所有 Ping 命令都能正常运行，那么计算机进行本地和远程通信基本上就没有问题了。但是，这些命令的成功并不表示所有的网络配置都没有问题，例如，某些子网掩码就可能无法用这些方法检测到。

3．Netstat 命令

检测计算机与网络之间详细的连接情况，可以得到以太网的统计信息并显示所有协议（TCP、UDP 以及 IP 等）的使用状态。还可以选择特定的协议并查看其具体使用信息，包括显示所有主机的端口号以及当前主机的详细路由信息。下面给出 Netstat 的一些常用选项。

（1）Netstat-s：能够按照各个协议分别显示其统计数据。这样就可以看到当前计算机在网络上存在哪些连接，以及数据包发送和接收的详细情况等。如果应用程序（如网页浏览器）运行速度比较慢，或者不能显示网页之类的数据，那么可以用本选项来查看一下所显示的信息。仔细查看统计数据的各行，找到出错的关键字，进而确定问题所在。

（2）Netstat-e：用于显示关于以太网的统计数据。它列出的项目包括传送的数据报的总字节数、错误数、删除数、数据报的数量和广播的数量。这些统计数据既有发送的数据报数量，又有接收的数据报数量。使用这个选项可以统计一些基本的网络流量。

（3）Netstat-r：可以显示关于路由表的信息，类似于使用 Route print 命令时看到的信息。

除了显示有效路由外，还显示当前有效的连接。

（4）Netstat-a：显示所有的有效连接信息列表，包括已建立的连接（Established），也包括监听连接请求（Listening）的连接。

（5）Netstat-n：显示所有已建立的有效连接。

4. IPConfig 命令

IPConfig 实用程序，可用于显示当前的 TCP/IP 配置的设置值，它在 Windows 95/98 中的等价图形用户界面命令为 Winipcfg。这些信息一般用来检验人工配置的 TCP/IP 设置是否正确。

如果计算机和所在的局域网使用了动态主机配置协议 DHCP，使用 IPConfig 命令可以了解到计算机是否成功地租用到了一个 IP 地址，及目前分配的子网掩码和默认网关等网络配置信息。常用的选项如下所述。

（1）IPConfig：当使用 IPConfig 不带任何参数选项时，显示每个已经配置了的接口的 IP 地址、子网掩码和默认网关值。

（2）IPConfig / all：当使用 all 选项时，IPConfig 能为 DNS 和 WINS 服务器显示它已配置且所有使用的附加信息，并且能够显示内置于本地网卡中的物理地址（MAC）。如果 IP 地址是从 DHCP 服务器租用的，IPConfig 将显示 DHCP 服务器分配的 IP 地址和租用地址预计失效的日期。如图 11-9 所示为运行 IPConfig / all 命令的结果对话框。

```
C:\WINDOWS\System32\cmd.exe
C:\Documents and Settings\lll>ipconfig/all

Windows IP Configuration

        Host Name . . . . . . . . . . . . : lyw
        Primary Dns Suffix  . . . . . . . :
        Node Type . . . . . . . . . . . . : Hybrid
        IP Routing Enabled. . . . . . . . : No
        WINS Proxy Enabled. . . . . . . . : No

Ethernet adapter 无线网络连接:

        Media State . . . . . . . . . . . : Media disconnected
        Description . . . . . . . . . . . : Intel(R) PRO/Wireless LAN 2100 3B Mi
ni PCI Adapter
        Physical Address. . . . . . . . . : 00-0C-F1-28-87-3C

Ethernet adapter 本地连接:

        Media State . . . . . . . . . . . : Media disconnected
        Description . . . . . . . . . . . : Intel(R) PRO/1000 MT Mobile Connecti
on
        Physical Address. . . . . . . . . : 00-0D-60-8D-91-B8

C:\Documents and Settings\lll>
```

图 11-9 IPConfig/all 命令的结果窗口

（3）IPConfig / release 和 IPConfig / renew：只能在向 DHCP 服务器租用其 IP 地址的计算机上起作用。

① IPConfig / release：所有接口的租用 IP 地址重新交付给 DHCP 服务器（归还 IP 地址）。

② IPConfig / renew：本地计算机设法与 DHCP 服务器取得联系，并租用一个 IP 地址。大多数情况下网卡将被重新赋予和以前所赋予的相同的 IP 地址。

5. Arp 命令

Arp 是 TCP / IP 协议簇中的一个重要协议，用于确定对应 IP 地址的网卡物理地址。使用 Arp 命令，能够查看本地计算机或另一台计算机的 Arp 高速缓存中的当前内容。使用 Arp 命令可以人工方式设置静态的网卡物理 IP 地址对，使用这种方式可以为默认网关和本地服务器等常用主机进行本地静态配置，这有助于减少网络上的信息量。按照默认设置，Arp 高速缓存中的项目是动态的，每当发送一个指定地点的数据并且此时高速缓存中不存在当前项目时，Arp 便会自动添加该项目。常用命令选项如下所述。

（1）Arp-a：用于查看高速缓存中的所有项目。

（2）Arp-a IP：如果有多个网卡，那么使用 Arp-a 加上接口的 IP 地址，就可以只显示与该接口相关的 Arp 缓存项目。

（3）Arp-s IP 物理地址：向 Arp 高速缓存中输入一个静态项目。该项目在计算机引导过程中将保持有效状态，或者在出现错误时，人工配置的物理地址将自动更新该项目。

（4）Arp-d IP：使用本命令能够删除一个静态项目。

6. Tracert 命令

Tracert 命令主要用来显示数据包到达目的主机所经过的路径。通过执行一个 Tracert 到对方主机的命令之后，结果返回数据包到达目的主机前所经历的路径详细信息，并显示到达每个路径所消耗的时间。

这个命令同 Ping 命令类似，但它所看到的信息要比 Ping 命令详细得多，它能反馈显示送出的到某一站点的请求数据包所走的全部路径，以及通过该路由的 IP 地址，通过该 IP 地址的时间。

Tracert 命令还可以用来查看网络在连接站点时经过的步骤或采取哪种路线，如果是网络出现故障，就可以通过这条命令来查看是在何处出现问题。例如可以运行“Tracert www.sohu.com”，就将看到网络在经过几个连接之后所到达的目的地，也就知道网络连接所经历的过程。

7. Route 命令

大多数主机一般都是驻留在只连接一台路由器的网段上。由于只有一台路由器，因此不存在选择使用哪一台路由器将数据包发送到远程计算机上去的问题，该路由器的 IP 地址可作为该网段上所有计算机的默认网关来输入。

但是，当网络上拥有两个或多个路由器时，用户就不一定想只依赖默认网关了。实际上可能想让某些远程 IP 地址通过某个特定的路由器来传递，而其他的远程 IP 地址则通过另一个路由器来传递。在这种情况下，用户需要相应的路由信息，这些信息存储在路由表中，每个主机和每个路由器都配有自己独一无二的路由表。大多数路由器使用专门的路由协议来交换和动态更新路由器之间的路由表。但在有些情况下，必须人工将项目添加到路由器和主机上的路由表中。常用命令选项如下所述。

（1）Route：可以显示、人工添加和修改路由表项目。

（2）Route print：用于显示路由表中的当前项目。

（3）Route add：可以将路由项目添加给路由表。

（4）Route change：可以修改数据的传输路由。

（5）Route delete：可以从路由表中删除路由。

8. Nslookup 命令

利用 Nslookup 命令可以查看主机的 IP 地址和主机名称。这个命令在查看主机 IP 的时候跟 Ping 命令有些相似，但得到的信息却有些不同。

直接输入命令，系统返回本机的服务器名称（带域名的全称）和 IP 地址，并进入以“>”为提示符的操作命令行状态。输入“?”可查询详细命令参数。如此时给出一个计算机名称，若在本机能够识别该名称，返回本机、查询主机的名称、IP 地址及别名。输入“Server 服务器名称”更改当前服务器。

9. Nbstat 命令

使用 Nbstat 命令可以查看计算机上网络配置的一些信息。使用这条命令还可以查找出别人计算机上一些私人信息。

如果想查看自己计算机上的网络信息，可以运行：“Nbtstat-n”得到所在的工作组，计算机名以及网卡地址等；想查看网络上其他的计算机情况，运行“Nbtstat-a *.*.*.*”，此处的*.*.*.*用 IP 地址代替就会返回得到那台计算机上的一些信息。

11.8 网络安全

11.8.1 安全策略

具体的安全性的设置部署在安全策略里完成。安全设置定义了系统的安全相关操作。

通过对活动目录中组策略对象的使用，系统管理员可以集中应用保护企业系统多要求的安全级别。确定包括多台计算机的组策略对象的设置时，必须考虑给定站点、域或单位的组织和功能特性。例如，销售部门的计算机和财务部门的计算机对安全级别的要求就不大一样。

11.8.2 安全配置和分析

安全配置包括安全策略、访问控制、事件日志、受限的组、公钥策略和网际协议（IP）安全策略，其中安全策略里又有账户策略和本地策略，访问控制里又有系统服务、文件系统、注册表等。

11.8.3 管理安全性模板

安全模板式安全配置的物理表现为一组安全设置应该存储于一个文件中。

Windows Server 2003 包括一组以计算机的角色为基础的安全模板，从低安全域客户端的安全设置到非常安全的域控制器。这些模板可用于创建自定义安全模板，修改模板或者作为自定义安全模板的基础。

11.8.4 系统资源审核

用户登录系统后，系统的安全性还要对各事件进行安全审核。安全审核负责监视各种与安全性有关的事件。监视系统事件对于检测入侵者以及危害系统数据安全性的尝试是非常必要的。失败的登录尝试就是一个应该被审核的事件的范例。

被审核的最普通的事件类型包括以下 3 种。

（1）用户和组账户的管理。

（2）用户登录以及从系统注销时。

（3）访问对象，例如文件和文件夹。

除了审核与安全性有关的事件，Windows Server 2003 还生成安全日志并提供了查看日志中所报告的安全事件方法。

最后，Windows Server 2003 的审核功能会生成一个审核指针来追踪发生在系统上的所有安全管理事件。例如，如果系统管理员将审核策略更改为审核失败的登录尝试，那么审核指针将显示时间。

11.8.5　Windows Server 2003 安全性措施

（1）为帮助用户实现安全性，Windows Server 2003 引进了一些新的安全功能。

① 域控制器之间的所有安全策略以及账户信息的自动更新和同步。

② 安全策略和账户信息的集中存储。

③ 对网络上传输和存储在磁盘上的数据加密。

④ 对包括 Windows NT 4.0 用户在内的内部和外部用户进行严格的多重身份验证机制。

⑤ 管理访问控制和账户信息的公用管理工具。

⑥ 对象的属性访问控制。

⑦ 域之间的可转移信任关系。

⑧ 支持安全存储用户凭据的智能卡。

（2）用户身份验证和访问控制是 Windows Server 2003 安全模式的两大主要功能。为确保管理员可以轻松有效的管理这些功能，Windows Server 2003 使用了活动目录。卜面介绍这些功能。

① 用户身份验证。Windows Server 2003 安全模式身份验证赋予用户登录系统访问网络资源的权限。在这种身份验证模型中，安全性系统提供了两种类型的身份验证。一种是交互式登录，根据用户的本地计算机或活动目录账户确认用户的身份；另一种是网络身份验证，根据此用户试图访问的任何网络服务确认用户的身份。为提供这种类型的身份验证，Windows Server 2003 安全模式包含了 3 种不同的身份验证机制：Kerberos V5、公钥证书和 NTLM。

② 基于对象的访问控制。对登录到系统的不同用户，所能访问的内容与资源可能会不同。通过身份验证，Windows Server 2003 允许管理员控制对网上资源或对象的访问。Windows Server 2003 通过允许管理员为存储在活动目录中的对象分配安全描述实现访问控制。安全描述列出了允许访问对象的用户和组，以及分配给这些用户和组的特殊权限。安全描述还指定了需要为对象设置的不同访问事件。文件、打印机和服务都是对象的实例。通过管理对象的属性，管理员可以设置权限，分配所有权以及监视用户访问。

③ 活动目录和安全性。活动目录通过使用对象和用户凭据的访问控制提供了对用户账户和组信息的保护存储。由于活动目录不仅存储用户凭据还存储访问控制信息，因此登录到网络的用户将同时获得访问系统资源的身份验证和授权。

例如，当用户登录到网络时，Windows Server 2003 安全模式通过存储在活动目录上的信息来验证用户。然后，当用户试图访问网络上的服务时，系统检查由任意访问控制列表为这一服务定义的属性。

本章小结

本章主要讲解了 Windows Server 2003 作为网络操作系统在网络维护和管理中的功能与作用。主要包括使用网络性能监视器、网络监视器监控与分析网络性能，提高网络性能的方法，以及利用网络管理中常用的命令进行网络故障的诊断与排除。

习　题

1．网络管理的主要任务是什么？

2．使用网络监视器监控网络可以得到哪些信息？

3．使用性能监视器能检测到哪些信息？

4．捕获筛选程序使用哪些参数进行网络流量筛选？

5．影响网络性能的因素有哪些？如何提高？

6．Windows Server 2003 具有哪些自动优化功能？

7．使用哪个命令可将网络共享文件映射为一个驱动器名？

8．使用 Ping 命令 Ping 本机 IP 成功，但 Ping 局域网里其他的主机 Ping 不通，那么故障可能的原因是什么？

9．如果想知道计算机和网络之间连接的详细情况，应该使用哪个命令？

10．一台使用了动态主机配置协议 DHCP 的主机，如何知道它使用的 IP 地址？

11．如何知道数据包到达目的主机所经过的路径？

12．比较常用的网络命令的作用。

实训　Windows Server 2003 网络的管理与维护

一、实训目的

1．理解网络管理的五大功能及特点。

2．掌握安装 Windows Server 2003 网络管理工具的方法。

3．能使用图形工具或命令行方式进行 Windows Server 2003 系统的网络管理。

二、实训设备

1．计算机系统：CPU P4 2.6 以上，内存 512MB，硬盘 5GB 以上，光驱，鼠标，网卡等。

2．Windows Server 2003 以上的计算机系统。

3．计算机是连网的系统。

三、实训内容

1．安装 Windows Server 2003 的网络监视器和性能监视器。

2．通过性能监视器窗口监视 Windows 系统的 CPU、内存、磁盘的使用情况。

添加一个 IPV4 记数器，监视 IPV4 数据包的接收与发送情况，添加一个 Processor 记数器，监视“User Time”的时间。

3．通过网络中的其他客户机访问服务器，在网络监视器中捕获网络相关数据，并查看获得结果。

4．创建捕获筛选器，设置为“地址对”模式，为本地主机（192.168.44.128）和网络中的任何一台其他主机。

5．创建一个触发器，其工作模式为“匹配模式”、模式值选择“从帧头开始”的“十六进制”，要求在“只有可听到讯号”时产生触发动作。